大學用書

商用微積分

何典恭編著

學歷：國立臺灣師範大學數學系畢業
　　　柏克萊加州大學理學碩士

經歷：淡水工商管理專科學校講師、副教
　　　授、科主任、教務主任
　　　國立海洋大學兼任副教授
　　　私立淡江大學兼任副教授
　　　輔大數學系、經濟系兼任副教授

經歷：真理大學資科學學系副教授

三民書局　印行

國家圖書館出版品預行編目資料

商用微積分／何典恭編著. －－增訂二版七刷.－－
臺北市：三民，2006
面；　公分
含索引
ISBN 957－14－1933－8　（平裝）

1.微積分

314.1　　　　　　　　　　　　　　　81004379

© 商 用 微 積 分

編著者	何典恭
發行人	劉振強
著作財產權人	三民書局股份有限公司 臺北市復興北路386號
發行所	三民書局股份有限公司 地址／臺北市復興北路386號 電話／(02)25006600 郵撥／0009998-5
印刷所	三民書局股份有限公司
門市部	復北店／臺北市復興北路386號 重南店／臺北市重慶南路一段61號

初版一刷　1980年8月
初版八刷　1991年8月
增訂二版一刷　1992年9月
增訂二版七刷　2006年9月
編　號　S 310470
基本定價　拾壹元
行政院新聞局登記證局版臺業字第○二○○號

增 訂 版 序

　　本書於一九七九年出版以來，受到各界喜愛採用，迄今已逾十年。書中旨在介紹微積分在商科上的應用，至於較為深入的計算技巧，及相關的基礎訓練，則稍感不足，以致於有不少想要再作進修的讀者，覺得還需再加補強，因此紛紛來函，希求推介後續的研習材料。基於讀者的需要，乃決定以原書為藍本，重新撰寫此一增訂本，新本中除了包容了原書的精華，補強各章節的內容外，更加入一些原本所無，但進修時需用及的材料，使新本幾乎涵蓋了一般微積分課程的內容。所以此增訂本，除了含有商科例題習題，很適於商學科系微積分教學之用外，也可作為一般科系的微積分課程之教材。另外，由於讀者常感習題演練缺乏把握，本書並另出版習題研討，以利自修讀者參考之便。

編者　謹識

一九九二年八月

序　言

　　鑒於工商管理院校中，管理科學及計量分析課程的快速發展，微積分課程乃成為不可或缺的基礎。

　　國內近十年來，體認到中文教本對於革新科學教育之重要性，已有多種中文大學用書問世，微積分的中文教本尤多。然而，編者有感於專為商科學生編寫的，介紹微積分在商科上之應用者甚少，乃憑多年的教學經驗，參考中外的專籍，勉力編成本書，期能裨益於商科的基礎科學教育。雖然，本書因已包含了微積分課程的主要內容，對於一般要初識此一課程之讀者，亦甚適合。

　　學習本書之讀者，必須具備國內高中高職或相當程度的數學知識，包括代數、三角、平面與解析幾何等。本書對於微分、積分的基本概念、性質及與之有關的基本方法及應用，均作詳細的系統的解說，對於過深的理論則儘量避免，而代之以常識、直覺與圖形來說明，文字的敘述力求平白，務期深入淺出，使讀者對微積分課程有一完整的認識。本書對於例題與習題，均細心精選，以期加強概念，示範求解方法，全書的應用例題、習題甚多，幾乎全為商科上的實際問題。

　　本書書後附有積分表，重要數值表及中英名詞對照索引，以便於查索、參考。

　　本書之能完成，應感謝內子陳淑梅女士的精神支援，其加倍的內外辛勞，才能使編者專心致力而無後顧之憂。另外，因編寫工作而剝削了念修、承書二子的伴學遊樂時間，亦使編者深以為歉。

　　最後，要感謝三民書局劉經理的鼓勵、督促，及願意出版本書。編

者自知才疏學淺，雖然編校均已竭盡心力，但疏漏必仍難免，敢望諸先進不吝指正，則甚幸焉。

編者　謹識

民國六十八年七月

商用微積分 目 次

第三章　導函數

第四章　導函數的性質

第五章　導函數在商學上的應用

第六章　定積分

第七章　對數與指數函數

第八章　積分的技巧

第九章　積分的應用

第十章　偏微分

第十一章　重積分

第十二章　級　數

第一章　實數及函數

§1-1 實數及其性質、直線坐標系

　　微積分(calculus)的數學結構，是以實數為基礎的。本節的目的，在於將實數作一概要的敘述，並提出它的一些重要性質，以供微積分學習之用。

　　為本書此後解說及行文的方便，我們首先簡介**集合**（set）的概念及相關的符號。一集合是指一組可為認知之「物」的全體，集合裏的「物」稱為這集合的**元素**(element)。若一「物」a為集合S的元素，則記為$a \in S$，讀作a**屬於**（belongs to）S，否則記為$a \notin S$，讀作a**不屬於**S。表出一集合的方法有兩種，一種是把集合的元素展列出來置於一括號中 {...}，譬如一位正整數全體所成的集合可表為 $A = \{1,2,3,4,5,6,7,8,9\}$，而所有的正奇數全體所成的集合可表為$B = \{1, 3,5,...\}$ 等。另一種表法是，以集合之元素的特性來描述這集合，譬如上述的集合B可表為

$$B = \{x \mid x = 2n-1, \ n \text{ 為正整數}\}$$
$$= \{2n-1 \mid n \text{ 為正整數}\},$$

其中括號 {...} 內縱線前的文字或式子，表示集合中元素所具的形式，而縱線後的敘述，即在對集合之元素加以描述。若一集合中沒有元素，則稱為**空集合**（empty set, null set），記為Φ，譬如 $\{x \mid x$ 為實數，$x > x\} = \Phi$。若集合A的每一元素都為集合B的元素，則稱A為B的子

集合 (subset)，記為 $A \subset B$，或 $B \supset A$，並稱 B **包含** (contains) A 或
A **包含於** (is contained in) B。兩集合 A, B 的元素全體所成的集合
稱為 A 與 B 的**聯集** (union)，記為 $A \cup B$，而 A, B 中相同元素的全體
所成的集合，稱為 A 與 B 的**交集** (intersection)，記為 $A \cap B$，卽

$$A \cup B = \{x \mid x \in A \text{ 或 } x \in B\},$$

$$A \cap B = \{x \mid x \in A \quad, \quad x \in B\},$$

其中 "$x \in A$, $x \in B$"，指 $x \in A$ 且 $x \in B$。譬如，設 $A = \{a, b, c, d, e,$
$B = \{e, a, i, o, u\}$，則

$$A \cup B = \{a, b, c, d, e, i, o, u\}, \quad A \cap B = \{a, e\};$$

而設 $C = \{2n \mid n \text{ 為正整數}\}$，$D = \{2n-1 \mid n \text{ 為正整數}\}$，則

$$C \cup D = \{1, 2, 3, 4, \ldots\}, \quad C \cap D = \Phi.$$

下面我們卽依序對實數作介紹:

自然數 (natural number) 是指集合

$$N = \{1, 2, 3, 4, 5, \ldots\}$$

之元素，下面所述是關於它的二個重要性質。

數學歸納法原理 (principle of mathematical induction)

設 $S \subset N$，且有下面二性質:

（i） $1 \in S$，

（ii） $k \in S \Longrightarrow k+1 \in S$，

則 $S = N$。

整序性 (well ordering)

設 $\Phi \neq A \subset N$，則 A 有最小元素，卽存在 $n_0 \in A$ 使得 $n_0 \leq n$，
對任意 $n \in A$ 均成立。

整數 (integer) 是指集合

$$Z = \{0, 1, -1, 2, -2, 3, -3, \ldots\}$$

之元素，此集合包含 N，其子集合

$$E = \{2n \mid n \in Z\}$$

的元素稱爲**偶數**（even number），而 Z 中不爲偶數，卽具 $2n \pm 1$，$n \in Z$ 之形式的數稱爲**奇數**（odd number）。

有理數（rational number）是指可表爲

$$\frac{p}{q}，其中 p，q \in Z，q \neq 0$$

之形式的數，具上面形式的數稱爲**分數**（fraction），其中 p 稱爲這分數的**分子**（numerator），q 稱爲這分數的**分母**（denominator）。因爲整數、**有限小數**（finite decimal）及**無限循環小數**（repeating decimal）等，均可化爲分數，故亦均爲有理數。無限不循環的小數稱爲**無理數**（irrational number）。而有理數和無理數，則統稱爲**實數**（real number），有理數全體所成的集合記爲 Q，而實數全體所成的集合記爲 R。顯知，

$$R \supset Q \supset Z \supset N。$$

實數所具有的一些基本性質綜述於下：

1.交換性：對任意 $x，y \in R$ 而言，皆有

$$x + y = y + x，xy = yx。$$

2.結合性：對任意 $x，y，z \in R$ 而言，皆有

$$x + (y+z) = (x+y) + z，x(yz) = (xy)z。$$

3.分配性：對任意 $x，y，z \in R$ 而言，皆有

$$x(y+z) = xy + xz。$$

4.單位元素的存在性：存在有 0 與 1 二相異實數，使得對任意實數 $x \in R$ 而言，皆有

$$x + 0 = x，x \cdot 1 = x。$$

0 稱爲**加法單位元素**（additive unit），1 稱爲**乘法單位元素**（multiplicative unit）。

5.反元素的存在性：對任意實數 x 而言，皆有唯一的實數，記爲 $-x$，

稱爲 x 的**加法反元素**(additive inverse), 或**反號數**(negative), 使得

$$x+(-x)=0;$$

對任意不爲 0 的實數 x 而言,皆有唯一的實數, 記爲 x^{-1} 或 $\dfrac{1}{x}$,

稱爲 x 的**乘法反元素** (multiplicative inverse) 或**倒數** (reciprocal), 使得

$$xx^{-1}=1 。$$

實數的**減法** (subtraction) 和**除法** (division) 是藉加法和乘法如下二式定義的:

$$x-y=x+(-y),$$

$$x \div y=\frac{x}{y}=xy^{-1}, （其中 y \neq 0 ） 。$$

上面所述的諸性質,有理數亦皆具有,而具有這五種性質的「數系」, 通稱爲**體** (field), 亦卽實數系和有理數系均爲一體。但實數除了具有上述體的性質外, 尙有一有理數所無的性質,稱爲**完全性**(completeness), 關於這一性質, 本書不打算作介紹,而僅介紹一些由它引出的實數之性質。譬如 , 稍後將要說明的直線坐標系, 卽須藉實數的完全性才能建立。

首先, 我們在 Z 中建立**次序關係** (order relation)。對 Z 中二相異元素 x , y 而言, 若存在 $n \in N$, 使得

$$x+n=y,$$

則稱 x 小於 y 或 y 大於 x , 記爲 $x < y$ 或 $y > x$。顯然, 對任意 $n \in N$ 而言, 恆有

$$n > 0 , -n < 0 。$$

其次, Q 中的次序關係, 可藉 Z 中的次序之意義來定義如下: 對於任意 $x , y \in Q$, 且

$$x = \frac{q_1}{p_1}, \quad y = \frac{q_2}{p_2},$$

$p_1, p_2 \in N, q_1, q_2 \in Z$ 而言，若

$$y - x = \frac{p_1 q_2 - p_2 q_1}{p_1 p_2}$$

中，$p_1 q_2 - p_2 q_1 > 0$，則稱 x 小於 y 或 y 大於 x，記爲 $x < y$ 或 $y > x$。

今於直線上任取一點，以表實數 0，稱爲**原點**（origin），並另取一點以表實數 1，稱爲**單位點**（unit），直線上以原點爲起點，指向單位點的方向稱爲**正向**（positive direction），另一方向稱爲**負向**（negative direction）。在直線上以原點和單位點爲基準，依相等間隔取點，然後將整數由小而大，從負向到正向，依次列於直線上，如下圖所示：

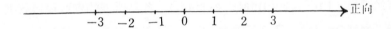

若將上述的區間等分，則可將 $-\frac{1}{2}, \frac{1}{2}, \frac{3}{2}, \frac{5}{2}, \dots$ 等的有理數由小而大從負向到正向排於直線上；同樣的用各種不同的方法細分各間隔，可將所有的有理數列於直線上，且較大者在較小者的正向。換句話說，可知只要於直線上取定原點和單位點，則任何一有理數均可唯一確定的排列於直線上。易知，對任意二個相異的有理數 x, y 而言，$\frac{x+y}{2}$ 亦爲有理數，且排列於 x, y 所排列二點的中點，從而知 x, y 間排有無限多有理數。雖然有理數緻密的排列在上述的直線上，然而卻未能佈滿整個直線，譬如 $\sqrt{2} = 1.41421\dots$ 爲一無理數，因此下圖中之 P 點卽無有理數排列於其上。事實上，若我們將無理數亦排列到上述直線上，則代表實數的所有點恰可佈滿直線，關於這一點，則須賴實數的完全性來肯

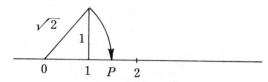

定。至於無理數要如何排列到直線上呢？我們舉一列來說明，譬如我們把無理數

$$\pi = 3.141592\ldots$$

排於 3 的正向，4 的負向；3.1 的正向，3.2 的負向；3.14 的正向，3.15 的負向；3.141 的正向，3.142 的負向；3.1415 的正向，3.1416 的負向；…；並依此類推之，而直線上確有一點滿足上面的描述，關於這，就是需要前述的實數的完全性才能肯定。當我們將實數排列到直線上後，直線上的每一點卽恰有一實數代表它，而每一實數亦恰有直線上的一點與之對應。這一佈滿實數的直線就稱爲**實數線**（或**數線**）（real line）或**直線坐標系**（line coordinate system），各點所表的實數稱爲該點的**坐標**（coordinate），通常我們以 $P(x)$ 來表明 P 點的坐標爲 x。此後，我們對數線上的點 $P(x)$ 與其坐標 x 常不加以區分。另外，我們稱坐標爲有理數的點爲**有理點**（rational point），坐標爲無理數的點爲**無理點**（irrational point）。由實數的完全性可知，數線上任意二相異點之間，有無限多的有理點和無理點。讀者亦應了解，比較起來，有理點比無理點「少得多」，以致於你任意從數線上取一點時，所取得之點爲有理點的情形幾乎爲不可能。

我們利用數線來定義實數的大小次序。若 $P(y)$ 在 $P(x)$ 之正向，則稱 x 小於 y 或 y 大於 x，記爲 $x < y$ 或 $y > x$。大於 0 的數稱爲**正數**（positive number），小於 0 的數稱爲**負數**（negative number），而自然數亦稱爲**正整數**（positive integer）。符號 "$\leqq$" 表示 "$<$ 或 $=$" 的意思，卽 "$<$" 或 "$=$" 中有一成立的意思，譬如 "$3 \leqq 5$" 和 "$-4 \leqq -4$" 均爲正確的命題。而符號 "$\geqq$" 也有相對應的意義。

設實數 $a < b$，則下面的各實數的集合（或數線上的點集合）均稱為**區間**（interval）:

$$[a,b] = \{x \mid a \leq x \leq b\},$$

$$(a,b) = \{x \mid a < x < b\},$$

$$[a,b) = \{x \mid a \leq x < b\},$$

$$(a,b] = \{x \mid a < x \leq b\},$$

$$[a,\infty) = \{x \mid x \geq a\},$$

$$(a,\infty) = \{x \mid x > a\},$$

$$(-\infty,a] = \{x \mid x \leq a\},$$

$$(-\infty,a) = \{x \mid x < a\},$$

$$(-\infty,\infty) = R,$$

前四者稱爲**有限區間**(finite interval), a, b 稱爲其**端點**(end point)，其餘則稱爲**無窮區間**(infinite interval)。有限區間 $[a,b]$ 稱爲**閉區間**(closed interval), (a,b) 稱爲**開區間**(open interval), 而 $[a,b)$ 和 $(a,b]$ 則均稱爲**半閉**或**半開區間** (half closed, half open interval)。設集合 $A \subset R$，則實數線上的點集合 $\{P(x) \mid x \in A\}$ 稱爲 A 的**圖形** (graph)。區間的圖形如下諸圖所示:

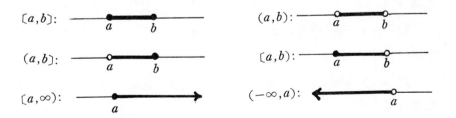

通常爲表明上的方便起見，常把圖形畫於數線的上方或下方。譬如下圖表出集合 $[0,5)$ 與 $(2,7]$，並從而知

$$[0,5) \cup (2,7] = [0,7], \quad [0,5) \cap (2,7] = (2,5)。$$

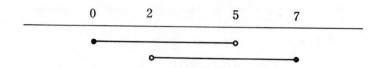

關於實數的次序關係，有下述重要的基本性質:

(1) **三一律** (trichotomy law)

對任意之 $x, y \in R$ 而言，恰有下面三者之一成立:

$x < y,\ x = y,\ x > y$。

(2) **遞移律** (transitive law)

對任意之 $x, y \in R$ 而言，若 $x < y$，$y < z$，則 $x < z$。

(3) **加法律** (additive law)

設 $x, y \in R$，且 $x < y$，則對任意之 $z \in R$ 而言，皆有

$x + z < y + z$。

(4) **乘法律** (multiplicative law)

設 $x, y \in R$，且 $x < y$，則對任意之 $a > 0$ 而言，皆有

$ax < ay$。

由上面的四個基本性質，可推得一切有關實數次序關係的式子，下面即為一些熟知的定理

定理 1-1

對 $x, y \in R$ 而言，$x < y \Longleftrightarrow -x > -y$。

定理 1-2

對 $x, y \in R$ 且 $a < 0$ 而言，$x < y \Longleftrightarrow ax > ay$。

定理 1-3

對 $x, y \in R$ 而言，$x < y \Longleftrightarrow x - y < 0$。

定理 1-4

設實數 $x \neq 0$，則 $x^2 > 0$。

定理 1-5

設 $x , y \in R$，則 $xy > 0 \iff$（$x > 0$ 且 $y > 0$）或（$x < 0$ 且 $y < 0$）。

定理 1-6

設 $x , y , z , w \in R$，則 $x < y$ 且 $z < w \implies x + z < y + w$。

下面關於實數次序關係之重要性質，可由完全性推得，在此提出而不證明。

定理 1-7　阿基米德性質（Archimedian property）

設 $x , y \in R$，$x > 0$，則存在 $n \in N$，使得 $nx > y$。

上述阿基米德性質之幾何意義是，不管 x 是怎樣（小）的正數，而 y 是怎樣（大）的實數，以 x 來度量 y，經過有限次，必可超過 y，如下圖所示：

例 1　設 $x , y \in R$，證明：

(i) $x > 0 \implies \dfrac{1}{x} > 0$。

(ii) $0 < x < y \implies 0 < \dfrac{1}{y} < \dfrac{1}{x}$。

證　(i) 若 $\dfrac{1}{x} < 0$，則由定理 1-2 知，

$$(\frac{1}{x}) x < (\frac{1}{x}) 0 \implies 1 < 0 ,$$

而得一不合理的結果，故知 $\dfrac{1}{x} > 0$。

(ii) 因為 $x < y$，故知 $y - x > 0$。又因 $x , y > 0$，故

$xy > 0$，而由 (i) 知 $\dfrac{1}{xy} > 0$，從而由乘法律知

$$\frac{1}{x} - \frac{1}{y} = \frac{(y - x) \cdot 1}{xy} > 0 ,$$

故由定理 1-3 及 (i) 知

$$0 < \frac{1}{y} < \frac{1}{x} \text{。}$$

例2 設 ε 為一任意之正數，證明必有一自然數 n_0，使得

$$n \geqq n_0 \Longrightarrow \frac{1}{n} < \varepsilon \text{。}$$

證 因為 ε 為一正數，由阿基米德性質知，必有一自然數 n_0，使得

$$n_0 \varepsilon > 1 \text{。}$$

由例 1 (i) 知，$\frac{1}{n_0} > 0$，故由上式及乘法律得

$$(\frac{1}{n_0})(n_0 \varepsilon) > (\frac{1}{n_0}) 1 \text{，}$$

$$\varepsilon > \frac{1}{n_0} \text{。}$$

由例 1 (ii) 知，

$$n \geqq n_0 \Longrightarrow \frac{1}{n_0} \geqq \frac{1}{n} \text{，}$$

而由遞移律即知

$$n \geqq n_0 \Longrightarrow \varepsilon > \frac{1}{n_0} \geqq \frac{1}{n} \text{，}$$

而本題得證。

習　　題

1. 設 $A = \{1, 2\}$, $B = \{a, b, c\}$, $C = \{\{2\}, 1\}$, $D = \{1, 2, a, B, C\}$，則下面各命題何者為眞？

  (i) $2 \in C$ (ii) $B \in D$ (iii) $a \subset D$ (iv) $A \subset D$

  (v) $A \in D$ (vi) $B \subset D$ (vii) $C \subset D$ (viii) $A = C$

（ix）$A \cup D = D$　（X）$A \cap C \subset D$

2. 設 $A = \{r, s, t, u, v, w\}$, $B = \{u, v, w, x, y, z\}$, $C = \{s, u, y, z\}$,

　　$D = \{u, v\}$, $E = \{s, u\}$, $F = \{s\}$。

　　X 爲一未知集合，分別於下面 (i),(ii),(iii),(iv) 各已知條件下，

　　問 A, B, C, D, E, F 諸集合中，何者能爲X？

　　　　（ i ）$X \subset A$ 且 $X \subset B$　　　（ii）$X \not\subset B$ 但 $X \subset C$

　　　　（iii）$X \not\subset A$ 且 $X \not\subset C$　　　（iv）$X \subset B$ 但 $X \not\subset C$

3. 設 $A = \{6n | \ n \in Z\}$, $B = \{3n | n \in Z\}$, 證明：$A \subset B$。

4. 設 $A = \{2n | \ n \in Z\}$, $B = \{3n | n \in Z\}$, 求 $A \cap B$。

5. 設 $A = \{3m + 5n | \ m, n \in Z\}$, 證明：$A = Z$。

　　（提示：$3 \cdot 2 + 5\,(-1) = 1$）

6. 設 $n \in Z$, 證明：n 爲偶數$\Longleftrightarrow n^2$ 爲偶數。

7. 利用數學歸納法證明：對任意 $n \in Z$, 皆有

　　　　（ i ）$1^2 + 2^2 + 3^2 + \cdots + n^2 = \dfrac{n(n+1)(2n+1)}{6}$,

　　　　（ii）$1^3 + 2^3 + 3^3 + \cdots + n^3 = \left[\dfrac{n(n+1)}{2}\right]^2$。

8. 設 $x, y \in Q$, 證明：$x + y$, $x - y$, xy 與 $\dfrac{x}{y}$ $(y \neq 0)$ 皆爲有理
　　數。

9. 設 y 爲無理數，$x \in Q$, $x \neq 0$, 證明：$x + y$, $x - y$, xy,
　　$\dfrac{x}{y}$, $\dfrac{y}{x}$ 皆爲無理數。

10. 是否任二無理數的和、差、積、商均仍爲無理數？何故？

11. 以實數線上的圖形表出下面各集合：

　　$[3, 5)$, $[-4, 3]$, $\{5\}$, $\{-3, 2\}$, $(-\infty, 1) \cap [-3, \infty)$,

　　$[-2, \infty) \cup (-\infty, 1)$。

12. 利用課文中所提實數次序關係的基本性質，證明：定理1-1~1-6。

13. 設 $x, y \in R$, 證明下面各題：

（ i ）$xy = 0 \Longrightarrow x = 0$ 或 $y = 0$

（ ii ）$x \leqq y$, $y \geqq x \Longrightarrow x = y$

（iii）$x < 0 \Longrightarrow \dfrac{1}{x} < 0$

（iv）$x < y < 0 \Longrightarrow \dfrac{1}{x} > \dfrac{1}{y}$

（ v ）設 $x \geqq 0$, $y \geqq 0$ 則 $x < y \Longleftrightarrow x^2 < y^2$

（vi）$x^2 + y^2 = 0 \Longrightarrow x = 0$ 且 $y = 0$

14. 設 x, $y \in R$, 且對任意 $\varepsilon > 0$ 而言, 恆有 $x \leqq y + \varepsilon$, 則 $x \leqq y$, 試證之。

15. 證明: 對任意 $x \in Q$ 而言, 恆有 $x^2 \neq 2$。

§1-2 平方根、絕對值、一元不等式

所謂一數 a 的**平方根** (square root), 是指滿足方程式
$$x^2 = a$$
的數。若 $a < 0$, 則因任意實數的平方皆不小於 0, 故 a 無實平方根; 若 $a > 0$, 則知 a 恰有一正平方根, 以 $\sqrt{a}$ 表之, 而此時 $-\sqrt{a}$ 的平方亦為 a, 故 $-\sqrt{a}$ 亦為 a 的平方根。此外, 易知 0 為 0 的唯一的平方根, 以 $\sqrt{0}$ 表之。顯然, 若 $x \in R$, 則 x^2 的非負平方根

$$\sqrt{x^2} = \begin{cases} x, & \text{當 } x \geqq 0; \\ -x, & \text{當 } x < 0。 \end{cases}$$

譬如, $\sqrt{9} = 3$, $\sqrt{(-2)^2} = \sqrt{4} = 2 = -(-2)$。

定理 1-8

設 $a \geqq 0$, $b > 0$, 則

(i) $\sqrt{ab} = \sqrt{a}\sqrt{b}$ (ii) $\sqrt{\dfrac{a}{b}} = \dfrac{\sqrt{a}}{\sqrt{b}}$。

證明 今僅證明定理的前半部, 而後半部的證明則與之相仿而不贅述。因

$$(\sqrt{a}\sqrt{b})^2 = (\sqrt{a})^2(\sqrt{b})^2 = ab,$$

爲卽知 $\sqrt{a}\sqrt{b}$ 滿足方程式 $x^2=ab$。又因 $\sqrt{a}\geqq 0,\sqrt{b}>0$，從而知 $\sqrt{a}\sqrt{b}$ 乃一其平方爲 ab 的非負實數。此外，因 $ab\geqq 0$，故有唯一非負的平方根。但 $\sqrt{a}\sqrt{b}$ 實卽爲 ab 之一非負的平方根，從而知 $\sqrt{a}\sqrt{b}=\sqrt{ab}$，卽定理的前半得證。

對於任一實數 x 而言，由三一律知，$x\geqq 0$ 與 $x<0$ 二者之中恰有一個爲眞。又因 $x<0\Longrightarrow -x>0$，故知，對任一 $x\in R$ 而言，可有一非負的實數（或爲 x 或爲 $-x$）與之對應。基於此，定義 x 的 **絕對值**（absolute value），記爲 $|x|$，如下：

$$|x|=\begin{cases} x, & \text{當 } x\geqq 0; \\ -x, & \text{當 } x<0。 \end{cases}$$

並由此定義得知，對任意 $x\in R$ 而言，恆有

$$\sqrt{x^2}=|x|。$$

定理 1-9

設 $x,y\in R$，則

$$(\,\text{i}\,)\ |x|=|-x|, \qquad (\,\text{ii}\,)\ |xy|=|x|\,|y|,$$

$$(\text{iii})\ |x^2|=|x|^2, \qquad (\text{iv})\ \left|\frac{x}{y}\right|=\frac{|x|}{|y|},\ y\neq 0。$$

證明（i）$|x|=\sqrt{x^2}=\sqrt{(-x)^2}=|-x|$。

（ii）$|xy|=\sqrt{(xy)^2}=\sqrt{x^2 y^2}=\sqrt{x^2}\sqrt{y^2}=|x|\,|y|$。

（iii）於（ii）中，令 $y=x$ 卽得。

（iv）$\left|\dfrac{x}{y}\right|=\sqrt{\left(\dfrac{x}{y}\right)^2}=\sqrt{\dfrac{x^2}{y^2}}=\dfrac{\sqrt{x^2}}{\sqrt{y^2}}=\dfrac{|x|}{|y|}$。

由幾何的觀點看，$|x|$ 實表實數線上坐標爲 x 之點與原點的 **距離**（distance）。更推而廣之，實數線上任意二點 x,y 之距離，乃爲 $|x-y|$。設 $a\geqq 0$，則 $|x|\leqq a$ 與 $-a\leqq x\leqq a$ 之幾何意義，皆表 x 與原點的距離不大於 a，故知 $|x|\leqq a\Longleftrightarrow -a\leqq x\leqq a$。同樣的，對

任意 $a \geqq 0$ 而言，$|x| > a \Longleftrightarrow x > a$ 或 $x < -a$。我們將之列為定理於下：

定理 1-10

設 $a \geqq 0$，則

（i）$|x| \leqq a \Longleftrightarrow -a \leqq x \leqq a$，

（ii）$|x| > a \Longleftrightarrow x > a$ 或 $x < -a$。

定理 1-11

設 $x \in R$，則 $-|x| \leqq x \leqq |x|$。

證明 留作習題。

定理 1-12 三角形不等式 (triangular inequality)

設 $x, y \in R$，則 $|x+y| \leqq |x| + |y|$。

證明 由定理 1-11 知

$$-|x| \leqq x \leqq |x|, \quad -|y| \leqq y \leqq |y|,$$

故得

$$-(|x| + |y|) \leqq x + y \leqq |x| + |y|,$$

而由定理 1-10 (i) 即得證

$$|x+y| \leqq |x| + |y|。$$

例1 於下列各題中，以區間符號表出集合 $A = \{x \mid p(x)\}$。

（i）$p(x)$ 為 $|x-2| < 3$，(ii) $p(x)$ 為 $|2x+5| \leqq 1$，

(iii) $p(x)$ 為 $|3x+1| > 2$。

解 (i) 因為

$$|x-2| < 3 \Longleftrightarrow -3 < x - 2 < 3 \Longleftrightarrow -1 < x < 5,$$

即知

$$A = \{x \mid -1 < x < 5\} = (-1, 5)。$$

(ii) 因為

$$|2x+5| \leqq 1 \Longleftrightarrow -1 \leqq 2x + 5 \leqq 1 \Longleftrightarrow -6 \leqq 2x \leqq -4$$

$\Longleftrightarrow -3 \leq x \leq -2,$

即知

$A = \{x \mid -3 \leq x \leq -2\} = [-3, -2]$。

(iii) 因為

$\mid 3x+1 \mid > 2 \Longleftrightarrow 3x+1 > 2$ 　或　$3x+1 < -2$

$\Longleftrightarrow x > \dfrac{1}{3}$ 　或　$x < -1,$

故知

$A = \{x \mid x > \dfrac{1}{3}$ 　或　$x < -1\} = (-\infty, -1) \cup (\dfrac{1}{3}, \infty)$。

含有實數之次序關係符號 "$<$","$>$", "$\leqq$","$\geqq$" 等的式子稱為**不等式** (inequality)。譬如 $2 < 3$, $a^2 \geqq -1$, $3x+2 \leqq 5x$, $x > 2y$ 等均為不等式。不等式中含有文字者（如上面後三式），為**開放命題**（open statement）（即式中文字於代入一特定數值時， 可辨明其是否成立的敘述）， 使此不等式成立的所有實數所成的集合， 稱為此不等式的**解集合** (solution set)。一般來說，含有幾個文字的不等式，即稱為幾**元**不等式。譬如 $a^2 \geqq -1$, $3x+2 \leqq 5x$ 為一元不等式，而 $x > 2y$ 為二元不等式。在此將僅討論由多項式、分式、及絕對值等式子所定的一些特殊型態的一元不等式之解法。

一元不等式的解集合顯然為實數集合 R 的子集合。若於一不等式中， 任一使此式有意義之實數， 皆能滿足此式， 則稱此不等式為**絕對不等式** (absolute inequality)，否則稱為**條件不等式** (conditional inequality)。解一不等式，意指求此不等式的解集合。

例 2　解下列各不等式：

（i）$(x+1)(x-2)(x-4) < 0$　(ii) $x(2x-1)^2(x-2) \geqq 0$

(iii) $(3x-2)(5-2x)(x+1)^3 < 0$

解 （i）由於此不等式左邊爲三個因式之積，而與此三因式之符號有關的三數，由小而大排列，爲 $-1, 2, 4$。若一數 x 大於上述三數之最大數 4，則各因式之值均爲正，故其乘積爲正；若 x 介於 2 與 4 之間，則三因式中除 $x-4$ 值爲負外，其他二因式仍爲正，故三者之積的符號改變爲負；若 x 介於 -1 與 2 之間，則除 $x+1$ 之值仍爲正外，$x-2$ 之值亦變爲負，故三者之積的符號又變號而爲正，若 x 小於最小數 -1，則三因式之值均爲負，故三者之積再變號而爲負。上面所述，可藉下表示明：

x 之 值	-1	2	4
左式符號	$-$	$+$	$-$	$+$

因而知所求之解集合爲

$$(-\infty, -1) \cup (2, 4)。$$

（ii）顯知

$$x(2x-1)^2(x-2) = 0 \Longleftrightarrow x = 0, \frac{1}{2}, 2$$

又因 $x \neq \frac{1}{2}$ 時，$(2x-1)^2 > 0$，故

$$x(2x-1)^2(x-2) > 0 \Longleftrightarrow x(x-2) > 0,$$

仿（i）之解法，由下表：

	0		2	
$+$		$-$		$+$

知 $x(2x-1)^2(x-2) > 0$ 之解集合爲 $(-\infty, 0) \cup (2, \infty)$，從而知 $x(2x-1)^2(x-2) \geqq 0$ 之解集合爲

$$(-\infty, 0] \cup [2, \infty) \cup \left\{\frac{1}{2}\right\}。$$

(iii) 因爲

$$(3x-2)(5-2x)(x+1)^3 < 0$$

$$\Longleftrightarrow (3x-2)(5-2x)(x+1) < 0$$

$$\Longleftrightarrow 3\left(x-\frac{2}{3}\right)(-2)\left(x-\frac{5}{2}\right)(x+1) < 0$$

$$\Longleftrightarrow \left(x-\frac{2}{3}\right)\left(x-\frac{5}{2}\right)(x+1) > 0,$$

由下表

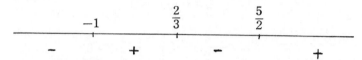

即知所求的解集合爲

$$\left(-1,\frac{2}{3}\right) \cup \left(\frac{5}{2},\infty\right)。$$

例3　解下列各一元二次不等式:

（ⅰ）$x^2 + 9 > 6x$ 　　　　（ⅱ）$4x^2 + 12x + 9 \leqq 0$

（ⅲ）$3x^2 - 5x + 4 > 0$ 　　（ⅳ）$3x^2 + 5x + 6 \leqq 3x + 8$

解　　（ⅰ）因爲

$$x^2 + 9 > 6x$$

$$\Longleftrightarrow x^2 - 6x + 9 > 0$$

$$\Longleftrightarrow (x-3)^2 > 0$$

$$\Longleftrightarrow x \neq 3,$$

故知所求之解集合爲

$$R-\{3\}=(-\infty,3) \cup (3,\infty),$$

其中符號 $R-\{3\}$ 表於實數集合中去除元素3所得的集合。

（ⅱ）因爲

$$4x^2 + 12x + 9 \leqq 0$$

$$\Longleftrightarrow (2x+3)^2 \leqq 0$$

$$\Longleftrightarrow (2x+3)^2 = 0$$

$$\Longleftrightarrow x = -\frac{3}{2},$$

故知所求之解集合爲 $\left\{-\frac{3}{2}\right\}$, 恰含一個元素。

(iii) 因爲

$$3x^2 - 5x + 4 > 0$$

$$\Longleftrightarrow 3(x^2 - \frac{5}{3}x + \frac{4}{3}) > 0$$

$$\Longleftrightarrow 3[(x-\frac{5}{6})^2 - (\frac{5}{6})^2 + \frac{4}{3}] > 0$$

$$\Longleftrightarrow (x-\frac{5}{6})^2 + \frac{23}{36} > 0,$$

又因對任意之 $x \in R$ 而言, 恆有

$$(x-\frac{5}{6})^2 \geqq 0,$$

故知對任一 $x \in R$ 而言,

$$(x-\frac{5}{6})^2 + \frac{23}{36} > 0$$

恆成立, 故知所求之解集合爲 R。

(iv) 因爲

$$3x^2 + 5x + 6 \leqq 3x + 8$$

$$\Longleftrightarrow 3x^2 + 2x - 2 \leqq 0$$

$$\Longleftrightarrow 3[(x+\frac{1}{3})^2 - \frac{7}{9}] \leqq 0$$

$$\Longleftrightarrow (x+\frac{1}{3}+\frac{\sqrt{7}}{3})(x+\frac{1}{3}-\frac{\sqrt{7}}{3}) \leqq 0,$$

由下表

$$\frac{-(1+\sqrt{7})}{3} \qquad\qquad \frac{-(1-\sqrt{7})}{3}$$

　　+　　　　　　　　　－　　　　　　　　　+

即知所求的解集合為

$$[\frac{-(1+\sqrt{7})}{3}, \ \frac{-(1-\sqrt{7})}{3}]。$$

例4 解不等式: $12-x < x^2 \leqq 6-5x$。

解　因為

　　　　$12-x < x^2 \leqq 6-5x \Longleftrightarrow (12-x<x^2)$ 且 $(x^2 \leqq 6-5x)$,

故知原不等式之解集合，為上式右邊二不等式之解集合的交集。因為

　　　　$12-x < x^2 \Longleftrightarrow x^2+x-12>0 \Longleftrightarrow (x+4)(x-3)>0$,

　　　　$x^2 \leqq 6-5x \Longleftrightarrow x^2+5x-6 \leqq 0 \Longleftrightarrow (x+6)(x-1) \leqq 0$,

仿例2之解法可知，$12-x < x^2$ 與 $x^2 \leqq 6-5x$ 二不等式之解集合分別為

　　　　$(-\infty,-4) \cup (3,\infty)$ 及 $[-6,1]$,

而由下圖易知

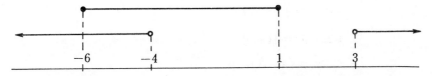

二者的交集為 $[-6,-4)$，此乃為原不等式的解集合。

例5　解下面不等式:

　　　（ⅰ）$|2x+3| < 1$　　　　（ⅱ）$x^2-4x+2 < |x-2|$

　　　（ⅲ）$|x-1|+|x-2|+3|x-3| < 6$

解　（ⅰ）由 1-1 節絕對值的幾何意義知

　　　　　$|2x+3| < 1 \Longleftrightarrow -1 < 2x+3 < 1 \Longleftrightarrow -4 < 2x < -2$

　　　　　$\Longleftrightarrow -2 < x < -1$,

即知解集合為 $(-2, -1)$。又由下式：

$$|2x+3| < 1 \iff 2\,|x+\frac{3}{2}| < 1 \iff |x-(-\frac{3}{2})| < \frac{1}{2},$$

知解集合乃數線上以 $-\frac{3}{2}$ 為中心，$\frac{1}{2}$ 為半徑的開區間，即

$(-2, -1)$。

(ii) 當 $x-2 \geqq 0$ 時

$$x^2-4x+2 < |\,x-2\,|$$

$$\iff x^2-4x+2 < x-2$$

$$\iff x^2-5x+4 < 0$$

$$\iff (x-1)(x-4) < 0 ,$$

故知集合

$$(1,4) \cap [2,\infty) = [2,4)$$

為原不等式解集合的子集合。

當 $x-2 < 0$ 時

$$x^2-4x+2 < |\,x-2\,|$$

$$\iff x^2-4x+2 < 2-x$$

$$\iff x^2-3x < 0$$

$$\iff x(x-3) < 0 ,$$

故知集合

$$(0,3) \cap (-\infty,2) = (0,2)$$

亦為原不等式解集合的子集合。從而知原不等式之解集合為上述二集合的聯集，即

$$[2,4) \cup (0,2) = (0,4)。$$

(iii) 因為與絕對值符號內的數之正負有關的數，由小而大依次為 1，2，3，故我們以這三點為基準分段討論：

當 $x \geqq 3$ 時

$$|x-1|+|x-2|+3\,|x-3|<6$$

$$\Longleftrightarrow (x-1)+(x-2)+3\,(x-3)<6$$

$$\Longleftrightarrow 5x<18$$

$$\Longleftrightarrow x<\frac{18}{5}\,;$$

當 $2 \leqq x<3$ 時

$$|x-1|+|x-2|+3\,|x-3|<6$$

$$\Longleftrightarrow (x-1)+(x-2)-3\,(x-3)<6$$

$$\Longleftrightarrow -x<0$$

$$\Longleftrightarrow x>0\,;$$

當 $1 \leqq x<2$ 時

$$|x-1|+|x-2|+3\,|x-3|<6$$

$$\Longleftrightarrow (x-1)-(x-2)-3\,(x-3)<6$$

$$\Longleftrightarrow -3x<-4$$

$$\Longleftrightarrow x>\frac{4}{3}\,;$$

當 $x<1$ 時

$$|x-1|+|x-2|+3\,|x-3|<6$$

$$\Longleftrightarrow -(x-1)-(x-2)-3\,(x-3)<6$$

$$\Longleftrightarrow -5x<-6$$

$$\Longleftrightarrow x>\frac{6}{5}\,;$$

由上之討論知，所求的解集合爲下面四個集合的聯集：

$$[3,\infty) \,\cap\, (-\infty,\tfrac{18}{5})=[3,\tfrac{18}{5}),$$

$$[2,3) \,\cap\, (0,\infty)=[2,3),$$

$$[1,2) \cap (\frac{4}{3},\infty)=(\frac{4}{3},2),$$

$$(-\infty,1) \cap (\frac{6}{5},\infty)=\phi,$$

卽知所求之解集合爲 $(\frac{4}{3}, \frac{18}{5})$。

例6 解下面各不等式:

$$(i) -\frac{1}{x-1} \leqq \frac{2}{2x+1} \quad (ii) -2 < \frac{1}{x} < 3$$

解 (i) 因爲

$$-\frac{1}{x-1} \leqq \frac{2}{2x+1} \iff 0 \leqq \frac{1}{x-1}+\frac{2}{2x+1}$$

$$\iff 0 \leqq \frac{4x-1}{(x-1)(2x+1)},$$

仿例 2 之討論，由下表

	$-\frac{1}{2}$		$\frac{1}{4}$		1	
$-$		$+$		$-$		$+$

又 $x=1$ ，$-\frac{1}{2}$ 均使分母爲 0 ，應予剔除，故知解集合爲

$$(-\frac{1}{2}, \frac{1}{4}] \cup (1,\infty)。$$

(ii) 因爲

$$-2 < \frac{1}{x} < 3 \iff -2 < \frac{1}{x} \text{且} \frac{1}{x} < 3$$

$$\iff \frac{1+2x}{x} > 0 \text{且} \frac{1-3x}{x} < 0,$$

由下二表知

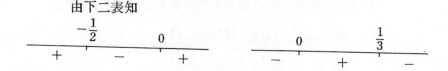

解集合爲

$$((-\infty,-\frac{1}{2}) \cup (0,\infty)) \cap ((-\infty,0) \cup (\frac{1}{3},\infty))。$$

在實數線上繪出圖形如下：

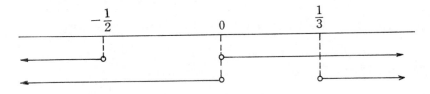

即得解集合爲

$$(-\infty,-\frac{1}{2}) \cup (\frac{1}{3},\infty)。$$

習　　　題

1. 求 $\sqrt{16}$，$\sqrt{(-5)^2}$，$\sqrt{(-3)^4}$ 之值。

2. 設 a，b 爲正數，求 $\sqrt{a^2+b^2-2ab}$，$\sqrt{a+b+2\sqrt{ab}}$，$\sqrt{a+b-2\sqrt{ab}}$。

3. 設 x，$y \in R$，證明：
   （ i ）$|x-y| \leq |x|+|y|$　　　　（ii）$|x-y| \geq ||x|-|y||$
   （iii）$\sqrt{x^2+y^2} \leq |x|+|y|$　　　　（iv）$|xy| \leq x^2+y^2$

4. 證明定理 1-11。

5. 指出下式的謬誤所在並給予正確的解：

$$\frac{2-4x}{2x+3} < 1 \Longleftrightarrow (2-4x)<(2x+3) \Longleftrightarrow 6x>-1$$

$$\Longleftrightarrow x>-\frac{1}{6}。$$

解下面各不等式:

6. $(3x-2)^2(x+3)(4-3x) < 0$

7. $2x^3 + 3x^2 - 2x - 3 \leqq 0$　　　8. $|2x-1| \leqq |x-2|$

9. $|x-1| + |x+2| < 2$　　　10. $|x-3| + |x+1| \leqq 4$

11. $|2x-1| + |x+3| \geqq |3x+2|$　　　12. $|x^2-4| \geqq |x^2-9|$

13. $\dfrac{2x+1}{x-1} \leqq 2 + \dfrac{x-1}{x}$　　　14. $\dfrac{2}{x+1} < \dfrac{3}{2x-5}$

15. $\dfrac{1}{x-1} < \dfrac{4}{x-2} \leqq \dfrac{3}{x+1}$　　　16. $\dfrac{1}{x+1} \leqq \dfrac{2x+5}{x^2-1}$

17. $\dfrac{2x+1}{x-1} \leqq \dfrac{x+1}{x}$　　　18. $\dfrac{(x+2)(x-4)}{x(x-1)} \leqq 1$

§1-3 函數及其結合

函數 (function) 的概念,在數學上佔著相當重要的地位,尤其在微積分課程上,沒有這一概念,幾乎一般的理論之探討都將很不方便。事實上,這一概念就是由微積分基本定理發現人之一的**萊布尼茲** (Leibnitz) 首先引介於數學語言中的。 簡單的說, 函數是用以表明兩種實體間的一種關係。譬如,從幾何的知識知,邊長爲 1 的正方形之面積爲 1;邊長爲 2 的正方形之面積爲 4;並且知,只要正方形的邊長 r 爲已知,則這正方形之面積卽爲 r^2, 這種表出正方形之面積與邊長間的關係,就是一種函數。在此,我們可稱「正方形的面積爲其邊長的函數」。如果以 A 表面積,那麼就可以 $A=r^2$ 表出面積 A 和邊長 r 的關係。習慣上,我們更喜歡把 A 寫爲 $A(r)$,而上面式子就寫作

$$A(r) = r^2,$$

這樣，式子左邊的符號表示 A 的值是由 r 來決定，而決定的方式就是等號右邊的式。譬如邊長爲 4 的正方形之面積爲 $A(4)$，是把邊長 4「代入」式子的 r 中而得，故知

$$A(4)=4^2=16。$$

用一般的話說，正方形的面積可由邊長藉上式來決定，所以上式所表的函數中，表邊長的文字 r 稱爲這函數的**自變數**（independent variable）或**引數**（argument），表面積的文字 A 稱爲這函數的**應變數**（dependent variable），而 $A(r)$ 卽自變數爲 r 時應變數（或函數）的**值**（value）。如果把上面的函數，看作是一部具有求出正方形面積之功能的「機器」，則當把「原料」——邊長資料 r——從「原料餵入口」餵入後，就可從「成品產出口」確定地得到「成品」——面積的資料 $A(r)$ 如下圖所示：

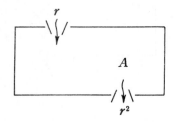

像上面用「具特殊功能的機器」之概念來說明函數，是比較具體且具一般性的。譬如說，人的「姓」是「人」的函數，「體重」也是「人」的函數，而「身高」則是「人」的另一個函數等，如下圖所示：

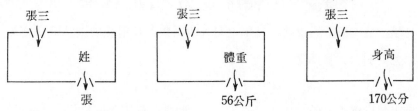

如果以式子表出，即爲

姓（張三）＝張，　　　體重（張三）＝56公斤，

身高（張三）＝170公分，

（假設張三的體重爲56公斤、身高爲170公分）。只是上述三個「人」的函數之**值**，無法用自變數的式子表出罷了。

從以上特例的說明，我們意在指出，函數是能對表自變數的量，確定地決定應變數之量的「機器」。如果以 f 表這函數，x 表自變數，y 表應變數，則可以 $y=f(x)$ 表自變數爲 x 時，應變數 y 的值爲 $f(x)$，並稱 $f(x)$ 爲函數 f 在自變數爲 x 時的**函數值**。即如下圖所示：

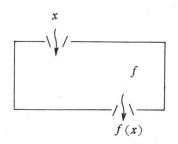

嚴格地說，一個函數之自變數的量，自有其討論的範圍，稱爲函數的**定義域**（domain）。譬如，正方形的面積爲其邊長的函數，而這函數的定義域顯然爲所有正數的全體，即爲集合 $(0,\infty)$，並且這函數可表爲

$$A(r)=r^2,\ r>0\ 或\ A(x)=x^2,\ x\in(0,\infty)。$$

又如，某校學生的學號，爲學生個人的函數，其定義域則爲這學校學生全體。另外，像函數

$$f(x)=2x^2-7,\ x=-1,0,1,2,3。$$

則表其自變數只是 $-1,0,1,2,3$ 五個數，即定義域爲集合 $\{-1,0,1,2,3\}$。一般來說，一函數的定義域可以表爲 dom f，而函數本身也

可以下面二式之一來表出：

$$f : x \xrightarrow{\hspace{3cm}} f(x), \ x \in \operatorname{dom} f;$$

$$x \xrightarrow{\hspace{1.2cm} f \hspace{1.2cm}} f(x), \ x \in \operatorname{dom} f;$$

如果把函數看作是一面「聚光鏡」，能把定義域中的元素 x「投射」而爲 $f(x)$，亦頗爲具體易懂，而以這觀點看，也易知 $f(x)$ 可以稱爲 x 經 f 的**值或像** (image)，或 f 在 x 的值或像。我們亦可把函數 f 看作是一種對應，它是 dom f 到 ran f 間的一種對應，而 $f(x)$ 乃是 dom f 中 x 的對應元素。一函數 f 的函數值的全體所成的集合，稱爲這函數的**值域** (range)，記爲 ran f，卽

$$\operatorname{ran} f = \{ f(x) \mid x \in \operatorname{dom} f \}。$$

若集合 $A = \operatorname{dom} f$，則 ran f 可記爲 $f(A)$，卽

$$f(A) = \{ f(x) \mid x \in A \}。$$

　　若二函數 f, g 的定義域相同，且二函數對定義域中的每一元素的函數值均相等，則稱這二函數爲**相等** (equal)，記爲 $f = g$，卽

$$f = g \iff \quad (1) \ \operatorname{dom} f = \operatorname{dom} g$$

$$\text{且} \quad (2) \ f(x) = g(x)，對每一 \ x \in \operatorname{dom} f$$

$$\text{均成立。}$$

譬如

$$f(x) = 2x^2 - 7, \ x = -1, 0, 1, 2, 3;$$

$$g(t) = 2t^2 - 7, \ t = -1, 0, 1, 2, 3,$$

則 $f = g$。又如，

$$f(x) = x^3 + x, \ x = -1, 0, 1;$$

$$g(x) = 2x, \qquad x = -1, 0, 1,$$

則因二函數的定義域同爲 $\{-1, 0, 1\}$，且 $f(-1) = -2 = g(-1)$，$f(0) = 0 = g(0)$，$f(1) = 2 = g(1)$，故 $f = g$。而對函數

$$f(x) = x^2, \ x \in (0, 1),$$

$$g(x)=x^2,\ x\in(1,3),$$

而言，因爲二函數的定義域不同，故 $f\neq g$。由函數的意義知，縱使函數的自變數和應變數的對應法則爲已知，若不知其定義域，則這函數仍未明確。一般的習慣，對一個以數學式子定出的函數而言，若沒有明確表明其定義域時，均以使數學式子有意義的實數全體，作爲函數的定義域。譬如：

$$f(x)=2x^2+3x-4,\ g(x)=\frac{1}{2x+3},$$

$$h(x)=-1,\ k(x)=\frac{1}{\sqrt{3x-2}}$$

四函數的定義域分別爲 R, $R-\{-\frac{3}{2}\}$, R, $(\frac{2}{3},\infty)$。

對函數 f 而言，若 dom f 與 ran f 皆爲 R 的子集合，則稱 f 爲**實函數** (real function)；若 ran $f\subset R$，則稱 f 爲**實值函數** (real-valued function)。本書所討論的函數，除特別指明外，概爲實值函數。

例1　下面各函數的定義域爲何？

$$f(x)=\sqrt{x^2},\ g(x)=\sqrt{|x-2|},$$

$$h(x)=\frac{1}{x^2+x},\ k(x)=\frac{x^2}{x}。$$

解　因爲 $f(x)=\sqrt{x^2}=|x|$，故知其定義域爲 R。因爲 $|x-2|\geqq 0\Longleftrightarrow x\in R$，故知 $g(x)$ 的定義域亦爲 R。因爲 $x^2+x\neq 0\Longleftrightarrow x(x+1)\neq 0\Longleftrightarrow x\neq 0,-1$，故知 $h(x)$ 之定義域爲 $R-\{0,-1\}$。易知 $\frac{x^2}{x}$ 於 $x\neq 0$ 時才有意義，故知 $k(x)$ 的定義域爲 $R-\{0\}$。

例2　下面二函數是否相等？何故？

$$f(x)=x+1,\ g(x)=\frac{x^2-1}{x-1}。$$

解 雖然對於不等於 1 之 x 而言, $f(x)=g(x)$, 但因 1 在 f 的定義域中, 而不在 g 的定義域中, 故 $f \neq g$。

例 3 設區間 $A=[-2.5, 3.4]$, 令 $[x]$ 表小於或等於 x 的最大整數, $f(x)=[x]$, $x \in A$, 求 f 之值域。(其中 $[x]$ 稱爲**高斯** (Gauss) 符號)

解 易知

若 $-2.5 \leq x < -2$, 則 $f(x)=[x]=-3$;
若 $-2 \leq x < -1$, 則 $f(x)=[x]=-2$;
若 $-1 \leq x < 0$, 則 $f(x)=[x]=-1$;
若 $0 \leq x < 1$, 則 $f(x)=[x]= 0$;
若 $1 \leq x < 2$, 則 $f(x)=[x]= 1$;
若 $2 \leq x < 3$, 則 $f(x)=[x]= 2$;
若 $3 \leq x \leq 3.4$, 則 $f(x)=[x]= 3$;

故知

$$f(A)=f([-2.5, 3.4])=\{-3,-2,-1,0,1,2,3\}。$$

有些形式的實值函數, 在數學上時常用及, 故特給予一些名詞於下:

多項函數 (polynomial function): 由多項式 $p(x)$ 所定的函數稱爲多項函數。若 $p(x)$ 爲 n 次多項式, 則稱 p 爲 **n 次函數**。一次函數又稱爲**線性函數** (linear function) (因其圖形爲直線)。若 $p(x)$ 爲常數多項式, 則函數 p 的值域恰包含一個元素, 而稱爲**常數函數** (constant function)。若 $p(x)=x$, 此時定義域中每一元素的函數值爲其本身, 稱爲**恆等函數** (identity function)。

有理函數 (rational function): 若 $p(x)$, $q(x)$ 均爲多項式, 且 $q(x)$ 不爲常數多項式 0, 則有理式 $\dfrac{p(x)}{q(x)}$ 所定的函數稱爲有理函數, 此有理函數的定義域爲 $\{x \mid q(x) \neq 0\}$。

單調函數（monotonic function）：設 f 爲實函數。若 $x , y \in \text{dom} \ f, \ x < y \Longrightarrow f(x) \leq f(y)$，則稱函數 f 爲**增函數**（increasing function）；若 $x < y \Longrightarrow f(x) \geq f(y)$，則稱 f 爲**減函數**（decreasing function）；增函數和減函數統稱爲單調函數。上面定義中之符號"$\leq$"或"$\geq$"，若代以"$<$"或"$>$"，則分別稱爲**嚴格增函數**（strictly increasing function）及**嚴格減函數**（strictly decreasing function）。

有界函數（bounded function）：若對函數 f 而言，存在一正數 M，使得 $f(x) \leq M$ 對每一 $x \in \text{dom} \ f$ 均成立，則稱 f 爲**有上界**（bounded above），而稱 M 爲 f 的一個**上界**（upper bound）；一函數爲**有下界**（bounded below）及其**下界**（lower bound）的意義仿此。若一函數既有上界又有下界，則稱其爲有界函數。

例 4　設 $f(x) = \dfrac{1}{1+x^2}$ ，則 f 爲有界函數，**試證之**。

證　易知 $f(x) \geq 0$ 對任意 x 均成立，故知 0 爲 f 之一下界。又因

$$1 + x^2 \geq 1,$$

$$f(x) = \frac{1}{1+x^2} \leq 1,$$

故知 1 爲 f 之一上界，從而知 f 爲有界函數。

設 f , g 爲二實值函數，則對 $\text{dom} \ f \cap \text{dom} \ g$ 之任一元素 x_0 而言，$f(x_0)$ 與 $g(x_0)$ 爲二實數，而若令 $f(x_0) + g(x_0)$ 對應於 x_0，則可得一函數，記爲 $f + g$ ，卽

$$f + g : x \longrightarrow f(x) + g(x),$$

$$x \in \text{dom} \ f \cap \text{dom} \ g,$$

亦卽

$$(f+g)(x)=f(x)+g(x), \quad x\in \text{dom } f \cap \text{dom } g。$$

同樣的，我們可定義 $f-g$，$f \cdot g$，$\dfrac{f}{g}$ 等諸函數如下：

$$(f-g)(x)=f(x)-g(x), \ x\in \text{dom } f \cap \text{dom } g；$$

$$(f \cdot g)(x)=f(x) \cdot g(x), \ x\in \text{dom } f \cap \text{dom } g；$$

$$\left(\frac{f}{g}\right)(x)=\frac{f(x)}{g(x)}, \ x\in \text{dom } f \cap \text{dom } g \cap \{x \mid g(x)\neq 0\}。$$

除了上述四種代數結合外，二函數 f，g 間尚有一種很重要的結合，稱其爲**合成**（composite），記爲 $f \circ g$ 定義如下：

$$f \circ g(x)=f(g(x)), x\in \text{dom } g \cap \{x \mid g(x)\in \text{dom } f\},$$

以機器表函數的概念時，$f \circ g$ 實爲由 f 及 g 二機器組成的一部機器，如下圖所示：

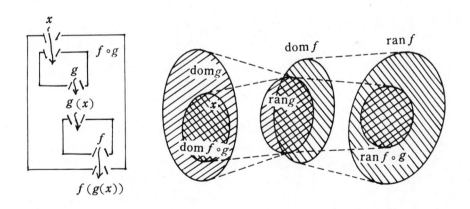

譬如，若 $f(x)=\sqrt{x}$，$g(x)=1-x^2$，則 $f \circ g(x)=f(g(x))=\sqrt{g(x)}=\sqrt{1-x^2}$，而且 $\text{dom } f \circ g=[-1,1]$。又 $h(x)=(x^6+x+1)^3$ 可視爲二函數 $f(x)=x^3$ 與 $g(x)=x^6+x+1$ 之合成 $f \circ g$，卽

$h=f\circ g$。讀者應注意到 $f\circ g$ 有意義時 $g\circ f$ 未必有意義，反之亦然，而若二者皆有意義，通常亦 $f\circ g\neq g\circ f$。

習　　題

1. 人的生身母親是不是人的函數？

2. 考試的成績是不是準備考試所用時間的函數？

3. 設 $f(x)=4x^3-x+1$，$x\in\{0,1,-1,2\}$，求 $f(0)$，$f(-1)$，$f(2)$，$f(-3)$，及 $\operatorname{ran}f$。

4. 設 $f(x)$ 定義如下，求 $f(0)$，$f(\frac{6}{9})$，$f(\sqrt{2})$，$f(\pi)$。

$$f(x)=\begin{cases} 0,\ x\in\{0\}\cup(R-Q);\\ \dfrac{1}{p},\ x=\dfrac{q}{p}, \end{cases} \text{ 其 } p,q \text{ 為互質。}$$

5. 於下列各題中，求 dom f 及 ran f。

（i） $f(x)=|x|$　　　　　　（ii） $f(x)=\dfrac{|x|}{x}$

（iii） $f(x)=\begin{cases} 1,\ x\in Q;\\ -1,\ x\in R-Q。\end{cases}$

（iv） $f(x)=\begin{cases} 2,\ & x<3;\\ 1-x,\ & 3\leq x<5;\\ 7,\ & x=5。\end{cases}$

6. 於下列各題中，求 dom f。

（i） $f(x)=\dfrac{3}{2-x^2}$

（ii） $f(x)=\dfrac{1}{1+x^3}$，$x\neq-1$；$f(-1)=0$

（iii） $f(x)=\dfrac{\sqrt{(1-x)(2x+3)}}{x}$

(iv) $f(x)=\dfrac{x+4}{\sqrt{x^2-x-6}}$

7. 下列各題中二函數是否相等？何故？

  (i) $f(x)=x^4+2,\ x\in(-1,2);$

    $g(t)=t^4+2,\ t\in(-2,3)$

  (ii) $f(x)=\dfrac{|x|}{x};\ g(x)=\dfrac{\sqrt{x^2}}{x}$

  (iii) $f(x)=|x^2|,\ x<0;\ g(x)=-x|x|,\ x<0$

  (iv) $f(x)=\dfrac{x^2-5x+6}{x-3},\ x\neq3;\ f(3)=1;$

    $g(x)=x-2$

  (v) $f(x)=\dfrac{x^2-1}{x-1};\ g(x)=x+1$

  (vi) $f(x)=\dfrac{x-1}{\sqrt{x}+1};\ g(x)=\sqrt{x}-1$

8. 設 $f(x)=\dfrac{1}{x^2}$，證明 f 有下界但無上界。

9. 設 $f(x)=|x|,\ g(x)=x|x|,\ h(x)=1-\dfrac{1}{x}$，求 $f\circ f,$

 $g\circ g,\ h\circ h,\ f\circ g,\ g\circ f,\ h\circ h\circ h$。

10. 設 $f(x)=\dfrac{1}{x^2},\ g(x)=\sqrt{x}$，求 $f+g,f-g,f\cdot g,\dfrac{f}{g},$

 $f\circ g$ 及 $g\circ f$，須指明各函數的定義域。

11. 設 $f(x)=\sqrt{x^2+1}$，證明：

  (i) $f(x)+f(y)>f(x+y)$ (ii) $f(xy)\leq f(x)f(y)$

12. 設 $f(xy)=f(x)+f(y)$，證明：

  (i) 若 $0\in\text{dom}\,f$，則 $f(x)=0$，對任一 $x\in\text{dom}\,f$
   均成立。

  (ii) 若 $0\notin\text{dom}\,f,\ \{1,-1\}\subset\text{dom}\,f$，則 $f(1)$

$$= f(-1) = 0 \text{。}$$

(iii) 若 dom $f = R - \{0\}$，則 $f(-x) = f(x)$，

$x \in$ dom f。

(iv) 若 $0 \notin$ dom f，則 $f\left(\dfrac{1}{x}\right) = -f(x)$，$x, \dfrac{1}{x} \in$

dom f。

13. 設 $f(x) = \begin{cases} 2x+1, & x < 1; \\ x^2, & x \geq 1 \text{。} \end{cases}$ $g(x) = \begin{cases} x-5, & x < 1; \\ x-4, & x \geq 1 \text{。} \end{cases}$

求 $f + g$，$f \cdot g$，$f \circ g$。

§1-4 直角坐標平面，實函數的圖形

在 1-1 節中，我們介紹了直線坐標系，使得實數與直線上的點可以不加區分。如此，對實數就可以有具體的概念，譬如利用直觀可知，與點 1 相距不大於 3 的點，爲從 -2 到 4 之所有點，卽知

$$|x-1| \leq 3 \Longleftrightarrow -2 \leq x \leq 4 \text{；}$$

反之，利用實數的運算性質，我們也可以推知一些直觀不易發覺的性質，譬如由

$$x^2 < x \Longleftrightarrow x^2 - x = x(x-1) < 0 \Longleftrightarrow x \in (0,1),$$

可知只有介於 0 與 1 之間的數，其平方才會小於它自身。今對平面上的點，我們也要作類似的處理。

以直線坐標系爲基礎，我們可以很容易的在平面上建立坐標系。今取一水平直線 $\overleftrightarrow{X'X}$，並在其上建立一直線坐標系，令 O 表原點，過 O 作一直線 $\overleftrightarrow{Y'Y}$ 垂直於 $\overleftrightarrow{X'X}$，以 O 爲原點在 $\overleftrightarrow{Y'Y}$ 上建立一直線坐標系。對於平面上任一點 P 而言，作 $\overrightarrow{PM} \perp \overleftrightarrow{X'X}$ 於 M，$\overrightarrow{PN} \perp \overleftrightarrow{Y'Y}$ 於 N，

則 M 在 $\overleftrightarrow{X'X}$ 上有一坐標 x，N 在 $\overleftrightarrow{Y'Y}$ 上有一坐標 y，我們卽稱 x 爲 P 點的 x 坐標或橫坐標 (abscissa)，y 爲 P 點的 y 坐標或縱坐標 (ordinate)。更以 $P(x,y)$ 表 P 乃橫坐標爲 x，縱坐標爲 y 的點,並稱 (x,y) 爲 P 點的平面坐標。

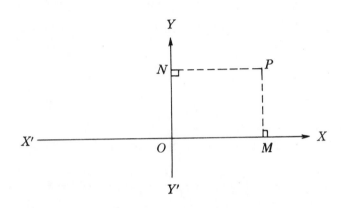

反之，對任意二實數 x，y 而言，令 M,N 分別表 $\overleftrightarrow{X'X}$，及 $\overleftrightarrow{Y'Y}$ 上直線坐標爲 x 與 y 之點，過 M,N 分別作 $\overleftrightarrow{X'X}$，與 $\overleftrightarrow{Y'Y}$ 之垂線，並令其交點爲 P，則由幾何知識易知，P 點的平面坐標卽爲 (x,y)。如此一來，所有平面上的點均可用有序的實數對來表出，而任一有序實數對也均可唯一的表出平面上的點。這樣的，平面上的點和有序實數對之間的對應關係，稱爲平面坐標系，而直線 $\overleftrightarrow{X'X}$ 及 $\overleftrightarrow{Y'Y}$ 分別稱爲 x 軸（或橫軸）(x axis) 及 y 軸（或縱軸）(y axis)，O 點仍稱爲原點 (origin)，更由於二坐標軸互相垂直，故特稱這樣的坐標系爲直角坐標系 (rectangular coordinate system)。此外，建立了坐標系的平面爲坐標平面。習慣上，我們都令 x 軸上的單位點位於原點的右方，y 軸上的單位點位於原點的上方，並在兩坐標軸的正向上，作出箭號，標以 x 與 y 來表明，如下圖所示。坐標平面上的點和它的坐標之間，亦常不加區分，而逕稱「坐標爲 (x,y) 之點」爲「點 (x,y)」。兩坐標

軸將坐標平面分成四個集合:

$$I = \{(x, y) \mid x > 0,\ y > 0\},$$

$$II = \{(x, y) \mid x < 0,\ y > 0\},$$

$$III = \{(x, y) \mid x < 0,\ y < 0\},$$

$$IV = \{(x, y) \mid x > 0,\ y < 0\},$$

集合 I、II、III 及 IV 分別稱爲第一、第二、第三及第四**象限** (quadrant)。

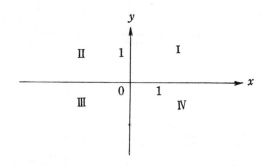

由畢氏定理易知, 平面上任意二點 $P(x_1, y_1),\ Q(x_2, y_2)$ 的距離爲

$$\overline{PQ} = \sqrt{(x_1 - x_2)^2 + (y_1 - y_2)^2}\,。$$

對實值函數 f (譬如, 由代數式子定出的函數) 而言, 由於 $(a,\ f(a))$, $a \in \mathrm{dom}\ f$ 表坐標平面上的一點, 故而可具體的以圖形表出。我們稱平面上的點集合

$$G = \{(a, f(a)) \mid a \in \mathrm{dom}\ f\},$$

爲函數 f 的**圖形** (graph)。若函數 f 之定義域包含有限個元素, 則由定義知, 其圖形亦包含坐標平面上的有限個點, 因而理論上可完全描出。但若一函數之定義域中包含無限多元素, 則其圖形亦包含無限多個點, 故一般來說常無法完全作出。此時, 可描出圖形上「足夠」的點, 以平

滑曲線連結，以表函數圖形的部分近似，這種作圖法即爲**描點法**（plot-ting method），爲一直接簡便的作圖法。

例1　作函數 $f(x)=x^2-x-1$, $x\in\{-1,0,1,2,3\}$ 的圖形。

解　顯知 f 之圖形爲下面的點集合: $\{(-1,1),(0,-1),(1,-1),(2,1),(3,5)\}$, 如下圖:

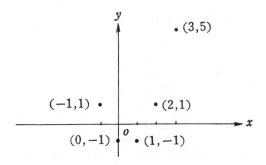

例2　作下面二函數的圖形: $f(x)=\dfrac{x}{3}-1$, $g(x)=2$。

解　由函數圖形的意義知, $f(x)=\dfrac{x}{3}-1$ 的圖形爲一次方程式

$y=\dfrac{x}{3}-1$ 的圖形, 而函數 $g(x)=2$ 的圖形爲方程式 $y=2$

的圖形, 均爲一直線如下二圖所示:

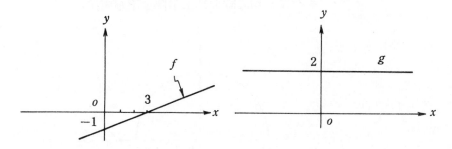

例 3 作下面函數的圖形: $f(x) = \dfrac{2}{5}x - 1$, $x = -2, -1, 0, 0.5, 2,$

3.5, 5。

解 因為函數之定義域包含有七個元素, 故知圖形上包含七個點。

由於方程式 $y = \dfrac{2x}{5} - 1$ 的圖形為一直線, 故知 f 的圖形在

這直線上, 如下圖所示:

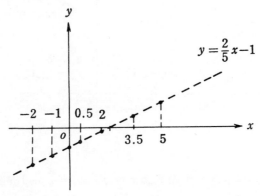

例 4 作下面函數的圖形: $f(x) = \sqrt{1 - x^2}$。

解 此函數的定義域為 $[-1, 1]$。因為

$$y = f(x) = \sqrt{1 - x^2} \implies y^2 + x^2 = 1,$$

故知函數的圖形為以原點為圓心之單位圓的一部分, 又由

$y = \sqrt{1 - x^2} \geq 0$ 知, 圖形為上半圓如下圖所示:

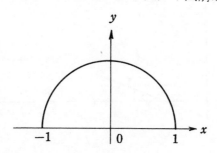

例 5　作下面函數的圖形: $f(x)=x^2$。

解　此函數的定義域爲所有的實數之集合 R。求出一組數的函數值如下表:

x	-2	-1	-0.5	0	0.5	1	2
$f(x)$	4	1	0.25	0	0.25	1	4

利用描點法作出圖形上的一組點並以平滑曲線連結而得函數的近似部分圖形如下圖所示。其中爲作圖方便,兩軸單位長不取相等。

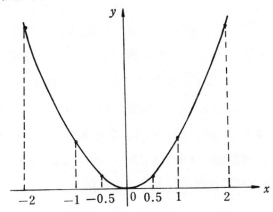

上面例 5 之函數是一具下面形式的二次函數:

$$f(x)=ax^2+bx+c \ , \ a \neq 0$$

於 $a=1$, $b=c=0$ 的情形。二次函數之圖形稱爲**拋物線**,因爲由物理的理論可證明,如果將一物體斜向拋入空中,則該物體運動的軌跡就是一個二次函數的圖形。拋物線是對稱於一直線的曲線,對稱直線就稱爲**拋物線**的**對稱軸**或軸,拋物線和其對稱軸的交點,稱爲拋物線的頂點,如下圖所示:

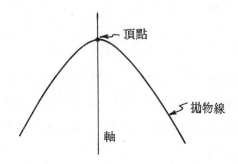

例 5 之圖形，就是以 y 軸爲對稱軸，原點爲頂點，而「開口」向上的
拋物線；而函數 $g(x)=-x^2$ 的圖形，則是以 y 軸爲對稱軸，原點
爲頂點，但「開口」向下的拋物線。同樣的，函數 $f(x)=ax^2$ $(a\neq 0)$
的圖形都是以 y 軸爲對稱軸，原點爲頂點的拋物線，當 $a>0$ 時開
口向上，當 $a<0$ 時，開口向下。對函數値 $y=ax^2$ 取定時，如果
$|a|$ 越大，則對應的 $|x|$ 値就越小，所以 $|a|$ 越大時，函數 $f(x)$
$=ax^2$ 的圖形之開口就越窄，如下圖所示：

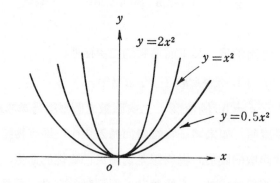

　　另外，我們可以很容易了解，將 $y=x^2$ 的圖形向 y 軸的正向移動 4 單位時，卽可得函數 $y=f(x)=x^2+4$ 之圖形，如下左圖所示；又如 $y=(x-1)^2$ 的圖形，則可由 $y=x^2$ 的圖形向右移動 1 單位而得，如下右圖所示:

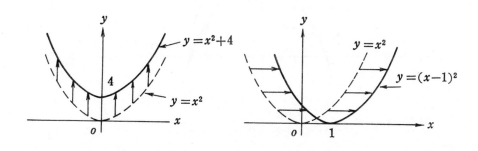

由上之討論，我們可以容易地作出任何二次函數的圖形，如下例所示:

例 6　作函數 $f(x)=\dfrac{-x^2}{2}-2x+1$ 的圖形。

解　　令 $y=\dfrac{-x^2}{2}-2x+1$，配方得

$$y=-\frac{(x+2)^2}{2}+3,$$

故知 f 的圖形爲一以直線 $x=-2$ 爲對稱軸，以點 $(-2,3)$ 爲頂點，開口向下的拋物線。這拋物線和 y 軸的交點爲 $(0,1)$，和 x 軸的交點 $(x,0)$ 滿足方程式

$$-\frac{(x+2)^2}{2}+3=0,$$

故知 $x=-2\pm\sqrt{6}$，而 f 的圖形作出如下:

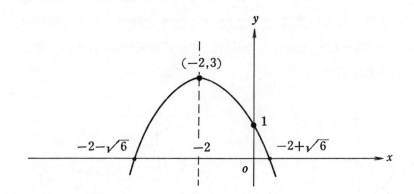

例 7　作函數 $f(x)=\dfrac{|x|}{x}$ 的圖形。

解　易知 f 之定
　　　義域不包含
　　　0，而當 x
　　　>0 時，f
　　　$(x)=1$；
　　　當 $x<0$時，
　　　$f(x)=-$
　　　1，故知 f
　　　之圖形如右
　　　所示:

例 8　作函數 $f(x)=[x]$，（其中 $[x]$ 爲高斯符號）的圖形。

解　由定義知

$$0\leqq x<1 \quad 時，\ f(x)=0;$$
$$-1\leqq x<0 \quad 時，\ f(x)=-1;$$
$$-2\leqq x<-1 \quad 時，\ f(x)=-2;$$
$$-3\leqq x<-2 \quad 時，\ f(x)=-3;$$

$$1 \leqq x < 2 \quad 時, \quad f(x) = 1;$$
$$2 \leqq x < 3 \quad 時, \quad f(x) = 2;$$

....

故圖形如下所示:

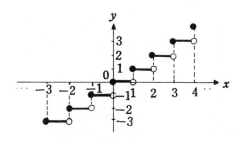

　　若一函數的圖形爲已知，則對任一 $a \in \mathrm{dom}\, f$ 而言其函數值 $f(a)$ 即可由圖形得知。因爲過 x 軸上直線坐標爲 a 的點，作垂直於 x 軸的直線，必與函數圖形交於點 $(a, f(a))$，因此過這一點作垂直於 y 軸的直線，則其與 y 軸之交點的直線坐標卽爲 $f(a)$，從而知一函數的圖形甚有助於對此函數的具體認識。

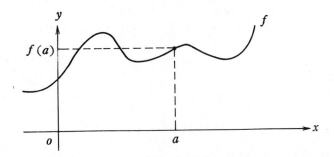

　　事實上，對坐標平面上的一曲線而言，若垂直於 x 軸的直線不會與這曲線交於兩點或更多點，則以這曲線上之點的縱坐標對應於其橫坐

標，即可得一函數。而這曲線本身即爲其上述所定之函數的圖形。

對下圖中的曲線而言，過 x 軸上一點而垂直於 x 軸的直線，有和曲線交於多點的情形，因而無法決定唯一的交點，所以曲線上點的縱坐標，不能由其橫坐標唯一確定，換言之，這曲線上點的縱坐標不是它橫坐標的函數。然而這曲線上之點的橫坐標却可視爲其縱坐標的函數。

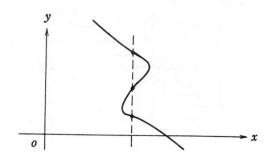

至於下面左圖中的曲線，固然它上面之點的縱坐標可視爲橫坐標的函數，而其上之點的橫坐標也可視爲其縱坐標的函數。而下面右圖中的曲線，則它上面點的縱坐標與橫坐標，彼此都無法視爲是另一個的函數。

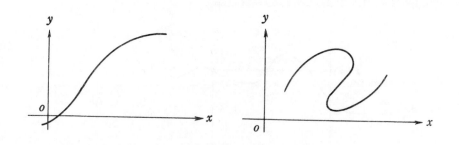

最後，我們要提到的一點是，當一函數 f 的圖形爲已知時，可易作得 $-f$, $|f|$ 及 $2f$ 的圖形，如下例所示：

例 9 設函數 f 的圖形如下，試作 $-f$, $|f|$ 及 $2f$ 的圖形。

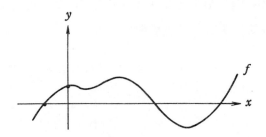

解　　顯然 $-f$ 的圖形和 f 的圖形對 x 軸爲對稱。又因

$$|f(x)| = \begin{cases} f(x), & \text{當 } f(x) \geqq 0, \\ -f(x), & \text{當 } f(x) < 0, \end{cases}$$

故知 $|f|$ 的圖形，可由將 f 的圖形在 x 軸以下的部分，「折回」到 x 軸以上而得。而 $2f$ 的圖形，可由將圖形上的點，移動離開 x 軸，到二倍距離的地方而得，如下三圖所示：

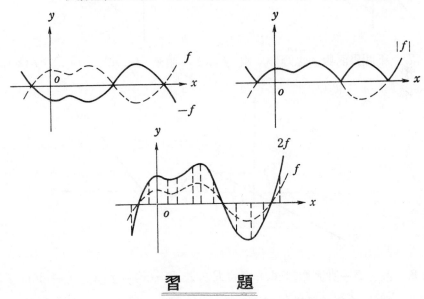

習　　題

1.　坐標平面上，一點和原點的距離是不是這點坐標的函數？

2.　坐標平面上，一點的橫坐標是不是這點和原點間之距離的函數？

於下面各題中，對圖形上之點（x,y）而言，是否可定出 y 為 x 之
函數或 x 為 y 之函數？試分別說明之。

3.

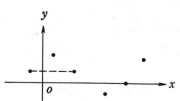

4.

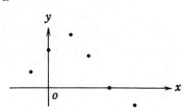

5.

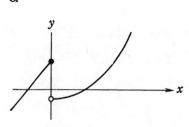

6.

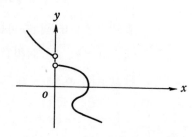

7.　下圖為函數 f 之圖形，求 $f(x)$，並求 $f(-2)$, $f(1)$, $f(8)$。

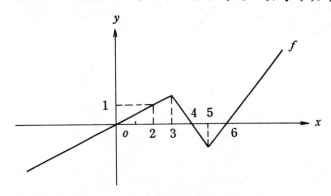

8.　設 f 為一實函數，且 dom $f=R$。若 $f(-x)=f(x)$, $x \in$ dom f，
　　則稱 f 為**偶函數**（even function）；若 $f(-x)=-f(x)$,
　　$x \in$ dom f，則稱 f 為**奇函數**（odd function）。於下面各題條件
　　下，問 $f \cdot g$, $f \circ g$, $g \circ f$ 各為偶函數或奇函數？

（ⅰ）f, g 均爲奇函數　　（ⅱ）f, g 均爲偶函數

（ⅲ）f 爲奇函數，g 爲偶函數。

9. 怎樣的函數既爲奇函數又爲偶函數？試擧一既不爲奇函數又不爲偶函數的函數。

10. 偶函數的圖形有怎樣的特色？奇函數的圖形有怎樣的特色？

作出下面各函數的圖形（其中 $[x]$ 爲高斯符號，表不大於 x 的最大整數）（11～28）

11. $f(x) = -3x + 2$　　　　12. $f(x) = \dfrac{x^2 - x - 2}{x + 1}$

13. $f(x) = |x + 2|$　　　　14. $f(x) = 3|x| - 1$

15. $f(x) = |3 - x| + 2|x + 1|$　16. $f(x) = x + |x - 1|$

17. $f(x) = 3 - |x|$　　　　18. $f(x) = \dfrac{[x]}{3} + 2$

19. $f(x) = |[x] - 3|$　　　　20. $f(x) = [3x - 1]$

21. $f(x) = [x] - x$　　　　22. $f(x) = \dfrac{\sqrt{x^2 + x}}{x}$

23. $f(x) = -3x^2 + 2$　　　　24. $f(x) = x - 2x^2$

25. $f(x) = -x^2 + 4x - 1$　　26. $f(x) = -\sqrt{3 - 2x - x^2}$

27. $f(x) = |x(x - 1)|$　　　　28. $f(x) = \max\{3x, x^2 - 4\}$

（其中28題中之符號 $\max\{a, b\}$ 表 a, b 二者之大者）

§1-5 商學上的函數實例

函數在商學上有廣泛的應用，本節將擧數例以爲說明，並藉以介紹商學上的一些概念。

生產總成本

通常一公司在一定時間內，生產一種物品的**總成本**（total cost）

可分爲兩大項，卽**固定成本**(fixed cost)及**變動成本**(variable cost)。固定成本常指生產設備的設置成本，此一成本與生產的物品數量無關；而變動成本則指因生產物品而遭致的成本，通常此一成本都因產品數量的增加而增加。若以 TC 表總成本，以 FC 表固定成本，以 VC 表變動成本，以 x 表產品的數量，則

$$TC(x)=FC+VC(x)。$$

例1 設某公司生產某產品的固定成本爲10,000元，每一單位產品的製造成本爲20元，並且售價爲25元時，所生產的產品可賣光。 試求

（ⅰ）總成本函數

（ⅱ）總收入 (total revenue, TR) 函數

（ⅲ）淨收益 (net profit, NP) 函數

（ⅳ）至少生產多少產品，可使這公司不致虧本？

（ⅴ）生產量爲 x 個時，每個產品的平均成本爲何？

解 （ⅰ）易知總成本函數爲

$$TC(x)=10,000+20x;$$

（ⅱ）總收入函數爲

$$TR(x)=25x;$$

（ⅲ）淨收益函數爲

$$NP(x)=TR(x)-TC(x)=25x-10,000-20x$$
$$=5x-10,000;$$

（ⅳ）所求的 x 應滿足 $NP(x)\geq 0$，卽 $x\geq2,000$；故知至少生產2,000個，才不致虧本。

（ⅴ）生產 x 個的單位平均成本爲

$$AC(x)=\frac{TC(x)}{x}=\frac{10,000}{x}+20。$$

上例（iv）中所求的生產量 x，乃淨收益爲 0 的數目，乃表賺回固定成本的生產量，這可由下式看出：設 $TC(x)=FC+kx$, $TR(x)=px$，則

$$NP(x)=0 \Longrightarrow TR(x)-TC(x)=0$$

$$\Longrightarrow FC+kx-px=0 \Longrightarrow x=\frac{FC}{p-k}。$$

這一生產量稱爲**破均衡點**（break-even point）。

直線折舊（straight-line depreciation）

資產或設備常因年久老舊不堪使用，而需要更新。通常企業界對於昂貴的更新費用，多藉設立一個折舊基金，由每年的利潤撥出部分，稱爲**折舊**（depreciation），置於折舊基金，以應來日所需。在稅負上，資產設備的購置，可以分年折舊。在法定的折舊法中，最簡單的乃所謂的直線折舊法，即對使用設備所遭致的花費，可依其使用年限 D 平均每年折舊，若此設備的購置金額爲 C，而 D 年後，此設備的**殘值**（salvage value）爲 S，則每年的折舊爲 $\dfrac{C-S}{D}$。當然，使用年限及殘值並無法事先知曉，而須預作評估。在折舊的概念下，此設備使用 t 年後的**簿面價值**（book value）爲

$$B(t)=C-\frac{(C-S)\,t}{D},\ (0\leq t\leq D)。$$

例 2　設某公司新購設備價值 270,000 元，估計使用 10 年，並以45,000元的殘值售出，試以直線折舊法列出這設備各年的簿面價值，及累計折舊金額。

解　此題中 $C=270,000$, $D=10$, $S=45,000$,故年折舊 $\dfrac{C-S}{D}$ $=22,500$。而得下表：

第 t 年末	年折舊	累計折舊	簿面價值
1	22,500	22,500	247,500
2	22,500	45,000	225,000
3	22,500	67,500	202,500
4	22,500	90,000	180,000
5	22,500	112,500	157,500
6	22,500	135,000	135,000
7	22,500	157,500	112,500
8	22,500	180,000	90,000
9	22,500	202,500	67,500
10	22,500	225,000	45,000

市場供需問題

在某一固定時期內，顧客對某物品（或服務）所願（或所能）承購的量，稱爲該物品（或服務）的**市場需求量**（market demand）。一般來說，一物品的市場需求量爲該物品價格的函數，但它亦受許多其它因素的影響，譬如，雨傘的需求受氣候情況的影響。此外顧客的所得，喜惡的僻好，相關且競爭物品的價格等，亦與之相關。但爲使討論簡便起見，常將價格以外的諸因素，視爲恆常不變。通常的情形是，價格的提高會導致需求量減低，卽需求爲價格的減函數，這是因爲價格的提高，不僅造成全面購買力的降低，同時亦可能造成顧客尋求其他物品作替代。

至於一物品的**市場供給量**（market supply），乃指在一固定期間內，其他諸因素恆常的情況下，生產者願意提供出售的物品數量。顯然，供給量爲價格的增函數，因爲較高的價格，自會引起多事生產以供所求的意願。眞正的物價，實由可能的顧客及同業公司間的交互活動而決定。在此，我們要舉出兩個極端的例子以爲說明。其一是，同業公司

可能很多，以致任何一家公司，均無法在價格或產量上，造成對整個市場供給量的重大影響。另一個極端是，供給的公司僅有一家，因而他能完全控制價格與供給量，這一極端的結構，稱爲**專賣**（壟斷）（monopoly）。

例3　某公司生產一種產品，其單位價格爲 p，而市場需求量 $D(p)$ 與市場供給量 $S(p)$ 則如下二函數所示：

$$D(p) = 36 - \frac{p^2}{4}, \quad S(p) = 5p - 20。$$

試將此二函數圖形畫於同一坐標平面上，並求二圖形交點的坐標。

解　因爲價格 $p \geq 0$，且供應與需求量 $S(p)$, $D(p)$ 亦應大於或等於 0，故圖形在第一象限內。易知需求函數爲拋物線的部分，爲一減函數；供給函數則爲直線的一部分，且爲增函數。圖形如下：

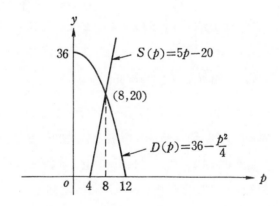

上例中，若產品的售價 p 大於 8，則因價格好，供給量乃告增加，而消費者則因價格升高，導致需求量減低，以致造成供過於求；反之，若價格小於 8，則會造成供不應求的現象。經濟上，供與求互相調整的結果，售價當在 8 元時始能均衡。而上述的調整現象，就是經濟上基本的**供需律**（law of supply and demand）。一般而言，一物品的供給與

需求函數之圖形的交點所對應的價格，乃稱爲**均衡價格**（equilibrium price)，爲此物品的**市場價格**（market price)。

其他的例子

例4 目前我國計程車費率,不考慮計時的情形是: 起程1.5公里之內爲35元，其後每次跳表爲5元，可走0.4公里。(i)試將車資表爲里程的函數。(ii) 分別求乘坐$\frac{5}{4}$公里,8.7公里及12.5公里的車資。(iii) 車資爲165元時，約搭乘多遠的距離?

解 (i) 設車行 x 公里的車資爲 $f(x)$，則

$$f(x)=\begin{cases} 35, & x \in [0, 1.5); \\ 40, & x \in [1.5, 1.9); \\ \vdots \end{cases}$$

故知

$$f(x)=\begin{cases} 35, & x \in [0, 1.5); \\ 35+5(n+1), & x \in [1.5+0.4n, 1.5 \\ \vdots & +0.4(n+1)), \ n\geq 0 。 \end{cases}$$

(ii) 故知所求 $f(\frac{5}{4})=35$; 又因

$$1.5+0.4n\leq 8.7<1.5+0.4(n+1)\Longleftrightarrow n=18,$$

故知 $f(8.7)=35+5(18+1)=130$; 又，

$$1.5+0.4n\leq 12.5<1.5+0.4(n+1)\Longleftrightarrow n=27,$$

故知 $f(12.5)=35+5(27+1)=175$。

(iii) 因爲

$$165=f(x)=35+5(n+1),$$
$$x \in [1.5+0.4n, 1.5+0.4(n+1)),$$
$$n+1=26, \ n=25。$$

故知 $x \in [1.5+0.4(25), 1.5+0.4(26))$，即約搭乘11.5至11.9公里之間。

例5 我國綜合所得稅率採累進法,七十八年度的最低稅率為 6 %,最高稅率為50%。計算公式如下:

全年應納稅額＝綜合所得淨額×稅率－累進差額

速算公式分13個級別, 前三個級別的公式如下:

應納稅額＝(80,000以下)×6%－0,

應納稅額＝(80,000至160,000)×8%－1,600,

應納稅額＝(160,000至 260,000)×10%－4,800。

試將此三級之應納稅額表為所得淨額的函數, 並作其圖形。

又下一級的稅率為12%, 問其累進差額為多少?

解 設所得淨額為 x 時的應納稅額為 $f(x)$, 則

$$f(x)=\begin{cases} 0.06x, & x \in [0, 80,000); \\ 0.08x-1,600, & x \in [80,000, 160,000); \\ 0.10x-4,800, & x \in [160,000, 260,000)。 \end{cases}$$

圖形如下:

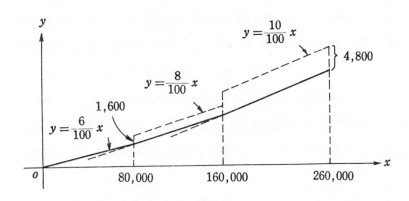

其中表示各級應納稅額的直線之斜率, 即為各級的稅率。譬如, 表 6 % 之稅率的直線的斜率為0.06; 表 8 % 之稅率的直線的斜率為0.08; 表10%之稅率的直線的斜率為0.10。二直

線 $y=0.06x$ 和 $y=0.08x$ 在交界之點 $x=80,000$ 處並沒有
衝接，而累進差額的引入，正是使二者衝接在一起，所以第
二級的累進差額 $1,600$ 爲 $x=80,000$ 在二直線 $y=0.08x$
與 $y=0.06x$ 之值的差，卽

$$1,600=0.08(80,000)-0.06(80,000),$$

而第三級的累進差額爲 $x=160,000$ 在二直線 $y=0.10x$ 與
$y=0.08x$ 之值的差，加上前一級的累進差額之和，卽

$$4,800=0.10(160,000)-0.08(160,000)+1,600。$$

故知所求下一級的累進差額爲

$$0.12(260,000)-0.10(260,000)+4,800=10,000。$$

習　　　題

1. 某人於1985年初創業時，其企業值 $500,000$ 元，此後每月的平均收
   入爲45,000元，平均支出爲22,000元，不計利息，試求創業 t 個月
   後，此企業的價值 $W(t)$，並求1990年底時，此企業值多少？

2. 一家書店作結束營業大拍賣，每本書售價 100 元；若買 5 本，則每
   本售價爲90元，若買10本，則每本售價爲88元，若買10本以上，則
   超過的部分每本售價爲80元。求購買 x 本書的費用函數 $C(x)$。

3. 一個燈具製造公司的製造固定成本爲10,000元，每具的製造成本爲
   150元，問
   （ⅰ）若製造1200具，則每具的平均製造成本爲何？
   （ⅱ）若製造 x 具，則每具的平均製造成本爲何？
   （ⅲ）若每具的售價較製造成本高出三成（30%），則製造 x 具時，
   　　　每具的售價爲何？

4. 一公司製造某種產品的開工成本爲 $2,000$ 元，每製造一產品的成本

為2.75元，每個售價為 4 元，求總成本及淨收益函數，並求這一生產的破均衡點。

5.　設一公司生產一物品的固定成本為 FC，生產一物品的成本為 k，售價為 p，證明此一生產的破均衡點，乃平均單位生產成本為 p 的生產量。

6.　某公司製造 x 單位產品時，可得淨收益為

$$NP(x) = -x^2 + 60x - 500,$$

（ i ）試作出 $NP(x)$ 的圖形。

（ ii ）求此生產的破均衡點。

（iii）生產為何時，會遭致損失？

（iv）製造多少個時，可得最大淨利？

7.　設某公司新購設備價值 450,000 元，估計使用12年，以至殘值為 0 作廢為止。公司打算以直線折舊法處理此一設備。

（ i ）求出年折舊費。

（ ii ）仿例 2，列出這設備各年的簿面價值，及累計折舊金額。

（iii）求出表此設備使用 t 年後的簿面價值之函數。

8.　某旅館購買一批傢俱值 1,860,000 元，打算每年以21,750元以直線折舊法折舊，並計畫 8 年後汰舊換新。

（ i ）這批傢俱在 8 年後的殘值為何？

（ ii ）求出表此批傢俱使用 t 年後的簿面價值之函數。

9.　設供給函數為 $S(p) = p^2 + 2p - 7$，需求函數為 $D(p) = -p^2 + 17$。試將二函數之圖形畫於同一坐標平面上，並求其均衡價格及在此價格下的供給量。

10.　設供給函數為 $S(p) = p - 3$，需求函數為 $D(p) = \dfrac{10}{p}$。試將二函數之圖形畫於同一坐標平面上，並求其均衡價格及在此價格下的供

給量。

11. 設市場上某種魚的價格每公斤 p 元時，一般顧客的需求量為每天

$$D(p) = \frac{43200}{p-90} 公斤，而就此一價格而言，魚市場每天的供給量為$$

$S(p) = 2p - 390$ 公斤。試將供需二函數之圖形畫於同一坐標平面
上，並求其均衡價格及在此價格下此種魚每天的銷售量。設由於此
種魚的大量捕獲，使得在此價格下此種魚的每天供應量提高為$2p-$
210 公斤，試求新的均衡價格。

12. 假設某公賣物品每週的需求量 x 為其單位售價 p 的函數如下：

$$x = D(p) = 3000 - 50p,$$

試將每週的販賣收入表為需求量 x 的函數 $R(x)$。

13. 某觀光飯店每一單人套房每天租金為美金80元，而對團體大量的租
住，則有特價優待，規定租住 5 間以上時，每多一間每房租金減少
美金 4 元，但最低不得少於美金40元。對有人居住的房間而言，此
飯店每天需花費美金 6 元的清洗整理費用。問

（ⅰ）租12間套房時，每間租金為何？

（ⅱ）租28間套房時，每間租金為何？

（ⅲ）設一個團體租住套房 x 間，試將總租金 $R(x)$ 及淨利 $P(x)$
表出，並作出 $P(x)$ 的圖形。

14. 我國七十八年度綜合所得稅速算公式分成13等級，各級的所得淨額
及稅率如下表：

級別	所得淨額	稅率	級別	所得淨額	稅率
1	8 以 下	6%	8	100至140	26%
2	8 至 16	8%	9	140至180	30%
3	16 至 26	10%	10	180至230	34%
4	26 至 38	12%	11	230至280	39%
5	38 至 55	15%	12	280至350	44%
6	55 至 73	18%	13	350 以上	50%
7	73 至100	22%		表中所得淨額單位為萬元	

試求各級的累進差額。並分別求所得淨額為下列各款時的全年應納稅額：

（ⅰ） 85,000元　　（ⅱ）　195,000元　　（ⅲ）　325,000元

（ⅳ）680,000元　　（ⅴ）1,350,000元　　（ⅵ）4,250,000元

§1-6 可逆函數

在前面，我們曾將函數視為能對某種「原料」產生作用，製出「產品」的機器。在此我們要介紹的是，某種特別的函數，它有某相對應的函數，其對應函數具有抵消原有函數之作用的功能。亦即將原來函數之「產品」，還原為投入的「原料」。在此我們以對應的概念來說明。

若函數 f 將定義域中的任二相異的元素,均對應到不同的像,則稱這樣的函數為**一對一函數**(one-to-one function)，即對 $x, y \in$ dom f,

$$f \text{ 為一對一}$$

$$\Longleftrightarrow (x \neq y \Longrightarrow f(x) \neq f(y))$$

$$\Longleftrightarrow (f(x) = f(y) \Longrightarrow x = y)。$$

譬如，$f(x) = 3x + 1$ 為一對一函數，因 $f(x) = f(y) \Longrightarrow 3x + 1 = 3y + 1 \Longrightarrow x = y$。設一函數 f 為一對一，則由一對一函數的定義可知，對 ran f 中的任一元素 y 而言，在 dom f 中有唯一的元素 x 使 $f(x) = y$。若令此 x 對應於 y，則得一以 ran f 為定義域的函數。由於這樣的函數由 f 唯一確定，故以 f^{-1} 表之，即

$$f^{-1}: y \longrightarrow x, \ y \in \text{ran } f$$

$$(\text{其中 } x \in \text{dom } f, \text{ 且 } f(x) = y)。$$

如下圖所示:

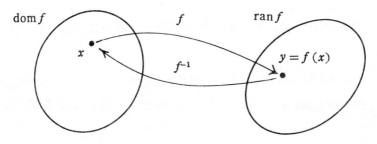

即知

$$f^{-1} \circ f(x) = x, \ x \in \text{dom } f;$$

$$f \circ f^{-1}(x) = x, \ x \in \text{ran } f,$$

亦即知合成函數 $f \circ f^{-1}$, $f^{-1} \circ f$ 分別為定義於 ran f 及 dom f 上的恆等函數。函數 f^{-1} 稱為 f 的**反函數** (inverse function)，而稱 f 為**可逆** (invertible)。易知函數 f 為可逆時，其反函數 f^{-1} 亦為一對一（見例 2），故而亦為可逆，且其反函數 $(f^{-1})^{-1} = f$。

例 1 函數 $f(x) = 2x + 3$ 是否為可逆？若為可逆,則求其反函數。

解 因為

$$f(x)=f(y)\Longrightarrow 2x+3=2y+3\Longrightarrow x=y,$$

即知 f 爲一對一,故知 f 爲可逆。其反函數爲定義於 $f(R)$ 上的函數（因 $\mathrm{dom}\,f=R$），首先我們證明 $f(R)=R$。對任意 $y\in R$ 而言,

$$f(x)=y\Longleftrightarrow 2x+3=y\Longleftrightarrow x=\frac{y-3}{2},$$

即知

$$f\left(\frac{y-3}{2}\right)=2\left(\frac{y-3}{2}\right)+3=y,$$

故 $y\in\mathrm{ran}\,f$,即知 $f(R)=R$。從而知 f^{-1} 爲定義於 R 上的函數。由於

$$f(f^{-1}(x))=x\Longleftrightarrow 2f^{-1}(x)+3=x$$

$$\Longleftrightarrow f^{-1}(x)=\frac{x-3}{2},$$

即得所求的 $f^{-1}(x)=\dfrac{x-3}{2}$。

例 2　設函數 f 爲一對一,證明: f^{-1} 亦爲一對一。

解　對任意 $x,y\in\mathrm{dom}\,f^{-1}=\mathrm{ran}\,f$ 而言,

$$f^{-1}(x)=f^{-1}(y)\Longrightarrow f(f^{-1}(x))=f(f^{-1}(y))$$

$$\Longrightarrow x=y,$$

從而知 f^{-1} 爲一對一。

　　設 f 爲可逆函數,則 f 爲一對一函數,故對不等之任意 $x,y\in\mathrm{dom}\,f$ 而言, $f(x)$ 與 $f(y)$ 必不相等,即 f 之圖形上二點 $(x,f(x))$ 與 $(y,f(y))$ 的縱坐標必不相等,故知可逆函數之圖形上任意二點的連線必不與 y 軸垂直。從而知,若有一與 y 軸垂直的直線,與函數圖形的交點多於一點,此函數必不爲可逆。譬如下面左圖爲可逆函數的圖形,而右圖則否。如前所述我們往往可由函數的圖形,判斷此函數是

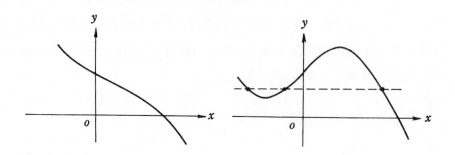

否為可逆。在此我們更要提到，可由一可逆函數的圖形，作出其反函數
的圖形。當坐標平面上，兩軸的單位長相等時，可逆函數 f 及其反函數
f^{-1} 的圖形，是對直線 $y = x$ 為對稱的。關於這點的證明，在此則從
略。

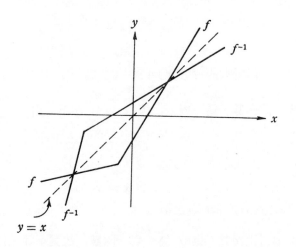

習　　題

1. 證明嚴格增(減) 函數為可逆，且其反函數亦為嚴格增(減) 函數。
2. 下面各題的圖形，是否為可逆函數的圖形？

（i）

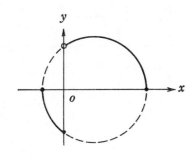

（ii）

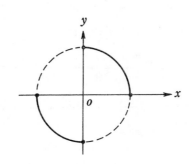

(iii)

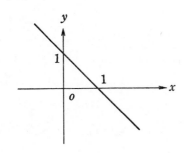

(iv)

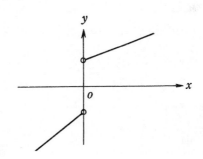

　　試證下列各題（3～6）之函數均為可逆。求各函數的反函數，並在同一坐標平面上作出它和它的反函數的圖形。

3.　$f(x)=5x+4$

4.　$g(x)=-x+3$

5.　$h(x)=x^2,\ x\geqq 0$

6.　$k(x)=\sqrt[3]{x}$

7.　設 f,g 均為可逆函數，證明 $f\circ g$ 亦為可逆函數。

8.　設 f,g 之圖形如下所示。求 $f\circ g(0),\ g\circ f(0),\ f\circ g(1),$ $g\circ f(1),\ f\circ g(-1),\ g\circ f(-1),\ f^{-1}\circ g(5),\ f^{-1}\circ g(0),$ $f^{-1}\circ g(-4),\ g\circ f^{-1}(-1),\ g\circ f^{-1}(3),\ g\circ f^{-1}(\dfrac{1}{2})$。

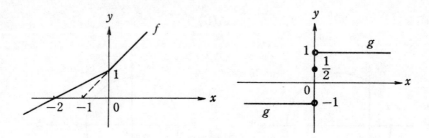

第二章　極限與連續

§2-1 極限的意義及性質

極限（limit）的觀念，是**微積分**（calculus）課程中最基本也最重要的概念之一。因爲這一課程的兩個主題卽**微分**（differentiation）和**積分**（integration），均須藉極限的概念來建立。極限這觀念的意義，由字面上已經差不多可以了解，它指的是一種「終極境界」的意思。然而意義上，它和一般的習慣，卻是有些區別。譬如，對某一固定個數的一堆物品，如果每日取走一個，終究會取盡，這是習慣的終極境界。但對某一單位量的物質，譬如一段繩索，每日取走現有量的一半（設想技術上做得到），則由常識知，其剩餘量當日漸減少，然而因爲每天僅取走餘量（爲正量）的一半，所以剩餘仍永爲正量（所謂日取其半萬世不竭），而這種「日取其半」的過程，可以無休止的延續。由於人的生命有限，故永遠無法看到終極境界。雖然如此，卻因餘量漸減且**趨向窮盡**的境地，在微積分上，就稱餘量的極限爲 0。也就是說，縱使在無窮未來的任何一日的餘量均爲正，由於餘量可向 0（無有）的境地任意接近（只要時間夠長的話），故稱餘量的極限爲 0。

函數的極限概念，一般來說，是考慮自變數 x 向一定數 a 趨近時，$f(x)$ 之值的變化趨勢的問題。首先以一個簡單的一次函數來說明。譬如，設 $f(x)=5x-7$，而要考慮的是自變數 x 向 2 接近時，函數值 $f(x)$ 的變化情形。因爲

$$x < y \Longleftrightarrow 5x - 7 < 5y - 7 \Longleftrightarrow f(x) < f(y),$$

故知 $x < 2$ 時，$f(x) < f(2) = 3$，且 x 越向 2 靠近時，函數值 $f(x)$ 越向 $f(2)$ 靠近；同樣的，當 $x > 2$ 時，$f(x) > f(2)$，且 x 越向 2 靠近時，$f(x)$ 亦漸減而向 $f(2)$ 靠近。事實上，因

$$|f(x) - f(2)| = 5 \, |x - 2|,$$

故知當 x 與 2 很接近時，$f(x)$ 也隨著與 $f(2)$ 很接近。下面的對應表就顯示上述的趨勢：

x	1.8	1.9	1.95	1.999	2.001	2.1	2.2
$f(x)$	2	2.5	2.75	2.995	3.005	3.5	4

我們稱函數 $f(x)$ 於 x 趨近於 2 時的極限為 3，而記為

$$\lim_{x \to 2} f(x) = \lim_{x \to 2} (5x - 7) = 3 \, 。$$

同樣的，我們也可觀察出

$$\lim_{x \to 3} \left(\frac{2x - 7}{x + 4} \right) = -\frac{1}{7} 。$$

現在再觀察下面一個較複雜的問題：令

$$f(x) = \frac{x^2 - 9}{x - 3},$$

試求 $\lim_{x \to 3} f(x)$ 的值。在這例中，我們不能像前舉的二例一樣，將式中的 x 以 3 代入，而求得結果，因為 $x = 3$ 時，式中的分母值為 0。今觀察下表：

x	2.5	2.885	2.995	2.9999	3.0001	3.005	3.15
$f(x)$	5.5	5.885	5.995	5.9999	6.0001	6.005	6.15

我們發現，只要 $x \neq 3$，當 x 接近於 3 時，$f(x)$ 的值就接近於 6，故可猜測

$$\lim_{x \to 3} f(x) = \lim_{x \to 3} \left(\frac{x^2 - 9}{x - 3} \right) = 6 \text{,}$$

關於這點是可以做如下的分析: 對於靠近於 3 的 x 來說，因

$$f(x) = \frac{x^2 - 9}{x - 3} = x + 3 \text{,}$$

也就是說，對靠近於 3 的 x 來說，x 的函數值 $f(x) = x + 3$ 就很接近於 6，所以知

$$\lim_{x \to 3} f(x) = \lim_{x \to 3} \left(\frac{x^2 - 9}{x - 3} \right) = \lim_{x \to 3} (x + 3) = 6 \text{。}$$

如下圖所示:

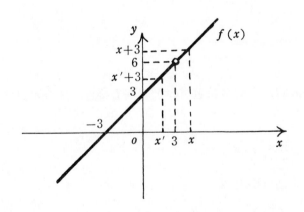

　　一般來說，一個函數 $f(x)$ 於 x 趨近於一數 a 時的極限，也採類似的意義，也就是於 $x \neq a$ 但很接近於 a 時，函數值 $f(x)$ 是不是很接近於一數 L。如果是，就稱函數 $f(x)$ 於 x 趨近於 a 時的**極限**為 L；但若是不管 x 如何接近於 a，函數值 $f(x)$ 仍無法向一數任意接近，就稱函

數 $f(x)$ 於 x 趨近於 a 時的極限**不存在**。對於可以用圖形具體表出的函數，它在一點的極限是不是存在，可從圖形上來幫助了解：對下圖所示的函數 $f(x)$ 來說

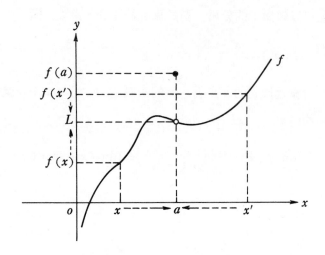

當 x 向 a 接近時，它的函數值 $f(x)$ 就向 L 接近，並且可以任意接近，所以知

$$\lim_{x \to a} f(x) = L。$$

上面的極限式也可略表為

$$f(x) \longrightarrow L，\text{當} \ x \longrightarrow a。$$

當函數 $f(x)$ 於 x 趨近於 a 時的極限為 L 時，我們亦簡稱函數 $f(x)$ 在 a 的極限為 L。讀者應該注意到，在上述這個例子中，函數 $f(x)$ 在 a 的極限不為它在 a 的函數值 $f(a)$。

　　所應注意者，上述極限的概念，是指考慮趨近於 a 之 x 的函數值 $f(x)$ 而言，並不考慮 a 點之值 $f(a)$（當 $a \in \text{dom} \ f$ 時）是否靠

近L。事實上，甚至於 $a \in \text{dom } f$ 的情況下，亦可考慮 $\lim\limits_{x \to a} f(x)$ 是否存在的問題。又,讀者亦應注意"$f(x) \longrightarrow L$，當 $x \longrightarrow a$" 一詞並未表明是否有 x 其值 $f(x)$ 爲 L，事實上這二者完全是兩回事。

　　上面稱函數值 $f(x)$ 可向 L 任意接近，只要 x 很接近 a，意指只要 $|x-a|$ 很小，則可使 $|f(x)-L|$ 很小；也就是說，在 y 軸上對應於坐標爲 L 之點的很小鄰近，均能在 x 軸上，找到坐標爲 a 之點的一個鄰近，使得 a 之鄰近內的任一異於 a 之點 x 的函數值 $f(x)$ 均落在上述之 L 的鄰近內；也就是說，於 y 軸上坐標爲 L 之點的上下，任作垂直於 y 軸的二直線 $y = L \pm \varepsilon$，則可在 x 軸上坐標爲 a 之點的左右，對應作出垂直於 x 軸的二直線 $x = a \pm \delta$，使得在二直線 $x = a \pm \delta$ 間的函數圖形，均在上述四直線所圍成的矩形區域內部（當 $a \in \text{dom } f$ 時，點 $(a, f(a))$ 是否在上述矩形區域內，則可不加考慮），如下圖所示:

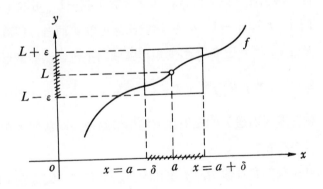

　　於下我們先要藉上面對函數極限所做的幾何說明，來解說函數極限不存在的情形:

　　例1　設 $f(x) = \dfrac{|x|}{x}$，求 $\lim\limits_{x \to 0} f(x)$。

解   因爲當 $x > 0$ 時, $f(x) = \dfrac{x}{x} = 1$; 當 $x < 0$ 時, $f(x) = \dfrac{-x}{x}$ $= -1$; 而 0 不在 dom f 中, 故知之圖形如下:

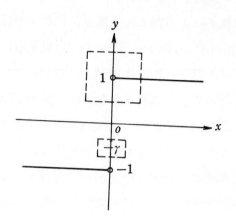

對 y 軸上任一數 r 而言, 若 r 異於 1 或 -1, 可取 $\varepsilon < \min \{|1-r|, |-1-r|\}$, 則對任意正數 δ 而言, 四直線 $y = r \pm \varepsilon$, $x = \pm \delta$ 所圍的矩形區域內不包含函數圖形的任意點; 又, 若 r 等於 1 (或 -1), 則取 $\varepsilon = \dfrac{1}{2}$, 則函數圖形在 y 軸左邊 (右邊) 的點不在上述矩形區域內, 故知 f 在 0 的極限不存在。

上例亦可從圖形藉直觀知, f 在 0 的極限不存在。因爲在 y 軸的右邊, 圖形的縱坐標恆爲 1, 在 y 軸的左邊, 圖形的縱坐標恆爲 -1, 故當 x 向 0 靠近時, 函數圖形無法向一固定的點靠近。同樣的道理, 下圖所示的函數在 a 的極限亦不存在。雖然如此, 但當 x 從 a 的左邊向 a 靠近時, 函數圖形的縱坐標向 L 靠近, 當 x 從 a 的右邊向 a 靠近時, 函數圖形的縱坐標向 $f(a)$ 靠近, 我們稱 f 在 a 的**左右極限** (left, right limit) 分別爲 L 及 $f(a)$, 記爲

$$\lim_{x \to a^-} f(x) = L, \ \lim_{x \to a^+} f(x) = f(a)。$$

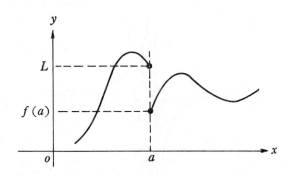

左右極限統稱爲**單邊極限** (one-sided limit)。易知，函數 f 在一點 a 之極限存在並且其值爲 L 的充要條件，乃是 f 在 a 的兩個單邊極限均存在且相等，卽

$$\lim_{x \to a} f(x) = L \Longleftrightarrow \lim_{x \to a^-} f(x) = L = \lim_{x \to a^+} f(x)。$$

例2　設 $f(x) = \dfrac{1}{x}$，求 $\lim\limits_{x \to 0} f(x)$。

解　當 x 從 0 的右邊向 0 靠近時，$f(x)$ 的值可以很大，而且可以任意增大。因對任意正數 $M > 0$ 而言，

$$0 < x < \frac{1}{M} \Longrightarrow f(x) = \frac{1}{x} > M。$$

故知 x 由右方向 0 靠近時，函數值無法向任一數靠近，卽 $\lim\limits_{x \to 0^+} f(x)$ 不存在。同樣的，當 x 從 0 的左邊向 0 靠近時，$f(x)$ 的值爲負，且其絕對值可以很大，而且可以任意增大，故知 $\lim\limits_{x \to 0^-} f(x)$ 亦不存在。自然 $\lim\limits_{x \to 0} f(x)$ 不存在。

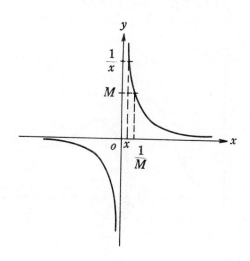

　　像例 2 一樣，函數值可以趨於任意大的情形，我們稱其極限**發散到無限大** (diverge to infinity)；而函數值可趨於絕對值為任意大的負數時，我們稱其極限**發散到負無限大**，均為極限不存在。要表示發散到正負無限大的情形，以例 2 為例，記為

$$\lim_{x \to 0+} \frac{1}{x} = \infty, \ \lim_{x \to 0-} \frac{1}{x} = -\infty 。$$

　　由上述對函數極限所做的幾何說明，易知有下列定理所述的性質：

定理 2-1 極限的唯一性 (uniqueness of limit)

　　若 $\lim\limits_{x \to a} f(x) = L$ 及 L'，則 $L = L'$。

定理 2-2

　　設 $\lim\limits_{x \to a} f(x) = L > 0$（或 < 0），則存在一個 a 的鄰近 $(a-\delta, a+\delta)$ 使得

$$x \in (a-\delta, a+\delta) - \{a\} \Longrightarrow f(x) > 0 \ （或 < 0）。$$

定理 2-3

設 $\lim\limits_{x \to a} f(x) = L$，則 $\lim\limits_{x \to a} -f(x) = -L$。

定理 2-4 挾擠原理 (squeeze principle)

設 $f(x) \leq g(x) \leq h(x)$，對每一 x 均成立，且 $\lim\limits_{x \to a} f(x) =$

$\lim\limits_{x \to a} h(x) = L$，則

$$\lim\limits_{x \to a} g(x) \text{ 必存在，且 } \lim\limits_{x \to a} g(x) = L。$$

上面定理 2-2 可由下左圖顯示，而挾擠原理的內容可由下右圖明白

的顯示：

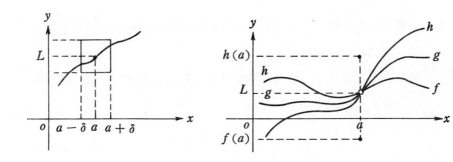

下面定理之一邊可藉極限的幾何意義來解說，另一邊則可藉挾擠原

理來證明：

定理 2-5

$$\lim\limits_{x \to a} f(x) = 0 \Longleftrightarrow \lim\limits_{x \to a} |f(x)| = 0。$$

證明（$\Longleftarrow$）由實數的性質（定理 1-11）知，

$$-|f(x)| \leq f(x) \leq |f(x)|。$$

由已知條件 $\lim\limits_{x \to a} |f(x)| = 0$ 及定理 2-3 知 $\lim\limits_{x \to a} -|f(x)| = 0$，故由

挾擠原理得

$$\lim_{x \to a} f(x) = 0 \; 。$$

另一方向（$\Longrightarrow$）的證明留給讀者作練習。

習　　題

1. 試以圖形，藉極限的幾何意義解說定理 2-1。

2. 試以圖形，藉極限的幾何意義解說定理 2-5 之另一方向。

3. 設 $f(x) \geqq 0$，對任意 $x \in \mathrm{dom}\ f$ 均成立，且 $\lim\limits_{x \to a} f(x)$ 存在，利用定理 2-2 證明: $\lim\limits_{x \to a} f(x) \geqq 0$ 。

4. 上題中，將符號 "$\geqq$" 代以 "$>$"，則結論是否成立？若成立，則敍述理由，否則，舉一反例。

5. 設函數 f 定義如下，藉極限的幾何意義解說 f 在任何一點的極限均不存在。

$$f(x) = \begin{cases} 1 \text{，當 } x \text{ 爲有理數;} \\[2mm] -1 \text{，當 } x \text{ 爲無理數。} \end{cases}$$

6. 判斷下面各題圖形所表之函數 f 在點 a 的單邊極限與極限是否存在？若爲存在則其值爲何？

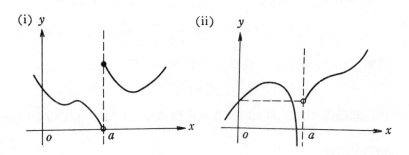

(iii)

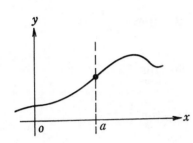

(iv)

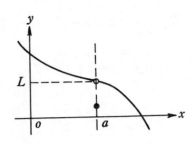

(v)

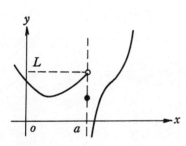

(vi)

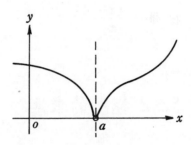

(vii)

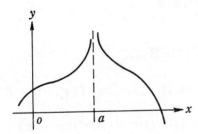

(viii)

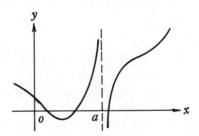

求下列各題的極限，其中〔x〕為高斯符號：

7.　$\lim\limits_{x\to 0+} |x|(x-2)$

8.　$\lim\limits_{x\to 0-} \dfrac{|x|}{x-2}$

9.　$\lim\limits_{x\to 0+} |x-1|(x-2)$

10.　$\lim\limits_{x\to 0-} 〔x〕(x-2)$

11.　$\lim\limits_{x\to -3-} 〔x〕(x+3)$

12.　$\lim\limits_{x\to 0-} \dfrac{〔x〕}{x}$

13.　$\lim\limits_{x\to 0+} \dfrac{〔x〕}{x}$

14.　$\lim\limits_{x\to -1+} \dfrac{〔x+1〕}{x+1}$

15.　$\lim\limits_{x\to 2} \dfrac{〔x^2-4〕}{x-2}$

§2-2 極限的求法

藉著我們對函數極限存在的意義之直覺，很容易體認下面定理所述之極限的基本性質，其解析證明則從略。

定理 2-6

設 $\lim\limits_{x\to a} f(x)=A$, $\lim\limits_{x\to a} g(x)=B$，則

（ⅰ）$\lim\limits_{x\to a} (f(x)+g(x))=A+B=\lim\limits_{x\to a} f(x)+\lim\limits_{x\to a} g(x)$,

（ⅱ）$\lim\limits_{x\to a} (f(x)g(x))=AB=(\lim\limits_{x\to a} f(x))(\lim\limits_{x\to a} g(x))$,

（ⅲ）於 $B\neq 0$ 時，$\lim\limits_{x\to a} \dfrac{f(x)}{g(x)}=\dfrac{A}{B}=\dfrac{\lim\limits_{x\to a} f(x)}{\lim\limits_{x\to a} g(x)}$。

讀者應該注意，上面定理中，須先有 $\lim\limits_{x\to a} f(x)$ 及 $\lim\limits_{x\to a} g(x)$ 均存在的條件，然後結論才正確。也就是說，除非確知二函數的極限都存

在，否則不可將二函數和與積的極限寫成個別函數之極限的和與積；並且，二函數商的極限，還須作爲分母的函數的極限不爲零，才可以有「商的極限等於極限的商」的結論。因爲可能有 $\lim\limits_{x \to a} (f(x)+g(x))$，$\lim\limits_{x \to a} (f(x)g(x))$ 存在，而 $\lim\limits_{x \to a} f(x)$ 及 $\lim\limits_{x \to a} g(x)$ 均不存在，或有一不存在的情形。譬如，令 $f(x)$ 如上節習題第 5 題所示，而 $g(x)=-f(x)$，則 $f(x)+g(x)$ 爲常數函數 0，故知 $\lim\limits_{x \to a} (f(x)+g(x))=0$，但 $\lim\limits_{x \to a} f(x)$ 及 $\lim\limits_{x \to a} g(x)$ 均不存在。又如，令 $f(x)$ 如前，而令 $g(x)$ 爲常數函數 0，則 $f(x)g(x)=0$，故知，$\lim\limits_{x \to a} (f(x)g(x))=0$，但 $\lim\limits_{x \to a} f(x)$ 不存在。至於定理中的 (iii)，須有分母的極限不爲零的條件，可從下式得到了解：

$$1 = \lim_{x \to 0} \frac{x}{x} \neq \frac{\lim\limits_{x \to 0} x}{\lim\limits_{x \to 0} x}。$$

由極限的幾何意義，易知下面定理：

定理 2-7

設 $f(x)=c$，$g(x)=x$，分別爲常數函數及恆等函數，則

$$\lim_{x \to a} f(x)=\lim_{x \to a} c = c, \quad \lim_{x \to a} g(x)=\lim_{x \to a} x = a。$$

例1　求下列各極限：(i) $\lim\limits_{x \to a} x^2$　　(ii) $\lim\limits_{x \to a} x^k$, $k \in N$

解　(i) $\lim\limits_{x \to a} x^2 = \lim\limits_{x \to a} (x \cdot x)=(\lim\limits_{x \to a} x)(\lim\limits_{x \to a} x)=a \cdot a = a^2$；

(ii) 仿上利用數學歸納法可證 $\lim\limits_{x \to a} x^k=a^k$。$k=1$ 時，此式顯然成立。設 $k=n$ 時，此式亦成立，卽 $\lim\limits_{x \to a} x^n=a^n$，則

$$\lim_{x \to a} x^{n+1} = \lim_{x \to a} (x^n \cdot x) = (\lim_{x \to a} x^n)(\lim_{x \to a} x) = a^n a = a^{n+1},$$

故知 $\lim\limits_{x \to a} x^k = a^k$ 對任意 $k \in N$ 均成立。

利用定理 2-6 (i), (ii) 可易得下面的定理:

定理 2-8

若 $\lim\limits_{x \to a} f_1(x) = A_1,\ \lim\limits_{x \to a} f_2(x) = A_2, \ldots,\ \lim\limits_{x \to a} f_k(x) = A_k$, 則

（ i ）$\lim\limits_{x \to a} (f_1(x) + f_2(x) + \ldots + f_k(x)) = A_1 + A_2 + \ldots + A_k$,

（ii）$\lim\limits_{x \to a} (f_1(x) f_2(x) \ldots f_k(x)) = A_1 A_2 A_3 \ldots A_k$。

利用定理 2-7 及定理 2-6 (ii) 可得下面的推論:

定理 2-9

若 $\lim\limits_{x \to a} f(x) = A$, 而 k 爲一常數, 則

$$\lim_{x \to a} (kf(x)) = kA = k(\lim_{x \to a} f(x))。$$

利用定理 2-7 及 2-8, 2-9 卽可證得一般多項函數的極限公式, 如下定理:

定理 2-10

設 $p(x) = a_n x^n + a_{n-1} x^{n-1} + \ldots + a_1 x + a_0$ 爲一多項式, c 爲一常數, 則

$$\lim_{x \to c} p(x) = p(c)。$$

利用定理 2-6 (iii) 及定理 2-10, 可得下面定理:

定理 2-11

設 $p(x), q(x)$ 爲二多項式, c 爲一常數, 且 $q(c) \neq 0$, 則

$$\lim_{x \to c} \frac{p(x)}{q(x)} = \frac{\lim\limits_{x \to c} p(x)}{\lim\limits_{x \to c} q(x)} = \frac{p(c)}{q(c)}。$$

例2 求下面各極限:

(i) $\lim\limits_{x\to1}((3x^5-2x^3+x^2+4x-5)(x^3+x^2-2x+4))$,

(ii) $\lim\limits_{x\to-1}(2x^7-x^5+x^3-3)^3$。

解　(i) 因為 $p(x)=(3x^5-2x^3+x^2+4x-5)(x^3+x^2-2x+4)$

展開後為一多項式，由定理 2-10 知，所求的極限為

$\lim\limits_{x\to1}p(x)=p(1)=4$;

(ii) 因為 $q(x)=(2x^7-x^5+x^3-3)^3$ 展開後為一多項式，

而由定理 2-10 知，所求極限為

$\lim\limits_{x\to-1}q(x)=q(-1)=(-5)^3=-125$。

例3　求下面各極限:

(i) $\lim\limits_{x\to2}\dfrac{x^4-3x^2-2}{x-1}$　　　(ii) $\lim\limits_{x\to4}\dfrac{x-4}{x^2-16}$,

(iii) $\lim\limits_{x\to5}\dfrac{\dfrac{1}{5}-\dfrac{1}{x}}{5-x}$。

解　(i) 由定理 2-11 知，

$$\lim\limits_{x\to2}\frac{x^4-3x^2-2}{x-1}=\frac{(2)^4-3(2)^2-2}{2-1}=2 \; ;$$

(ii) 因為分母的極限為

$\lim\limits_{x\to4}(x^2-16)=0$,

故知不能直接利用定理2-11。因為分子的極限亦為 0 ，故知

$x-4$ 為分子與分母的公因式，而可消去，故知

$$\lim\limits_{x\to4}\frac{x-4}{x^2-16}=\lim\limits_{x\to4}\frac{x-4}{(x-4)(x+4)}=\lim\limits_{x\to4}\frac{1}{x+4}=\frac{1}{8} \; ;$$

(iii) 易知

$$\lim_{x \to 5} \frac{\frac{1}{5} - \frac{1}{x}}{x - 5} = \lim_{x \to 5} \frac{x - 5}{5x(x-5)} = \lim_{x \to 5} \frac{1}{5x} = \frac{1}{25}。$$

例4 證明：$\lim\limits_{x \to 0} \left(\dfrac{1}{x} \right)$ 不存在。

證 設 $\lim\limits_{x \to 0} \dfrac{1}{x}$ 存在，其值爲 L，則因對 $x \neq 0$，恆有

$$x \left(\frac{1}{x} \right) = 1，故知$$

$$1 = \lim_{x \to 0} 1 = \lim_{x \to 0} x \left(\frac{1}{x} \right) = (\lim_{x \to 0} \frac{1}{x})(\lim_{x \to 0} x)$$

$$= L \cdot 0 = 0 ,$$

而得不合理的結果，由此可知 $\lim\limits_{x \to 0} \dfrac{1}{x}$ 不存在，卽本題得證。

例5 求下面的極限：

$$\lim_{x \to 2} \left(\frac{1}{x^2 - x - 2} - \frac{1}{2x^2 - 5x + 2} \right)。$$

解 因爲

$$\lim_{x \to 2} (x^2 - x - 2) = 0 , \lim_{x \to 2} (2x^2 - 5x + 2) = 0 ,$$

故仿例 4 的證明可知（見習題第13題）

$$\lim_{x \to 2} \frac{1}{x^2 - x - 2} , \lim_{x \to 2} \frac{1}{2x^2 - 5x + 2}$$

均不存在，所以知原題不可表爲二極限的差，卽

$$\lim_{x \to 2} \left(\frac{1}{x^2 - x - 2} - \frac{1}{2x^2 - 5x + 2} \right)$$

$$\neq \lim_{x \to 2} \frac{1}{x^2 - x - 2} - \lim_{x \to 2} \frac{1}{2x^2 - 5x + 2} ,$$

但因

$$\frac{1}{x^2 - x - 2} - \frac{1}{2x^2 - 5x + 2}$$

$$= \frac{1}{(x-2)(x+1)} - \frac{1}{(x-2)(2x-1)}$$

$$= \frac{2x-1-x-1}{(x-2)(x+1)(2x-1)} = \frac{x-2}{(x-2)(x+1)(2x-1)}$$

$$= \frac{1}{(x+1)(2x-1)},$$

故知

$$\lim_{x \to 2} \left(\frac{1}{x^2-x-2} - \frac{1}{2x^2-5x+2} \right)$$

$$= \lim_{x \to 2} \frac{1}{(x+1)(2x-1)} = \frac{1}{9}。$$

關於無理函數的極限之求法,須以下面定理為依據,其證明則從略。

定理 2-12

設 $\lim\limits_{x \to a} f(x)$ 存在,且其極限在函數 $g(x) = \sqrt[n]{x}$ ($n \geq 2$) 的定義域中, 則

$$\lim_{x \to a} g(f(x)) = \lim_{x \to a} \sqrt[n]{f(x)} = \sqrt[n]{\lim_{x \to a} f(x)}$$

$$= g(\lim_{x \to a} f(x))。$$

例 6　求下面各極限:

(i) $\lim\limits_{x \to 3} \sqrt[3]{8x+1+\sqrt{x+1}}$　　(ii) $\lim\limits_{x \to 9} \dfrac{\sqrt{x}\sqrt{x-3}}{x-9}$

解　(i) 由定理 2-12 知

$$\lim_{x \to 3} \sqrt[3]{8x+1+\sqrt{x+1}} = \sqrt[3]{\lim_{x \to 3}(8x+1) + \lim_{x \to 3}\sqrt{x+1}}$$

$$= \sqrt[3]{25 + \lim_{x \to 3} \sqrt{x+1}} = \sqrt[3]{25 + \sqrt{4}}$$

$$= 3。$$

(ii) $\lim\limits_{x \to 9} \dfrac{\sqrt{x}(\sqrt{x}-3)}{x-9} = \lim\limits_{x \to 9} \dfrac{\sqrt{x}(\sqrt{x}-3)(\sqrt{x}+3)}{(x-9)(\sqrt{x}+3)}$

$\qquad\qquad = \lim\limits_{x \to 9} \dfrac{\sqrt{x}(x-9)}{(x-9)(\sqrt{x}+3)}$

$\qquad\qquad = \lim\limits_{x \to 9} \dfrac{\sqrt{x}}{\sqrt{x}+3} = \dfrac{1}{2}。$

例 7　求下面的極限:

$$\lim_{x \to 5} \frac{x-5}{\sqrt{3x+1}-4}。$$

解　$\lim\limits_{x \to 5} \dfrac{x-5}{\sqrt{3x+1}-4} = \lim\limits_{x \to 5} \dfrac{(x-5)(\sqrt{3x+1}+4)}{(\sqrt{3x+1}-4)(\sqrt{3x+1}+4)}$

$\qquad\qquad = \lim\limits_{x \to 5} \dfrac{(x-5)(\sqrt{3x+1}+4)}{3x+1-16}$

$\qquad\qquad = \lim\limits_{x \to 5} \dfrac{\sqrt{3x+1}+4}{3} = \dfrac{\sqrt{15+1}+4}{3} = \dfrac{8}{3}。$

習　　　題

求下列各極限（1～12）:

1.　$\lim\limits_{x \to -1} ((5x^3+2x^2-x+1)(x^3-2x-1))$

2.　$\lim\limits_{x \to 1} (3x^5-x^4+5x^2-3x+2)^2$

3.　$\lim\limits_{x \to 0} \dfrac{x^3+3x^2-2x+3}{2x^4-4x^2+5x-1}$　　4.　$\lim\limits_{x \to 0} \dfrac{x^4-3x}{3x^3-4x}$

5.　$\lim\limits_{x \to -1} \dfrac{x^6-1}{x+1}$　　6.　$\lim\limits_{x \to -1/2} \dfrac{2x^2-x-1}{2x^3+x^2+2x+1}$

7. $\lim\limits_{x\to 1}\dfrac{x^3+x^2+x-3}{3x^3+2x^2-4x-1}$

8. $\lim\limits_{x\to 0^+}\left(3-\dfrac{2}{x}\right)x$

9. $\lim\limits_{x\to 0}\dfrac{\dfrac{1}{4+2x}-\dfrac{1}{4}}{x}$

10. $\lim\limits_{x\to 5}\dfrac{25-x^2}{\sqrt{3x-6}-3}$

11. $\lim\limits_{x\to 2}\dfrac{x-2}{\sqrt[3]{3x+2}-2}$

12. $\lim\limits_{x\to 2}\dfrac{1}{2x^2+3x-14}-\dfrac{1}{3x^2-x-10}$

13. 設 $\lim\limits_{x\to a}f(x)=0$，證明：$\lim\limits_{x\to a}\dfrac{1}{f(x)}$ 不存在。

14. 設 $\lim\limits_{x\to a}(f(x)+g(x))$ 存在，證明：$\lim\limits_{x\to a}f(x)$ 及 $\lim\limits_{x\to a}g(x)$ 皆存在或 $\lim\limits_{x\to a}f(x)$ 及 $\lim\limits_{x\to a}g(x)$ 皆不存在。

15. 設 $\lim\limits_{x\to a}f(x)=0$，而 g 爲有界函數，利用挾擠原理證明：
$\lim\limits_{x\to a}(f(x)g(x))=0$。

16. 於下面各題中，求 $\lim\limits_{x\to a}\dfrac{f(x)-f(a)}{x-a}$

(i) $f(x)=2x^3+x-1,\ a=2$

(ii) $f(x)=3x^2-2x+1$　　(iii) $f(x)=\sqrt[3]{x}$

(iv) $f(x)=x^2-\sqrt[3]{x},\ a=-1$

17. 設若以你居住地爲中心的20公里半徑的範圍內有20個小鄉鎭。由氣象報告資料知道，明日中午時刻，周圍19個鄉鎭的平均氣溫爲攝氏26度，但資料獨缺你居住地的氣溫，你將猜測明日中午你居住地的氣溫爲何？何故？

18. 設某工廠於時間爲 t 時，生產速率爲每小時 $P(t)$ 單位。當所有機器全部啓動作業時，生產速率爲每小時 200 單位。若早上八點鐘時，所有機器全開作業，直到正午時刻，其後一小時則有半數機器

停工，以便工人輪流吃午飯，並於下午一點時，所有機器恢復全員作業。以早上八點爲時間的起點 ($t=0$),試將一天中的函數 $P(t)$, $t \in [0,8]$ 表出，並問下面各極限是否存在？

(i) $\lim_{t \to 4} P(t)$ (ii) $\lim_{t \to 5} P(t)$ (iii) $\lim_{t \to 6} P(t)$。

§2-3 無窮極限與無窮遠處之極限

本節要考慮的是兩種型態的極限問題，一種是如 2-1 節例 2 所示的發散到正負無限大的問題，我們稱爲**無窮極限**(infinite limits) 問題；一種則爲考慮自變數趨向正負無限大時（正負無限大均不爲實數，趨向（正）無限大意指其值變大而且任意增大的情況），函數值的趨勢問題，即所謂**無窮遠處的極限** (limit at infinity) 之問題。

首先，像第 2-1 節例 2 的二個式子：

$$\lim_{x \to 0^+} \frac{1}{x} = \infty, \quad \lim_{x \to 0^-} \frac{1}{x} = -\infty$$

一樣，我們可以知道下面的定理：

定理 2-13

若 $\lim_{x \to a} f(x) = 0$，且在 a 的鄰近，$f(x) > 0$（或 < 0），則

$$\lim_{x \to a} \frac{1}{f(x)} = \infty \text{（或} -\infty \text{）。}$$

譬如，$\lim_{x \to 0} \frac{1}{x^2} = \infty$。一般而言，

$$\lim_{x \to a^+} f(x) = \infty \text{且} \lim_{x \to a^-} f(x) = \infty$$

$$\iff \lim_{x \to a} f(x) = \infty.$$

若下面四式中:

$$\lim_{x \to a^+} f(x) = \infty, \qquad \lim_{x \to a^-} f(x) = \infty,$$

$$\lim_{x \to a^+} f(x) = -\infty \qquad \lim_{x \to a^-} f(x) = -\infty$$

有一成立, 譬如在圖形上如下所示:

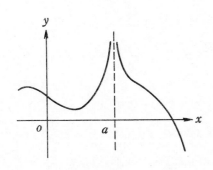
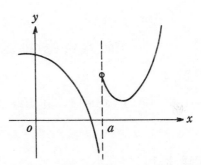

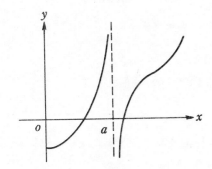
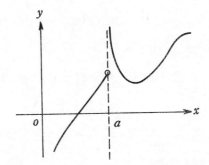

則我們稱直線 $x = a$ 為 $f(x)$ 之圖形的**垂直漸近線** (vertical asymptote)。

　　下面與定理 2-13 相對應的定理, 可易由直觀了解:

定理 2-14

　　若 $\lim_{x \to a} |f(x)| = \infty$, 則 $\lim_{x \to a} \dfrac{1}{f(x)} = 0$。

同樣的，由無窮極限的意義，可易了解下面諸定理，解析證法概皆從略：

定理 2-15

若 $\lim\limits_{x \to a} f(x) = \infty$, $\lim\limits_{x \to a} g(x) = \infty$, 則 $\lim\limits_{x \to a} (f(x) + g(x)) = \infty$。

定理 2-16

若 $\lim\limits_{x \to a} f(x) = -\infty$, $\lim\limits_{x \to a} g(x) = -\infty$, 則

$$\lim_{x \to a} (f(x) + g(x)) = -\infty。$$

定理 2-17

若 $\lim\limits_{x \to a} f(x) = A$, 且 $\lim\limits_{x \to a} g(x) = \infty$ (或 $-\infty$), 則

$$\lim_{x \to a} (f(x) + g(x)) = \infty \ (或 -\infty)。$$

定理 2-18

若 $f(x)$ 爲有界，且 $\lim\limits_{x \to a} g(x) = \infty$ (或 $-\infty$), 則

$$\lim_{x \to a} (f(x) + g(x)) = \infty \ (或 -\infty)。$$

定理 2-19

設 $\lim\limits_{x \to a} f(x) = A > 0$。若 $\lim\limits_{x \to a} g(x) = \infty$, 則

$$\lim_{x \to a} (f(x)g(x)) = \infty;$$

若 $\lim\limits_{x \to a} g(x) = -\infty$, 則 $\lim\limits_{x \to a} (f(x)g(x)) = -\infty$。

定理 2-20

設 $\lim\limits_{x \to a} f(x) = A < 0$。若 $\lim\limits_{x \to a} g(x) = \infty$, 則

$$\lim_{x \to a} (f(x)g(x)) = -\infty;$$

若 $\lim\limits_{x \to a} g(x) = -\infty$, 則 $\lim\limits_{x \to a} (f(x) g(x)) = \infty$。

定理 2-21

設 $\lim\limits_{x \to a} f(x) = \infty$。若 $\lim\limits_{x \to a} g(x) = \infty$, 則

$$\lim_{x \to a} (f(x) g(x)) = \infty;$$

若 $\lim\limits_{x \to a} g(x) = -\infty$，則 $\lim\limits_{x \to a}(f(x)g(x)) = -\infty$。

易知，上面諸定理中，將 $x \longrightarrow a$ 代以 $x \longrightarrow a^+$ 或 $x \longrightarrow a^-$，則亦皆能成立。

例1 求下面各極限：

$$\text{(i) } \lim_{x \to 1^+} \frac{1}{x - x^2} \qquad \text{(ii) } \lim_{x \to 1^-} \frac{1}{x - x^2}。$$

解 因為 $x - x^2 = x(1-x)$，其符號如下表所示：

```
        0         1
    ────┼─────────┼─────────
     -        +         -
```

且 $\lim\limits_{x \to 1} x - x^2 = 0$，故由定理 2-13 知

$$\text{(i) } \lim_{x \to 1^+} \frac{1}{x - x^2} = -\infty, \text{ (ii) } \lim_{x \to 1^-} \frac{1}{x - x^2} = \infty。$$

例2 求極限 $\lim\limits_{x \to 1}(x^3 - 2x - 100 + \frac{1}{(1-x)^2})$。

解 因為 $\lim\limits_{x \to 1}(1-x)^2 = 0$，且 $\frac{1}{(1-x)^2} \geqq 0$，故由定理2-13

知，$\lim\limits_{x \to 1} \frac{1}{(1-x)^2} = \infty$。又因 $\lim\limits_{x \to 1}(x^3 - 2x - 100) = -101$，

故由定理 2-17 知 $\lim\limits_{x \to 1}(x^3 - 2x - 100 + \frac{1}{(1-x)^2}) = \infty$。

其次我們討論另一種型態的極限。在此之前，均討論函數在一點的極限問題，即考慮自變數 x 於 $x \longrightarrow a$ 或 $x \longrightarrow a^+$ 或 $x \longrightarrow a^-$ 時，函數值的趨勢問題。今則要考慮 x 趨於很大，或趨於絕對值很大的負數時之情形，即考慮 $x \longrightarrow \infty$ 或 $x \longrightarrow -\infty$ 時，函數值的趨勢問題，我們稱這種問題為在無窮遠處的極限問題。我們以符號

$$\lim_{x \to \infty} f(x) = A, \lim_{x \to -\infty} g(x) = B$$

分別表下面二圖所表的概念：

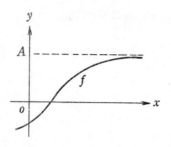 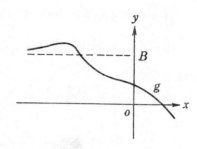

並且稱直線 $y=A$ 及 $y=B$ 分別爲 f 及 g 的 **水平漸近線** (horizontal asymptote)。當然，在無窮遠處的極限，也有不存在及無窮極限的情形。譬如，令

$$f(x)=\begin{cases} 1 , & x\in Q; \\ -1, & x\not\in Q。 \end{cases}$$

則 $\lim\limits_{x\to\infty} f(x)$ 不存在;

而且

$$\lim_{x\to\infty} x=\infty, \lim_{x\to-\infty} x=-\infty。$$

在無窮遠處的極限，有著與在一點 a 處的極限相同的性質。換句話說，前此介紹的,關於極限之性質的諸定理中，以 $x\longrightarrow\infty$ 或 $x\longrightarrow-\infty$ 取代 $x\longrightarrow a$, $x\longrightarrow a^{+}$ 或 $x\longrightarrow a^{-}$，則亦皆能成立。

例 3 求極限 $\lim\limits_{x\to-\infty}(-x^5+300x^4+400x^3+500x^2+600x+1000)$。

解 $\lim\limits_{x\to-\infty}(-x^5+300x^4+400x^3+500x^2+600x+1000)$

$$=\lim_{x\to-\infty} x^5\left(-1+\frac{300}{x}+\frac{400}{x^2}+\frac{500}{x^3}+\frac{600}{x^4}+\frac{1000}{x^5}\right),$$

由定理2-21知, $\lim\limits_{x\to-\infty} x^5=-\infty$，又由定理2-14可知

$$\lim_{x\to-\infty}\left(-1+\frac{300}{x}+\frac{400}{x^2}+\frac{500}{x^3}+\frac{600}{x^4}+\frac{1000}{x^5}\right)=-1,$$

故由定理2-20知

$$\lim_{x \to -\infty} (-x^5 + 300x^4 + 400x^3 + 500x^2 + 600x + 1000) = \infty。$$

例 4　求下列各極限:

(i) $\displaystyle\lim_{x \to -\infty} \frac{-5x^3 - 2x + 1}{2 - 3x^2 + x^3}$ 　　　　(ii) $\displaystyle\lim_{x \to \infty} \frac{4x^2 - 5}{-2x + 1}$

(iii) $\displaystyle\lim_{x \to -\infty} \frac{-1 - 2x + x^2}{4 - 5x^2 + x^3}$

解　(i) $\displaystyle\lim_{x \to -\infty} \frac{-5x^3 - 2x + 1}{2 - 3x^2 + x^3} = \lim_{x \to -\infty} \frac{-5 - \dfrac{2}{x^2} + \dfrac{1}{x^3}}{\dfrac{2}{x^3} - \dfrac{3}{x} + 1}$

$$= \frac{-5 - 0 + 0}{0 - 0 + 1} = -5;$$

(ii) $\displaystyle\lim_{x \to \infty} \frac{4x^2 - 5}{-2x + 1} = \lim_{x \to \infty} \frac{4x - \dfrac{5}{x}}{-2 + \dfrac{1}{x}},$

因分母趨近於 $-2 + 0 = -2$, 而分子發散到 ∞, 故知

$$\lim_{x \to \infty} \frac{4x^2 - 5}{-2x + 1} = -\infty;$$

(iii) $\displaystyle\lim_{x \to -\infty} \frac{-1 - 2x + x^2}{4 - 5x^2 + x^3} = \lim_{x \to -\infty} \frac{\dfrac{-1}{x^3} - \dfrac{2}{x^2} + \dfrac{1}{x}}{\dfrac{4}{x^3} - \dfrac{5}{x} + 1}$

$$= \frac{0 - 0 + 0}{0 - 0 + 1} = 0。$$

例 5　求下列各極限:

(i) $\displaystyle\lim_{x \to 0-} \frac{-4x^3 - x}{3x^2 + x^3}$ 　　　　(ii) $\displaystyle\lim_{x \to 0-} \frac{4x^2 - 5x^3}{-2x + x^2}$

(iii) $\displaystyle\lim_{x \to 0-} \frac{-2x^4 + x^2}{-5x^2 + x^3}$

解　(i) $\displaystyle\lim_{x \to 0-} \frac{-4x^3 - x}{3x^2 + x^3} = \lim_{x \to 0-} \frac{-4x - \dfrac{1}{x}}{3 + x}$

因為分子發散到 ∞, 而分母的極限為 3, 故知

$$\lim_{x \to 0-} \frac{-4x^3 - x}{3x^2 + x^3} = \infty;$$

（ii）$\lim\limits_{x \to 0} \dfrac{4x^2-5x^3}{-2x+x^2}=\lim\limits_{x \to 0} \dfrac{4x-5x^2}{-2+x}=\dfrac{0-0}{-2+0}=0$;

（iii）$\lim\limits_{x \to 0} \dfrac{-2x^4+x^2}{-5x^2+x^3}=\lim\limits_{x \to 0} \dfrac{-2x^2+1}{-5+x}=\dfrac{0+1}{-5+0}=-\dfrac{1}{5}$。

上面例 4 和例 5 均爲有理函數的極限問題，前者之分子與分母均爲無窮極限，後者分子與分母的極限均爲 0，故無法直接利用前此關於極限的定理以求解。上面的求解過程，是對分子與分母，適當地同除以一個 x 的冪次來進行，其原則是使得處理後，分母的極限值存在且不爲 0。下例雖非爲有理函數，但處理的原則仍然相同。

例6 求下列各極限:

（ i ）$\lim\limits_{x \to 0^-} \dfrac{\sqrt{4x^2-x}}{3x+x^3}$　　　　（ii）$\lim\limits_{x \to -\infty} \dfrac{\sqrt{4x^2+5x}}{-2x+x^2}$

（iii）$\lim\limits_{x \to -\infty} (x^2-\sqrt{1-2x^3})$

解　　（ i ）$\lim\limits_{x \to 0^-} \dfrac{\sqrt{4x^2-x}}{3x+x^3}=\lim\limits_{x \to 0^-} \dfrac{|x|\sqrt{4-\dfrac{1}{x}}}{x(3+x^2)}$

$\qquad\qquad\qquad =\lim\limits_{x \to 0^-} \dfrac{-x\sqrt{4-\dfrac{1}{x}}}{x(3+x^2)}=-\infty$;

（ii）$\lim\limits_{x \to -\infty} \dfrac{\sqrt{4x^2+5x}}{-2x+x^2}=\lim\limits_{x \to -\infty} \dfrac{\dfrac{\sqrt{4x^2+5x}}{x^2}}{\dfrac{-2}{x}+1}$

$\qquad\qquad\qquad =\lim\limits_{x \to -\infty} \dfrac{\sqrt{\dfrac{4}{x^2}+\dfrac{5}{x^3}}}{\dfrac{-2}{x}+1}=\dfrac{0}{1}=0$;

（iii）$\lim\limits_{x \to -\infty} (x^2-\sqrt{1-2x^3})$

$\qquad\qquad =\lim\limits_{x \to -\infty} \dfrac{(x^2-\sqrt{1-2x^3})(x^2+\sqrt{1-2x^3})}{x^2+\sqrt{1-2x^3}}$

$$=\lim_{x\to-\infty}\frac{x^4-(1-2x^3)}{x^2+\sqrt{1-2x^3}}$$

$$=\lim_{x\to-\infty}\frac{x^2\left(x^2-\dfrac{1}{x^2}+2x\right)}{x^2(1+\sqrt{\dfrac{1}{x^4}-\dfrac{2}{x}})}$$

$$=\lim_{x\to-\infty}\frac{x(x+2)-\dfrac{1}{x^2}}{1+\sqrt{\dfrac{1}{x^4}-\dfrac{2}{x}}}=\infty。$$

例 7 求極限 $\displaystyle\lim_{x\to\infty}\frac{[-2x+3]}{3x-2}$，其中 $[x]$ 為高斯符號。

解 依高斯符號的意義知 $(-2x+3)-1\leqq[-2x+3]\leqq-2x+3$，

因 $x\longrightarrow\infty$，故知 $3x-2>0$，從而由上式知

$$\frac{(-2x+3)-1}{3x-2}\leqq\frac{[-2x+3]}{3x-2}\leqq\frac{-2x+3}{(3x-2)},\quad\text{又由}$$

$$\lim_{x\to\infty}\frac{(-2x+3)-1}{3x-2}=-\frac{2}{3}=\lim_{x\to\infty}\frac{-2x+3}{3x-2},$$

及挾擠原理知 $\displaystyle\lim_{x\to\infty}\frac{[-2x+3]}{3x-2}=-\frac{2}{3}$。

例 8 求函數 $f(x)=\dfrac{x}{x^2-1}$ 之圖形的水平及垂直漸近線，及其

附近的 f 之圖形。

解 由 $\displaystyle\lim_{x\to\infty}\frac{x}{x^2-1}=\lim_{x\to-\infty}\frac{x}{x^2-1}=0$，知直線 $y=0$ 為 f

之圖形的水平漸近線。

由 $\displaystyle\lim_{x\to1^+}\left(\frac{x}{x^2-1}\right)=\lim_{x\to-1^+}\left(\frac{x}{x^2-1}\right)=\infty$，

$$\lim_{x\to1^-}\left(\frac{x}{x^2-1}\right)=\lim_{x\to-1^-}\left(\frac{x}{x^2-1}\right)=-\infty,$$

知直線 $x = 1$ 及 $x = -1$ 為 f 之圖形的垂線漸近線。圖形如下所示:

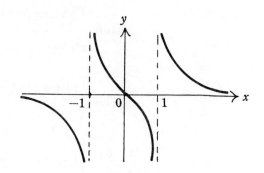

習 題

試求下面各題之極限: (1 ~ 16)

1. $\displaystyle\lim_{x \to \infty} \frac{-2x^3 + 3x^2 + 1}{3x^3 - 2}$

2. $\displaystyle\lim_{x \to -\infty} \frac{-\sqrt{x^3 + 3x}}{x^2 - 2}$

3. $\displaystyle\lim_{x \to 2-} \frac{-2x^2 + 3x}{x - 2}$

4. $\displaystyle\lim_{x \to -3-} \frac{x}{(x + 3)^2}$

5. $\displaystyle\lim_{x \to -\infty} \frac{\sqrt{x^2 + 3}}{3x - 1}$

6. $\displaystyle\lim_{x \to \infty} \frac{\sqrt[3]{x^3 + 3}}{2x^3 + 1}$

7. $\displaystyle\lim_{x \to \infty} \frac{-2x^4 + 3x}{x^2 + 7x}$

8. $\displaystyle\lim_{x \to -\infty} \frac{-2x + 1}{\sqrt{x^2 - 2}}$

9. $\displaystyle\lim_{x \to 1+} \frac{\sqrt{x} - 1}{\sqrt{x^2 - 1}}$

10. $\displaystyle\lim_{x \to 1-} \frac{x^2}{1 - x^2}$

11. $\displaystyle\lim_{x \to 0-} \frac{\sqrt{1 - 2x}}{x}$

12. $\displaystyle\lim_{x \to -\infty} (x + \sqrt{x^2 - x})$

13. $\displaystyle\lim_{x \to \infty} (\sqrt{x}(\sqrt{x + 1} - \sqrt{x}))$

14. $\displaystyle\lim_{x \to \infty} (x(\sqrt{x + 1} - \sqrt{x}))$

15. $\displaystyle\lim_{x \to \infty} \left(\frac{3x - [2x - 5]}{x + 7} \right)$

16. $\displaystyle\lim_{x \to \infty} \left(\frac{-2x + [3x^2 + x - 5]}{3x - x^2} \right)$

於下面各題中，求函數 f 之圖形的水平及垂直漸近線，及其附近的 f 之圖形：（17～24）

17. $f(x) = 2 - \dfrac{1}{x}$ 18. $f(x) = \dfrac{x+1}{3-2x}$

19. $f(x) = 1 - \dfrac{1}{x^2}$ 20. $f(x) = \dfrac{x^2}{x^2-4}$

21. $f(x) = \dfrac{x^2+4}{x^2-1}$ 22. $f(x) = \dfrac{x}{x^2+1}$

23. $f(x) = \dfrac{x^4+1}{x^3}$ 24. $f(x) = \dfrac{x^4}{x^3-1}$

§2-4 連續的概念及性質

在前面談到函數 f 在一點 a 的極限問題時，我們知道，是僅考慮 a 的很小的鄰近的函數值的趨勢問題，而不考慮 a 點的情形。而我們也留意到，f 在極限存在時，其值也未必等於 $f(a)$（甚至有 $f(a)$ 無意義的情形）。如下二圖所示：

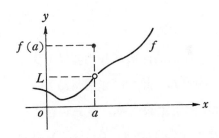
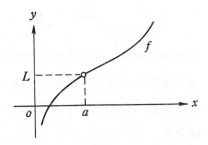

這二圖中 f 的圖形，都在橫坐標爲 a 的地方「斷而不連」；事實上，下面二圖中 f 的圖形，也都在橫坐標爲 a 的地方「斷而不連」：

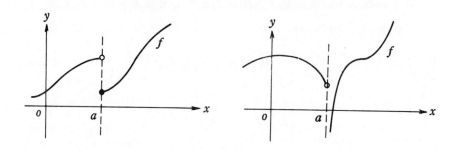

而對這二者來說，$\lim\limits_{x \to a} f(x)$ 則都不存在。對下圖所示，其圖形在橫坐標為 a 處「連結不斷」的函數 f 來說，顯然有

$$\lim_{x \to a} f(x) = f(a)$$

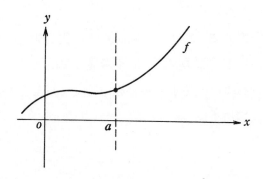

的結論。基於上面的直觀，對於圖形不易作出的函數，我們卽以上式作為一函數在 a 處為**連續** (continuous) 的定義。此時，亦稱 a 為 f 的一個**連續點** (continuity)。利用上面極限式子定義連續，實在包含了三種意義：卽 (1) $a \in \text{dom } f$，(2) $\lim\limits_{x \to a} f(x)$ 存在，(3)於(2)中的極限值為 $f(a)$。

　　若一函數在一集合 A 上的每點皆為連續，則稱 f **在 A 上為連續** (continuous on A)；而若 f 在 dom f 上為連續，則稱 f 為**連續函**

數 (continuous function)。習慣上，稱 f 在閉區間 $[a, b]$ 上為連續，意指 f 在開區間 (a, b) 上為連續，且 $\lim\limits_{x \to a^+} f(x) = f(a)$, $\lim\limits_{x \to b^-} f(x) = f(b)$。若 $\lim\limits_{x \to a^+} f(x) = f(a)$, $\lim\limits_{x \to b^-} f(x) = f(b)$，亦稱 f 在 a 為右連續 (right continuous)；在 b 為左連續 (left continuous)。易知，$f(x) = c$, $g(x) = x$ 均為連續函數；而函數 $h(x) = \dfrac{1}{x}$ 除在 0 不為連續外，在其它各點均為連續，但因 0 不在 h 的定義域中，故 h 在其定義域的每一點均為連續，即知 h 亦為連續函數。只是它雖為連續函數，但因不為 R 上的連續函數（0 不為其連續點），故其圖形不為連續不斷的一片而已。由連續函數的定義及極限的性質，易得下面諸定理：

定理 2-22

設 f, g 二函數在 a 點均為連續，且 α, β 為任意二常數，則 $\alpha f + \beta g$ 與 $f \cdot g$ 在 a 仍為連續。

定理 2-23

設 f, g 二函數在 a 為連續，且 $g(a) \neq 0$，則 $\dfrac{f}{g}$ 在 a 亦為連續。

定理 2-24

多項函數 $p(x)$ 與有理函數 $\dfrac{p(x)}{q(x)}$（其中 $p(x)$, $q(x)$ 均為多項函數）均為連續函數。

關於合成函數求極限時，常須用及下面的定理，其證明從略。

定理 2-25

設 f, g 為二函數。若 $\lim\limits_{x \to a} g(x) = b$，且 b 為 f 之一連續點，則

$$\lim_{x \to a} f(g(x)) = f(\lim_{x \to a} g(x)).$$

上面定理中，b 為 f 之連續點的條件甚為重要，否則，定理即不成

立。關於此點可參考本節習題第14題。下面再提出兩個有關連續函數的重要性質，這些性質可從圖形看出，而其解析證法則須涉及實數的完全性，故皆從略。

定理 2-26 極值存在定理（existence of extrema）

設函數 f 在閉區間 $[a,b]$ 上為連續，則 f 在 $[a,b]$ 上有極大值及極小值，即存在 $\alpha, \beta \in [a,b]$，使得

$$f(\alpha) \geqq f(x), \quad f(\beta) \leqq f(x),$$

對所有 $x \in [a,b]$ 均成立。

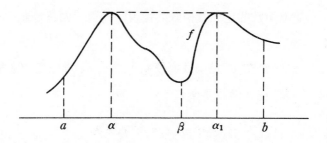

定理 2-27

設函數 f 在閉區間 $[a,b]$ 上為連續，且 $f(a)f(b) < 0$，則必存在 $c \in [a,b]$，使得 $f(c) = 0$。

此定理表示的，正是常識認知的事實，即連續函數之圖形，若從 x 軸的一側而到另一側，則必穿過 x 軸，如下圖所示：

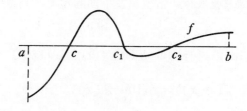

利用定理2-27，可易證得下述較爲一般性的定理:

定理 2-28 中間值定理 (intermediate-value theorem)

設函數 f 在閉區間 $[a,b]$ 上爲連續，且 $f(a) \neq f(b)$，而 k 爲介於 $f(a)$, $f(b)$ 間的任一實數，則必存在 $c \in [a,b]$，使得 $f(c) = k$。

證明 令 $F(x) = f(x) - k$，則因 f 在 $[a,b]$ 上爲連續，且常數函數爲連續函數，故由定理 2-22 知 F 在 $[a,b]$ 上爲連續，且易知 $F(a)F(b) < 0$，故由定理 2-27 知，存在 $c \in [a,b]$，使 $F(c) = 0$，即 $f(c) - k = 0$，$f(c) = k$，故定理得證。

定理 2-28 的意義，是表明連續函數必連續取值，而無「突跳」(jump) 的現象，如下圖所示:

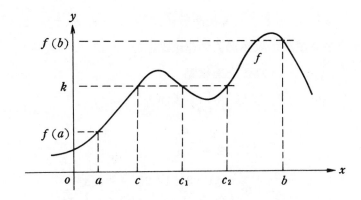

例1 證明絕對值函數 $f(x) = |x|$ 爲連續函數。

證 由 $\sqrt{x^2} = |x|$，及定理 2-12 知

$$\lim_{x \to a} f(x) = \lim_{x \to a} |x| = \lim_{x \to a} \sqrt{x^2} = \sqrt{\lim_{x \to a} x^2} = \sqrt{a^2}$$

$$= |a| = f(a),$$

故知本題得證。

例2 設 $f(x) = 1$, $x \in Q$; $f(x) = -1$, $x \in R - Q$，令

$F(x) = xf(x)$，證明：F 在 0 為連續。

證　須證：$\lim\limits_{x \to 0} F(x) = F(0)$。對 $x > 0$ 而言，因

$$0 \leq |F(x)| = |xf(x)| = |x||f(x)| = |x|,$$

並由定理 2-5 及挾擠原理知，

$$\lim_{x \to 0} |F(x)| = 0,$$

再由定理 2-5 知，

$$\lim_{x \to 0} F(x) = 0,$$

而本題得證。

例3　設 $f(x) = \dfrac{x-8}{2 - \sqrt[3]{x}}$，$x \neq 8$；$f(8) = p$，問 p 為多少時，f 為一連續函數？

解　顯然，$x \neq 8$ 為二連續函數 $g(x) = x - 8$，$h(x) = 2 - \sqrt[3]{x}$ 之連續點，故亦為 f 之連續點，而

$$8 \text{ 為 } f \text{ 之連續點}$$

$$\Longleftrightarrow \quad p = f(8) = \lim_{x \to 8} f(x)$$

$$= \lim_{x \to 8} \frac{x-8}{2 - \sqrt[3]{x}}$$

$$= \lim_{x \to 8} \frac{(x-8)(4 + 2\sqrt[3]{x} + \sqrt[3]{x^2})}{(2 - \sqrt[3]{x})(4 + 2\sqrt[3]{x} + \sqrt[3]{x^2})}$$

$$= \lim_{x \to 8} \frac{(x-8)(4 + 2\sqrt[3]{x} + \sqrt[3]{x^2})}{8 - x}$$

$$= \lim_{x \to 8} -(4 + 2\sqrt[3]{x} + \sqrt[3]{x^2})$$

$$= -12,$$

即　$p = -12$ 為所求。

習　　題

下列各函數 f 是否爲連續函數？若非爲連續函數，則指出其不連續點。（1～10）

1. $f(x) = 3x^4 - 5x^2 + 7$

2. $f(x) = \sqrt[3]{x^2 + x\sqrt{x+1}}$

3. $f(x) = \dfrac{2x^2 - x - 1}{x - 1}$

4. $f(x) = (3x^2 + x + 1)^3$

5. $f(x) = \dfrac{3x}{x - 1}$, $x \neq 1$; $f(1) = 2$

6. $f(x) = x^2$, $x \geq 1$; $f(x) = x$, $x < 1$

7. $f(x) = 4 - x^2$, $x \neq 2$; $f(2) = -4$

8. $f(x) = [2x]$

9. $f(x) = \dfrac{|x|}{x}$, $x < 0$; $f(x) = 2x - 1$, $x \geq 0$

10. $f(x) = \dfrac{1}{x}$, $x \leq -1$; $f(x) = x$, $x > -1$

下面各題中，p 爲多少時，f 爲一連續函數？（11～12）

11. $f(x) = \dfrac{\sqrt{2x+5} - \sqrt{x+7}}{x - 2}$, $x \neq 2$; $f(2) = p$

12. $f(x) = \dfrac{3x^2}{(\sqrt{x^2+1} - \sqrt{1-x^2})}$, $x \neq 0$; $f(0) = p$

13. 設 $f(x)$ 爲連續函數，證明：$|f(x)|$ 亦爲連續函數。又，若 $|f(x)|$ 爲連續函數，是否 $f(x)$ 亦爲連續函數？何故？

14. 設 $f(x) = 1$, $x \neq 1$; $f(1) = 2$, $g(x) = x$。試求 $\lim\limits_{x \to 1} f(g(x))$ 及 $f(\lim\limits_{x \to 1} g(x))$。

於下面各題中，利用中間值定理，以決定函數 f 的圖形是否在所給的區間中與 x 軸相交，但無須求得交點的坐標。又，是否有些函數無法藉中間值定理獲得資訊？（15～20）

15. $f(x)=x^3-3x$，區間爲 $[-2,2]$

16. $f(x)=x^4-1$，區間爲 $[-2,2]$

17. $f(x)=\dfrac{x}{(x+1)^2}-1$，區間爲 $[10,20]$

18. $f(x)=x^3-2x^2-x+2$，區間爲 $[3,4]$

19. $f(x)=\sqrt{x^3+3}-\sqrt{x^3-1}-1$，區間爲 $[1,10]$

20. $f(x)=\sqrt{x^2-3x-2}$，區間爲 $[3,5]$

21. 設 f 在區間 $[a,b]$ 上不爲連續，則 f 在 $[a,b]$ 上是否必有極值存在？是否必無極值存在？試以圖形說明之。

22. 設 f 在區間 (a,b) 上爲連續，則 f 在 (a,b) 上是否必有極值存在？是否必無極值存在？試以圖形說明之。

23. 試以圖形說明中間值定理中，f 在 $[a,b]$ 上爲連續的條件不成立時，定理中的點 c 可能存在，也可能不存在。

§2-5 三角函數及其連續性

對應於一個實數 x，可以有一個**標準位置**（standard position）的角，卽在坐標平面上，以與原點爲角頂，以 x 軸的正向爲始邊，而其終邊與以原點爲圓心的單位圓的交點 Q，乃是由點 $P(1,0)$，沿上述單位圓繞行 $|x|$ 之距離而達之點，當 $x \geqq 0$ 時，繞行的方向爲反時針的方向，而當 $x<0$ 時，則繞行的方向爲順時針的方向。這樣的標準位置角，稱爲 x **弧度**（radian）角。上述之點 Q 的縱坐標稱爲 x 的**正弦**（sine），而其橫坐標則稱爲 x 的**餘弦**（cosine），分別記爲 $\sin x$ 及 $\cos x$，如下圖所示：

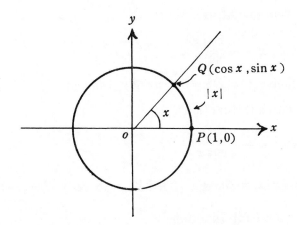

由這定義顯然可知，對任意 $x \in R$ 而言，恒有

$$-1 \leq \sin x \leq 1, \quad -1 \leq \cos x \leq 1,$$

$$\sin^2 x + \cos^2 x = 1 \text{。}$$

其中 $\sin^2 x$ 表 $(\sin x)^2$，$\cos^2 x$ 表 $(\cos x)^2$，乃函數值的冪次之習慣表法。

　　由一實數 x 的正弦和餘弦可定義出六個**三角函數**（trigonometric u nction），如下對應所示：

正弦函數（sine function）

　　　　$\sin: x \longrightarrow \sin x$,

　　　　dom $\sin = R$, ran $\sin = [-1, 1]$;

餘弦函數（cosine function）

　　　　$\cos: x \longrightarrow \cos x$,

　　　　dom $\cos = R$, ran $\cos = [-1, 1]$;

正切函數（tangent function）

　　　　$\tan: x \longrightarrow \dfrac{\sin x}{\cos x}$,

　　　　dom $\tan = \{x \mid x \neq 2n\pi \pm \dfrac{\pi}{2}, n \in Z\}$, ran $\tan = R$;

餘切函數 (cotangent function)

$$\text{cot}: x \longrightarrow \frac{\cos x}{\sin x},$$

$$\text{dom cot} = \{x \mid x \neq n\pi, \ n \in Z\}, \ \text{ran cot} = R;$$

正割函數 (secant function)

$$\sec: x \longrightarrow \frac{1}{\cos x},$$

$$\text{dom sec} = \{x \mid x \neq 2n\pi \pm \frac{\pi}{2}, \ n \in Z\}, \ \text{ran sec} = R - (-1, 1);$$

餘割函數 (cosecant function)

$$\csc: x \longrightarrow \frac{1}{\sin x},$$

$$\text{dom csc} = \{x \mid x \neq n\pi, \ n \in Z\}, \ \text{ran csc} = R - (-1, 1)。$$

由定義易知，三角函數之間，有下述的重要關係：

倒數關係

$$\sin x \cdot \csc x = 1, \ \cos x \cdot \sec x = 1, \ \tan x \cdot \cot x = 1。$$

商數關係

$$\tan x = \frac{\sin x}{\cos x}, \ \cot x = \frac{\cos x}{\sin x}。$$

平方關係

$$\sin^2 x + \cos^2 x = 1, \ \tan^2 x + 1 = \sec^2 x, \ \cot^2 x + 1 = \csc^2 x。$$

若令 sin 與 cos, tan 與 cot, sec 與 csc 分別互稱爲餘函數，並且於 f 表一三角函數時，以 co・f 表其餘函數，則有下述的性質：

$$\text{當 } n \text{ 爲奇數時}, \ f(n(\frac{\pi}{2}) + x) = \pm \text{co} \cdot f(x);$$

$$\text{當 } n \text{ 爲偶數時}, \ f(n(\frac{\pi}{2}) + x) = \pm f(x),$$

其中等號右邊正負號的選擇依下面的法則：視 x 爲小於 $\frac{\pi}{2}$ 的數，而判斷

f 在 $n\left(\dfrac{\pi}{2}\right)+x$ 之值的正負而定。譬如，$\sin\left(\dfrac{3\pi}{2}+4\right)=-\cos 4$，因

爲$\dfrac{3\pi}{2}$爲$\dfrac{\pi}{2}$的奇數倍，故等號後面取 sin 之餘函數 cos，又，符號選取

負號，是因把 4「看作是」小於$\dfrac{\pi}{2}$的數，因而$\dfrac{3\pi}{2}+4$卽視爲在第四象限

內的角之弧度量，故其 sin 之值爲負，因而根據上述的法則知應取負

號。

下面諸三角恆等式在微積分中，常須用及：

$$\sin(x\pm y)=\sin x\cdot\cos y\pm\cos x\cdot\sin y,$$

$$\cos(x\pm y)=\cos x\cdot\cos y\mp\sin x\cdot\sin y,$$

$$\sin 2x=2\sin x\cdot\cos x,$$

$$\cos 2x=2\cos^2 x-1=1-2\sin^2 x=\cos^2 x-\sin^2 x,$$

$$2\sin x\cdot\cos y=\sin(x+y)+\sin(x-y),$$

$$2\cos x\cdot\cos y=\cos(x+y)+\cos(x-y),$$

$$-2\sin x\cdot\sin y=\cos(x+y)-\cos(x-y),$$

$$\sin x+\sin y=2\sin\left(\frac{x+y}{2}\right)\cos\left(\frac{x-y}{2}\right),$$

$$\sin x-\sin y=2\sin\left(\frac{x-y}{2}\right)\cos\left(\frac{x+y}{2}\right),$$

$$\cos x+\cos y=2\cos\left(\frac{x+y}{2}\right)\cos\left(\frac{x-y}{2}\right),$$

$$\cos x-\cos y=-2\sin\left(\frac{x+y}{2}\right)\sin\left(\frac{x-y}{2}\right)。$$

經過上面對三角函數的簡介之後，我們要進而討論三角函數的極限

與連續之問題。因爲任何三角函數皆由正弦與餘弦函數結合而成，而又

$\cos x=\sin\left(\dfrac{\pi}{2}-x\right)$，故知所須考慮的僅是正弦函數而已。在此我們

先證 sin 與 cos 在 $x=0$ 爲連續，卽下面之定理。

定理 2-29

$$\lim_{x \to 0} \sin x = 0 \,, \lim_{x \to 0} \cos x = 1 \,。$$

證明 先證明前半。可設 $0 < x < \dfrac{\pi}{2}$, 下圖中, $\overline{PQ} = \sin x$, $\overset{\frown}{PU}$ 之長 $= x$, 易知

$$0 < \sin x = \overline{PQ} < \overline{PU} < \overset{\frown}{PU} \text{之長} = x \,,$$

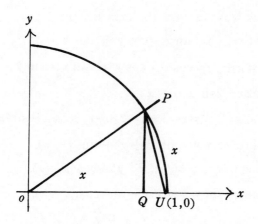

因 $\lim_{x \to 0^+} x = 0$, 由挾擠原理知,

$$\lim_{x \to 0^+} \sin x = 0 \,。$$

又因

$$\lim_{x \to 0^-} \sin x = \lim_{x \to 0^-}(-\sin(-x)) = \lim_{y \to 0^+}(-\sin y) = -\lim_{y \to 0^+} \sin y$$

$$= -0 = 0 \,,$$

故得

$$\lim_{x \to 0} \sin x = 0 \,,$$

從而得

$$\lim_{x\to 0} \cos x = \lim_{x\to 0} \sqrt{1-\sin^2 x} = \sqrt{\lim_{x\to 0}(1-\sin^2 x)}$$
$$=\sqrt{1-0}=1,$$

而定理得證。

定理 2-30

正弦函數為連續函數。

證明 設 $x\in R =\mathrm{dom}\ \sin$，則

$$\lim_{\triangle x\to 0}\sin(x+\triangle x)=\lim_{\triangle x\to 0}(\sin x\cdot\cos\triangle x+\sin\triangle x\cdot\cos x)$$
$$=\sin x\lim_{\triangle x\to 0}\cos\triangle x+\cos x\lim_{\triangle x\to 0}\sin\triangle x$$
$$=\sin x\cdot 1+\cos x\cdot 0$$
$$=\sin x,$$

卽知 sin 在其定義域之每一點均為連續，故 sin 為連續函數。

定理 2-31

三角函數均為連續函數。

證明 首先證明餘弦函數為連續函數。因為

$$\cos x =\sin\left(\frac{\pi}{2}-x\right),$$

而 $\sin x$ 及 $\frac{\pi}{2}-x$ 均為連續函數故由定理 2-25 知，cos 為連續函數。

又因其他四個三角函數，皆由 sin 及 cos 二函數經代數結合而成,故由定理2-23知，亦均為連續函數。

讀者應該注意到，連續函數之意義，乃指其在定義域上之每一點均為連續的意思，並非卽意指其圖形為整片不斷，雖然 R 上的連續實函數的圖形確為一片不斷，但像 tan, cot, sec, csc 等函數，由於定義域並非為 R，故雖其為連續函數，但其圖形則非一片不斷。

習　　題

1. 設 $f(x) = \sin \dfrac{1}{x}$，試說明對任意正數 δ 而言，在開區間 $(0,\delta)$ 上，有無限多個 x 使 $f(x) = 0$ 及有無限多個 y 使 $f(y) = 1$。

2. 由上題，你是否可知極限 $\lim\limits_{x \to 0} \sin \dfrac{1}{x}$ 的存在性？又，$f(x) = \sin \dfrac{1}{x}$；$f(0) = 0$，在 $x = 0$ 是否連續？何故？

3. 設 $f(x) = x \sin \dfrac{1}{x}$，$x \neq 0$；$f(0) = 0$，則 f 在 $x = 0$ 是否連續？何故？

第三章　導　函　數

§3-1 函數的瞬間變率、曲線切線的斜率

　　本章的主要目的，乃在對一函數 $f(x)$，「導得」另一函數，稱爲 f 的**導函數**（derivative）。而於往後，我們將要介紹一函數之導函數的性質，從而可由導函數的性質，幫助我們了解原來函數的性質。爲了要說明導函數的意義，本節先介紹足以說明其意義的兩個較具體的概念——函數的瞬間變率及曲線切線的斜率，這兩個概念都是藉極限的概念來說明。

　　爲說明**瞬間變率**（instantaneous rate of change），可由一個熟悉的實例入手。假設某人於正午時刻，開車從某地出發，到下午 3 點時，共行駛 180 公里，那麼這段時間內，他車子的平均時速爲60公里；如果他在下午兩點到兩點半之間，共行駛 35 公里，那麼在這期間，他車子的平均時速爲 70 公里；如果他在兩點到兩點十分之間共行駛 11 公里，那麼在這十分鐘內，他車子的平均時速即爲 66 公里；並以此類推之。通常我們對車速的描述，都不是像上面一樣，以某一段時間內的平均時速是多少來說明，而是以某一時刻當時的時速是多少來說明，而這速度是指車上速率表在那時刻指針所指的數字。至於這指針所示的速度，指的是什麼意義？下面將作說明。設 $S(t)$ 表這人在時間爲 t 時的行駛距離，那麼仿照上面的說明可知，這人在時刻 t_0 到 t 之一段時間內的平均時速爲**差商**（difference quotient）

$$\frac{S(t)-S(t_0)}{t-t_0},$$

當 t 與 t_0 非常接近時，上式的值表示在很短時間內的平均速度，而當 t 趨近於 t_0 時，如果上式的極限存在，那麼它的極限值，可以說是表示在時刻 t_0 的（極短的）一瞬間的平均速度，並就稱它爲在時刻 t_0 的 **速度** （velocity）。瞬間變率的意義，和上面速度的意義相仿。對函數 $f(x)$ 來說，當自變數從 x_0 變到 x 時，函數值的變量爲 $f(x)-f(x_0)$，而差商

$$\frac{f(x)-f(x_0)}{x-x_0,},$$

可以稱爲自變數從 x_0 變到 x 時函數值的 **平均變率** （average rate of change），並且當極限 $\lim\limits_{x \to x_0} \dfrac{f(x)-f(x_0)}{x-x_0}$ 存在時，稱這極限值爲函數 $f(x)$ 在 $x=x_0$ 處的 **瞬間變率**。而前述的「速度」，實在就是「距離」對時間的「瞬間變率」的意思了。

例1 設一質點在一直線上運動，它運動的距離 S 是經歷時間 t 的函數，如下式所示：$S(t)=t^3+2t$, 求 $t=2$ 時質點的速度。

解 依定義知，所求在 $t=2$ 時的速度爲

$$\lim_{t \to 2} \frac{S(t)-S(2)}{t-2} = \lim_{t \to 2} \frac{(t^3+2t)-12}{t-2}$$

$$= \lim_{t \to 2} \frac{(t-2)(t^2+2t+6)}{t-2} = \lim_{t \to 2} (t^2+2t+6) = 14,$$

故知所求在 $t=2$ 時的速度爲14。

例2 設函數 $f(x)=\sqrt{x}$, 求 $f(x)$ 在 $x=4$ 處的瞬間變率。

解 依定義知，所求在 $x=4$ 處的瞬間變率爲

$$\lim_{x \to 4} \frac{f(x) - f(4)}{x - 4} = \lim_{x \to 4} \frac{\sqrt{x} - 2}{x - 4}$$

$$= \lim_{x \to 4} \frac{(\sqrt{x} - 2)(\sqrt{x} + 2)}{(x - 4)(\sqrt{x} + 2)}$$

$$= \lim_{x \to 4} \frac{x - 4}{(x - 4)(\sqrt{x} + 2)}$$

$$= \lim_{x \to 4} \frac{1}{\sqrt{x} + 2} = \frac{1}{4}。$$

前述表函數 $f(x)$ 在 $x = x_0$ 處的瞬間變率的極限式子:

$$\lim_{x \to x_0} \frac{f(x) - f(x_0)}{x - x_0}$$

可由幾何觀點作另外一種解釋。 由直線斜率的意義可知, 經過函數 $f(x)$ 之圖形上的二點 $P(x_0, f(x_0))$ 及 $Q(x, f(x))$ 之直線 $\overleftrightarrow{PQ}$ (稱爲一**割線** (secant line)) 的斜率爲差商

$$\frac{f(x) - f(x_0)}{x - x_0}$$

當 x 向 x_0 接近時,點 Q 沿着 $f(x)$ 的圖形向 P 接近,而固定於 P 的割線 $\overleftrightarrow{PQ}$ 則隨着轉動 (見下圖),

而當極限

$$\lim_{x \to x_0} \frac{f(x) - f(x_0)}{x - x_0}$$

存在時, 極限值就表割線 $\overleftrightarrow{PQ}$ 的「極限位置」的直線 L 的斜率,這直線 L 稱爲函數 $f(x)$ 的圖形, 在它上面之點 P 處的**切線** (tangent line)。

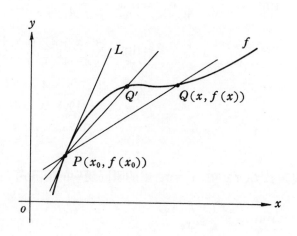

例3 求函數 $f(x)=x^3$ 的圖形在它上面的點 $(1,1)$ 處的切線方程式。

解 可先求得這切線的斜率，然後由點斜式，就可求得所要的方程式。由切線的意義知，它的斜率爲

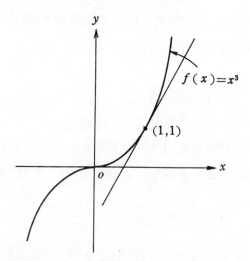

$$\lim_{x \to 1} \frac{f(x) - f(1)}{x - 1}$$

$$= \lim_{x \to 1} \frac{x^3 - 1}{x - 1} = \lim_{x \to 1} \frac{(x-1)(x^2+x+1)}{x - 1}$$

$$= \lim_{x \to 1} (x^2+x+1) = 3 \,,$$

故知所求切線方程式爲

$$y - 1 = 3\,(x-1),$$

$$3x - y - 2 = 0 \, 。$$

下圖所示之函數，其圖形在點 $P(x_0, f(x_0))$ 處之切線不存在。因爲割線 $\overleftrightarrow{PQ}$ 之極限位置不能唯一確定。圖中，當 Q 從右邊向 P 趨近，與從左邊趨近的極限位置不同，而此時表示割線斜率的差商之極限不存在。

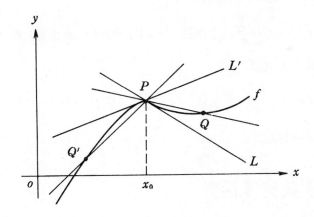

習　　題

1. 設一質點在直線上運動，它運動的距離 S 爲時間 t 的函數，如下所示：

$$S(t)=t^2+2t+4 \, ,$$

求 $t=1$，2，3 時，質點的運動速度。

2. 速度對時間的瞬間變率稱爲**加速度** (acceleration)。設一質點的運動速度 V 與時間 t 有下式的關係：

$$V(t)=3t^2+t \, ,$$

分別求 $t=1$，2，3 時，這質點運動的加速度。

3. 如第一題，求 $t=t_0$ 時，質點運動的速度，並求 $t=1$，2，3 時質點運動的加速度。

4. 設 $f(x)=x^3-x$，求函數 $f(x)$ 在 $x=2$ 處的瞬間變率。

5. 設 $f(x)=1-\dfrac{2}{x}$，求函數 $f(x)$ 在 $x=2$ 處的瞬間變率。

6. 設 $f(x)=\sqrt{3-x}-1$，求函數 $f(x)$ 的圖形在過其上一點 $(-1,1)$ 處的切線方程式。

7. 設 $f(x)=x^2+\dfrac{1}{x}$，求函數 $f(x)$ 的圖形在過其上一點 $(1,2)$ 處的切線方程式。

8. 設 $f(x)=\dfrac{1}{\sqrt{x}}$，求函數 $f(x)$ 的圖形在過其上一點 $(4,\dfrac{1}{2})$ 處的切線方程式。

§3-2 導數與導函數

在上一節中，我們介紹過極限式子：

$$\lim_{x \to x_0} \frac{f(x)-f(x_0)}{x-x_0} \, ,$$

當這極限存在時，它的極限值有兩種解釋，一種是表函數 $f(x)$ 在 $x=x_0$ 處的瞬間變率；一種是表 $f(x)$ 的圖形在點 $(x_0, f(x_0))$ 處的切線

的斜率。這一極限值，特稱爲函數 $f(x)$ 在 $x = x_0$ 處的**導數** (derivative)，以 $f'(x_0)$ 表之，即

$$f'(x_0) = \lim_{x \to x_0} \frac{f(x) - f(x_0)}{x - x_0},$$

並稱函數 $f(x)$ 在 $x = x_0$ 處爲**可微分**（或**可微**）(differentiable)；當上面的極限不存在時，則 $f(x)$ 在 $x = x_0$ 處爲不可微而無導數可言。讀者應該可以看出 $f'(x_0)$ 也可表爲下面的極限式:

$$f'(x_0) = \lim_{\triangle x \to 0} \frac{f(x_0 + \triangle x) - f(x_0)}{\triangle x}。$$

令 S 表函數 f 在該處爲可微分的點的全體所成的集合，也就是

$$S = \{x \mid f'(x) \text{ 存在}\},$$

則對任意 $x \in S$ 來說，令 x 對應到 $f'(x)$，即可得一個以 S 爲定義域的函數，記爲 f' 稱爲 f 的**導函數** (derivative)，即

$$f': x \longrightarrow f'(x), \ x \in S。$$

換句話說，函數 f 在點 $x = x_0$ 的導數，爲它的導函數 $f'(x)$ 在 x_0 的函數值。如果一函數在它的定義域的每一點都可微分，就稱這函數爲**可微分函數** (differentiable function)。f' 也可記爲

$$Df, \ \frac{d}{dx} f \text{ 或 } \frac{df}{dx},$$

也就是說

$$f'(x) = Df(x) = \frac{d}{dx} f(x) = \frac{df(x)}{dx}。$$

習慣上，當我們以 $Df, \ \frac{d}{dx} f$ 或 $\frac{df}{dx}$ 表 f' 時，常將符號 "D" 和 $\frac{d}{dx}$ 看作是**運算子** (operator)，而表示求符號後面之函數 $f(x)$ 的導函數 f'，並稱**對** f **微分** (differentiate f)。讀者應該注意，在這裏，

符號 $\dfrac{df(x)}{dx}$ 並不表示 d 和 $f(x)$ 的積除以 d 和 x 的積。事實上，d 本

身並不表一數，而是表一符號，又，$\dfrac{df(x)}{dx}$ 本身也爲一符號，不表

$df(x)$ 與 dx 之商。然而在微積分中，$df(x)$ 和 dx 均可單獨表某種

意義（見本章最後一節），而在那種意義下，$f'(x)$ 將等於 $df(x)$ 除以

dx 的商。在這裏提出，是用來說明以 $\dfrac{df(x)}{dx}$ 表 $f'(x)$ 的原因。當

以 Df 或 $\dfrac{d}{dx} f$ 或 $\dfrac{df(x)}{dx}$ 表 f' 時，它在一點 x_0 的值，慣常表出如

下：

$$f'(x_0)=Df(x)\Big|_{x=x_0}=\frac{d}{dx} f\Big|_{x=x_0}=\frac{d}{dx} f(x)\Big|_{x=x_0}$$

$$=\frac{df}{dx}\Big|_{x=x_0}=\frac{df(x)}{dx}\Big|_{x=x_0},$$

意卽將 x_0 代入 Df 等的變數 x 而得的數值。又，若令 $y=f(x)$，則

f' 及 $\dfrac{df}{dx}$ 可分別表爲 y' 及 $\dfrac{dy}{dx}$，而 $f'(x_0)$ 可表爲 $y'\Big|_{x=x_0}$ 或

$\dfrac{dy}{dx}\Big|_{x=x_0}$ 等。

例1 設 $f(x)=x^2+x-3$，求 $f'(-1)$ 及 $f'(x)$。

解 由定義知

$$f'(-1)=\lim_{x\to-1}\frac{f(x)-f(-1)}{x-(-1)}$$

$$=\lim_{x\to-1}\frac{(x^2+x-3)-(-3)}{x+1}$$

$$=\lim_{x\to-1}\frac{x(x+1)}{x+1}=\lim_{x\to-1}x=-1,$$

$$f'(x)=\lim_{\triangle x\to0}\frac{f(x+\triangle x)-f(x)}{\triangle x}$$

$$=\lim_{\triangle x \to 0} \frac{((x+\triangle x)^2+(x+\triangle x)-3)-(x^2+x-3)}{\triangle x}$$

$$=\lim_{\triangle x \to 0} \frac{\triangle x(2x+\triangle x)+\triangle x}{\triangle x}$$

$$=\lim_{\triangle x \to 0} ((2x+\triangle x)+1)$$

$$=2x+1 \text{ 。}$$

例2　設 $f(x)=\sqrt{x}$, $g(x)=\dfrac{1}{x}$, 求 $f'(x)$ 及 $g'(x)$。

解　仿例 1 知

$$f'(x)=\lim_{\triangle x \to 0} \frac{f(x+\triangle x)-f(x)}{\triangle x}$$

$$=\lim_{\triangle x \to 0} \frac{\sqrt{x+\triangle x}-\sqrt{x}}{\triangle x}$$

$$=\lim_{\triangle x \to 0} \frac{(\sqrt{x+\triangle x})^2-(\sqrt{x})^2}{\triangle x(\sqrt{x+\triangle x}+\sqrt{x})}$$

$$=\lim_{\triangle x \to 0} \frac{1}{\sqrt{x+\triangle x}+\sqrt{x}}=\frac{1}{2\sqrt{x}},$$

$$g'(x)=\lim_{\triangle x \to 0} \frac{g(x+\triangle x)-g(x)}{\triangle x}=\lim_{\triangle x \to 0} \frac{\dfrac{1}{(x+\triangle x)}-\dfrac{1}{x}}{\triangle x}$$

$$=\lim_{\triangle x \to 0} \frac{\dfrac{x-(x+\triangle x)}{(x+\triangle x)x}}{\triangle x}=\lim_{\triangle x \to 0} \frac{-1}{(x+\triangle x)x}$$

$$=\frac{-1}{x^2} \text{ 。}$$

例3　設 $f(x)=|x|$, 求 $f'(1), f'(-2)$; 又 $f'(0)$ 是不是存在?
$f'(x)$ 爲何?

解　因爲很靠近 1 的 x 必爲正數, 很靠近 -2 的 x 必爲負數,
所以

$$f'(1) = \lim_{x \to 1} \frac{f(x) - f(1)}{x - 1} = \lim_{x \to 1} \frac{|x| - |1|}{x - 1}$$

$$= \lim_{x \to 1} \frac{x - 1}{x - 1} = 1 ;$$

$$f'(-2) = \lim_{x \to -2} \frac{f(x) - f(-2)}{x - (-2)} = \lim_{x \to -2} \frac{|x| - |-2|}{x + 2}$$

$$= \lim_{x \to -2} \frac{-x - 2}{x + 2} = -1 ;$$

又因

$$\lim_{x \to 0} \frac{f(x) - f(0)}{x - 0} = \lim_{x \to 0} \frac{|x|}{x} ,$$

而 x 從 0 的右邊靠近 0 時，$\dfrac{|x|}{x} = 1$；且 x 從 0 的左邊靠近

0 時，$\dfrac{|x|}{x} = -1$，也就知上式的兩個單邊極限不相等，所以

上式的極限不存在，即知 $\lim\limits_{x \to 0} \dfrac{|x|}{x}$ 不存在。又，仿照上面

求 $f'(1), f'(-2)$ 的作法可知，對 $x > 0$ 而言，$f'(x) = 1$；

對 $x < 0$ 而言，$f'(x) = -1$，即得

$$f'(x) = \begin{cases} 1, & x > 0 ; \\ \\ -1, & x < 0 。 \end{cases}$$

定理 3-1

設 f 在 $x = x_0$ 處爲可微分，則 f 在 x_0 處爲連續。

證明 由定義知，須證明：

$$\lim_{x \to x_0} f(x) = f(x_0)。$$

因 $f(x)$ 在 $x = x_0$ 處爲可微分，故知

$$f'(x_0) = \lim_{x \to x_0} \frac{f(x) - f(x_0)}{x - x_0} ,$$

從而知

$$\lim_{x \to x_0} f(x) = \lim_{x \to x_0} \left(\frac{f(x) - f(x_0)}{x - x_0} (x - x_0) + f(x_0) \right)$$

$$= \lim_{x \to x_0} \left(\frac{f(x) - f(x_0)}{x - x_0} \right) \lim_{x \to x_0} (x - x_0) + \lim_{x \to x_0} f(x_0)$$

$$= f'(x_0) \cdot 0 + f(x_0)$$

$$= f(x_0),$$

即定理得證。

　　由定理 3-1 的結果可知，可微分函數必爲連續函數，然而連續函數却未必爲可微分函數。這可從例 3 知，因 $f(x) = |x|$ 顯然爲連續函數，但因它在原點 0 處不爲可微，故不爲可微分函數。另外，由於可微分函數圖形上的每一點均有切線，故知其在每一點附近的圖形均甚「平滑」(smooth)，從而知，R 上的可微分函數的圖形，均爲平滑的連續曲線。除此之外，一函數的導函數還能提供對這函數的其他訊息，在探討這些之前，下面二節將介紹求一些基本函數的導函數的公式。

習　　題

　　依函數在一點之導數的意義，於下面各題中，求 $f(-1)$, $f(1)$, $f(3)$。（$1 \sim 9$）

1. $f(x) = x^3 - 4x^2$

2. $f(x) = -2x^2 + 5x - 3$

3. $f(x) = x^4 - 3x$

4. $f(x) = x + \dfrac{5}{x}$

5. $f(x) = -\dfrac{2}{x^2} - 4$

6. $f(x) = \dfrac{1}{x + 3}$

7. $f(x) = \dfrac{1}{x^3}$

8. $f(x) = x - \sqrt[3]{x}$

9. $f(x) = \dfrac{1}{\sqrt[3]{x}}$

10. 設 $f(x) = x|x|$，求 $f'(x)$。

§3-3 基本代數函數的導函數

這一節中，我們將依導數的定義，利用極限的定理，導出一些由多項函數經基本的加減乘除及開方等結合而成的**代數函數**（algebraic function）的導函數。

定理 3-2

設函數 $f(x)=c$ 為一常數函數，則

$$f'(x)=D\ f(x)=D\ c=0。$$

證明 由定義知，

$$f'(x)=\lim_{\triangle x \to 0} \frac{f(x+\triangle x)-f(x)}{\triangle x}=\lim_{\triangle x \to 0} \frac{c-c}{\triangle x}$$

$$=\lim_{\triangle x \to 0} \frac{0}{\triangle x}=0，$$

即定理得證。

定理 3-3

設 n 為任意正整數，則 $Dx^n=nx^{n-1}$。

證明 設 $f(x)=x^n$，則

$$Dx^n=f'(x)=\lim_{\triangle x \to 0} \frac{f(x+\triangle x)-f(x)}{\triangle x}$$

$$=\lim_{\triangle x \to 0} \frac{(x+\triangle x)^n-x^n}{\triangle x}$$

$$=\lim_{\triangle x \to 0} \frac{((x+\triangle x)-x)((x+\triangle x)^{n-1}+(x+\triangle x)^{n-2}x+\cdots+(x+\triangle x)x^{n-2}+x^{n-1})}{\triangle x}$$

$$=\lim_{\triangle x \to 0} ((x+\triangle x)^{n-1}+(x+\triangle x)^{n-2}x+...+(x+\triangle x)x^{n-2}+x^{n-1})$$

$$=(x^{n-1}+x^{n-1}+...+x^{n-1}) \qquad \text{（共 } n \text{ 項）}$$

$$=nx^{n-1},$$

故定理得證。

定理 3-4

設 k 爲任意常數，f 爲可微分函數，則 kf 也爲可微分函數，且

$$D(kf(x))=k(f'(x))=k(Df(x))。$$

證明 因 f 爲可微分函數，故對定義域中的任意 x 來說，

$$Df(x)=f'(x)=\lim_{\triangle x \to 0}\frac{f(x+\triangle x)-f(x)}{\triangle x}$$

必存在。由導數的定義及定理 2-9 和上式知，

$$D(kf(x))=(kf)'(x)=\lim_{\triangle x \to 0}\frac{kf(x+\triangle x)-kf(x)}{\triangle x}$$

$$=\lim_{\triangle x \to 0}(k\cdot\frac{f(x+\triangle x)-f(x)}{\triangle x})$$

$$=k(\lim_{\triangle x \to 0}\frac{f(x+\triangle x)-f(x)}{\triangle x})$$

$$=k(Df(x)),$$

卽定理得證。

定理 3-5

設 f 和 g 都爲可微分函數，則 $f+g$ 也爲可微分函數，且

$$D(f(x)+g(x))=f'(x)+g'(x)=Df(x)+Dg(x)。$$

證明 因爲 f 和 g 都爲可微分，故對它們定義域中的任意 x 來說，下面二值都存在：

$$f'(x)=\lim_{\triangle x \to 0}\frac{f(x+\triangle x)-f(x)}{\triangle x},$$

$$g'(x)=\lim_{\triangle x \to 0}\frac{g(x+\triangle x)-g(x)}{\triangle x}。$$

由導數的定義和定理 2-6 (i) 及上面二式，卽得

$$D(f(x)+g(x))=(f(x)+g(x))'$$

$$=\lim_{\triangle x \to 0} \frac{(f(x+\triangle x)+g(x+\triangle x))-(f(x)+g(x))}{\triangle x}$$

$$=\lim_{\triangle x \to 0} \left(\frac{f(x+\triangle x)-f(x)}{\triangle x} + \frac{g(x+\triangle x)-g(x)}{\triangle x} \right)$$

$$=\lim_{\triangle x \to 0} \frac{f(x+\triangle x)-f(x)}{\triangle x} + \lim_{\triangle x \to 0} \frac{g(x+\triangle x)-g(x)}{\triangle x}$$

$$=f'(x)+g'(x)=Df(x)+Dg(x),$$

故定理得證。

利用上面的幾個定理，可以很容易得到下面的定理：

定理 3-6

設函數 $f_1(x), f_2(x), \dots, f_k(x)$ 等都爲可微分，則

$$D(f_1(x)+f_2(x)+\dots+f_k(x))$$

$$=Df_1(x)+Df_2(x)+\dots+Df_k(x)。$$

利用上面的幾個定理，我們可以很容易求得，展開的多項函數的導函數，如下例所示：

例1　求 $D(2x^4-3x^3+x^2+4x-8)$。

解　$D(2x^4-3x^3+x^2+4x-8)$

$$=D(2x^4)+D(-3x^3)+D(x^2)+D(4x)+D(-8)$$

$$=2(Dx^4)+(-3)(Dx^3)+(Dx^2)+4(Dx)+D(-8)$$

$$=2(4x^3)+(-3)(3x^2)+2x+4x^0+0$$

$$=8x^3-9x^2+2x+4 。$$

例2　求 $D_x(3x^2y^2+6xy+y^3)$，其中符號 "D_x" 說明其後之函數視爲文字 x 的函數，而其他文字一概視爲常數。我們稱 $D_x f$ 爲對 f 就 x 微分（differentiate f with respect to x）。

解　$D_x(3x^2y^2+6xy+y^3)=3y^2(D_xx^2)+6y(D_xx)+D_x(y^3)$

$=3y^2(2x)+6y(1)+0=6xy^2+6y$。

例3　設 $f(x)=5x^4-3x^2+x+1$，求 f 之圖形在其上之點 $(1,4)$ 處的切線方程式。

解　先求 f 之圖形過點 $(1,4)$ 處之切線的斜率 $f'(1)$。因為

$f'(x)=20x^3-6x+1$，

故得 $f'(1)=20-6+1=15$。由直線之點斜式知，所求切線方程式為

$y-4=15(x-1)$，

$15x-y-11=0$。

由定理 3-5 知，二可微分函數和的導函數，為這二函數之導函數的和。但是二可微分函數積的導函數，卻不為這二函數之導函數的積。這可從下例看出：設 $f(x)=x^4$，$g(x)=x^3$，則 $f(x)\cdot g(x)=x^7$，而 $f'(x)=4x^3$，$g'(x)=3x^2$，$(f(x)g(x))'=7x^6$，可知 $(f\cdot g)'\neq f'\cdot g'$。同樣的，二可微分函數之商的導函數，也不為個別函數之導函數的商。至於二函數的積和商的導函數公式，則如下面定理所述：

定理 3-7

設 f 與 g 均為可微分函數，則 $f\cdot g$ 也為可微分函數，且

$$D(f\cdot g)=(f\cdot g)'=f'\cdot g+f\cdot g'。$$

證明　因為 f 與 g 都為可微分，故對定義域中的任意 x 來說，下面二數值必存在：

$$f'(x)=\lim_{\triangle x\to 0}\frac{f(x+\triangle x)-f(x)}{\triangle x},$$

$$g'(x)=\lim_{\triangle x\to 0}\frac{g(x+\triangle x)-g(x)}{\triangle x}。$$

由定理 3-1 知，下面的極限式成立：

$$\lim_{\triangle x \to 0} g(x+\triangle x)=g(x)。$$

由導數的定義知，

$$D(f \cdot g)(x)=(f \cdot g)'(x)$$

$$=\lim_{\triangle x \to 0} \frac{(f \cdot g)(x+\triangle x)-(f \cdot g)(x)}{\triangle x}$$

$$=\lim_{\triangle x \to 0} \frac{f(x+\triangle x)g(x+\triangle x)-f(x)g(x)}{\triangle x}$$

$$=\lim_{\triangle x \to 0} \frac{(f(x+\triangle x)-f(x))g(x+\triangle x)+f(x)(g(x+\triangle x)-g(x))}{\triangle x}$$

$$=\lim_{\triangle x \to 0} \left[\frac{f(x+\triangle x)-f(x)}{\triangle x} \cdot g(x+\triangle x) \right.$$

$$\left. + f(x) \cdot \frac{g(x+\triangle x)-g(x)}{\triangle x} \right]$$

$$=\lim_{\triangle x \to 0} \frac{f(x+\triangle x)-f(x)}{\triangle x} \cdot \lim_{\triangle x \to 0} g(x+\triangle x)$$

$$+ f(x) \cdot \lim_{\triangle x \to 0} \frac{g(x+\triangle x)-g(x)}{\triangle x}$$

$$=f'(x) \cdot g(x)+f(x) \cdot g'(x)$$

$$=(f' \cdot g+f \cdot g')(x),$$

故知 $D(f \cdot g)=f' \cdot g+f \cdot g'$，即定理得證。

例4 求 $D((4x^3-2x^2-5x+1)(x^4+6x^2-1))$。

解 $D((4x^3-2x^2-5x+1)(x^4+6x^2-1))$

$$=(D(4x^3-2x^2-5x+1))(x^4+6x^2-1)$$

$$+(4x^3-2x^2-5x+1)(D(x^4+6x^2-1))$$

$$=(12x^2-4x-5)(x^4+6x^2-1)$$

$$+(4x^3-2x^2-5x+1)(4x^3+12x)。$$

例5 設 f 為可微分函數，利用定理 3-7 ，證明：$Df^2=2f \cdot f'$。

證　　$D\ f^2 = D(f \cdot f) = (Df) \cdot f + f \cdot (Df) = f' \cdot f + f \cdot f'$

　　　　$= 2f \cdot f'$。

例 6　　求　$D(5x^4 - 3x^3 + 2x - 7)^2$。

解　　由例 3 知，

$$D(5x^4 - 3x^3 + 2x - 7)^2$$

$$= 2(5x^4 - 3x^3 + 2x - 7)(D(5x^4 - 3x^3 + 2x - 7))$$

$$= 2(5x^4 - 3x^3 + 2x - 7)(20x^3 - 9x^2 + 2)。$$

例 5 的結果實爲下面定理的特例：

定理 3-8

設 f 爲可微分函數，n 爲任意正整數，則　$D(f^n) = nf^{n-1} \cdot f'$。

證明　因爲 f 爲可微分函數，故知下面的數值存在：

$$f'(x) = \lim_{\triangle x \to 0} \frac{f(x + \triangle x) - f(x)}{\triangle x},$$

並由定理 3-1，及極限的性質知，下式成立：

$$\lim_{\triangle x \to 0} (f(x + \triangle x))^k = (f(x))^k，其中 k 爲正整數。$$

由定義知

$$D(f^n(x)) = (f^n(x))'$$

$$= \lim_{\triangle x \to 0} \frac{f^n(x + \triangle x) - f^n(x)}{\triangle x}$$

$$= \lim_{\triangle x \to 0} \frac{(f(x + \triangle x))^n - (f(x))^n}{\triangle x}$$

$$= \lim_{\triangle x \to 0} \left(\frac{f(x + \triangle x) - f(x)}{\triangle x} \cdot ((f(x + \triangle x))^{n-1} \right.$$

$$\left. + (f(x + \triangle x))^{n-2} f(x) + \ldots + (f(x))^{n-1}) \right)$$

$$= \lim_{\triangle x \to 0} \frac{f(x + \triangle x) - f(x)}{\triangle x} \cdot \lim_{\triangle x \to 0} ((f(x + \triangle x))^{n-1}$$

$$+ (f(x + \triangle x))^{n-2} f(x) + \ldots + (f(x))^{n-1})$$

$$= f'(x) \left((f(x))^{n-1} + (f(x))^{n-1} + \ldots + (f(x))^{n-1} \right)$$

$$\text{（共 } n \text{ 項）}$$

$$= n (f(x))^{n-1} \cdot f'(x)$$

$$= n (f^{n-1}) \cdot f'(x)。$$

故知 $D(f^n) = n f^{n-1} \cdot f'$, 卽定理得證。

例 7　求 $D(3x^3 - 5x^2 + 1)^4$。

解　由定理 3-8 得,

$$D(3x^3 - 5x^2 + 1)^4$$

$$= 4 (3x^3 - 5x^2 + 1)^3 (D(3x^3 - 5x^2 + 1))$$

$$= 4 (3x^3 - 5x^2 + 1)^3 (9x^2 - 10x)$$

$$= 4x(3x^3 - 5x^2 + 1)^3 (9x - 10)。$$

定理 3-9

設 f 和 g 都爲可微分函數, 則 $\dfrac{f}{g}$ 也爲可微分函數, 且

$$D\frac{f}{g} = \frac{f' \cdot g - f \cdot g'}{g^2}。$$

證明　先證明 $f = 1$ 的特別情形。 設 x 爲定義域中的任意一點（必然 $g(x) \neq 0$), 因 g 爲可微分函數, 故下面的數值必存在:

$$g'(x) = \lim_{\triangle x \to 0} \frac{g(x + \triangle x) - g(x)}{\triangle x},$$

且下式也成立:

$$\lim_{\triangle x \to 0} g(x + \triangle x) = g(x)。$$

由定義及上面二式知

$$D(\frac{1}{g}(x)) = \lim_{\triangle x \to 0} \frac{\frac{1}{g}(x + \triangle x) - \frac{1}{g}(x)}{\triangle x}$$

$$= \lim_{\triangle x \to 0} \frac{\frac{1}{g(x + \triangle x)} - \frac{1}{g(x)}}{\triangle x}$$

$$=\lim_{\triangle x \to 0} \left(\frac{g(x+\triangle x)-g(x)}{\triangle x} \cdot \frac{-1}{g(x+\triangle x)g(x)} \right)$$

$$=\lim_{\triangle x \to 0} \left(\frac{g(x+\triangle x)-g(x)}{\triangle x} \cdot \frac{-1}{g(x)} \right)$$

$$\cdot (\lim_{\triangle x \to 0} \frac{1}{g(x+\triangle x)})$$

$$=g'(x) \cdot \frac{-1}{(g(x))^2},$$

即知

$$D(\frac{1}{g^2})=\frac{-g'}{g^2},$$

由上式及定理 3-7 即得，

$$D(\frac{f}{g})=D(f \cdot \frac{1}{g})=(Df) \cdot \frac{1}{g} + f \cdot (D\frac{1}{g})$$

$$=f' \cdot \frac{1}{g} + f \cdot \frac{-g'}{g^2}$$

$$=\frac{f' \cdot g - f \cdot g'}{g^2},$$

即定理得證。

例 8　求 $D\dfrac{1}{x^3}$ 及 $D\dfrac{(x-1)^3}{x^2+1}$。

解　由定理 3-9 知

$$D\frac{1}{x^3}=\frac{(D\ 1)x^3-1 \cdot Dx^3}{(x^3)^2}=\frac{0x^3-3x^2}{x^6}=\frac{-3}{x^4};$$

$$D\frac{(x-1)^3}{x^2+1}=\frac{(D(x-1)^3)(x^2+1)-(x-1)^3(D(x^2+1))}{(x^2+1)^2}$$

$$=\frac{3(x-1)^2(D(x-1))(x^2+1)-(x-1)^3(2x)}{(x^2+1)^2}$$

$$=\frac{(x-1)^2(x^2+2x+3)}{(x^2+1)^2}。$$

在例 8 中，我們求得

$$D(x^{-3}) = D\frac{1}{x^3} = \frac{-3}{x^4} = (-3)(x^{-4}) = (-3)x^{-3-1},$$

也就是定理 3-3 中, $n = -3$ 成立的意思。事實上, 仿照例 8 前部的求法, 可以證得定理 3-3 及定理 3-8 中的 n 為負整數時, 定理也仍成立。我們將它和定理3-3及定3-2理合併, 而述為下面的定理, 我們將證明定理3-10中, n 為負整數的情形, 而定理3-11的證明則類似, 留供讀者作練習之用。

定理 3-10

設 n 為任意整數, 則 $Dx^n = nx^{n-1}$。

證明 設 n 為負整數, 則 $m = -n$ 為正整數, 故得

$$Dx^n = D\ x^{-m} = D\ (\frac{1}{x^m}) = -\frac{Dx^m}{x^{2m}} = -\frac{mx^{m-1}}{x^{2m}}$$

$$= (-m)x^{m-1-2m} = (-m)x^{-m-1} = nx^{n-1},$$

即定理得證。

定理 3-11

設 n 為任意整數, 則 $Df^n = nf^{n-1} \cdot f'$。

例 9 求 $D\left(\dfrac{2x^9 + 3x^2}{x^5}\right)$。

解 $D\left(\dfrac{2x^9 + 3x^2}{x^5}\right) = D\ (2x^4 + 3x^{-3}) = 8x^3 - 9x^{-4} = \dfrac{8x^7 - 9}{x^4}$。

例10 求下面的數值: $D\dfrac{(3x^2 - 4x + 1)^5}{(4x^4 + 3x^2 - 6)^7}\Big|_{x=1}$。

解 $D\dfrac{(3x^2 - 4x + 1)^5}{(4x^4 + 3x^2 - 6)^7}\Big|_{x=1}$

$= D((3x^2 - 4x + 1)^5(4x^4 + 3x^2 - 6)^{-7})|_{x=1}$

$= ((D(3x^2 - 4x + 1)^5)(4x^4 + 3x^2 - 6)^{-7}$

$\quad + (3x^2 - 4x + 1)^5(D(4x^4 + 3x^2 - 6)^{-7}))|_{x=1}$

$= (5(3x^2 - 4x + 1)^4(D(3x^2 - 4x + 1))(4x^4 + 3x^2 - 6)^{-7}$

$$+(3x^2-4x+1)^5(-7)(4x^4+3x^2-6)^{-8}$$

$$(D(4x^4+3x^2-6)))|_{x=1}$$

$$=(5(3x^2-4x+1)^4(6x-4)(4x^4+3x^2-6)^{-7}$$

$$-7(3x^2-4x+1)^5(4x^4+3x^2-6)^{-8}(16x^3+6x))|_{x=1}$$

$$=0 。$$

對於無理函數的導函數，我們先從下例入手：

例11　求 $D\sqrt{x}$, $x>0$ 。

解　對任意 $x>0$ 而言，由定義知

$$D\sqrt{x}=\lim_{\triangle x\to 0}\frac{\sqrt{x+\triangle x}-\sqrt{x}}{\triangle x}$$

$$=\lim_{\triangle x\to 0}\frac{(\sqrt{x+\triangle x}-\sqrt{x})(\sqrt{x+\triangle x}+\sqrt{x})}{\triangle x(\sqrt{x+\triangle x}+\sqrt{x})}$$

$$=\lim_{\triangle x\to 0}\frac{1}{(\sqrt{x+\triangle x}+\sqrt{x})}$$

$$=\frac{1}{2\sqrt{x}}。$$

上例中， $\sqrt{x}=x^{1/2}$, 而

$$Dx^{1/2}=D\sqrt{x}=\frac{1}{2\sqrt{x}}=\frac{1}{2}x^{-1/2}=\frac{1}{2}x^{1/2-1},$$

卽知公式

$$D\ x^n=nx^{n-1},$$

於 $n=\frac{1}{2}$ 時亦成立。事實上，對任意實數 r 而言，上式於 $n=r$ 時仍成立。但因其證明須用及實數指數的意義，故待日後適當的地方再加證明，今將之述爲下二定理以爲求導函數的依據。

定理 3-12

設 r 爲任意實數，則 $D\ x^r=rx^{r-1}$, $x>0$ 。

定理 3-13

設 r 為任意實數，f 為可微分函數，且 $f>0$，則 $Df^r=rf^{r-1}f'$。

例12　求 $D((3x^4-2x^2+5x-6)\sqrt[3]{(x^2+x+1)^4})|_{x=-1}$。

解　$D((3x^4-2x^2+5x-6)\sqrt[3]{(x^2+x+1)^4})|_{x=-1}$

$=\{(D(3x^4-2x^2+5x-6))\sqrt[3]{(x^2+x+1)^4}+(3x^4-2x^2$

$+5x-6)(D(x^2+x+1)^{4/3})\}|_{x=-1}$

$=\{(12x^3-4x+5)\sqrt[3]{(x^2+x+1)^4}$

$+(3x^4-2x^2+5x-6)\dfrac{4}{3}\sqrt[3]{x^2+x+1}\ (D\ (x^2+x+1))\}$

$|_{x=-1}$

$=\{(12x^3-4x+5)\sqrt[3]{(x^2+x+1)^4}$

$+(3x^4-2x^2+5x-6)\dfrac{4}{3}\sqrt[3]{x^2+x+1}\ (2x+1)\}|_{x=-1}$

$=(-3)\sqrt[3]{(-1)^8}+(-10)\dfrac{4}{3}\sqrt[3]{(-1)^2}\ (-1)$

$=\dfrac{31}{3}$。

習　　題

求下面各題：$(1\sim10)$

1.　$D(6x^3+x^2-2x-4)$

2.　$D((-3x^4+x^2+5)(x^5+3x^3-x^2-7))$

3.　$D((5x^3+4x^2-2)^2(7-x+2x^3+3x^4)^3)$

4.　$D\dfrac{5x^3-x}{(3x^3-x^2+2x+1)^3}$　　　　5.　$D\left(\sqrt{x}+\dfrac{1}{\sqrt{x}}\right)^3$

6. $D \dfrac{2-3x+x^2}{\sqrt[3]{x^2}}$

7. $D \dfrac{(1+x+x^2)^2}{(1+x^4)^3}$

8. $D \dfrac{(1-x)^2(2-3x)}{(3+4x)(5-6x)^3}$

9. $D \dfrac{x^3+2\sqrt{x}}{\sqrt{x^2}+\sqrt{x}}$

10. $D \dfrac{\sqrt[3]{1+2x+3x^2}}{\sqrt{1+x+x^2}}$

11. 設 f , g , h 皆爲可微分函數，以這三個函數及其一階導函數，來表出 $D(f \cdot g \cdot h)$。

12. 求曲線 $y = x^5 - x + 2$ 在其上一點 $(1,2)$ 處的切線方程式。

13. 求曲線 $y = (x-1)^3(x^2+1)(x^3-3)$ 在其上一點 $(0,3)$ 處的切線方程式。

14. 求曲線 $y = \dfrac{x^2}{6+x^3}$ 在其上一點 $(-2,-2)$ 處的切線方程式。

15. 求曲線 $y = \dfrac{x^2}{1+x+x^2}$ 在其上一點 $(-1,1)$ 處的切線方程式。

§3-4　三角函數的導函數

因爲正弦與餘弦函數經過適當的代數結合，即可得其他的三角函數。而由上節知，二函數的導函數爲已知時，則可求出此二函數之代數結合而成之函數的導函數。因此，要求三角函數的導函數，首先須求得的，卽是正餘弦函數的導函數。在此，我們先求出此二函數在原點的導數於下：

定理 3-14

$$\sin' 0 = \lim_{x \to 0}\left(\frac{\sin x}{x}\right) = 1, \quad \cos' 0 = \lim_{x \to 0}\left(\frac{\cos x - 1}{x}\right) = 0 \, 。$$

證明 先證明第一個極限。當 x 從 0 的右邊向 0 接近時，可假設 $0 < x < \frac{\pi}{2}$，於下圖中，$\angle POM$ 的弧度度量爲 x，$\overline{PM} = \sin x$，$\overline{OM} = \cos x$，$\overline{RN} = \tan x$，故得

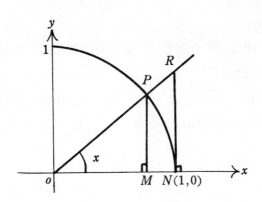

$$\triangle POM \text{ 的面積} = \frac{1}{2} \sin x \cdot \cos x,$$

$$\triangle RON \text{ 的面積} = \frac{1}{2} \tan x,$$

$$\text{扇形 } PON \text{ 的面積} = \pi \cdot 1^2 \cdot \frac{x}{2\pi} = \frac{x}{2},$$

因爲

$$\triangle POM \text{ 的面積} < \text{扇形 } PON \text{ 的面積} < \triangle RON \text{ 的面積},$$

卽知

$$\frac{1}{2} \sin x \cdot \cos x < \frac{x}{2} < \frac{1}{2} \tan x,$$

而當 x 從 0 的右邊靠近 0 時，$\frac{1}{2} \sin x > 0$，故用它除上式，得

$$\cos x < \frac{x}{\sin x} < \frac{1}{\cos x}。$$

因爲

$$\lim_{x \to 0^+} \cos x = 1 , \lim_{x \to 0^+} \left(\frac{1}{\cos x} \right) = 1 ,$$

故由挾擠原理知，當 x 從 0 的右邊靠近 0 時，可得右極限：

$$\lim_{x \to 0^+} \left(\frac{x}{\sin x} \right) = 1 ;$$

當 x 從 0 的左邊靠近 0 時，因

$$\frac{x}{\sin x} = \frac{-x}{-\sin x} = \frac{-x}{\sin (-x)}$$

而此時 $-x$ 卽從 0 的右邊靠近 0 ， 而從上面的極限可得下面的左極限：

$$\lim_{x \to 0^-} \left(\frac{x}{\sin x} \right) = 1 ,$$

由於兩個單邊極限都存在而且相等，故知

$$\lim_{x \to 0} \left(\frac{x}{\sin x} \right) = 1 , \lim_{x \to 0} \left(\frac{\sin x}{x} \right) = 1 ;$$

其次，求第二個極限。因爲

$$\frac{\cos x - 1}{x} = \frac{(\cos x - 1)(\cos x + 1)}{x(\cos x + 1)} = \frac{\cos^2 x - 1}{x(\cos x + 1)}$$

$$= \frac{-\sin^2 x}{x(\cos x + 1)} = \frac{\sin x}{x} \cdot \frac{-\sin x}{\cos x + 1}$$

故得

$$\lim_{x \to 0} \left(\frac{\cos x - 1}{x} \right) = \lim_{x \to 0} \left(\frac{\sin x}{x} \right) \lim_{x \to 0} \left(\frac{-\sin x}{\cos x + 1} \right)$$

$$= 1 \cdot \frac{0}{2} = 0 。$$

綜上知，定理得證。

例 1 求下面各極限：

$$\text{(i)} \lim_{x \to 0} \left(\frac{\sin 5x}{2x} \right) ; \text{ (ii)} \lim_{x \to 0} \left(\frac{\cos 2x - 1}{\sin 4x} \right) 。$$

解　　(i) $\lim\limits_{x\to 0}\dfrac{\sin 5x}{2x}=\lim\limits_{x\to 0}\left(\dfrac{\sin 5x}{5x}\right)\cdot\lim\limits_{x\to 0}\left(\dfrac{5x}{2x}\right)$

$$=1\cdot\dfrac{5}{2}=\dfrac{5}{2}\text{。}$$

(ii) $\lim\limits_{x\to 0}\dfrac{\cos 2x-1}{\sin 4x}=\lim\limits_{x\to 0}\left(\dfrac{\cos 2x-1}{2x}\cdot\dfrac{4x}{\sin 4x}\cdot\dfrac{1}{2}\right)$

$$=0\cdot 1\cdot\dfrac{1}{2}=0\text{。}$$

例 2　求 $\lim\limits_{x\to 0}\dfrac{1-\cos 2x}{x^2}$ 之值。

解　　$\lim\limits_{x\to 0}\dfrac{1-\cos 2x}{x^2}=\lim\limits_{x\to 0}\dfrac{(1-\cos 2x)(1+\cos 2x)}{x^2(1+\cos 2x)}$

$$=\lim\limits_{x\to 0}\dfrac{1-\cos^2 2x}{x^2(1+\cos 2x)}$$

$$=\lim\limits_{x\to 0}\left(\dfrac{\sin^2 2x}{x^2}\cdot\dfrac{1}{1+\cos 2x}\right)$$

$$=\lim\limits_{x\to 0}\left(\dfrac{\sin^2 2x}{(2x)^2}\cdot\dfrac{4}{1+\cos 2x}\right)$$

$$=1\cdot\dfrac{4}{2}=2\text{。}$$

利用定理3-14的兩個極限，我們就可以導出正餘弦函數的導函數。
如下：

定理 3-15

$$D\sin x=\cos x,\ D\cos x=-\sin x\text{。}$$

證明　由定義知

$$D\sin x=\lim\limits_{\triangle x\to 0}\dfrac{\sin(x+\triangle x)-\sin x}{\triangle x}$$

$$=\lim\limits_{\triangle x\to 0}\dfrac{(\sin x\cdot\cos\triangle x+\sin\triangle x\cdot\cos x)-\sin x}{\triangle x}$$

$$= \lim_{\triangle x \to 0} \left(\frac{\sin x (\cos \triangle x - 1)}{\triangle x} + \frac{\sin \triangle x \cdot \cos x}{\triangle x} \right)$$

$$= \sin x \left(\lim_{\triangle x \to 0} \frac{\cos \triangle x - 1}{\triangle x} \right) \left(\lim_{\triangle x \to 0} \frac{\sin \triangle x}{\triangle x} \right) \cos x$$

$$= \sin x \cdot 0 + 1 \cdot \cos x$$

$$= \cos x ;$$

另一公式的導出，與上面相仿，留作讀者練習，即知定理得證。

利用定理 3-15 的結果，以及一些基本的導函數公式，就可推得其他三角函數的導函數，如下定理所述:

定理 3-16

$$D \tan x = \sec^2 x, \qquad D \sec x = \sec x \ \tan x ,$$

$$D \cot x = -\csc^2 x, \qquad D \csc x = -\csc x \ \cot x 。$$

證明 在這裏只證明第一式，另外三式的證明留供讀者練習。

$$D \tan x = D \frac{\sin x}{\cos x} = \frac{(D \sin x) \cdot \cos x - \sin x \cdot (D \cos x)}{(\cos x)^2}$$

$$= \frac{(\cos x) \cdot \cos x - \sin x \cdot (-\sin x)}{\cos^2 x}$$

$$= \frac{\cos^2 x + \sin^2 x}{\cos^2 x} = \frac{1}{\cos^2 x} = \sec^2 x 。$$

例3 求 $D (\sin^3 x \ \tan x)$。

解
$$D(\sin^3 x \ \tan x) = (D\sin^3 x) \cdot \tan x + \sin^3 x \cdot D (\tan x)$$

$$= 3\sin^2 x \cdot D (\sin x) \cdot \tan x + \sin^3 x \cdot \sec^2 x$$

$$= 3\sin^2 x \cdot \cos x \cdot \tan x + \sin^3 x \cdot \sec^2 x$$

$$= 3\sin^3 x + \sin^3 x \cdot \sec^2 x$$

$$= \sin^3 x \ (3 + \sec^2 x)。$$

習　　題

求下列各題:

1. $\lim\limits_{x\to 0} \dfrac{-5x}{\sin 7x}$

2. $\lim\limits_{x\to 0} \dfrac{-\cos 3x+1}{2x}$

3. $\lim\limits_{x\to 0} \dfrac{\sin 4x}{\sin 3x}$

4. $\lim\limits_{x\to 0} \dfrac{\sin 2x}{1-\cos 3x}$

5. $\lim\limits_{x\to 0} \dfrac{1-\cos 5x}{x^2}$

6. $\lim\limits_{x\to 0} \dfrac{1-\cos 2x}{1-\cos 3x}$

7. $D\ (\sin^2 x+\cos^2 x)^{20}$

8. $D\ (x^3\sin^2 x+4\cos x\ )^2$

9. $D\ \sec^2 x$

10. $D\ \sqrt[3]{\cot^2 x+1}$

11. $D\ (\tan^2 3x\cdot\cot^2 3x)^{30}$

12. $D\ \sqrt{\cos^3 x+2\tan^2 x}$

13. 仿定理 3-15 的證明, 導出公式: $D\cos x=-\sin x$ 。

14. 導出公式: $D\cot x=-\csc^2 x$ 。

15. 導出公式: $D\sec x=\sec x\cdot\tan x$ 。

16. 導出公式: $D\csc x=-\csc x\cdot\cot x$ 。

§3-5 合成函數的導函數——連鎖律

在 3-3 節中, 我們導出了求二可微分函數之和、差、積、商的導函數, 本節則要討論合成函數之導函數的問題。對合成函數 $f\circ g$ 來說, 設 x_0 為定義域上的一點, 若函數 g 在 x_0 為可微分, 且函數 f 在 $g(x_0)$ 也為可微分, 那麼 $f\circ g$ 在 x_0 是不是也可微分呢? 若是, 則在這點的導數為何? 由定義知, 須考慮的是下面的極限是不是存在:

$$\lim_{\triangle x\to 0} \frac{(f\circ g)(x_0+\triangle x)-(f\circ g)(x_0)}{\triangle x}。$$

令 $u_0 = g(x_0)$，$u = g(x_0 + \triangle x)$，$\triangle u = u - u_0$。若對絕對值很小且不為 0 的 $\triangle x$ 而言，$\triangle u$ 都不為 0，則

$$\lim_{\triangle x \to 0} \frac{(f \circ g)(x_0 + \triangle x) - (f \circ g)(x_0)}{\triangle x}$$

$$= \lim_{\triangle x \to 0} \frac{f(g(x_0 + \triangle x)) - f(g(x_0))}{\triangle x}$$

$$= \lim_{\triangle x \to 0} \left(\frac{f(u_0 + \triangle u) - f(u_0)}{\triangle u} \cdot \frac{\triangle u}{\triangle x} \right) \quad (因設 \triangle u \neq 0)$$

因為 g 在 x_0 為可微分，故由定理 3-1 知，

$$\lim_{\triangle x \to 0} \triangle u = \lim_{\triangle x \to 0} (g(x_0 + \triangle x) - g(x_0))$$

$$= (\lim_{\triangle x \to 0} g(x_0 + \triangle x)) - g(x_0)$$

$$= g(x_0) - g(x_0) = 0,$$

又因 f 在 $u_0 = g(x_0)$ 為可微分，故

$$\lim_{\triangle u \to 0} \frac{f(u_0 + \triangle u) - f(u_0)}{\triangle u} = f'(u_0) = f'(g(x_0)),$$

由上面二式即知，

$$\lim_{\triangle x \to 0} \frac{f(u_0 + \triangle u) - f(u_0)}{\triangle u} = \lim_{\triangle u \to 0} \frac{f(u_0 + \triangle u) - f(u_0)}{\triangle u}$$

$$= f'(g(x_0)),$$

此外，因 g 在 x_0 為可微分，故

$$\lim_{\triangle x \to 0} \frac{\triangle u}{\triangle x} = \lim_{\triangle x \to 0} \frac{g(x_0 + \triangle x) - g(x_0)}{\triangle x} = g'(x_0),$$

綜合以上各式即得，

$$\lim_{\triangle x \to 0} \frac{f(g(x_0 + \triangle x)) - f(g(x_0))}{\triangle x}$$

$$= \lim_{\triangle x \to 0} \frac{f(u_0 + \triangle u) - f(u_0)}{\triangle u} \cdot \lim_{\triangle x \to 0} \frac{\triangle u}{\triangle x}$$

$$=f'(g(x_0))g'(x_0)。$$

在上面的討論中，特別附加了 "對甚小的 $|\triangle x|\neq 0$，皆有 $\triangle u\neq 0$" 的條件，但有些函數卻不具有這樣的條件，而仍有所述的性質。所以對一般的函數來說，此性質的證明還須加以修訂。不過本書不擬就此情況再加探討，僅將之述爲定理於下，以作求合成函數之導函數的依據。

定理 3-17 連鎖律 (chain rule)

設 f, g 均爲可微分函數，則合成函數 $f\circ g$ 也爲可微分函數，且

$$D(f\circ g)(x)=Df(g(x))=f'(g(x))\cdot g'(x)。$$

上面連鎖律中，$f'(g(x))$ 是以 $g(x)$ 代入 f 的導函數 f' 中的變數的意思。如果把 $g(x)$ 寫成 u，也就是令 $u=g(x)$，並以 u 表 f 的變數，則

$$f'(g(x))=f'(u)=\frac{df}{du},\ g'(x)=\frac{du}{dx},$$

而連鎖律就可看作下面「連鎖」的型態:

$$\frac{df}{dx}=\frac{df}{du}\cdot\frac{du}{dx},$$

而當 $f(g(h(x)))$ 爲可微分函數 f、g、h 的合成時，

$$\frac{df}{dx}=\frac{df}{dg}\cdot\frac{dg}{dh}\cdot\frac{dh}{dx}。$$

定理 3-13，也可由定理 3-12 藉連鎖律導出如下: 令 $F(x)=x^r$，則 $f^r=F(f)$，且

$$F'(x)=rx^{r-1},$$

故知

$$D\ f^r=D\ F(f)=F'(f)\cdot f'=rf^{r-1}f'。$$

另外，三角函數的微分公式中，

$$D\ \cos x=-\sin x,\ D\ \cot x=-\csc^2 x,$$

$$D\ \csc x=-\csc x\ \cot x.$$

三式，也可由

$$D \sin x = \cos x, \quad D \tan x = \sec^2 x,$$

$$D \sec x = \sec x \tan x,$$

三式及 2-5 節中之公式　$f(\frac{\pi}{2} - x) = \text{co} \cdot f(x)$，藉連鎖律導出如下：

$$D \cos x = D \sin (\frac{\pi}{2} - x) = \cos (\frac{\pi}{2} - x) \cdot D (\frac{\pi}{2} - x)$$

$$= \sin x \cdot (-1) = -\sin x,$$

$$D \cot x = D \tan (\frac{\pi}{2} - x) = \sec^2 (\frac{\pi}{2} - x) \cdot D(\frac{\pi}{2} - x)$$

$$= \csc^2 x \cdot (-1) = -\csc^2 x,$$

$$D \csc x = D \sec (\frac{\pi}{2} - x) = \sec (\frac{\pi}{2} - x) \tan(\frac{\pi}{2} - x) \cdot$$

$$D (\frac{\pi}{2} - x) = -\csc x \cot x \text{。}$$

例 1　求 $D \sin 3x$, 及 $D \sqrt{(3x^2 + 5x - 1)^3}$。

解　由連鎖律知，

$$D \sin 3x = \cos 3x \cdot D(3x) = 3\cos 3x \text{。}$$

$$D \sqrt{(3x^2 + 5x - 1)^3} = D (3x^2 + 5x - 1)^{3/2}$$

$$= \frac{3}{2}(3x^2 + 5x - 1)^{1/2} D(3x^2 + 5x - 1)$$

$$= \frac{3}{2}(6x + 5) \sqrt{3x^2 + 5x - 1} \text{。}$$

例 2　求下面各題：

（ i ）$D \sqrt{x^2 + x\sqrt{x^3 + 1}}$

（ii）$D \tan^2 (1 + x + x^2)^3$

（iii）$D \sin \cos (x^2 + 2x \sin x)$

（iv）$D \left(\dfrac{x + \sin x}{1 + \cot x} \right)$

解 （i）$D\sqrt{x^2+x\sqrt{x^3+1}}$

$$=\frac{1}{2}(x^2+x\sqrt{x^3+1})^{-1/2}(D(x^2+x\sqrt{x^3+1}))$$

$$=\frac{1}{2}(x^2+x\sqrt{x^3+1})^{-1/2}(2x+\sqrt{x^3+1}+xD\sqrt{x^3+1})$$

$$=\frac{1}{2}(x^2+x\sqrt{x^3+1})^{-1/2}(2x+\sqrt{x^3+1}$$

$$+x\frac{1}{2}(x^3+1)^{-1/2}(3x^2))$$

$$=\frac{1}{2}(x^2+x\sqrt{x^3+1})^{-1/2}(2x+\sqrt{x^3+1}$$

$$+\frac{3x^3}{2}(x^3+1)^{-1/2})_{\circ}$$

（ii）$D\tan^2(1+x+x^2)^3$

$$=2\tan(1+x+x^2)^3(D\tan(1+x+x^2)^3)$$

$$=2(\tan(1+x+x^2)^3)(\sec^2(1+x+x^2)^3)(D(1+x+x^2)^3)$$

$$=2(\tan(1+x+x^2)^3)(\sec^2(1+x+x^2)^3)(3(1+x+x^2)^2)$$

$$(D(1+x+x^2))$$

$$=6(1+2x)(1+x+x^2)^2(\tan(1+x+x^2)^3)$$

$$(\sec^2(1+x+x^2)^3)_{\circ}$$

（iii）$D\sin\cos(x^2+2x\sin x)$

$$=(\cos\cos(x^2+2x\sin x))(D\cos(x^2+2x\sin x))$$

$$=(\cos\cos(x^2+2x\sin x))(-\sin(x^2+2x\sin x))$$

$$(D(x^2+2x\sin x))$$

$$=(\cos\cos(x^2+2x\sin x))(-\sin(x^2+2x\sin x))$$

$$(2x+2\sin x+2x\cos x)$$

$$=-2(\cos\cos(x^2+2x\sin x))(\sin(x^2+2x\sin x))$$

$$(x+\sin x+x\cos x)_{\circ}$$

（iv）$D\left(\dfrac{x+\sin x}{1+\cot x}\right)$

$$= \frac{(D\,(x+\sin x))\,(1+\cot x)-(x+\sin x)\,(D(1+\cot x))}{(1+\cot x)^2}$$

$$= \frac{(1+\cos x)\,(1+\cot x)-(x+\sin x)\,(-\csc^2 x)}{(1+2\cot x+\cot^2 x)}$$

$$= \frac{(1+\cos x)\,(1+\cot x)+(x+\sin x)\,(\csc^2 x)}{(\csc^2 x+2\cot x)}\,。$$

下面以一個連鎖律的應用——**相關變率問題** (related-rates prob-lem)，作爲本節的結束。我們知道，若函數 $y=f(x)$ 爲可微分，則其導函數 $\dfrac{dy}{dx}$ 可解釋爲 y 對 x 的瞬間變率。若 x 爲另一變數 t 之可微分函數，則由連鎖律知

$$\frac{dy}{dt}=\frac{dy}{dx}\cdot\frac{dx}{dt}\,,$$

亦卽 y 對 t 之瞬間變率，乃 y 對 x 之瞬間變率與 x 對 t 之瞬間變率的乘積，今以實例說明上一觀念的應用。

例 3　設一正方形之邊長以每秒 3 公分之速率增長，問邊長爲 $x=$ 6 公分時，其面積的增加速率爲何？

解　正方形之面積 A 與邊長 x 之關係爲

$$A=x^2。$$

已知 x 爲時間 t 的函數，且其在任何時刻的瞬間變率均爲 3（公分／秒），卽

$$\frac{dx}{dt}=3\,,$$

而所求者爲

$$\frac{dA}{dt}=\frac{dA}{dx}\cdot\frac{dx}{dt}=2x\cdot 3=6x,$$

故當 $x=6$ 時，面積 A 對時間 t 的瞬間變率爲

$$\left.\frac{dA}{dt}\right|_{x=6}=6\times 6=36\,（平方公分／秒）。$$

例4　二船 A、B 於正午時刻離開一海港，A 船以每小時 6 海浬的速度向北行，B 船以每小時 8 海浬的速度向東行，問於下午兩點時，二船遠離的速度爲何？

解　如圖所示，所求者爲 $\dfrac{dz}{dt}\Big|_{t=2}$ 之值。

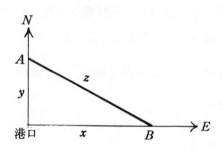

因爲

$$z^2 = x^2 + y^2,$$

對等號兩邊就 t 微分得

$$2z\left(\frac{dz}{dt}\right) = 2x\left(\frac{dx}{dt}\right) + 2y\left(\frac{dy}{dt}\right)。$$

由所給予的條件知，$\dfrac{dx}{dt}=8$，$\dfrac{dy}{dt}=6$。而下午兩點時

$x=16$，$y=12$，故

$$z = \sqrt{x^2+y^2}\big|_{(16,12)} = \sqrt{16^2+12^2} = 20,$$

因得

$$20\left(\frac{dz}{dt}\right)\Big|_{t=2} = 16\cdot 8 + 12\cdot 6,\quad \frac{dz}{dt}\Big|_{t=2} = 10,$$

即下午兩點時，二船以每小時10海浬的速度分離。

習　　　題

1. 設 f、g、h、k 均為可微分函數，求 $D f(g(h(k(x))))$。

2. 設 $u(x)$ 為可微分函數，利用連鎖律完成下面各微分公式：

$D \sin u(x) = \cos u(x) \, D_x u(x)$,　$D \cos u(x) =$

$D \tan u(x) =$　　　　　　　　　$D \cot u(x) =$

$D \sec u(x) =$　　　　　　　　　$D \csc u(x) =$

求下列各題：$(3 \sim 14)$

3. $D \sqrt[3]{4x^2 + x + 1}$

4. $D \sqrt{x} \sin x + x\sqrt{2x+1}$

5. $D \sqrt{\dfrac{x}{x^2 + x + 1}}$

6. $D \left(\dfrac{5x^3 - x^2}{\sqrt{x^2 + x + 1}} \right)$

7. $D \sin^2(x^4 - 3x^2 + 1)^3$

8. $D \tan(x \sin \sqrt{x})$

9. $D \sin^2 \cos^2(5x + 1)$

10. $D \cos\sqrt{x^3 + 2x - 2}$

11. $D \left(\dfrac{x}{x + \sec(x^2 + 1)} \right)$

12. $D \left(\dfrac{\sin 2x}{\cos 3x} \right)$

13. $D ((\cos 3x)(\sin(x \sin 3x)))$

14. $D \tan \cos\left(\dfrac{1}{1 + x^2} \right)$

於下面各題中，求 f 在其圖形上之點 $(a, f(a))$ 處的切線方程式：$(15 \sim 20)$

15. $f(x) = \cos x$, $a = \dfrac{\pi}{6}$

16. $f(x) = \tan 3x$, $a = \dfrac{\pi}{4}$

17. $f(x) = \sec x$, $a = \dfrac{\pi}{4}$

18. $f(x) = \sin \dfrac{x}{2}$, $a = \dfrac{\pi}{3}$

19. $f(x) = \cos \dfrac{\pi x}{3}$, $a = 1$

20. $f(x) = \tan \pi x$, $a = \dfrac{1}{6}$

21. 一立方體之邊長以每秒 2 公分之速率增長，求當邊長為 4 公分時，

其體 積增加的速率。

22. 一球體之半徑以每秒 4 公分之速率增大，求當半徑爲 6 公分時，其體積增加的速率。

23. 一木梯長13呎，倚牆斜靠，若梯子之底端以 2 呎／秒的速度滑離牆腳，問梯子之頂端離地10呎時，頂端下降的速率爲何？

24. 設有一圓錐形水槽，頂點朝下，深20呎，上部半徑爲10呎。今以每分鐘 3 立方呎的速率注水入槽，問當水深 2 呎時，水面上升的速率爲何？

§3-6 反函數與反三角函數的導函數

我們在 1-6 節曾介紹可逆函數，並且知道可逆函數乃一對一函數。也知道在坐標平面上，一可逆函數和它的反函數的圖形，對稱於直線 $y = x$ （兩軸的單位長等長的話）。本節要考慮的是，一個可微分的可逆函數，其反函數是不是也爲可微分的問題。關於這個問題，從幾何上不難得到答案。

由導數的幾何意義知，可逆函數 f 在 $x = x_0$ 處爲可微分的意思，是指 f 的圖形在它上面的點 $(x_0, f(x_0))$ 處有切線 （也就是曲線在這點附近是平滑的），而且這切線有斜率 （卽切線不爲垂直線）。既然 f 和它的反函數 f^{-1} 的圖形對直線 $y = x$ 爲對稱，而 f 的圖形在點 $P(x_0, f(x_0))$ 處有切線 L，故 f^{-1} 的圖形，在 P 對直線 $y = x$ 的對稱點 $P'(f(x_0), x_0)$ 處必有切線 L'，並且易知，只要 L 不爲水平線，那麼 L' 就不爲垂直線，而有斜率，從而知，f^{-1} 在 $x = y_0 = f(x_0)$ 處爲可微分。至於它在這點的導數爲何，我們可從下圖的探討而得了解：

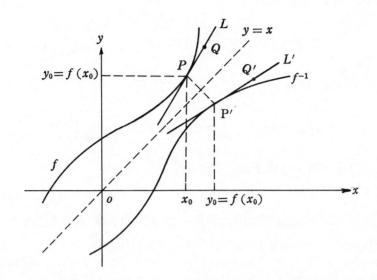

因爲直線 L 的斜率爲 $f'(x_0) \neq 0$，故 L 上橫坐標爲 x_0+1 的點爲 $Q(x_0+1, f(x_0)+f'(x_0))$，而它對直線 $y=x$ 的對稱點爲 $Q'(f(x_0)+f'(x_0), x_0+1)$，可知 $L' = \overleftrightarrow{P'Q'}$ 的斜率爲

$$\frac{(x_0+1)-x_0}{(f(x_0)+f'(x_0))-f(x_0)} = \frac{1}{f'(x_0)},$$

這就是函數 f^{-1} 在 $x=y_0=f(x_0)$ 處的導數了。因爲 $x_0=f^{-1}(y_0)$，故也可以說 f^{-1} 在 y_0 處的導數爲 $\dfrac{1}{f'(f^{-1}(y_0))}$。這導數的值，也可從可逆函數和它的反函數的關係式及連鎖律求得如下：對恆等式

$$f(f^{-1}(t)) = t$$

等號兩邊微分得，

$$D\ f(f^{-1}(t)) = D\ t,$$

$$f'(f^{-1}(t)) \cdot D\ f^{-1}(t) = 1,$$

$$D\ f^{-1}(t) = \frac{1}{f'(f^{-1}(t))}。$$

上式中，令 $t = y_0$，卽得

$$D\ f^{-1}(t)\ \Big|_{t=y_0} = (f^{-1})'(y_0) = \frac{1}{f'(f^{-1}(y_0))};$$

令 $t = f(x_0)$，則得

$$D\ f^{-1}(t)\ \Big|_{t=f(x_0)} = (f^{-1})'(f(x_0)) = \frac{1}{f'(x_0)}。$$

將上面討論的結果述爲下面的定理：

定理 3-18

設 f 爲一可逆且可微分的函數，且 $f' \neq 0$，則 f^{-1} 也爲可微分函數，且

$$(f^{-1})'(x) = \frac{1}{f'(f^{-1}(x))}。$$

譬如以 $f(x) = x^3$，$f^{-1}(x) = \sqrt[3]{x}$ 爲例，對 $x \neq 0$ 而言，$f'(f^{-1}(x)) = 3\sqrt[3]{x^2} \neq 0$，則

$$Df^{-1}(x) = D\sqrt[3]{x} = D\ x^{1/3} = \frac{1}{3}\ x^{-2/3} = \frac{1}{3\sqrt[3]{x^2}}$$

$$= \frac{1}{f'(\sqrt[3]{x})} = \frac{1}{f'(f^{-1}(x))}。$$

雖然上面藉連鎖律導出了 $D\ f^{-1}(t)$ 的公式，然而此一推導過程不能作爲定理 3-18 的證明，因爲它利用連鎖律時，須先知道 f 及 f^{-1} 均爲可微分才行。

下面將利用定理3-18，來導出反三角函數的導函數。首先，我們得介紹反三角函數的意義。本來，因爲任意三角函數都是週期函數，所以都不是可逆函數。但若對定義域加以適當的限制，就可得可逆函數。譬如對正弦函數 sin 的定義域限制爲 $[-\frac{\pi}{2}, \frac{\pi}{2}]$，就得一可逆函數，特記

爲 Sin（第一個字母大寫， 以別於原來的， 定義域爲 R 的不可逆的 sin），即

$$\text{Sin}: x \longrightarrow \sin x \,,\ x \in \left[-\frac{\pi}{2},\ \frac{\pi}{2} \right] 。$$

這一函數顯然爲可逆，它的反函數 Sin^{-1}（讀作 arcsine）的定義域和值域，如下式所示:

$$\text{Sin}^{-1}: [-1,1] \longrightarrow \left[-\frac{\pi}{2},\ \frac{\pi}{2} \right] 。$$

並且可知下面二式成立:

$$\sin \text{Sin}^{-1}x = \text{Sin}\ \text{Sin}^{-1}x = x, \quad x \in [-1,1];$$

$$\text{Sin}^{-1}\sin x = \text{Sin}^{-1}\text{Sin}\ x = x, \quad x \in \left[-\frac{\pi}{2},\ \frac{\pi}{2} \right] 。$$

利用連鎖律，對上面的第一式等號兩邊微分，得

$$D \sin \text{Sin}^{-1}x = D\ x,$$

$$\cos \text{Sin}^{-1}x \cdot D\ \text{Sin}^{-1}x = 1,$$

$$D\ \text{Sin}^{-1}x = \frac{1}{\cos \text{Sin}^{-1}x} 。$$

上式中，因 $\text{Sin}^{-1}x \in \left[-\frac{\pi}{2},\ \frac{\pi}{2} \right]$，在第一、四象限內，故 $\cos \text{Sin}^{-1}x > 0$，而知

$$\cos \text{Sin}^{-1}x = |\cos \text{Sin}^{-1}x| = \sqrt{1-\sin^2\text{Sin}^{-1}x}$$

$$= \sqrt{1-x^2},$$

從而知，

$$D\ \text{Sin}^{-1}x = \frac{1}{\sqrt{1-x^2}} ;$$

在此我們特別要提醒讀者，Sin 在 $\pm\dfrac{\pi}{2}$ 有水平切線，故 Sin⁻¹ 在 $x=$ ±1 二點有垂直切線，而不爲可微。

同樣的，對其他三角函數的定義域加以限制，也可得下面的可逆函數：

$$\text{Cos}: x \longrightarrow \cos x,\ x \in [0,\pi],$$

$$\text{Tan}: x \longrightarrow \tan x,\ x \in \left(-\dfrac{\pi}{2},\ \dfrac{\pi}{2}\right),$$

$$\text{Cot}: x \longrightarrow \cot x,\ x \in (0,\pi),$$

$$\text{Sec}: x \longrightarrow \sec x,\ x \in [0,\dfrac{\pi}{2}),$$

$$\text{Csc}: x \longrightarrow \csc x,\ x \in (0,\dfrac{\pi}{2}]。$$

其反函數的定義域及值域則如下所示：

$$\text{Cos}^{-1}: [-1,1] \longrightarrow [0,\pi],$$

$$\text{Tan}^{-1}: R \longrightarrow \left(-\dfrac{\pi}{2},\ \dfrac{\pi}{2}\right),$$

$$\text{Cot}^{-1}: R \longrightarrow (0,\pi),$$

$$\text{Sec}^{-1}: [1,\infty) \longrightarrow [0,\dfrac{\pi}{2}),$$

$$\text{Csc}^{-1}: [1,\infty) \longrightarrow (0,\dfrac{\pi}{2}]。$$

並且有下面諸關係：

$$\cos \text{Cos}^{-1}x=x,\ \tan \text{Tan}^{-1}x=x,\ \cot \text{Cot}^{-1}x=x,$$

$$\sec \text{Sec}^{-1}x=x,\ \csc \text{Csc}^{-1}x=x。$$

上面介紹的，將三角函數限制定義域而得的可逆函數之反函數，統稱爲

反三角函數 (inverse trigonometric function)。仿前導出反正弦函數之導函數之法，利用上面的式子，以連鎖律可得下面之定理，其證明留作練習:

定理 3-19

$$D \, \mathrm{Sin}^{-1}x = \frac{1}{\sqrt{1-x^2}}, \quad x \in (-1, 1);$$

$$D \, \mathrm{Cos}^{-1}x = \frac{-1}{\sqrt{1-x^2}}, \quad x \in (-1, 1);$$

$$D \, \mathrm{Tan}^{-1}x = \frac{1}{1+x^2}, \quad x \in R;$$

$$D \, \mathrm{Cot}^{-1}x = \frac{-1}{1+x^2}, \quad x \in R$$

$$D \, \mathrm{Sec}^{-1}x = \frac{1}{x\sqrt{x^2-1}}, \quad x > 1;$$

$$D \, \mathrm{Csc}^{-1}x = \frac{-1}{x\sqrt{x^2-1}}, \quad x > 1。$$

例1 求下面各題: (i) $D \, \mathrm{Sin}^{-1}3x$　(ii) $D \, \mathrm{Tan}^{-1}\sqrt{6x+3}$。

解　(i) $D \, \mathrm{Sin}^{-1}3x = \dfrac{1}{\sqrt{1-(3x)^2}} D(3x) = \dfrac{3}{\sqrt{1-9x^2}}$。

(ii) $D \, \mathrm{Tan}^{-1}\sqrt{6x+3}$

$$= \frac{1}{1+(\sqrt{6x+3})^2} D(\sqrt{6x+3})$$

$$= \frac{1}{6x+4} \frac{1}{2}(\sqrt{6x+3})^{-1}D(6x+3)$$

$$= \frac{3}{(6x+4)\sqrt{6x+3}}。$$

例2 於下列各題中求 $\dfrac{dy}{dx}$:

(i) $y = x^2\mathrm{Cos}^{-1}x^2$　　(ii) $y = (\mathrm{Sin}^{-1}(4x^2+2x-1))^2$

解 （i） $\dfrac{dy}{dx} = (D \ x^2) \ \text{Cos}^{-1}x^2 + x^2(D \ \text{Cos}^{-1}x^2)$

$$= 2x \ \text{Cos}^{-1}x^2 + x^2 \left(\dfrac{-1}{\sqrt{1-(x^2)^2}}(D \ x^2) \right)$$

$$= 2x \ \text{Cos}^{-1}x^2 - \dfrac{2x^3}{\sqrt{1-x^4}} \ \text{。}$$

（ii） $\dfrac{dy}{dx} = 2 \ (\text{Sin}^{-1}(4x^2+2x-1))(D \ \text{Sin}^{-1}(4x^2+2x-1))$

$$= 2 \ (\text{Sin}^{-1}(4x^2+2x-1)) \left(\dfrac{1}{\sqrt{1-(4x^2+2x-1)^2}} \right)$$

$$(D(4x^2+2x-1))$$

$$= 2 \ (\text{Sin}^{-1}(4x^2+2x-1)) \left(\dfrac{1}{\sqrt{1-(4x^2+2x-1)^2}} \right)$$

$$(8x+2)$$

$$= \dfrac{(16x+4)}{\sqrt{1-(4x^2+2x-1)^2}} \cdot \text{Sin}^{-1}(4x^2+2x-1) \text{。}$$

習　　題

1.　導出定理 3-19 中除第一式外的各式。

　　求下列各題：（2~15）

2.　$D \ \text{Tan}^{-1}(\sqrt{x}+1)$　　　　　　3.　$D \ (\text{Sin}^{-1}4x)^3$

4.　$D \ \text{Cos}^{-1} \left(\dfrac{1}{x} \right)$　　　　　　5.　$D \ (\text{Cot}^{-1} \dfrac{1}{\sqrt{x}})$

6.　$D \ \text{Tan}^{-1} 1$　　　　　　　　7.　$D \ (x^2 \ \text{Sin}^{-1}\sqrt{x})$

8.　$D \ \dfrac{1}{\text{Sec}^{-1}x}$　　　　　　　9.　$D \left(\dfrac{2x}{\text{Sin}^{-1}3x} \right)$

10.　$D \ \sqrt{\text{Sin}^{-1}(x+1)}$　　　　11.　$D \ ((x^2+1) \ \text{Csc}^{-1}4x)$

12. $D\left(\dfrac{\text{Tan}^{-1}2x}{x}\right)$　　13. $D\left(\dfrac{\text{Tan}^{-1}x}{1+x^2}\right)$

14. $D\left(\text{Sin}^{-1}x-\sqrt{1-x^2}\right)$　　15. $D\left(\text{sin Sin}^{-1}\sqrt[3]{4x^2-3}\right)^3$

§3-7 隱函數的微分法

一般而言，一個方程式的圖形未必是一函數圖形。譬如方程式$x^2+y^2=1$ 的圖形爲一圓，即不爲一函數的圖形（見下圖），因爲垂直於 x 軸的直線，會與圖形交於兩點。

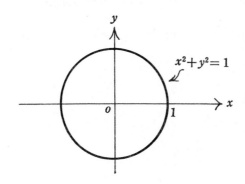

我們知道，導數的概念是就函數而言的，而且表過函數圖形上之點的切線之斜率。因而，我們無法對一方程式談及導數的問題。然而對上述方程式之圖形——爲一圓，過其上一點的切線，乃是我們熟知的一個幾何概念，所以我們期能對一方程式，亦賦予類似導數的概念。爲此，我們可就方程式 $x^2+y^2=1$ 適當的限制 y 值，以得函數。譬如對上述之圓的方程式，限制 y 值爲非負，即得函數

$$y_1=f(x)=\sqrt{1-x^2},$$

而若限制 y 值爲非正，則得函數

$$y_2 = g(x) = -\sqrt{1-x^2}。$$

我們卽稱 f 與 g 以隱函數的形式表於方程式 $x^2+y^2=1$ 中。一般而言，若一函數 f 的圖形爲某一方程式 $F(x,y)=0$ 之圖形的子集，則稱函數 f 以**隱函數**（implicit function）的形式表於方程式 $F(x,y)=0$ 中。

就一般的隱函數而言，要想將此函數的對應法則，以一明確的公式表示出來——稱爲**顯函數**（explicit function），往往並不容易，甚或不可能。所以在求隱函數在某點的導數時，常藉隱函數的微分法來直接處理，卽於方程式中，將一變數視爲另一變數的可微分函數，而對等號兩邊就獨立變數微分。譬如設 y 爲 x 的可微分函數，則可對等號兩邊就 x 微分，然後解出 $\dfrac{dy}{dx}$ 來。以方程式 $x^2+y^2=1$ 爲例，設 y 爲 x 的可微分函數表於此方程式中。則此方程式表明 x^2 及 $(y(x))^2$ 之和卽爲常數函數 1，故知

$$D_x(x^2+y^2)=D_x(1),$$

$$2x+2y\left(\frac{dy}{dx}\right)=0,$$

$$\frac{dy}{dx}=-\frac{x}{y}。$$

上面的結果，與將 y 表爲 x 之顯函數而求得的結果是一致的。譬如，若 $y=\sqrt{1-x^2}$，則

$$\frac{dy}{dx}=-\frac{x}{\sqrt{1-x^2}}=-\frac{x}{y};$$

而若 $y=-\sqrt{1-x^2}$，則

$$\frac{dy}{dx}=\frac{x}{\sqrt{1-x^2}}=\frac{-x}{-\sqrt{1-x^2}}=-\frac{x}{y}。$$

例 1　設 y 爲 x 之可微分函數，且 $xy-x^2+y-5=0$，試求 $\dfrac{dy}{dx}$。

解　對方程式等號兩邊就 x 微分

$$\frac{d}{dx}(xy-x^2+y-5)=\left(\frac{d}{dx}\right)0,$$

$$(y+x\left(\frac{dy}{dx}\right))-2x+\frac{dy}{dx}=0,$$

$$\frac{dy}{dx}=\frac{2x-y}{x+1}。$$

例 2　設 $y^2=x^2+xy-3$, 求 $\dfrac{dy}{dx}$。

（在這類題目中,「y 爲 x 之可微分函數」一詞往往省略）

解　對方程式等號兩邊就 x 微分

$$\frac{d}{dx}y^2=\frac{d}{dx}(x^2+xy-3),$$

$$2y\left(\frac{dy}{dx}\right)=2x+y+x\left(\frac{dy}{dx}\right),$$

$$\frac{dy}{dx}=\frac{2x+y}{2y-x}。$$

例 3　設 $y^2=x^2+xy-3$, 求 $\dfrac{dx}{dy}$。

（習慣上, 題目要求 $\dfrac{dx}{dy}$ 時, 卽表 x 爲 y 之可微分函數）

解　對方程式等號兩邊就 y 微分

$$\left(\frac{d}{dy}\right)y^2=\left(\frac{d}{dy}\right)(x^2+xy-3),$$

$$2y=2x\left(\frac{dx}{dy}\right)+\left(\frac{dx}{dy}\right)y+x,$$

$$\frac{dx}{dy}=\frac{2y-x}{2x+y}。$$

讀者是否注意到, 例 2, 例 3 的結果顯示:

$$\frac{dy}{dx}=\frac{1}{\dfrac{dx}{dy}}。$$

例 4 求橢圓 $2x^2+y^2=6$ 在其上之點 $(1,-2)$ 處的切線方程式。

解 所求切線之斜率為 $\dfrac{dy}{dx}\Big|_{\substack{x=1\\y=-2}}$。今先求 $\dfrac{dy}{dx}$。

對方程式等號兩邊就 x 微分

$$\frac{d}{dx}\,(2x^2+y^2)=\frac{d}{dx}\,6,$$

$$4x+2y\left(\frac{dy}{dx}\right)=0,$$

$$\frac{dy}{dx}=-\frac{2x}{y},$$

故得

$$\frac{dy}{dx}\Big|_{\substack{x=1\\y=-2}}=\frac{-2x}{y}\Big|_{\substack{x=1\\y=-2}}=1,$$

而所求之切線方程式為

$$y+2=x-1,$$

$$x-y-3=0。$$

例 5 求方程式 $xy^2-\sqrt{x+y}=y$ 之圖形，在其上之點 $(3,1)$ 處的切線方程式。

解 所求切線之斜率為 $\dfrac{dy}{dx}\Big|_{\substack{x=3\\y=1}}$。對方程式等號兩邊就 x 微分

$$\frac{d}{dx}\,(xy^2-\sqrt{x+y})=\frac{d}{dx}\,(y),$$

$$y^2+2xy\left(\frac{dy}{dx}\right)-(\frac{1}{2})(x+y)^{-1/2}(1+\frac{dy}{dx})=\frac{dy}{dx},$$

將點 $(3,1)$ 之坐標代入上式，得

$$1+6\left(\frac{dy}{dx}\right)\Big|_{\substack{x=3\\y=1}}-(\frac{1}{2})\,(\frac{1}{2})(1+(\frac{dy}{dx})\Big|_{\substack{x=3\\y=1}})$$

$$=\left(\frac{dy}{dx}\right)\bigg|_{\substack{x=3 \\ y=1}},$$

故得

$$\left(\frac{dy}{dx}\right)\bigg|_{\substack{x=3 \\ y=1}}=-\frac{3}{19},$$

而所求之切線方程式爲

$$y-1=-\frac{3}{19}(x-3),$$

$$3x+19y-28=0。$$

習　　題

於下列各題中，求 $\dfrac{dy}{dx}$：(1~6)

1. $xy^2+3x^2-4x+y=0$　　　2. $y^4=3\,(x^2+y^2)$

3. $x^2+5x^2y^2+y=1$　　　4. $x+\sqrt{y}+xy^2=0$

5. $y^2=x^2\left(\dfrac{a-x}{a+x}\right)$　　　6. $xy\sqrt{x-y}+x=1$

於下列各題中，求方程式之圖形在其上之點 (a,b) 處的切線方程式：(7~12)

7. $x^2-y^2=1,\ (a,b)=(\sqrt{5},2)$

8. $2x^2-xy+3y^2=18,\ (a,b)=(3,1)$

9. $x^2=y^3,\ (a,b)=(1,1)$

10. $2x^3-9xy+2y^3=0,\ (a,b)=(2,1)$

11. $x\sqrt{y}+y\sqrt{x}=48,\ (a,b)=(4,16)$

12. $xy\sqrt{x+y}+x=7,\ (a,b)=(1,3)$

13. 設 (x_0, y_0) 為二次曲線 $ax^2 + bxy + cy^2 + dx + ey + f = 0$ 上之一
點，試證此二次曲線過點 (x_0, y_0) 之切線方程式為

$$ax_0 x + \frac{b(x_0 y + x y_0)}{2} + c y_0 y + \frac{d(x + x_0)}{2} + \frac{e(y + y_0)}{2} + f = 0。$$

14. 設 $\cos xy + x^2 \sin y = x + y$, 求 $\dfrac{dy}{dx}$。

15. 設 $\tan(x^3 + 2y) = \cot y + x$, 求 $\dfrac{dy}{dx}$。

16. 設 $y^2 = \text{Sec}^{-1} xy$, 求 $\dfrac{dy}{dx}$。

§3-8 高階導函數

一個可微分函數 f 的導函數 f' 也是一個函數，如果 f' 本身也是可微分，那麼它的導函數 $(f')'$ 簡記為 f''，稱為 f 的**二階導函數** (the second derivative)，並稱 f' 為 f 的**一階導函數** (the first derivative)。如果 f'' 仍是可微分，那麼它的導函數，記為 f''' 或 $f^{(3)}$，稱為 f 的**三階導函數** (the third derivative)。同樣的，f 的**四階、五階、以至於 n 階導函數** (the n-th derivative)，分別記為 $f^{(4)}$, $f^{(5)}, f^{(n)}$ 等，皆可類似定義。函數 f 在一點 x_0 的 n **階導數**，則是指函數 $f^{(n)}$ 在 $x = x_0$ 處的值而言。函數 $f^{(n)}$ 也可記為

$$D^n f, \quad \frac{d^n}{dx^n} f \text{ 或 } \frac{d^n f}{dx^n},$$

它後面兩個式子中，n 的書寫位置，是把「運算子」D 寫為 $\dfrac{d}{dx}$，而由 $\left(\dfrac{d}{dx}\right)^n$ 變形得來的。

例 1 設 $f(x) = x^4 - 3x^3 + x - 5$, 求 $f(0), f'(0), f''(0), f^{(3)}(0)$,

$f^{(4)}(0), f^{(5)}(0)$。

解 易知

$$f'(x)=4x^3-9x^2+1, \ f''(x)=12x^2-18x,$$

$$f^{(3)}(x)=24x-18, \ f^{(4)}(x)=24, \ f^{(5)}(x)=0。$$

故得

$$f(0)=-5, \ f'(0)=1, \ f''(0)=0, \ f^{(3)}(0)=-18,$$

$$f^{(4)}(0)=24, \ f^{(5)}(0)=0。$$

例2 求 $\dfrac{d^2}{dx^2}\left(\dfrac{x}{\sqrt{x+1}}\right)$。

解
$$\frac{d}{dx}\left(\frac{x}{\sqrt{x+1}}\right)=\frac{\sqrt{x+1}-x\left(\dfrac{d}{dx}\right)\sqrt{x+1}}{(\sqrt{x+1})^2}$$

$$=\frac{\sqrt{x+1}-x\left(\dfrac{1}{2}\right)\left(\dfrac{1}{\sqrt{x+1}}\right)}{x+1}$$

$$=\frac{x+2}{2\sqrt{x+1}\,(x+1)},$$

$$\frac{d^2}{dx^2}\left(\frac{x}{\sqrt{x+1}}\right)=\frac{d}{dx}\left(\frac{x+2}{2\sqrt{x+1}(x+1)}\right)$$

$$=\frac{(2\sqrt{x+1}(x+1))-((x+2)\dfrac{d}{dx}(2\sqrt{x+1}(x+1)))}{4(x+1)^3}$$

$$=\frac{2\sqrt{x+1}(x+1)-(x+2)(3\sqrt{x+1})}{4(x+1)^3}$$

$$=-\frac{(x+4)}{4(x+1)^{5/2}}。$$

例3 求 $D^{100}\sin x$。

解 因爲 $D\sin x=\cos x$, $D\cos x=-\sin x$, 故

$$D^2\sin x=D(D\sin x)=D\cos x=-\sin x,$$

$$D^3\sin x=D(D^2\sin x)=D(-\sin x)=-\cos x,$$

$$D^4 \sin x = D(D^3 \sin x) = D(-\cos x) = -(-\sin x)$$
$$= \sin x,$$

因得

$D^{4k} \sin x = \sin x,$

$D^{4k+1} \sin x = \cos x,$

$D^{4k+2} \sin x = -\sin x,$

$D^{4k+3} \sin x = -\cos x,$

對 $k = 0, 1, 2, \ldots$ 均成立,即知 $D^{100} \sin x = \sin x$。

例 4   設 $x^3 + 2y^2 = 9x$,求 $\dfrac{d^2 y}{dx^2} \Big|_{\substack{x=1 \\ y=-2}}$。

解   因為

$$\frac{d}{dx}(x^3 + 2y^2) = \left(\frac{d}{dx}\right) 9x,$$

$$3x^2 + 4y\left(\frac{dy}{dx}\right) = 9,$$

以 $(x, y) = (1, -2)$ 代入上式得 $\dfrac{dy}{dx} \Big|_{\substack{x=1 \\ y=-2}} = -\dfrac{3}{4}$, 又對

上式再就 x 微分,得

$$6x + 4\left(\left(\frac{dy}{dx}\right)^2 + y\left(\frac{d^2 y}{dx^2}\right)\right) = 0,$$

以 $(x, y) = (1, -2)$ 及 $\dfrac{dy}{dx} \Big|_{\substack{x=1 \\ y=-2}} = -\dfrac{3}{4}$ 代入上式得,

$$\frac{d^2 y}{dx^2} \Big|_{\substack{x=1 \\ y=-2}} = \frac{33}{32}。$$

習　　題

求下列各題: (1~10)

1. $D^2(5x^3-4x^2+x+1)$　　　　2. $D^5(4x^4-3x^3-2x^2+1)$

3. $D^4(3x^4-12x^3+\sqrt{2}\,x^2-6)$　4. $D^9(2x^3-3x-1)^3$

5. $D^6\{(2x-1)^3(x+1)^2(3x-2)\}$

6. $D^{12}(3x^2+x-5)^5$　　　　7. $D^{22}\sin x$

8. $D^{16}\cos x$　　　　　　　9. $D^2(x\sqrt{x^2+1})$

10. $D^2\left(\dfrac{3x-5}{x^2+x+1}\right)$　　　11. 設 $x+y=xy^2$, 求 $\dfrac{d^2y}{dx^2}$。

12. 設 $4xy+4x^2=y^2-x$, 求 $\left(\dfrac{d^2y}{dx^2}\right)\bigg|_{\substack{x=1\\y=5}}$。

13. 設 $x^2y=2xy-\sqrt[3]{y}$, 求 $\left(\dfrac{d^2y}{dx^2}\right)\bigg|_{\substack{x=1\\y=-1}}$。

14. 設 $xy^2=2x^2y^2-\sqrt[3]{y^2}$, 求 $\left(\dfrac{d^2y}{dx^2}\right)\bigg|_{\substack{x=1\\y=-1}}$。

15. 設 $y=\sin(3\,\mathrm{Sin}^{-1}x)$, 證明: $(1-x^2)y''-xy'+9y=0$。

§3-9 函數的微分

在此以前，我們以 $\dfrac{df}{dx}$ 表 f 之導函數 f'，其中 df 與 dx 二符號本身，不表單獨意義，當然自不表 df 除以 dx 之商。本節將定義函數的微分 (differential)，使 df 與 dx 均有其意義，並且使 df 除以 dx 之商即為 $f'=\dfrac{df}{dx}$。

首先，我們當記得函數 f 在一點 x_0 處之導數為

$$f'(x_0)=\frac{df}{dx}\bigg|_{x=x_0}=\lim_{\triangle x\to 0}\frac{f(x_0+\triangle x)-f(x_0)}{\triangle x}$$

令其中 $f(x_0+\triangle x)-f(x_0)=\triangle f(x_0,\triangle x)$，表函數 f 於自變數從 x_0 處有一**增量**（increment）$\triangle x$ 時，函數值之增量。換言之，上述之導數，乃函數值之增量，簡記為 $\triangle f$，與自變數之增量 $\triangle x$ 之比值，於 $\triangle x$ 趨近於 0 時之極限，亦卽，於 $\triangle x\neq 0$ 而趨近於 0 時，$\frac{\triangle f}{\triangle x}$ 可任意趨近於 $f'(x_0)$，我們以下式表出：

$$\frac{\triangle f}{\triangle x}\approx f'(x_0)，\text{當 } \triangle x\approx 0,$$

亦卽

$$\triangle f\approx f'(x_0)\cdot\triangle x，\text{當 } \triangle x\approx 0。$$

我們稱這個於 $\triangle x\approx 0$ 時與 $\triangle f$ 近似的數值 $f'(x_0)\cdot\triangle x$ 為 f 於 x_0 處，當自變數增量為 $\triangle x(\neq 0)$ 時的**微分**(differential)，記為 $df(x_0,\triangle x)$，卽

$$df(x_0,\triangle x)=f'(x_0)\cdot\triangle x。$$

對一般可微分函數 f 而言，我們亦以 $df(x)$ 或 df 表出 f 於 x 處當自變數增量為 $\triangle x$ 時之微分，卽

$$df=df(x)=f'(x)\cdot\triangle x。$$

當 $g(x)=x$ 時，$g'(x)=1$，故 $dg=dx=1\cdot\triangle x=\triangle x$。從而我們對一可微分函數 f 而言，其微分可記為

$$df=f'(x)\cdot dx。$$

若令 $y=f(x)$，則 df 亦記為 dy，卽知 $dy=f'(x)\cdot dx$，或知 dy 與 dx 之商為 $f'(x)$，如下式所示：

$$\frac{dy}{dx}=f'(x),$$

這就是當初以 $\dfrac{dy}{dx}$ 表 $f'(x)$ 之理由。

例1 設 $f(x)=x^3$，求 $\triangle f(-1,0.01)$, $df(-1,0.01)$。

解 因為 $f(x)=x^3$，故

$$df=f'(x)\ dx=(D\ x^3)\ dx=3x^2\ dx,$$

從而得

$$\triangle f(-1,0.01)$$
$$=f(-1+0.01)-f(-1)$$
$$=(-1+0.01)^3-(-1)^3$$
$$=((-1+0.01)-(-1))((-1+0.01)^2$$
$$\quad +(-1+0.01)(-1)+(-1)^2)$$
$$=0.01((-0.99)^2+0.99+1)$$
$$=0.029701,$$

$$df(-1,0.01)=3(-1)^2(0.01)=0.03。$$

例2 於下面各題中，求 df。

（ i ） $f(x)=x^2+\dfrac{1}{x^3}$ （ ii ）$f(x)=\sqrt[3]{x^2+1}$

(iii) $f(x)=x^3\sin4x$

解 （ i ） $df=(D(x^2+\dfrac{1}{x^3}))dx=(2x-\dfrac{3}{x^4})\ dx。$

（ ii ）$df=(D\sqrt[3]{x^2+1})\ dx=\dfrac{2}{3}\left(\dfrac{x}{\sqrt[3]{(x^2+1)^2}}\right)dx。$

(iii) $df=(D(x^3\sin4x))\ dx=(3x^2\sin4x+4x^3\cos4x)dx。$

關於函數的微分，我們可藉幾何意義來了解。並且在幾何說明中，我們可以對 df, dx 及 $\triangle f, \triangle x$ 等有具體的了解，且可以看出其間的關係。由於 $dx=\triangle x$，故我們專注於 df 與 $\triangle f$ 之幾何意義間的關係。設函數 f 在 x_0 為可微分，則過 f 之圖形上之點 $P(x_0,f(x_0))$ 處的切線 L 之斜率為 $f'(x_0)$，方程式為

$$y - f(x_0) = f'(x_0)(x - x_0)。$$

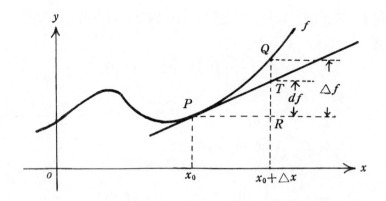

L 上橫坐標爲 $x_0 + \triangle x$ 之點 T 的縱坐標卽爲

$$f(x_0) + f'(x_0) \triangle x,$$

故於上圖中，$\overline{TR}$ 卽爲 $df = f'(x_0) \triangle x$，而 $\overline{QR}$ 則爲 $\triangle f$。當 $\triangle x$ 很小時，$\overline{QT}$ 甚小，而 df 與 $\triangle f$ 甚爲接近。這可由下面的證明得知：

因爲

$$\triangle f - df = (f(x_0 + \triangle x) - f(x_0)) - f'(x_0) \triangle x$$
$$= \left(\frac{f(x_0 + \triangle x) - f(x_0)}{\triangle x} - f'(x_0) \right) \triangle x,$$

故知

$$\lim_{\triangle x \to 0} (\triangle f - df) = \lim_{\triangle x \to 0} \left(\frac{f(x_0 + \triangle x) - f(x_0)}{\triangle x} - f'(x_0) \right) \cdot \lim_{\triangle x \to 0} \triangle x$$
$$= \{ f'(x_0) - f'(x_0) \} \cdot 0 = 0,$$

卽知當 $\triangle x$ 甚小時，$\triangle f$ 與 df 之值甚爲接近，且可任意接近。這與前述的

$$\triangle f \approx f'(x_0) \triangle x = df$$

是一致的。但我們可注意到，上面極限的趨近於 0，是由兩個趨近於 0

的函數（$\triangle x$ 的函數）

$$\frac{f(x_0+\triangle x)-f(x_0)}{\triangle x}-f'(x_0) \text{ 與 } \triangle x,$$

之乘積而造成的，從而可以說這是一種「雙重」的趨近型態，故當 $\triangle x$ 趨近於 0 時，上述二者之積趨近於 0 的「速度」相當快，故知 $\triangle x$ 趨近於 0 時，df 爲 $\triangle f$ 之極佳的近似值。由於 $\triangle f \approx df$，故得下面的結論：$\triangle x \approx 0$ 時，

$$f(x_0+\triangle x) \approx f(x_0)+f'(x_0)\triangle x。$$

這個性質可以有下例所示的應用：

例 3 利用 $\triangle f \approx df$ 之性質，求 $\sqrt{24}$ 的近似值。

解 令 $f(x)=\sqrt{x}$，則 $f'(x)=\dfrac{1}{2\sqrt{x}}$。

爲求 $\sqrt{24}$，可令 $x_0=25, \triangle x=-1$，則

$$\sqrt{24}=f(x_0+\triangle x) \approx f(x_0)+f'(x_0)\triangle x$$

$$=\sqrt{25}+\frac{1}{2\sqrt{25}}(-1)=4.9。$$

事實上，$\sqrt{24}$的一個很好的近似值爲 4.8989794855664，可見例 3 的結果甚好。此例中所取的 $\triangle x=-1$ 其絕對值爲 1，並不很小。若用同樣的方法求 $\sqrt{2}$ 的近似值，並取 $x_0=1, \triangle x=1$，此時 $\triangle x$ 的絕對值仍爲 1 而所求的

$$\sqrt{2} \approx \sqrt{1}+\frac{1}{2\sqrt{1}}(1)=1.5,$$

與 $\sqrt{2}$ 的很好的近似值爲 1.4142135623731 有相當的誤差。關於這種現象，主要是由於 $f(x)=\sqrt{x}$ 在求 $\sqrt{24}$時所取的 $x_0=25$ 處附近的函數圖形，和過對應點的切線相當貼近，而在求 $\sqrt{2}$時所取的 $x_0=1$ 處附近的函數圖形，和過對應點的切線，則並不夠貼近使然。當然，只要$\triangle x \approx 0$，df 自是 $\triangle f$ 的極佳的近似。

在介紹過函數的微分的意義之後，我們可易將前此所導出的導函數公式，轉換成微分公式，今舉一些示範於下：

導 函 數 微 分

（1）$D\ c=0$，c 爲常數　　　（1）$d\ c=0$，c 爲常數

（2）$D(kf)=k\cdot Df$, k 爲常數　　（2）$d(kf)=k\cdot df$, k 爲常數

（3）$D(f+g)=Df+Dg$　　　（3）$d(f+g)=df+dg$

（4）$D(f\cdot g)=(Df)g+f(Dg)$　　（4）$d(f\cdot g)=(df)g+f(dg)$

（5）$D\left(\dfrac{f}{g}\right)=\dfrac{(Df)g-f(Dg)}{g^2}$　（5）$d\left(\dfrac{f}{g}\right)=\dfrac{(df)g-f(dg)}{g^2}$

（6）$D\ f^r=rf^{r-1}(Df)$, r 爲常數　（6）$df^r=rf^{r-1}(df)$, r 爲常數

（7）$D\ x^r=rx^{r-1}$, r 爲常數　　（7）$d\ x^r=rx^{r-1}dx$, r 爲常數

（8）$D\ \sin x=\cos x$　　　（8）$d\ \sin x=\cos x\ dx$

（9）$D\ \cos x=-\sin x$　　　（9）$d\ \cos x=-\sin x\ dx$

（10）$D\ \tan x=\sec^2 x$　　　（10）$d\ \tan x=\sec^2 x\ dx$

此後，求一函數 $f(x)$ 之微分，可先求其導函數 $f'(x)$，而後再乘以 dx，亦可藉上述公式直接求得如下：

$$d(x^4-3x^3+5x-7)=d(x^4)+d(-3x^3)+d(5x)+d(-7)$$
$$=4x^3dx-9x^2dx+5dx$$
$$=(4x^3-9x^2+5)dx。$$

求微分的方法，也可用來求隱函數之導函數，如下例所示：

例4　設 $5x^2y^3=3xy^2-2y+x$, 求 $\dfrac{dy}{dx}$ 及 $\dfrac{dx}{dy}$。

解　對方程式等號兩邊求微分，即得

$$d(5x^2y^3)=d(3xy^2-2y+x),$$
$$10xy^3dx+15x^2y^2dy=3y^2dx+6xydy-2dy+dx,$$
$$(10xy^3-3y^2-1)dx=(6xy-15x^2y^2-2)dy,$$

故得

$$\frac{dy}{dx} = \frac{10xy^3 - 3y^2 - 1}{6xy - 15x^2y^2 - 2}, \quad (6xy - 15x^2y^2 - 2 \neq 0);$$

$$\frac{dx}{dy} = \frac{6xy - 15x^2y^2 - 2}{10xy^3 - 3y^2 - 1}, \quad (10xy^3 - 3y^2 - 1 \neq 0)。$$

例 5　新的球形承軸的半徑爲 3 公分,當其磨損到剩下半徑爲2.971

公分時，其體積損耗了多少立方公分？

解　體積 V 和半徑 r 的關係爲： $V = \frac{4}{3}\pi r^3$，體積的耗損爲

$$\triangle V \approx dV = 4\pi r^2 dr \Big|_{\substack{r=3 \\ \triangle r=-0.029}} = 4\pi(3^2)(-0.029) \approx -3.28,$$

所求體積的耗損約爲3.28立方公分。

微分有時也可用來估計**誤差** (error)。若 Q 爲要量度的量，而 $\triangle Q$

爲 Q 的增量則稱

Q 的**相對誤差** (relative error in Q) 爲 $\dfrac{|\triangle Q|}{Q}$，

Q 的**百分誤差** (percentage error in Q) 爲 $\dfrac{|\triangle Q|}{Q} \cdot 100\%$。

例 6　欲從一批球形鋼製承軸（比重 7.6）中，選出直徑 1 公分的

合格者，其誤差不得超過 2 %，今以秤度量承軸重量以測定

之，問重量誤差的限度爲何？

解　易知承軸重量 M 與半徑 r 的關係爲：

$$M = \frac{4}{3}\pi r^3 (7.6)。$$

故得

$$dM = 4\pi r^2 dr\,(7.6) = 4\pi r^3 \frac{dr}{r}(7.6),$$

$$|dM| = \left|4\pi r^3(7.6)\right| \left|\frac{dr}{r}\right|$$

$$\leq \left|4\pi r^3(7.6)\right|(0.02), \quad (因\ \left|\frac{dr}{r}\right| \leq 0.02)$$

因 $2r=1$，故由上式知

$$|dM| \leq 4\pi(0.5)^3(7.6)(0.02) = 0.2387610376,$$

即知合格者的重量誤差不得超過 0.239 公克。

習　　題

於下列各題中求 dy：$(1\sim6)$

1. $y = 5x^4 - 2x^3 - 2x + 3$ 2. $y = (x^2 + x + 1)(x^3 + 1)^2$

3. $y = (x^2 + 2)^{3/2}$ 4. $y = \sqrt{x} + 3\sin 2x$

5. $y = (x - 2x^2) + \cos \sin^2 3x$ 6. $y = \dfrac{1-x}{1-\sqrt{x}}$

利用 $\triangle f \approx df$ 的性質求下列各題的近似值：$(7\sim14)$

7. $\sqrt{120}$ 8. $\sqrt{26.2}$

9. $\sqrt{63.68}$ 10. $\sqrt[3]{124}$

11. $\sqrt[4]{15}$ 12. $\dfrac{1}{\sqrt{1.2}}$

13. $\cos 0.0844$ 14. $\sin 0.523$

15. 下面各式為當 x 甚小時（即 $x \approx 0$）的標準近似公式，試以 $\triangle f \approx df$ 的性質來說明理由，並於各式中指出 x_0 為何，$\triangle x$ 為何。

（i）$(1+x)^n \approx 1 + nx$　　（ii）$\sqrt{1+x} \approx 1 + \dfrac{x}{2}$

（iii）$\sin x \approx x$

利用求微分（仿例4），於下列各題之隱函數中，求 $\dfrac{dy}{dx}$ 及 $\dfrac{dx}{dy}$：$(16\sim21)$

16. $xy = 1$ 17. $3x^2 + 2xy = 5x + 1$

18. $x^3 + y^3 = x^2 y$ 19. $x^2 + 3y^3 = xy^2$

20.　$\sin 3y = x^2 y$　　　　　　　　21.　$y \sin 2x + x \cos 2y = xy$

21.　某廠商每日生產 x 個商品,則可獲利 p 仟元,其中 $p = 6\sqrt{100x - x^2}$。利用微分的性質,試求從每日生產10個商品增加到12個商品時,其獲利的近似差額。

23.　量度一圓的半徑爲 8 公分,其可能的最大誤差爲0.05公分,問所計算的圓之面積,可能的最大誤差爲何?

24.　一個正立方形金屬盒子每邊長爲 7 吋, 今將之加熱, 使邊長增加 0.2 吋,求此金屬盒子所增體積的近似值。

25.　於度量一正立方體之邊長時,若造成 2 % 的誤差,則會造成體積多少的誤差?

第四章　導函數的性質

§4-1 函數的極值

在實際的生活中，我們常須面對如何作出**最佳決策**（optimal de-cision）的問題。近代的管理上，則常採用**計量化**（quantify）的方式，將要作決策的問題用數值來評估，然後藉數學的方法，求出客觀的最佳決策來。這種**計量管理**（quantitative management）的作法是，把決策的目標作爲**決策變數**（decision variable）的函數，稱爲**目標函數**（objective function），根據客觀條件，用一些數學式子把題意表現出來，而這些數學式子就組成這個問題的**數學模型**（mathematical mo-del），然後求解這數學模型所表的數學問題，當解答適合這問題的題意時，它就可作爲決策的參考和依據了。本節將於稍後探討最簡單的數學模型，即決策目標可表爲一個決策變數的函數之情形。在以實例說明之前，我們須先在此介紹函數極值的意義及求法。

在定理2-26極值存在定理中，我們曾提到閉區間 $[a, b]$ 上的連續函數 f 的極值存在性：即存在 $\alpha, \beta \in [a, b]$，使得

$$f(\alpha) \geqslant f(x), \ f(\beta) \leqslant f(x),$$

對所有 $x \in [a, b]$ 均成立。事實上，所謂一函數 $f(x)$ 在 $x = x_0$ 處有**極大值**（maximum），即意指下式的意思：

$$f(x_0) \geqslant f(x)，對所有 x 都成立。$$

我們並稱 x_0 爲函數 f 的一個**極大點**，而 $f(x_0)$ 則稱爲 f 的極大值。

相對於上述的定義，函數 f 的**極小值**（minimum）和**極小點**的意義，可以很容易的定義和了解，在這裏就不贅述了。極大值和極小值二者，統稱爲**極值**（extremum）。

本節就是要介紹導函數的一些性質，以便求得函數極值的所在。實際上，我們並非藉導函數的性質，卽可直接求得上述的極值所在，而是求得所謂的**相對極值**(relative extremum)的所在。相對極值的意義，是指它與其「很小」的鄰近而言的。譬如就下圖所示的連續函數 f 而

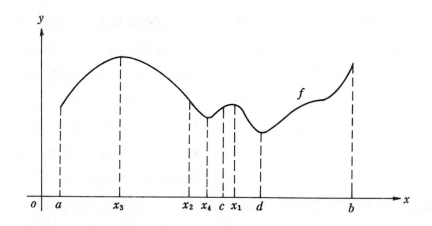

言，由圖可知，雖然圖中的 x_1 不爲 f 在 $[a, b]$ 上的極大點（因爲有無限多的點，譬如圖中的 x_2，它們的函數值較 x_1 的值爲大），但在 x_1 的很小的「鄰近」（譬如圖中的區間 (c, d) 上），$f(x_1)$ 爲極大值。我們稱像這樣，可以在它的一小鄰近上爲極大的點，爲 f 的一個**相對（或局部）極大點**，而它的函數值，則稱爲**相對（或局部）極大值**（relative (local) maximum），譬如圖中 x_1、x_3、b 等均爲相對極大點，同時，一函數的**相對極小點**和**相對極小值**的意義也可很容易對應了解，而不在這裏再作贅言，圖中的點 a、d、x_4 等卽是相對極小點。爲區別起見，我們稱前所介紹的，一函數在它定義域上的極大和極小值爲

它的**絕對極大**（absolute maximum）和**絕對極小值**（absolute mini-mum），而**絕對極值**（absolute extremum）的所在即稱爲**絕對極大**和**極小點**。一般在習慣上，若無特別的指明，我們稱極值時，是指相對極值而言。

因爲絕對極值必爲相對極值，故當求一連續函數在一閉區間上的絕對極值時，可先求得各相對極值（通常爲有限個），然後比較各極值的大小。相對極值中最大者爲絕對極大，相對極值中最小者爲絕對極小。但讀者應注意到，相對極大值未必比相對極小值爲大。下面將說明，可藉導數的性質，來求得相對極值的可能所在。在介紹這之前，先導入一個概念：設 f 爲一函數，若在一點 x_0 的某一鄰近（$x_0-\delta, x_0+\delta$）中（其中 $\delta>0$），凡在 x_0 之右側的點，其值 $f(x)$ 均大於 $f(x_0)$，而在 x_0 之左側的點，其值 $f(x)$ 均小於 $f(x_0)$，則稱 f **在 x_0 爲漸增**（increasing at x_0），此時，f 在 x_0 附近的圖形爲向右升高；函數 f **在 x_1 爲漸減**（decreasing at x_1）的意義仿此。下圖中，f 在 x_0 爲漸增，在 x_1 爲漸減，而在 x_2, x_3 二點，則既非漸增，亦非漸減。

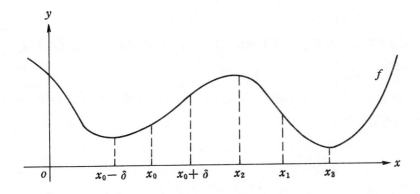

下面定理指明了可微分函數在一點爲漸增或漸減的充分條件：

定理 4-1

設 f 在 x_0 爲可微分，則

$$(\text{i}) \quad f'(x_0) > 0 \implies f \text{ 在 } x_0 \text{ 爲漸增;}$$

$$(\text{ii}) \quad f'(x_0) < 0 \implies f \text{ 在 } x_0 \text{ 爲漸減。}$$

證明 依定義，$f'(x_0)$ 乃函數

$$g(x) = \frac{f(x) - f(x_0)}{x - x_0}, \quad x \neq x_0$$

於 $x \longrightarrow x_0$ 時之極限值，卽

$$\lim_{x \to x_0} g(x) = \lim_{x \to x_0} \frac{f(x) - f(x_0)}{x - x_0} = f'(x_0)。$$

若 $f'(x_0) > 0$，則由定理 2-2 知，存在 $\delta > 0$，使得

$$x \in (x_0 - \delta, x_0 + \delta) - \{x_0\}$$

$$\implies \frac{f(x) - f(x_0)}{x - x_0} > 0,$$

$$\implies f(x) - f(x_0) \text{ 與 } x - x_0 \text{ 同號（正負），}$$

卽知

$$x_0 < x < x_0 + \delta \implies f(x) > f(x_0),$$

$$x_0 - \delta < x < x_0 \implies f(x) < f(x_0)。$$

亦卽知 f 在 x_0 爲漸增；同樣的，若 $f'(x_0) < 0$，則 f 在 x_0 爲漸減，故知定理得證。

　　讀者應注意，定理4-1的逆命題並不成立。這可從下面 $f(x) = x^3$ 的情況看出：

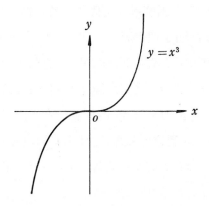

在此，f 在原點 $x = 0$ 為漸增，但 $f'(0) = 0$ ，可知 $f'(x_0) > 0$ 只是 f 在 x_0 為漸增的充分條件，而非必要條件。讀者將不難從直接觀察圖形中發現，函數極值的所在，在圖形上或無切線，或具水平切線，如下圖所示：

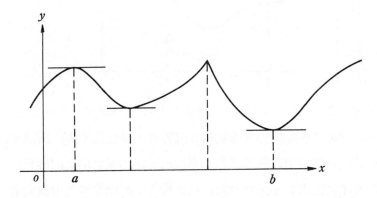

以導數的概念來描述，則如下面定理所述，為求可微分函數之極值的重要理論依據。其證明可易由定理 4-1 推得：

定理 4-2

設函數 $f(x)$ 定義在區間 $[a,b]$ 上。若 $x_0 \in (a,b)$ 為 f 之極值所在，則或 $f'(x_0)$ 不存在，或 $f'(x_0) = 0$ 。

證明 若 $f'(x_0)$ 存在，且 $f'(x_0) \neq 0$ ，則由定理4-1知，f 在 x_0 為漸

增或漸減，此與 x_0 爲 f 之極值所在之假設不符，從而知，或$f'(x_0)$ 不存在，或 $f'(x_0)=0$，而定理得證。

定理4-2中特別強調 x_0 爲開區間 (a,b) 上的點（卽閉區間的**內點** (interior point))，因爲若 x_0 爲閉區間 $[a,b]$ 的端點，則結論未必成立，如下圖中a、b二點均爲$f(x)$ 的極值所在，但f在a、b二點的導數均不爲零。另外，我們還要強調,定理 4-2 的逆命題並不成立,譬如下圖中，$f(x)$ 在 $x=x_1$ 處有水平切線，在$x=x_2$ 處導數不存在，但 x_1, x_2 二點都不是 $f(x)$ 的極值所在。

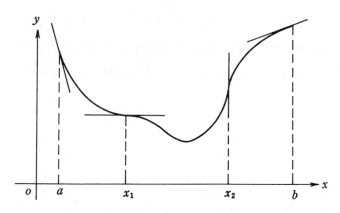

由定理 4-2 可知，一函數在一閉區間 $[a,b]$ 上的極值所在，除了兩端點外，就可能在區間內部導數爲 0 或導數不存在的地方。所以求函數的極值時，可藉這函數的導函數，來找出可能的極值出現的所在，並求這些點及閉區間的二端點函數值，以比較大小，則各數值中最大者爲函數的絕對極大，而最小者爲絕對極小，如下各例所示:

例1　設函數$f(x)=2x^3+3x^2-12x+7$, 求f在區間 $[-1,2]$ 上之絕對極大及絕對極小值。

解　因 $f'(x)=6x^2+6x-12=6(x-1)(x+2)$, 故

$$f'(x)=0 \Longrightarrow x=1, -2。$$

而知在 $[-1,2]$ 中，使 $f'(x)=0$ 之點只有1，今計算下面

各值：

　　$f(-1)=20,\ f(1)=0,\ f(2)=11$。

比較上面各數值的大小知，於 $[-1,2]$ 上，f 在 $x=-1$ 處有絕對極大值 $f(-1)=20$，在 $x=1$ 處有絕對極小值 $f(1)=0$。

例2　設函數 $f(x)=3x+2$，求 f 在區間 $[1,4]$ 上之絕對極大及絕對極小值。

解　因 $f'(x)=3\neq0$，故在 $(1,4)$ 上無極值。今因 $f(1)=5$，$f(4)=14$，故知 $f(4)=14$ 爲絕對極大值，而 $f(1)=5$ 爲絕對極小值。

例3　設函數 $f(x)=\sqrt[3]{x+1}$，求 f 在區間 $[-9,7]$ 上之絕對極大及絕對極小值。

解　因爲 $f'(x)=\dfrac{1}{3\sqrt[3]{(x+1)^2}}\neq0$，即知 f 在 $(-9,7)$ 上無導數爲 0 的點，但 f 在 $x=-1$ 處爲不可微分，故計算下面各值：

　　$f(-9)=-2,\ f(-1)=0,\ f(7)=2$。

比較上面各數值的大小知，於 $[-9,7]$ 上，f 在 $x=7$ 處有絕對極大值 $f(7)=2$，在 $x=-9$ 處有絕對極小值 $f(-9)=-2$。

例4　設函數 $f(x)=x^4-108x$，求 f 在區間 $[-2,4]$ 上之絕對極大及絕對極小值。

解　因爲 $f'(x)=4x^3-108=4(x^3-27)$，故

　　$f'(x)=0\implies x=3$，

計算下面各值：

　　$f(-2)=232,\ f(3)=-243,\ f(4)=-176$。

比較上面各數值的大小知，於 $[-2,4]$ 上，f 在 $x=-2$ 處

有絕對極大值 $f(-2)=232$,在 $x=3$ 處有絕對極小值 $f(3)$ $=-243$。

習　　題

於下列各題中，求函數 f 在 $[a,b]$ 上的絕對極大和絕對極小值。

1.　$f(x)=x^3+x^2-x+1,$ 　　$[a,b]=[-2,1]$

2.　$f(x)=x^3-x^2,$ 　　$[a,b]=[0,5]$

3.　$f(x)=2x^3-6x,$ 　　$[a,b]=[-2,3]$

4.　$f(x)=x^3-x,$ 　　$[a,b]=[0,2]$

5.　$f(x)=\dfrac{1}{x}+x+2,$ 　　$[a,b]=[\dfrac{1}{2},2]$

6.　$f(x)=x^4-2x^2,$ 　　$[a,b]=[-\dfrac{1}{2},3]$

7.　$f(x)=x(3-2x)^2,$ 　　$[a,b]=[-1,3]$

8.　$f(x)=\sqrt[3]{x-3},$ 　　$[a,b]=[2,4]$

9.　$f(x)=\sqrt{x^2-4x+4},$ 　　$[a,b]=[0,3]$

10.　$f(x)=\sin x-\sin^2 x,$ 　　$[a,b]=[0,2\pi]$

§4-2 均值定理，函數的增減區間

本節要介紹的**均值定理**（mean-value theorem），是可微分函數的一個基本而重要的性質，它在微積分的理論上，提供了重要的依據。從幾何上的意義來看，這個定理實在甚易了解。對一在閉區間 $[a,b]$ 上的可微分函數 f 來說，因為它在區間上的每一點都有切線，且切線有斜率，所以它在區間上的圖形，是平滑而連續的曲線。對這樣的曲線，在直觀上，我們很容易接受下述的事實：在區間 $[a,b]$ 上，有一點

$\bar{x}$，使曲線在點 $(\bar{x}, f(\bar{x}))$ 處的切線 L，平行於二點 $P(a, f(a))$ 及 $Q(b, f(b))$ 的連線 $\overleftrightarrow{PQ}$，如下圖所示：

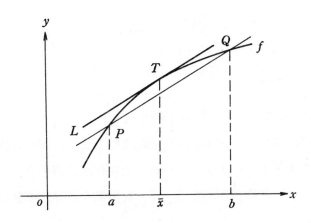

因爲 L 的斜率爲 $f'(\bar{x})$，而 $\overline{PQ}$ 的斜率爲

$$\frac{f(b)-f(a)}{b-a} 。$$

由解析幾何的知識知，L 和 $\overline{PQ}$ 平行的充要條件爲二者的斜率相等，卽

$$f'(\bar{x}) = \frac{f(b)-f(a)}{b-a} 。$$

這就是所謂的**均值定理**，在這裏我們只是提出於下，而解析證明則從略。

定理 4-3 均值定理（mean-value theorem）

　　設函數 f 在區間 $[a, b]$ 上爲連續，在 (a, b) 上爲可微分，則存在一點 $\bar{x} \in [a, b]$，使

$$f'(\bar{x}) = \frac{f(b)-f(a)}{b-a} ,$$

或

$$f(b)-f(a) = f'(\bar{x})(b-a) 。$$

例 1 設函數 $f(x)=x^3+2x$, $x \in [a,b]=[1,3]$，求均值定理中的 $\bar{x}$。

解 因為 $f'(x)=3x^2+2$, 故

$$f'(\bar{x})(b-a)=f(b)-f(a)$$

$$\Longrightarrow (3\bar{x}^2+2)(3-1)=33-3$$

$$\Longleftrightarrow \bar{x}=\pm\sqrt{\frac{13}{3}},$$

因為 $\bar{x} \in [1,3]$，故得 $\bar{x}=\sqrt{\frac{13}{3}}$。

均值定理的重要性，在於定理中的點 $\bar{x}$ 的存在性，至於它確實的數值是多少，在應用上並不重要，這可從下面定理的證明中看出。下面定理的第一部分，是我們熟知的性質：「常數函數在各點的導數皆為 0」的相反性質。

定理 4-4

設函數 f 在區間 (a,b) 上為可微分。

（i）若 $f'(x)=0$，對每一 $x \in (a,b)$ 均成立，則 $f(x)$ 在 (a,b) 上為常數函數。

（ii）若 $f'(x)>0$，對每一 $x \in (a,b)$ 均成立，則 $f(x)$ 在 (a,b) 上為嚴格增函數。

（iii）若 $f'(x)<0$，對每一 $x \in (a,b)$ 均成立，則 $f(x)$ 在 (a,b) 上為嚴格減函數。

證明（i）設 $x_0 \in (a,b)$，我們只須證明，對任一 $x \in (a,b)$ 來說，都是 $f(x)=f(x_0)$。對 $x \neq x_0$ 來說，由均值定理知，必存在一點 $\bar{x}$ 介於 x 和 x_0 之間，使

$$f(x)-f(x_0)=f'(\bar{x})(x-x_0)。$$

因為 $\bar{x} \in (a,b)$，故知 $f'(\bar{x})=0$，而上式即為

$$f(x)-f(x_0)=0 \cdot (x-x_0)=0，$$

$$f(x)=f(x_0)，$$

由上面的討論知 $f(x)$ 在 (a,b) 上爲常數函數。

(ii) 對 (a,b) 上的任意二點 x , y 來說，設 $x<y$ 。由均值定理知，存在一點 $\bar{x}$ 介於 x 和 y 之間，使

$$f(x)-f(y)=f'(\bar{x})(x-y)。$$

因 $\bar{x}\in(a,b)$ ，故知 $f'(\bar{x})>0$ ，而從上式即知 $f(x)<f(y)$ ，即 $f(x)$ 在區間 (a,b) 上爲嚴格增函數。

(iii) 因 $f'(x)<0$ ，故 $-f'(x)>0$ ，對每一 $x\in(a,b)$ 均成立，而由(ii)知 $-f(x)$ 爲嚴格增函數，即知 $f(x)$ 爲嚴格減函數。綜合上面的討論知，定理得證。

例2 設 f 爲可微分函數，且 $f'(x)=(x-1)(x+2)$ 。問在怎樣的區間上,函數值漸增? 在怎樣的區間上,函數值漸減?

解 由下表: (參照第 1-2 節之不等式解法)

x		-2		1	
$f'(x)$	$+$		$-$		$+$

可知 f' 在 $(-\infty,-2)$ 上之值爲正，故 f 在此區間上爲漸增；f' 在 $(-2,1)$ 上之值爲負，故 f 在此區間上爲漸減；f' 在 $(1,\infty)$ 上之值爲正，故 f 在此區間上爲漸增。

例3 設 $f(x)=-3x^4-2x^3+3x^2+1$, 問 $f(x)$ 在怎樣的區間上, 函數值漸增? 在怎樣的區間上, 函數值漸減?

解 因爲

$$f'(x)=-12x^3-6x^2+6x=-6x(2x^2+x-1)$$
$$=-6x(x+1)(2x-1),$$

由下表:

x		-1		0		$\frac{1}{2}$	
$f'(x)$	$+$		$-$		$+$		$-$

可知，$f(x)$ 在 $(-\infty, -1)$ 上為漸增，在 $(-1, 0)$ 上為漸減，在 $(0, \frac{1}{2})$ 上為漸增，而在 $(\frac{1}{2}, \infty)$ 上為漸減。

例 4 設 $f(x) = 4x^3 - 3x^4$，問 $f(x)$ 在怎樣的區間上，函數值漸增？在怎樣的區間上，函數值漸減？

解 因為

$$f'(x) = 12x^2 - 12x^3 = 12x^2(1-x),$$

由下表：

x		0		1	
$f'(x)$	+		+		−

故知 $f(x)$ 在 $(-\infty, 1)$ 上為漸增，而在 $(1, \infty)$ 上為漸減。

由上幾例顯示，可由 f' 的符號變化的情形，而知 f 值的增減，並從而可知 f 的極大點和極小點。今再以一例為說明：

例 5 設 $f(x) = 2x^4 - x^3 + 7$，求 f 之極大點和極小點。

解 因 $f'(x) = 8x^3 - 3x^2 = x^2(8x - 3)$，由下表：

x		0		$\frac{3}{8}$	
$f'(x)$	−		−		+

知 $\frac{3}{8}$ 為 f 之極小點，而 0 不為 f 之極大或極小點。事實上，f 在 0 為漸減，而 f 無極大點。

例 6 證明：對任意 $x \geq 0$ 而言，皆有 $x \geq \sin x$。

解 令 $f(x) = x - \sin x$，則

$$f'(x) = 1 - \cos x \geq 0,$$

故 f 為增函數。因得

$$x \geq 0 \Longrightarrow f(x) \geq f(0)$$

$$\Longrightarrow x - \sin x \geq 0 - \sin 0 = 0,$$

即本題得證。

例 7　試利用定理 4-4 (i) 證明：$\mathrm{Tan^{-1}}x + \mathrm{Cot^{-1}}x = \dfrac{\pi}{2}$。

證　令 $F(x) = \mathrm{Tan^{-1}}x + \mathrm{Cot^{-1}}x$，則

$$F'(x) = D\ \mathrm{Tan^{-1}}x + D\ \mathrm{Cot^{-1}}x$$

$$= \frac{1}{1+x^2} + \left(\frac{-1}{1+x^2}\right) = 0\ ,\ x \in R,$$

由定理 4-1 (i) 知 $F(x)$ 為一常數函數。設 $F(x) = c$，則

$$c = F(1) = \mathrm{Tan^{-1}}1 + \mathrm{Cot^{-1}}1 = \frac{\pi}{4} + \frac{\pi}{4} = \frac{\pi}{2},$$

故得證 $\mathrm{Tan^{-1}}x + \mathrm{Cot^{-1}}x = \dfrac{\pi}{2}$。

例 8　證明滿足下面二條件之函數 f 為唯一的：(1) $f'(x) = f(x)$，(2) $f(0) = 1$。

證　設有二函數 f, g 具有所予的二條件，令

$$F(x) = \frac{f(x)}{g(x)}\ ,$$

則

$$F'(x) = \frac{f'(x)g(x) - f(x)g'(x)}{g^2(x)}$$

$$= \frac{f(x)g(x) - f(x)g(x)}{g^2(x)} = 0\ 。$$

由定理 4-4 (i) 知，存在常數 c，使 $F(x) = c$，對每一 x 均成立。即知

$$c = F(0) = \frac{f(0)}{g(0)} = \frac{1}{1} = 1\ ,$$

故得

$$F(x) = \frac{f(x)}{g(x)} = 1\ ，對每一 x 均成立，$$

$f(x)=g(x)$, 對每一 x 均成立,

換言之, 具有所予二條件的函數爲唯一的。

習　題

1. 均值定理中, 當 $f(a)=f(b)=0$ 時的特殊情形, 稱爲**洛爾定理** (Rolle's theorem), 讀者試敍述這個定理。

2. 設 $f(x)=x^3-6x^2+10x$, $[a,b]=[1,4]$, 求 $\bar{x}\in(a,b)$ 使 $f'(\bar{x})(b-a)=f(b)-f(a)$。

3. 設上題中的資料改爲 $f(x)=x^3+2x$, $[a,b]=[1,3]$, 試求解之。

4. 設 $f(x)=\sqrt[3]{x^2}$, $[a,b]=[-1,1]$, 則是否有 $\bar{x}\in(a,b)$ 使 $f'(\bar{x})(b-a)=f(b)-f(a)$? 這題的情況和均值定理是否相違? 如何解釋?

   於下列各題 (5~10) 中, 問 f 在怎樣的區間上, 函數值漸增? 在怎樣的區間上, 函數值漸減?

5. $f(x)=-x^3+10$ 　　　　6. $f(x)=(x-1)(x+2)(3-x)$

7. $f(x)=4+2x-x^3$ 　　　　8. $f(x)=x^4-3x^2+1$

9. $f(x)=(x-1)^3(x+2)^2$ 　　10. $f(x)=2x^3+\dfrac{1}{2}x^2-2x+3$

   於下列各題 (11~16) 中, 求函數 f 的極大點和極小點。

11. $f(x)=3x^2-x^3$ 　　　　12. $f(x)=x^3-x^2-x+2$

13. $f(x)=2x^4-x^3+7$ 　　　14. $f(x)=x^4-2x^3+1$

15. $f(x)=(x-1)^5$ 　　　　16. $f(x)=x^4-3x^2+3$

17. 證明: 對任意 $x\geq 0$ 而言, 恆有 $x-\dfrac{x^3}{6}\leq\sin x$。

18. 設 n 爲任意正整數, 證明: 對任意 $x\geq 1$ 而言, 皆有 $x^n-1\geq n(x-1)$。

19. 設 $f(x)$ 和 $g(x)$ 都是可微分函數，且 $f'(x)=g'(x)$，對每一 $x\in(a,b)$ 都成立。並有一點 $x_0\in(a,b)$ 使 $f(x_0)=g(x_0)$，證明：$f(x)=g(x)$，$x\in(a,b)$。

20. 試利用定理 4-4（i）證明：$\mathrm{Sin}^{-1}x+\mathrm{Cos}^{-1}x=\dfrac{\pi}{2}$，$x\in(-1,1)$。

21. 試利用定理 4-4（i）證明：$\mathrm{Tan}^{-1}x=\mathrm{Cot}^{-1}\left(\dfrac{1-x}{1+x}\right)-\dfrac{\pi}{4}$，$x>0$。

22. 我們知道 $D\sin x=\cos x$，$D\cos x=-\sin x$，$\sin 0=0$，$\cos 0=1$。今設 f，g 爲二可微分函數，且 $Df=g$，$Dg=-f$，$f(0)=0$，$g(0)=1$，證明：$f(x)=\sin x$，$g(x)=\cos x$。（提示：設 $F(x)=(f(x)-\sin x)^2+(g(x)-\cos x)^2$，並求 $F'(x)$）

§4-3　反導函數

關於微積分課程，在前此的發展中，均著重於求一函數 f 的導函數 f'，及藉對 f' 的了解，以求得對 f 的了解。在實際應用的場合中，我們亦常碰到已知 f' 而須求得 f 的情況。譬如，若 $f'(x)=3x^2$，則 f 會是怎樣的函數呢？顯然，$f(x)=x^3$ 即爲具此性質的一函數。然而這種函數並非唯一的。譬如，$g(x)=x^3+1$，及對任意常數 c 而言，$h(x)=x^3+c$ 均具此種性質。我們稱具此種性質的任一函數，爲 $f(x)=3x^2$ 的一個**反導函數**（antiderivative）。一般而言，若一函數 $F(x)$ 其導函數 $F'(x)=f(x)$，則稱函數 $F(x)$ 爲函數 $f(x)$ 的一個反導函數。

求一函數的反導函數，爲初等微積分課程的一個主要內容。本節的目的不在介紹求反導函數的方法，而在於利用均值定理的結果（定理 4-4（i）），證明一重要定理，以說明一函數的諸反導函數間的關係。

至於求反導函數的技巧，將於稍後另列專章詳細介紹。

定理 4-5

設 $f(x)$ 和 $g(x)$ 都是可微分函數，且

$$f'(x)=g'(x), \text{ 對每一 } x \in (a,b) \text{ 都成立，}$$

則 $f(x)$ 和 $g(x)$ 在 (a,b) 上相差一個常數。也就是存在一個常數 k，使

$$f(x)=g(x)+k, \text{ 對每一 } x \in (a,b) \text{ 都成立。}$$

證明 令

$$F(x)=f(x)-g(x), \ x \in (a,b),$$

則因 $f(x)$ 與 $g(x)$ 都爲可微分函數，故 $F(x)$ 也爲可微分函數，且

$$D\,F(x)=f'(x)-g'(x)=0, \text{ 對每一 } x \in (a,b) \text{ 都成立。}$$

由定理 4-4（i）知，$F(x)$ 在 (a,b) 上爲常數函數，卽知有一常數 k，使得

$$F(x)=f(x)-g(x)=k, \text{ 對每一 } x \in (a,b) \text{ 都成立，}$$

卽

$$f(x)=g(x)+k, \text{ 對每一 } x \in (a,b) \text{ 都成立，}$$

故知定理得證。

定理 4-5 的幾何意義正指出：若在區間 (a,b) 上，二函數圖形在橫坐相等的各點處，都有平行的切線，則其中一函數圖形，可由另一函數的圖形，適當的平行移動一距離 k 而得，如下圖所示。

由於一函數的諸反導函數之間，彼此相差一個常數，因而若 $F(x)$ 爲 $f(x)$ 的一個反導函數，我們卽常以 $F(x)+c$，（c 表常數），來表 $f(x)$ 之任一反導函數。函數 f 之反導函數，又稱爲 f 之**不定積分** (indefinite integral)，常記爲

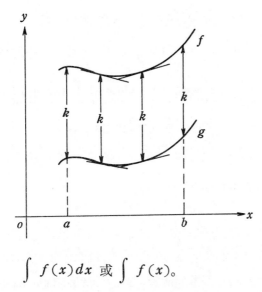

$$\int f(x)dx \text{ 或 } \int f(x)。$$

譬如, $\int 3x^2 dx = x^3 + c$ 。又, $\int 1\,dx$ 常記爲 $\int dx, \int \dfrac{1}{f(x)}\,dx$ 亦常

記爲 $\int \dfrac{dx}{f(x)}$。由微分的公式, 甚易得到下面的基本公式:

$$\int x^n\,dx = \frac{x^{n+1}}{(n+1)} + c,\ n \neq -1;$$

$$\int kf(x)dx = k\int f(x)dx,\ k \text{ 爲一常數};$$

$$\int (f(x)+g(x))\,dx = \int f(x)\,dx + \int g(x)dx,$$

例1　求 $\int (x^4 + 2x^2 + 5)\,dx$。

解　　$\displaystyle \int (x^4 + 2x^2 + 5)\,dx = \int x^4 dx + 2\int x^2 dx + 5\int dx$

$$= \frac{x^5}{5} + \frac{2x^3}{3} + 5x + c。$$

例2　設 $f(x)$ 爲一可微分函數, 且 $f'(x) = 2x^3 - 4x^2 + 3x + 5,$

$f(0) = -4$, 求 $f(x)$。

解 易知, $f(x)$ 爲 $f'(x)$ 之一反導函數, 故

$$f(x) = \int f'(x)\,dx = \int (2x^3 - 4x^2 + 3x + 5)\,dx$$

$$= 2\int x^3 dx - 4\int x^2 dx + 3\int x\,dx + 5\int dx$$

$$= \frac{1}{2}x^4 - \frac{4}{3}x^3 + \frac{3}{2}x^2 + 5x + c,$$

故得

$$-4 = f(0) = c,$$

而知

$$f(x) = \frac{1}{2}x^4 - \frac{4}{3}x^3 + \frac{3}{2}x^2 + 5x - 4。$$

例3 設 $f(x)$ 爲一可微分函數, 且 $f''(x) = 2x^2 - 3x + 5$, $f'(1) = 0$, $f(0) = 3$, 求 $f(x)$。

解 易知

$$f'(x) = \int f''(x)\,dx = \int (2x^2 - 3x + 5)\,dx$$

$$= \frac{2}{3}x^3 - \frac{3}{2}x^2 + 5x + c_1,$$

由 $f'(1) = 0$, 知

$$c_1 = -\frac{2}{3} + \frac{3}{2} - 5 = -\frac{25}{6},$$

$$f'(x) = \frac{2}{3}x^3 - \frac{3}{2}x^2 + 5x - \frac{25}{6};$$

同樣的,

$$f(x) = \int f'(x)\,dx = \int \left(\frac{2}{3}x^3 - \frac{3}{2}x^2 + 5x - \frac{25}{6}\right)dx$$

$$= \frac{1}{6}x^4 - \frac{1}{2}x^3 + \frac{5}{2}x^2 - \frac{25}{6}x + c_2,$$

由 $f(0) = 3$, 知 $c_2 = 3$, 而知

$$f(x)=\frac{1}{6}\ x^4-\frac{1}{2}\ x^3+\frac{5}{2}\ x^2-\frac{25}{6}\ x+2。$$

習 題

證明下面各題: (1~10)

1. $\displaystyle\int\ x\,(x^2+1)^5dx=\frac{(x^2+1)^6}{12}+c$

2. $\displaystyle\int\frac{x}{\sqrt{1+x^2}}dx=\sqrt{1+x^2}+c$

3. $\displaystyle\int\sqrt{1-x^2}\ dx=\frac{x\sqrt{1-x^2}+\text{Sin}^{-1}x}{2}+c$

4. $\displaystyle\int\ \sin4x\ dx=-\frac{\cos4x}{4}+c$

5. $\displaystyle\int\ \sin^3x\ \cos^2xdx=-\ \frac{\cos^3x}{3}+\frac{\cos^5x}{5}+c$

6. $\displaystyle\int\ (\sin^2x+\cos^2x)^5\,dx=x+c$

7. $\displaystyle\int\ \frac{1}{1+4x^2}\ dx=\frac{\text{Tan}^{-1}(2x)}{2}+c$

8. $\displaystyle\int\ \cot^2x\ dx=-\cot x-x+c$

9. $\displaystyle\int\ \frac{1}{(1+\sqrt{x})^3}\ dx=-\ \frac{1+2\sqrt{x}}{(1+\sqrt{x})^2}+c$

10. $\displaystyle\int\ \frac{\sqrt{x^2-9}}{x}\ dx=\sqrt{x^2-9}-3\,\text{Sec}^{-1}\frac{x}{3}+c$

求下面各題: (11~19)

11. $\displaystyle\int\ 4x^2dx$

12. $\displaystyle\int\ 5\,dx$

13. $\displaystyle\int\ 3x-x^2+5x^3\ dx$

14. $\displaystyle\int\ (2-3x)^3dx$

15. $\displaystyle\int\ x\sqrt{x}\,dx$

16. $\displaystyle\int\ \left(x^2+\frac{1}{x^2}\right)^2\ dx$

17. $\displaystyle\int \frac{5+x+x^2}{\sqrt{x}}\,dx$ 18. $\displaystyle\int (x+\sqrt[3]{x})^3\,dx$

19. $\displaystyle\int (2x-\sqrt[3]{x^2})^2\,dx$

於下列各題中求 $f(x)$: (20~23)

20. $f'(x)=1-x+x^2,\ f(0)=-2$

21. $f(x)=x^3-2\sqrt{x}+3,\ f(1)=3$

22. $f'(x)=\dfrac{1}{1+x^2},\ f(1)=5$

23. $f''(x)=2\sqrt{x},\ f'(4)=6,\ f(1)=\dfrac{1}{4}$

24. 下面二式是否正確？證明或舉出反例。

$$\int f(x)g(x)dx=(\int f(x)\,dx)(\int g(x)dx);$$

$$\int \frac{f(x)}{g(x)}\,dx=\frac{\int g(x)dx}{\int f(x)dx}\ 。$$

§4-4 函數圖形的描繪

正如 1-4 節中提到的，函數的圖形，乃函數的具體表現，有助於對此函數的具體了解。在過去描繪一函數的圖形時，我們大多設想，這函數圖形是連續而平滑的曲線，所以多採**描點法**（plotting），即足夠地描出圖形上的一些點，然後以平滑曲線連結而得。這種作法雖然便捷，但往往過於「粗糙」，無法把圖形上的一些所謂的**臨界點**（critical point），正確的描出，以致於無法將關鍵性的要點表現出來。譬如，以描點法作 $f(x)=x^2$ 的圖形時，可能作出如下不正確的圖形：

x	0	±1	±2	±3
$f(x)$	0	1	4	9

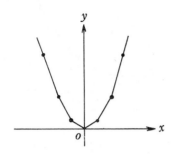 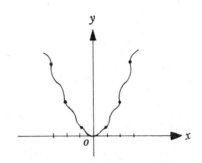

在這一節中，我們將利用導函數性質，來**協**助標定臨界要點，使描繪的
工作更容易，而且作出來的圖形更能精確的表現出圖形的要點。我們覺
得，知道下面各點，將對正確的作圖有很大的幫助：

　　(1) 極大與極小點之所在；

　　(2) 圖形的增減（升降）區間；

　　(3) 圖形的彎曲方向。

對於可微分函數 f 而言，如前所述的，函數極值之所在，乃使 $f'(x)=$
0 之 x ，又使 $f'(x)>0$ 之區間，乃函數為漸增之區間；而使 $f'(x)<$
0 之區間， 則是函數為漸減之區間。在此，我們要考慮的是圖形彎曲
方向的問題。關於這，則二階可微分函數的二階導函數，可提供有關的
訊息。今我們要從直接觀察曲線彎曲變化的情形，來得到了解。下面二
圖中曲線都是**向上凹**（concave　upward）的，而它們的切線都是「愈
往右邊愈向右上揚」， 也就是說，愈是往右邊的切線，斜率就愈大。因
為一可微分函數的導數，在幾何意義上，表示圖形上的切線的斜率，所
以，如果一函數的導函數 f' 在某一區間內為增函數，那麼它的圖形在
這區間內的部分就是向上凹的。

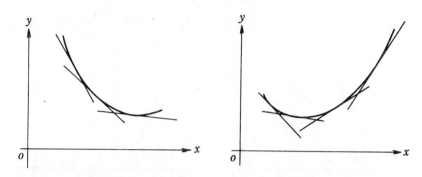

　　如果一函數 f 的二階導函數 $f''=(f')'$，在一區間上的值皆爲正，
則由定理 4-4 (ii) 知，函數 f' 在這區間上爲嚴格增函數，則由上面
的觀察可知，函數 f 的圖形在這區間上的部分爲向上凹的。同樣的，如
果一函數的二階導函數，在某一區間上的值皆爲負，則 f 的圖形在該區
間上的部分爲**向下凹** (concave downward) 的。這就得下面之定理：

定理 4-6

　　設 f 爲一二階可微分函數，則

$$f''(x)>0,\ x\in(a,b)\Longrightarrow f\ \text{之圖形在}\ (a,b)\ \text{上爲向上凹；}$$

$$f''(x)<0,\ x\in(a,b)\Longrightarrow f\ \text{之圖形在}\ (a,b)\ \text{上爲向下凹。}$$

例1　　作函數 $f(x)=x^3-3x+1$ 的圖形。

解　　先求出函數 f 的一階和二階導函數：

$$f'(x)=3x^2-3=3(x+1)(x-1),$$

$$f''(x)=6x,$$

由下面二表：

x		-1		1		x		0	
f'	$+$		$-$		$+$	f''	$-$		$+$

知，函數 f 在區間 $(-\infty,-1)$ 上爲嚴格增函數，在區間
$(-1,1)$ 上爲嚴格減函數，在區間 $(1,\infty)$ 上爲嚴格增函數。
並且知 f 在區間 $(-\infty,0)$ 上爲向下凹，而在區間 $(0,\infty)$

上爲向上凹的。求出上面關鍵性的幾個點的函數值於下:

$f(-1)=3$, $f(1)=-1$, $f(0)=1$,

又因 $f'(-1)=f'(1)=0$, 故知 f 在 $x=-1,1$ 二點處有水平切線，並求出二個參考點的函數值:

$f(-2)=-1$, $f(2)=3$,

即得 $f(x)$ 的圖形如下:

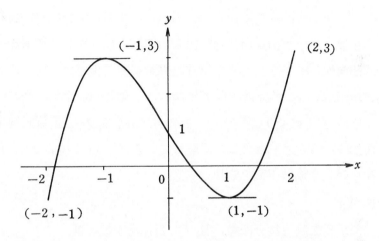

例 1 中，$(-1,3)$ 及 $(1,-1)$ 二個極值的所在，及點 $(0,1)$ 這個曲線彎曲方向轉變的地方——稱爲這曲線的**反曲點**(inflection point, point of inflection)——統稱爲這曲線的**臨界點** (critical point)。事實上，曲線的臨界點，除了上述所提的極值及反曲點所在的點以外，也指曲線上垂直切線的所在。在作圖上，把臨界點畫出，甚有助於所作圖形的正確性。

一二階可微分函數的二階導函數的符號，決定其圖形的**凹向性**(concavity)，已如前述。今設 $f''(x)$ 在一點 x_0 的兩側鄰近，一爲正，一爲負，即知 $f'(x)$ 在 x_0 的一側爲增函數，另一側爲減函數，從而知，$f'(x)$ 在 x_0 處有極值，故由定理 4-2 即知，或 $f''(x_0)$ 不存

在，或 $f''(x_0)=0$，述爲下面的定理：

定理 4-7

若 x_0 爲 f 之圖形的反曲點，且 $f''(x_0)$ 存在，則 $f''(x_0)=0$。

定理4-7的逆命題仍不成立，卽 $f''(x_0)=0$ 時，未必 x_0 卽爲 f 之圖形的反曲點。這可由函數 $f(x)=x^4$ 在 $x=0$ 處看出。因爲 $f''(x)=12x^2$，故 $f''(0)=0$，但 $f''(x)>0$，$x \neq 0$，卽知在 $(-\infty,0)$ 與 $(0,\infty)$ 上 f 的圖形均爲向上凹，因而 $x=0$ 不爲 f 之圖形的反曲點。

在進一步以實例說明如何作出函數圖形之前，在此我們擬藉函數圖形的凹向性，來判斷具有水平切線之點是否卽爲極値之所在。設 $f''(x)$ 爲連續函數，若 $f'(x_0)=0$，$f''(x_0)<0$，則在 x_0 之很小的鄰近內之 x，皆有 $f''(x)<0$（何故？），故知 f 之圖形在 x_0 之鄰近爲向下凹，從而知 x_0 爲 f 之一極大點。同理可知，若 $f''(x_0)>0$，則 x_0 爲 f 之一極小點。今述爲下面之定理：

定理 4-8

設 f 爲二階可微分函數，且 f'' 爲連續函數，則

$$f'(x_0)=0, \ f''(x_0)<0 \implies x_0 \text{ 爲 } f \text{ 之極大點;}$$
$$f'(x_0)=0, \ f''(x_0)>0 \implies x_0 \text{ 爲 } f \text{ 之極小點。}$$

定理4-8並未對 $f''(x_0)=0$ 之情況給予任何結論，事實上，$f'(x_0)=0$，$f''(x_0)=0$ 時，我們無法判定 x_0 是否爲 f 之極大點或極小點。譬如，若 $f(x)=x^4$，$g(x)=-x^4$，$h(x)=x^3$，則

$$f'(0)=f''(0)=0, \ g'(0)=g''(0)=0, \ h'(0)=h''(0)=0,$$

而 0 爲 f 之極小點，爲 g 之極大點，爲 h 之反曲點。在此，我們提出定理 4-8 的推廣，其證明則從略。

定理 4-9

設函數 f 之第一階，第二階，…，第 n 階導函數均存在且連續。又

$$f'(x_0)=f''(x_0)=\ldots=f^{(n)}(x_0)=0,$$

$$f^{(n+1)}(x_0)\neq0。$$

若 n 爲奇數，則當 $f^{(n+1)}(x_0)<0$ 時，x_0 爲 f 之極大點，當 $f^{(n+1)}(x_0)$ >0 時，x_0 爲 f 之極小點；若 n 爲偶數，則 x_0 不爲 f 之極值所在。

　　下面我們回到函數圖形的作圖問題。在例 1 的作圖中，爲使作圖容易起見，兩軸的單位長，故意不取相等，這是作圖上常有的作法。作圖時，也常留意到圖形在兩軸的**截距**（intercept）——卽圖形和兩軸交點的坐標，及圖形的**對稱性**（symmetry），以及**漸近線**（asymptote）等資訊，以使作圖能得事半功倍的效果。顯然，一圖形的 y 截距爲 $f(0)$，而 x 截距則爲使 $f(x)=0$ 的 x 值。$f(0)$ 的值，通常容易求得，而要求解 $f(x)=0$ 時，則一般都不容易，但當求解容易時，我們也常求出 x 截距以使作圖的效果更好。關於對稱性，則函數本身可提供重要的訊息。譬如，設

$$f(-x)=f(x),\ g(-x)=-g(x),$$

則因 x 和 $-x$ 的 f 函數值相等，故 $(x,f(x))$ 及 $(-x,f(-x))$ 二點對 y 軸爲對稱，而因 x 和 $-x$ 的 g 函數值相差一負號，故 $(x,g(x))$ 及 $(-x,g(-x))$ 二點對原點爲對稱，如下圖所示：

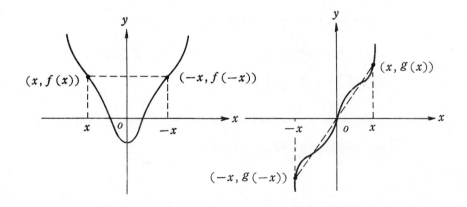

例2 作函數 $f(x)=\dfrac{1}{1+x^2}$ 的圖形。

解 先求 $f(x)$ 的一階和二階導函數於下：

$$f'(x)=D(1+x^2)^{-1}=(-1)(1+x^2)^{-2}\ D(1+x^2)$$
$$=-2x(1+x^2)^{-2},$$
$$f''(x)=-2(1+x^2)^{-2}+(-2x)(-2)(1+x^2)^{-3}(2x)$$
$$=\dfrac{2(\sqrt{3}\,x+1)(\sqrt{3}\,x-1)}{(1+x^2)^3},$$

由下二表：

x	0	
f'	+	−

x	$-\dfrac{1}{\sqrt{3}}$		$\dfrac{1}{\sqrt{3}}$	
f''	+	−		+

知 f 在 $x=0$ 處有水平切線，在區間 $(-\infty,0)$ 上為嚴格增函數，在 $(0,\infty)$ 上為嚴格減函數，在 $x=\pm\dfrac{1}{\sqrt{3}}$ 處，有二個反曲點。在區間 $(-\dfrac{1}{\sqrt{3}},\ \dfrac{1}{\sqrt{3}})$ 上為向下凹，而在區間 $(-\infty,-\dfrac{1}{\sqrt{3}})$ 及 $(\dfrac{1}{\sqrt{3}},\infty)$ 上為向上凹。另外，因為 $f(-x)=f(x)$，故知圖形對 y 軸對稱。又，易知 $f(x)$ 的值恆為正，且

$$\lim_{x\to\infty}f(x)=\lim_{x\to-\infty}f(x)=0$$

卽知 x 軸為函數圖形的水平漸近線。由上面的探討，及 y 截距 $f(0)=1$ 和一些點的函數值：

$$f(\dfrac{1}{\sqrt{3}})=\dfrac{3}{4},\ \ f(1)=\dfrac{1}{2}$$

等，可作出函數 $f(x)$ 的圖形如下：

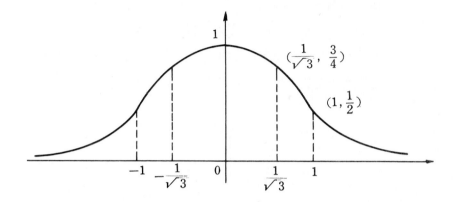

例 3 作函數 $f(x)=\dfrac{2x^2}{9-x^2}$ 的圖形。

解 因為 $f(-x)=f(x)$，故知 f 為偶函數，其圖形對稱於 y 軸。又由

$$\lim_{x\to\infty} f(x)=\lim_{x\to-\infty} f(x)=-2,$$

知 $y=-2$ 為函數圖形的水平漸近線，且由

$$\lim_{x\to3^+} f(x)=-\infty,\ \lim_{x\to3^-} f(x)=\infty;$$

$$\lim_{x\to-3^+} f(x)=\infty,\ \lim_{x\to-3^-} f(x)=-\infty;$$

知 $x=3$ 及 $x=-3$ 為函數圖形的垂直漸近線。此外，由

$$f'(x)=4x(9-x^2)^{-1}+4x^3(9-x^2)^{-2}$$
$$=36x(9-x^2)^{-2},$$

$$f''(x)=36(9-x^2)^{-2}+36x(-2)(-2x)(9-x^2)^{-3}$$
$$=(324+108x^2)(9-x^2)^{-3},$$

x		-3		0		3		x		-3		3	
f'	$-$		$-$		$+$		$+$	f''	$-$		$+$		$-$

知 $x = 0$ 爲一極小點，並知在區間 $(-\infty, -3), (-3, 0)$ 上函數爲漸減；在區間 $(0, 3), (3, \infty)$ 上函數爲漸增。又，在區間上 $(-3, 3)$ 上，函數圖形向上凹，在區間 $(-\infty, -3)$ 及 $(3, \infty)$ 上函數圖形爲向下凹。另外，易知函數圖形與兩坐標軸僅交於原點。綜上資訊作圖如下：

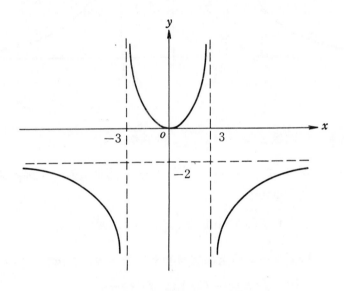

例 4   作函數 $f(x) = \dfrac{x^2}{2} + \dfrac{8}{x^2}$ 的圖形。

解   顯然 f 爲偶函數，故圖形對稱於 y 軸。又，由

$$\lim_{x \to 0} f(x) = \infty,$$

知 y 軸爲垂直漸近線；又因 $\dfrac{x^2}{2} + \dfrac{8}{x^2} \geqq \dfrac{x^2}{2}$，且

$$\lim_{x \to \infty} \frac{8}{x^2} = 0,$$

故知於 $|x|$ 很大時，$f(x)$ 的圖形，從 $y = \dfrac{x^2}{2}$ 之圖形的上面

向其貼近。我們稱 $y=\dfrac{x^2}{2}$ 之圖形爲 f 之圖形的**漸近曲線**(as-ymptotic curve)。由

$$f'(x)=x-16x^{-3}=\frac{(x^2+4)(x+2)(x-2)}{x^3},$$

$$f''(x)=1+48x^{-4}>0,$$

知 f 之圖形到處向上凹。又由下表：

x		-2		0		2	
f'	$-$		$+$		$-$		$+$

知 f 在 $(-\infty,-2)$ 及 $(0,2)$ 爲漸減；在 $(-2,0)$ 及 $(2,\infty)$ 爲漸增，2 與 -2 均爲極小點。綜上資料作圖如下：

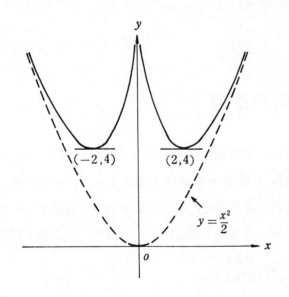

習　　題

作下面各題中函數 $f(x)$ 的圖形。

1. $f(x)=x^4+3x^2-2$　　　　2. $f(x)=x^3-3x^2+1$

3. $f(x)=x^3+3x-2$　　　　4. $f(x)=x^4-2x^2-2$

5. $f(x)=3x^4-8x^3-1$　　　6. $f(x)=x^3+3x^2-1$

7. $f(x)=3x^5-5x^3$　　　　8. $f(x)=x^5-5x^4$

9. $f(x)=4x^3-3x^4$　　　　10. $f(x)=2x^3-3x^2+2$

11. $f(x)=x^4-6x^2+8x+10$　　12. $f(x)=x^5+20x^2-12$

13. $f(x)=x^4-4x^3+5$　　　14. $f(x)=(x^2-2x)^4$

15. $f(x)=(x+4)(x+1)^2$　　16. $f(x)=(x-3)^2(2x-1)^3$

17. $f(x)=\sqrt{x^4-x^2+5}$　　18. $f(x)=\sqrt[3]{x}(x-7)^2$

19. $f(x)=\dfrac{x}{x^2+1}$　　　　20. $f(x)=\dfrac{x^2}{x+2}$

21. $f(x)=\dfrac{x^2}{x^2+1}$　　　21. $f(x)=x^2+\dfrac{2}{x}$

23. $f(x)=\dfrac{x(x-1)}{4-x^2}$　　　24. $f(x)=\dfrac{x}{(x-4)(x-1)}$

§4-5 羅比達法則

本節要介紹的**羅比達法則**（L'Hôpital's rule），乃是求某些型態
——稱爲**不定型**（indeterminate form）——之極限的有力技巧，本
書不打算對其理論詳加探討，而只介紹其內容，以爲求不定型極限的依
據。在介紹之前，先考慮下面之例子，考慮求下面之極限問題：

$$\lim_{x\to 2}\frac{\sqrt{5+x^2}-3}{\sqrt[3]{x+6}-2}$$

令 $f(x)=\sqrt{5+x^2}$, $g(x)=\sqrt[3]{x+6}$, 則顯然

$$\lim_{x\to 2}(f(x)-f(2))=\lim_{x\to 2}(\sqrt{5+x^2}-3)=0,$$

$$\lim_{x\to 2}(g(x)-g(2))=\lim_{x\to 2}(\sqrt[3]{x+6}-2)=0,$$

故知

$$\lim_{x \to 2} \frac{\sqrt{5+x^2}-3}{\sqrt[3]{x+6}-2} = \lim_{x \to 2} \frac{f(x)-f(2)}{g(x)-g(2)},$$

為分子及分母皆趨近於 0 的商式之極限問題。這種問題，不像定理 2-6 (iii) 那樣，可明確知道極限為何；也不像分子極限為一非零的數，而分母極限為零時商式的極限，可明確知道極限為不存在；像此例之分子分母皆趨近於零的商式，其極限有存在及不存在的情形，端視分子分母各為怎樣的函數而有所不同，所以這種問題就稱為不定型的極限問題。

而上述的例子，由於是分子分母皆趨近於 0，故稱為 $\frac{0}{0}$ 之不定型。以上例而言，若分子分母同除以 $x-2$ 則得

$$\lim_{x \to 2} \frac{\dfrac{f(x)-f(2)}{x-2}}{\dfrac{g(x)-g(2)}{x-2}} = \frac{f'(2)}{g'(2)} = \lim_{x \to 2} \frac{f'(x)}{g'(x)}$$

$$= \frac{\dfrac{x}{\sqrt{5+x^2}}}{\dfrac{1}{3\sqrt[3]{(x+6)^2}}}\bigg|_{x=2} = \frac{\dfrac{2}{3}}{\dfrac{1}{12}} = 8。$$

上面問題的求解過程，我們沒有用代數方法消去使分子及分母均趨近 0 的因子 $x-2$，而是很技巧的利用導數的定義來求解。事實上，這個求法就是用以啓發讀者關於羅比達法則的精神，下面將此法則的內容述為定理其解析證明則從略。

定理 4-10

設 $\lim_{x \to a} f(x) = 0 = \lim_{x \to a} g(x)$, 且 $\lim_{x \to a} \frac{f'(x)}{g'(x)} = L$, 則

$$\lim_{x \to a} \frac{f(x)}{g(x)} = L。$$

例 1　求 $\lim_{x \to 0} \dfrac{\sin x}{x}$ 及 $\lim_{x \to 0} \dfrac{\cos x - 1}{x}$。

解 因為 $\lim\limits_{x \to 0} \sin x = \lim\limits_{x \to 0} x = 0$ ，故為 $\dfrac{0}{0}$ 之不定型，由羅比達法

則知

$$\lim_{x \to 0} \frac{\sin x}{x} = \lim_{x \to 0} \frac{D \sin x}{D \, x} = \lim_{x \to 0} \frac{\cos x}{1} = \frac{1}{1} = 1 \text{ 。}$$

同理得

$$\lim_{x \to 0} \frac{\cos x - 1}{x} = \lim_{x \to 0} \frac{D(\cos x - 1)}{D \, x} = \lim_{x \to 0} \frac{-\sin x}{1}$$

$$= \frac{0}{1} = 0 \text{ 。}$$

上面例題中之二極限，乃定理 3-14 的二個極限。然而讀者應該注意，例 1 之解法不能做為定理 3-14 的證明。因為利用羅比達法則求此二極限時，若不知二微分公式

$$D \sin x = \cos x, \ D \cos x = -\sin x,$$

則無法求得結果，而這二個微分公式，實卽由此例中二極限才能導出的緣故。

第 3-4 節的許多極限皆可藉羅比達法則來求出，如下例所示：

例 2 求極限 (i) $\lim\limits_{x \to 0} \dfrac{\cos 2x - 1}{\sin 4x}$ (ii) $\lim\limits_{x \to 0} \dfrac{1 - \cos 2x}{x^2}$ 。

解 (i) $\lim\limits_{x \to 0} \dfrac{\cos 2x - 1}{\sin 4x} = \lim\limits_{x \to 0} \dfrac{D(\cos 2x - 1)}{D \sin 4x}$

$$= \lim_{x \to 0} \frac{-2\sin 2x}{4\cos 4x} = \frac{0}{4} = 0 \text{ 。}$$

(ii) $\lim\limits_{x \to 0} \dfrac{1 - \cos 2x}{x^2} = \lim\limits_{x \to 0} \dfrac{D(1 - \cos 2x)}{D x^2} = \lim\limits_{x \to 0} \dfrac{2\sin 2x}{2x}$

$$= \lim_{x \to 0} \frac{D(2\sin 2x)}{D(2x)} = \lim_{x \to 0} \frac{4\cos 2x}{2} = \frac{4}{2}$$

$$= 2 \text{ 。}$$

於上述羅比達法則中，把 $x \longrightarrow a$ 代以 $x \longrightarrow a^+$ 或 $x \longrightarrow a^-$ 或 $x \longrightarrow \infty$ 或 $x \longrightarrow -\infty$，亦均能成立；並且更進而把定理中的 L，改為 ∞ 或 $-\infty$ 也都成立，所有這些，僅在此提出以為應用之依據，其證明概皆從略。

例3　求極限 $\displaystyle\lim_{x \to \infty} \dfrac{\dfrac{\pi}{2} - \mathrm{Tan}^{-1}x}{\dfrac{1}{\sqrt{x+1}}}$。

解　此為 $\dfrac{0}{0}$ 之不定型，由羅比達法則知

$$\lim_{x \to \infty} \frac{\dfrac{\pi}{2} - \mathrm{Tan}^{-1}x}{\dfrac{1}{\sqrt{x+1}}} = \lim_{x \to \infty} \frac{D(\dfrac{\pi}{2} - \mathrm{Tan}^{-1}x)}{D(\dfrac{1}{\sqrt{x+1}})}$$

$$= \lim_{x \to \infty} \frac{\dfrac{-1}{1+x^2}}{\left(-\dfrac{1}{2}\right)\left(\dfrac{1}{\sqrt{(x+1)^3}}\right)}$$

$$= \lim_{x \to \infty} \frac{2\sqrt{(x+1)^3}}{1+x^2} = \lim_{x \to \infty} \frac{\dfrac{2\sqrt{\left(1+\dfrac{1}{x}\right)^3}}{\sqrt{x}}}{\dfrac{1}{x^2}+1}$$

$$= \frac{0}{1} = 0。$$

不定型除了 $\dfrac{0}{0}$ 之型式外，還有 $\dfrac{\infty}{\infty}$ 之不定型，$0 \cdot \infty$ 之不定型，以及其他型式的不定型等。$\dfrac{\infty}{\infty}$ 之不定型，即指一商式的分子與分母均發散到正負無限大之一的情形下，求此商式之極限的問題；其他型式的不定型的意義都可仿上類似了解。

例4　求極限 $\displaystyle\lim_{x \to 0^+} x \cot x$。

解 此爲 $0 \cdot \infty$ 之不定型，由於羅比達法則只適用於「比」的型式

之不定型：$\dfrac{0}{0}$ 與 $\dfrac{\infty}{\infty}$ 之型式，故須先將之表爲此形式再引用：

$$\lim_{x \to 0^+} x \cot x = \lim_{x \to 0^+} \frac{x}{\tan x} = \lim_{x \to 0^+} \frac{D\,x}{D(\tan x)}$$

$$= \lim_{x \to 0^+} \frac{1}{\sec^2 x} = \frac{1}{1} = 1 \text{。}$$

例 5 求極限 $\lim\limits_{x \to 0^-} \dfrac{1 - \sec x}{x^3}$。

解 此爲 $\dfrac{0}{0}$ 之不定型，由羅比達法則知

$$\lim_{x \to 0^-} \frac{1 - \sec x}{x^3} = \lim_{x \to 0^-} \frac{D(1 - \sec x)}{D\,x^3}$$

$$= \lim_{x \to 0^-} \frac{-\sec x \, \tan x}{3x^2} = \lim_{x \to 0^-} \frac{-\sin x}{3x^2 \cos^2 x}$$

$$= \lim_{x \to 0^-} \frac{-\cos x}{6x \cos^2 x - 6x^2 \cos x \sin x}$$

上式中分子的極限爲 -1，分母的極限爲 0，故上式極限不
存在。由於分母爲

$6x \cos^2 x - 6x^2 \cos x \sin x = 6x \cos x\, (\cos x - x \sin x)$，

其中當 x 從小於 0 趨近於 0 時，$6x \cdot \cos x$ 爲負，而 $(\cos x - x \sin x)$ 趨近於 1，故知分母爲負且趨近於 0，從上的
觀察知，

$$\lim_{x \to 0^-} \frac{-\cos x}{6x \cos^2 x - 6x^2 \cos x \sin x} = \infty,$$

從而知

$$\lim_{x \to 0^-} \frac{1 - \sec x}{x^3} = \infty \text{。}$$

處理所謂 $\dfrac{\infty}{\infty}$ 之不定型極限問題的羅比達法則，如下面定理所述，其證明亦皆從略。

定理 4-11

設 $\lim\limits_{x\to a} f(x)=\pm\infty$, $\lim\limits_{x\to a} g(x)=\pm\infty$, 且 $\lim\limits_{x\to a}\dfrac{f'(x)}{g'(x)}=L$ 則

$$\lim_{x\to a}\frac{f(x)}{g(x)}=L。$$

同樣的，上面定理中，把 $x\longrightarrow a$ 代以 $x\longrightarrow a^+$ 或 $x\longrightarrow a^-$ 或 $x\longrightarrow\infty$ 或 $x\longrightarrow-\infty$，亦均能成立；並且更進而把定理中的 L，改爲 ∞ 或 $-\infty$ 也都成立。

例 6　求極限 $\lim\limits_{x\to 0^+}\dfrac{\cot(\frac{x}{2})}{\cot 3x}$。

解　易知此爲 $\dfrac{\infty}{\infty}$ 的不定型，由羅比達法則得

$$\lim_{x\to 0^+}\frac{\cot(\frac{x}{2})}{\cot 3x}=\lim_{x\to 0^+}\frac{D\cot(\frac{x}{2})}{D\cot 3x}=\lim_{x\to 0^+}\frac{-(\frac{1}{2})\csc^2(\frac{x}{2})}{-3\csc^2 3x},$$

若利用羅比達法則再微分下去，可能增加相當的複雜性，故用三角公式先行化簡，再利用羅比達法則進行：

$$\lim_{x\to 0^+}\frac{-(\frac{1}{2})\csc^2(\frac{x}{2})}{-3\csc^2 3x}=\lim_{x\to 0^+}\frac{\sin^2 3x}{6\sin^2(\frac{x}{2})}$$

$$=\lim_{x\to 0^+}\frac{1-\cos 6x}{6(1-\cos x)}=\lim_{x\to 0^+}\frac{6\sin 6x}{6\sin x}$$

$$=\lim_{x\to 0^+}\frac{6\cos 6x}{\cos x}=6。$$

初學羅比達法則的讀者務請注意，我們是對分子與分母分別微分，而不是對分式去微分。又，利用羅比達法則求極限時，須特別注意其條

件是否符合，卽是否為$\frac{0}{0}$或$\frac{\infty}{\infty}$之不定型，否則對一分式極限問題的分子分母逕行微分，以求極限，卽生錯誤，下面簡單例子卽可見其一斑。

$$-3 = \lim_{x \to 0} \frac{3x+6}{4x-2} \neq \lim_{x \to 0} \frac{D\,(3x+6)}{D\,(4x-2)} = \lim_{x \to 0} \frac{3}{4} = \frac{3}{4} 。$$

此外，一些數學性質的應用，往往可化簡問題，如果只是利用羅比達法則，一再微分，可能造成更為複雜。關於這點，從例6可以看出，在那例題中，我們用了三角函數的倒數關係，及二倍角公式。另外，下例可由代數性質簡易得解，而不必反覆利用羅比達法則：

$$\lim_{x \to \infty} \frac{2x^4 - 2x^2 + 5}{3x^4 + 5x^3 - 2x} = \lim_{x \to \infty} \frac{2 - \dfrac{2}{x^2} + \dfrac{5}{x^4}}{3 + \dfrac{5}{x} - \dfrac{2}{x^3}} = \frac{2}{3} ;$$

$$\lim_{x \to \infty} \frac{2x^4 - 2x^2 + 5}{3x^4 + 5x^3 - 2x} = \lim_{x \to \infty} \frac{8x^3 - 4x}{12x^3 + 15x^2 - 2}$$

$$= \lim_{x \to \infty} \frac{24x^2 - 4}{36x^2 + 30x} = \lim_{x \to \infty} \frac{48x}{72x + 30} = \lim_{x \to \infty} \frac{48}{72} = \frac{2}{3} 。$$

最後還有一點須提到的是，當符合羅比達法則的條件，而 $\lim_{x \to a} \dfrac{f'(x)}{g'(x)}$

不存在（但非發散到±∞）時，並非表示 $\lim_{x \to a} \dfrac{f(x)}{g(x)}$ 亦一定不存在，今以下例為說明：

例 7　求極限 $\lim_{x \to \infty} \dfrac{x - \cos x}{x}$ 。

解　顯知當 $x \longrightarrow \infty$ 時，分子與分母均發散到∞，此時

$$\lim_{x \to \infty} \frac{x - \cos x}{x} \neq \lim_{x \to \infty} \frac{D(x - \cos x)}{D\,x} = \lim_{x \to \infty} \frac{1 + \sin x}{1} ,$$

因最後式子的極限不存在，但是利用代數方法分子與分母各除以 x 得

$$\lim_{x \to \infty} \frac{x - \cos x}{x} = \lim_{x \to \infty} \left(1 - \frac{\cos x}{x} \right)$$

其中因 $|\cos x| \leqq 1$，$\lim\limits_{x \to \infty} \left(\dfrac{1}{x} \right) = 0$，故

$$\lim_{x \to \infty} \frac{\cos x}{x} = 0 ,$$

從而知

$$\lim_{x \to \infty} \frac{x - \cos x}{x} = 1 - 0 = 1 。$$

習　　　題

求下列各題之極限。

1. $\lim\limits_{x \to 0} \dfrac{x - 5x^2}{\sin 7x}$

2. $\lim\limits_{x \to 0} \dfrac{-\cos 3x + 1}{2x^2}$

3. $\lim\limits_{x \to 0} \dfrac{\sin 4x}{x^2 \sin 3x}$

4. $\lim\limits_{x \to 0^-} \dfrac{\sin 2x}{1 - \cos 3x}$

5. $\lim\limits_{x \to 0} \dfrac{\sqrt{1 - \cos 5x}}{x^2}$

6. $\lim\limits_{x \to 0} \dfrac{1 - \cos 2x}{1 - \cos 3x}$

7. $\lim\limits_{x \to 0} \dfrac{\tan 3x}{x}$

8. $\lim\limits_{x \to 0} \dfrac{\sin 2x}{3x^2 + 4x}$

9. $\lim\limits_{x \to 0} \dfrac{\sec x - \cos 2x}{x^2}$

10. $\lim\limits_{x \to 0^+} \dfrac{\sin x}{\sqrt{x}}$

11. $\lim\limits_{x \to 0} \dfrac{x - \sin x}{x - \tan x}$

12. $\lim\limits_{x \to \infty} x \, \mathrm{Tan}^{-1} \left(\dfrac{1}{x} \right)$

13. $\lim\limits_{x \to \infty} \dfrac{\mathrm{Cot}^{-1} x}{\mathrm{Tan}^{-1} \left(\dfrac{1}{x} \right)}$

14. $\lim\limits_{x \to -\infty} \dfrac{\mathrm{Tan}^{-1} x}{\mathrm{Cot}^{-1} x}$

15. $\lim\limits_{x \to \infty} x \left(\text{Tan}^{-1}x - \dfrac{\pi}{2} \right)$

16. $\lim\limits_{x \to 3} \dfrac{1 + \tan \left(\dfrac{x}{4}\pi \right)}{\cos \left(\dfrac{x}{2}\pi \right)}$

17. $\lim\limits_{x \to \pi/2} \dfrac{\cos^2 x - 1}{x^2 - 1}$

18. $\lim\limits_{x \to 0} \dfrac{x^2 \sin \left(\dfrac{1}{x} \right)}{\sin x}$

19. $\lim\limits_{x \to 0} \dfrac{\sqrt{1+3x} - \sqrt{1-2x}}{x}$

20. $\lim\limits_{x \to 0} \dfrac{\sqrt{1-x} + x - \sqrt{1+x}}{x^3}$

第五章 導函數在商學上的應用

§5-1 在經濟學概念上的應用

I、邊際成本 (marginal cost)

設生產物品 x 單位的總成本為

$$TC(x)=FC+VC(x),$$

其中 FC 為固定成本，為一常數，而 $VC(x)$ 為變動成本。故知於生產 x 單位物品時，每一單位物品的平均生產成本為 $\dfrac{TC(x)}{x}$。今設物品的產量為 a 單位，而要考慮的是，於此時增產物品的成本問題。若增產量為 $\triangle x$ 單位，則此增產部分的每單位產品的平均成本為

$$\frac{TC(a+\triangle x)-TC(a)}{\triangle x}$$

若 $TC(x)$ 為一可微分函數，則於 $\triangle x$ 甚小時，此平均成本甚接近於 $TC(x)$ 在 a 處的導數 $TC'(a)$，並稱 $TC'(a)$ 為於產量為 a 單位時的單位增產的**邊際成本**，且稱 $TC(x)$ 之導函數 $TC'(x)$ 為**邊際成本函數** (marginal cost function)。

例1 設生產某一物品的固定成本為 $FC=800$ 元，而生產 x 單位的變動成本為

$$VC(x)=0.0001x^2+3x$$

元，求（i）於產量為 500 單位時，增產 10 單位之平均單位成本。

(ii) 於產量為500單位時的增產邊際成本。

解 由題意知，生產 x 單位的總成本為

$$TC(x) = 800 + 0.0001x^2 + 3x,$$

故知(i)於產量為500單位時，增產10單位之平均單位成本為

$$\frac{TC(510) - TC(500)}{10} = \frac{2356.01 - 2325}{10} = 3.101 \text{（元）。}$$

(ii) 因為

$$TC'(x) = 0.0002x + 3,$$

故得於產量為 500 單位時的增產邊際成本為

$$TC'(500) = 0.0002 \cdot 500 + 3 = 3.1 \text{（元）。}$$

例 2 設某一產品的邊際成本為

$$TC'(x) = \frac{x^2}{60} - x + 615,$$

其生產固定成本為1,000元，試求生產30單位產品的總成本。

解 因為生產 x 單位產品的總成本 $TC(x)$ 為邊際成本的一個反導函數，而知

$$TC(x) = \int TC'(x)dx = \int \left(\frac{x^2}{60} - x + 615\right) dx$$

$$= \frac{x^3}{180} - \frac{x^2}{2} + 615x + k,$$

由題義知，固定成本為

$$1000 = TC(0) = k,$$

卽知生產 x 單位產品的總成本為

$$TC(x) = \frac{x^3}{180} - \frac{x^2}{2} + 615x + 1000,$$

而知所求生產30單位產品的總成本為

$$TC(30) = \frac{(30)^3}{180} - \frac{(30)^2}{2} + 615(30) + 1000 = 19150 \text{（元）。}$$

上面例 1 中邊際成本，因已生產的數量 x 的增加而增加。然而，對於總成本 $TC(x)$ 爲一次函數的生產而言，邊際成本則爲常數（何故？）。在現實生活的情況下，生產的邊際成本，常是先降後升（如例 2）。這是因爲隨著生產規模（scale）的擴大，往往會發生節省或浪費的現象。由於生產的增加，使得勞力更加專門化，資金設備更加充分利用，所以導致邊際成本下降，這些情形可稱爲規模的經濟（economies of scale）。然而，當生產量達於某一水平時，會有規模的不經濟（diseconomies of scale）來抵消規模的經濟。特別是，效率的管理反而成了損害。

設 $TC(x)$ 爲總成本函數，其邊際成本先降後升，即函數 $TC'(x)$ 先爲漸減，後爲漸增，故 $TC(x)$ 之圖形先爲向下凹，後爲向上凹，而爲一個「反 S」的圖形，而反曲點的所在 x_0 乃是邊際成本爲最小的生產量，見下圖：

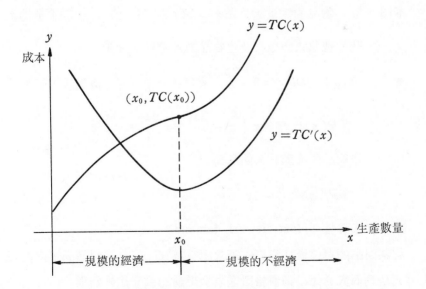

II、邊際收入（marginal revenue）

我們知道，市場上對某物品的需求量 x 乃其價格 p 的函數，卽 $x = D(p)$，此需求函數為一減函數，而為可逆，因而可將 p 表為 x 的函數，卽 $p = D^{-1}(x)$。從而知，若將此物品於價格為 p 時之**總收入** (total revenue) 表為 x 之函數 $TR(x)$ 時，則

$$TR(x) = xp = xD^{-1}(x)。$$

設於需求量為 a 時，需求量有一增量 $\triangle x$，則每單位需求增量平均可增加的收入為

$$\frac{TR(a + \triangle x) - TR(a)}{\triangle x}$$

若 $TR(x)$ 為可微分函數，則於 $\triangle x$ 甚小時，此平均收入甚接近於 $TR(x)$ 在 a 處的導數 $TR'(a)$，而稱 $TR'(a)$ 為於需求量為 a 單位時，單位增產的**邊際收入**，且稱 $TR(x)$ 之導函數 $TR'(x)$ 為此物品的**邊際收入函數** (marginal revenue function)。

例 3　設一物品的需求函數為 $x = D(p) = 3 - \dfrac{2p}{3}$，求需求量為 x 時的總收入函數，及這物品的邊際收入函數。

解　因為 $x = D(p) = 3 - \dfrac{2p}{3}$，故得 $p = \dfrac{9}{2} - \dfrac{3x}{2}$，而總收入函數為

$$TR(x) = xp = x\left(\frac{9}{2} - \frac{3x}{2}\right) = \frac{9x}{2} - \frac{3x^2}{2},$$

這物品的邊際收入函數為

$$TR'(x) = \frac{9}{2} - 3x。$$

Ⅲ、需求彈性 (elasticity of demand)

設某商品的單位價格為 p，需求函數為 $D(p)$。若商品的單位價格從 a 元變動而成 p 元，則價格與需求量變動的百分比分別為

$$\frac{(p-a)}{a} \times 100\% \text{ 與 } \frac{D(p) - D(a)}{D(a)} \times 100\%。$$

在經濟學上以需求量變動百分比與價格變動百分比之比值來作爲衡量需求對價格之波動的相對反應。此比值

$$\frac{\dfrac{D(p)-D(a)}{D(a)}}{\dfrac{p-a}{a}} = \frac{D(p)-D(a)}{p-a} \cdot \frac{a}{D(a)}$$

通常因 p 的變動而變動（$D(p)$ 爲一次函數的情況除外）。 然而，當 $D(p)$ 爲可微分函數，且 p 與 a 接近時，由於

$$\frac{D(p)-D(a)}{p-a} \approx D'(a),$$

故前述的比值可以

$$E_D(a) = D'(a) \cdot \frac{a}{D(a)}$$

爲近似，卽

$$\frac{\dfrac{D(p)-D(a)}{D(a)}}{\dfrac{p-a}{a}} \approx E_D(a) = D'(a) \cdot \frac{a}{D(a)}$$

我們稱 $E_D(a)$ 爲**需求於價格爲 a 時的點彈性**（the point elasticity of demand at price a）。

例4 設某商品於價格爲 p 元時的需求量爲

$$D(p) = 1800 - 200p^2。$$

(i) 求需求爲 $p=2$ 元時的點彈性 $E_D(2)$。

(ii) 若價格從 2 元漲至 2.1 元時，試利用 $E_D(2)$ 以估計需求量的變動百分比。

解 (i) 依點彈性的意義知，

$$E_D(2) = E_D(p)\Big|_{p=2} = D'(p)\left(\frac{p}{D(p)}\right)\Big|_{p=2}$$

$$= -400p\,\frac{p}{1800-200p^2}\Big|_{p=2}$$

$$= -400(2)\left(\frac{2}{1800-200(2)^2}\right) = -1.6。$$

(ii) 因為

$$\frac{\frac{D(p)-D(a)}{D(a)}}{\frac{p-a}{a}} \approx E_D(a),$$

$$\frac{D(p)-D(a)}{D(a)} \approx \frac{p-a}{a} \cdot E_D(a),$$

故知

$$\frac{D(2.1)-D(2)}{D(2)} \approx \frac{2.1-2}{2} \cdot E_D(2)$$

$$= 0.05 \times (-1.6) = -8\%,$$

卽知所求需求變動百分比為 8 %，其中負號正表示需求量因價格上漲而減少。

因 $D(p)$ 為減函數，故 $D'(p) \le 0$，從而知 $E_D(p) \le 0$。經濟學家通常將需求彈性，依其值的範圍分為三類:

(i) 若 $E_D(p) < -1$，我們稱在價格為 p 時，需求為**彈性的**(elastic)。此時，從相對意義上看，需求量的增加（或減少）百分比，較之價格的減少（或增加）百分比為大。

(ii) 若 $E_D(p) > -1$，我們稱在價格為 p 時，需求為**無彈性的**(inelastic)。此時，需求量的減少（或增加）百分比，較之價格的增加（或減少）百分比相對為小。

(iii) 若 $E_D(p) = -1$，我們稱在價格為 p 時，需求有**單位彈性**(unit elasticity)。此時，價格的變動，造成需求量成比例的變動。

設某物品的需求函數為 $x = D(p)$，則**需求彈性**（elasticity of demand）

$$E_D(p) = D'(p) \cdot \frac{p}{D(p)}$$

之值，可以說明，是否價格的增減會造成總收入的增減。因為總收入

$$TR = xp = p \cdot D(p),$$

$$\left(\frac{d}{dp}\right)(TR) = D(p) + p \cdot D'(p)$$

$$= D(p)\left\{1 + D'(p)\left(\frac{p}{D(p)}\right)\right\}$$

$$= D(p)\{1 + E_D(p)\},$$

而 $D(p) \geqq 0$，故知

$$E_D(p) > -1 \Longrightarrow \left(\frac{d}{dp}\right)(TR) > 0,$$

$$E_D(p) < -1 \Longrightarrow \left(\frac{d}{dp}\right)(TR) < 0,$$

即知當需求無彈性時，總收入因 p 的增加而增加；當需求具彈性時，總收入因 p 的增加而減少。

又由連鎖律知，邊際收入為

$$\left(\frac{d}{dx}\right)(TR) = \left(\frac{d}{dp}\right)(TR) \cdot \left(\frac{dp}{dx}\right)$$

$$= D(p)\{1 + E_D(p)\}\left(\frac{dp}{dx}\right)。$$

由於 $x = D(p)$，故得

$$1 = \frac{dx}{dx} = D'(p)\left(\frac{dp}{dx}\right),$$

$$\frac{dp}{dx} = \frac{1}{D'(p)},$$

將上式及 $E_D(p)$ 代入 (1) 式而得

$$\left(\frac{d}{dx}\right)(TR) = D(p)\{1 + E_D(p)\}\left(\frac{dp}{dx}\right)$$

$$= \left(\frac{D(p)}{D'(p)}\right) \cdot E_D(p)\left\{\frac{1}{E_D(p)} + 1\right\}$$

$$= \left(\frac{D(p)}{D'(p)}\right)\left(\frac{p \cdot D'(p)}{D(p)}\right)\left\{\frac{1}{E_D(p)}+1\right\}$$

$$= p \cdot \left\{\frac{1}{E_D(p)}+1\right\}$$

$$= p \cdot \left\{\frac{1+E_D(p)}{E_D(p)}\right\}。$$

因為 $p>0$, $E_D(p)<0$, 故當 $E_D(p)>-1$ 時, $TR'(x)<0$; 當 $E_D(p)$ <-1 時, $TR'(x)>0$, 卽當需求無彈性時, 邊際收入爲負數, 卽知總收入因需求的增加而減少; 當需求具彈性時, 邊際收入爲正數, 卽知總收入因需求的增加而增多。

Ⅳ、成本彈性 (elasticity of cost)

與需求彈性的意義相仿, 生產物品 x 單位的總成本 $TC(x)$, 當生產量變動時, 總成本變動的百分比, 與生產量變動的百分比之比值爲

$$\frac{\dfrac{TC(x+\triangle x)-TC(x)}{TC(x)}}{\dfrac{\triangle x}{x}}=\frac{TC(x+\triangle x)-TC(x)}{\triangle x}\cdot\frac{x}{TC(x)}$$

其中 $\triangle x$ 爲生產的變動量。若 $TC(x)$ 爲 x 之可微分函數, 則 $\triangle x$ 甚小時, 上述之比值近於

$$TC'(x)\cdot\left(\frac{x}{TC(x)}\right)$$

我們稱此近似值爲生產量爲 x 時之**成本彈性**, 記爲 $E_C(x)$, 卽

$$E_C(x)=TC'(x)\cdot\left(\frac{x}{TC(x)}\right)$$

$$=\frac{TC'(x)}{\dfrac{TC(x)}{x}}。$$

上式最後一個式子的分子乃是邊際成本, 而分母則爲**平均成本** (average cost)。換言之,

$$成本彈性＝\frac{邊際成本}{平均成本}。$$

例5　某物品生產單位的總成本爲

$$TC(x)=x^3-3x^2+15x+27,$$

求於 $x=1$ 時之成本彈性 $E_c(1)$。

解　因爲邊際成本爲

$$TC'(x)=3x^2-6x+15,$$

故成本彈性函數爲

$$E_c(x)=TC'(x)\left(\frac{x}{TC(x)}\right)$$

$$=\frac{3x^3-6x^2+15x}{x^3-3x^2+15x+27}$$

而所求成本彈性爲

$$E_c(1)=\frac{12}{40}=\frac{3}{10}。$$

若 $E_c(x)<1$，則其邊際成本小於平均成本，故於此時，若產量增多，則平均成本降低；若 $E_c(x)>1$，則其邊際成本大於平均成本，而於此時，若產量增多，則反使平均成本增高；若 $E_c(x)=1$，則生產量之少量增加與成本之增加成比例。

V、**邊際消費傾向** (marginal propensity to consume)

一國國民的**消費支出** (consumption expenditure) 往往是其**國民所得** (national income) 的函數。若以 Y 表國民所得，則可以 $C(Y)$ 表其消費支出。設當國民所得有 $\triangle Y$ 的增量時，消費支出的相對增量爲 $\triangle C$，則當 $\triangle Y$ 甚小且 $C(Y)$ 爲可微分函數時，$\dfrac{\triangle C}{\triangle Y}$ 之值，近似於 $C'(Y)$。我們稱此值爲國民所得爲 Y 時的**邊際消費傾向**，以 MPC 表之，卽

$$MPC=C'(Y)。$$

　　一般而言，消費函數有兩個性質：其一是，它為所得的增函數，卽所得增大時消費亦增大；其次是，邊際消費傾向因所得的增大而減小，故消費函數之圖形為一向下凹的增函數，如下圖所示。

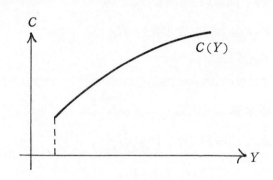

消費函數通常具下面之型態：

$$C(Y)=aY+ b\ln Y + d,$$

其中 $a \in (0,1)$, $b,d > 0$ 。又，$\ln Y$ 乃所謂的 **自然對數函數** (natural logarithm)，本書將於第七章中詳為介紹，此函數為定義於 $(0,\infty)$ 上的可微分函數，且 $\left(\dfrac{d}{dx}\right)(\ln x) = \dfrac{1}{x}$ ，並具有 $\ln xy = \ln x + \ln y$ 之性質。對上述的函數 $C(Y)$ 而言，由於 $MPC = C'(Y) = a + \dfrac{b}{Y} > a$, 且 $a < 1$ ，故在足夠大的收入水平時保證了消費的增量不會超越收入的增量。

　　例6　設消費函數為

$$C(Y)=\frac{4Y}{7} + 80 \ln Y + 52,$$

　　求 (i) MPC 函數　　　　(ii) $Y = 400$ 時之 MPC

　　　　(iii) 當 Y 甚大時，MPC 之近似值

　　　　(iv) 所得為多少時 $MPC = \dfrac{13}{14}$ 。

（ i ）$MPC = C'(Y) = \dfrac{4}{7} + \dfrac{80}{Y}$。

（ ii ）$Y = 400$ 時，$MPC = C'(400) = \dfrac{4}{7} + \dfrac{80}{400} = \dfrac{27}{35}$。

（iii）Y 甚大時，$\dfrac{80}{Y}$ 近於 0，故 $MPC \approx \dfrac{4}{7}$。

（iv）$MPC = \dfrac{13}{14} \implies \dfrac{4}{7} + \dfrac{80}{Y} = \dfrac{13}{14} \implies Y = 224$。

在一個沒有政府及進出口的**閉塞性經濟體** (closed economy)中，國民所得 Y 可視爲消費 $C(Y)$ 與**儲蓄** (saving) S 之和，卽

$$S(Y) = Y - C(Y),$$

此儲蓄之導函數 $S'(Y)$ 稱爲**邊際儲蓄傾向** (marginal propensity to save, MPS)。易知，$MPS = 1 - MPC$。

若在閉塞經濟體中，國民所得 Y 等於消費 $C(Y)$ 與**投資** (investment) I 之和，卽

$$Y = C(Y) + I,$$

故由隱函數的微分法知

$$\frac{dY}{dI} = C'(Y)\frac{dY}{dI} + 1,$$

$$\frac{dY}{dI} = \frac{1}{1 - C'(Y)} = \frac{1}{1 - MPC},$$

此一 $\dfrac{1}{1 - MPC}$ 之值爲一**乘子** (multiplier)，因爲當投資增量 $\triangle I$ 很小時，對應國民所得之增量 $\triangle Y$，可以此乘子與 $\triangle I$ 之積來估計，卽

$$\triangle Y \approx dY = \frac{dY}{dI} \cdot \triangle I = \frac{1}{MPC} \cdot \triangle I。$$

習　　題

1. 生產某物品的固定成本爲 1,500 元，而生產 x 單位的變動成本爲
   $10x+12\sqrt{x}$，求

   （ i ）生產 49 單位的總成本。

   （ii）邊際成本函數。

   （iii）生產 49 單位時的邊際成本。

   （iv）生產第 50 單位物品的眞正成本。

2. 設生產某物品的總成本爲

   $$TC(x)=(x-8)^2(x+1)+500,$$

   （ i ）求生產的固定成本。

   （ii）求邊際成本函數。

   （iii）求有最小的邊際成本之生產量。

3. 生產某物品的總成本函數爲

   $$TC(x)=\frac{x^3}{3}-25x^2+640x+1000,$$

   （ i ）固定成本爲何？

   （ii）邊際成本函數爲何？試繪其圖形。

   （iii）最小的邊際成本爲何？

   （iv）在怎樣的生產量時，爲規模的經濟，可使邊際成本下降？

   （ v ）在怎樣的生產量時，爲規模的不經濟，導致邊際成本上升？

4. 某專賣物品的需求函數爲 $x=D(p)=1000-4p$，試求其總收入及
   邊際收入函數。

5. 設納稅義務人之應納稅款 $T(Y)$ 爲其所得 Y 的可微分函數，我們
   稱 $T'(Y)$ 爲邊際稅率（marginal tax rate）。今設 $T(Y)=$

$\dfrac{3}{2500}\sqrt{Y^3}$, 則

（ i ）當所得爲 10,000 元時，邊際稅率爲何？

（ii）若邊際稅率因所得的增加而增加時，則稱此種稅爲**前進的**（progressive）。問上述之稅是否爲前進的？

（iii）若所得爲 Y 時，邊際稅率大於 1 ，則稱此時的稅爲**充公的**（confiscatory）。問本題之稅 $T(Y)$ 於所得爲何時，成爲充公的？

（iv）試舉出一個表前進的稅款函數 $T(Y)$, 且此稅永不會成爲充公的。

6.　設需求函數爲 $D(p)=\sqrt{600-25p}$。

（ i ）求 p 爲 8 元時的點需求彈性。

（ii）問價格爲何時，有單位需求彈性？

7.　已知某物品於價格爲10元時的需求彈性爲 $-\dfrac{3}{5}$。

（ i ）若其價上升至11元，試估計其需求數量的變動百分比。

（ii）若其價下降至9.6元，試估計其需求數量的變動百分比。

8.　設某物品的需求函數爲 $D(p)=102-p-p^2$, 且其價格從 5 元上升至 7 元。

（ i ）計算其價格的變動百分比。

（ii）估計其需求數量的變動百分比。

（iii）求其需求數量的變動百分比與價格的變動百分比之比值。

（iv）求於價格爲 5 元時的需求點彈性。

9.　設某物品的需求函數爲 $D(p)$, 於價格 p_1 與 p_2 時，下面的比值

$$\frac{D(p_1)-D(p_2)}{p_1-p_2} \bigg/ \frac{\dfrac{D(p_1)+D(p_2)}{2}}{\dfrac{p_1+p_2}{2}}$$

$$= \frac{D(p_1) - D(p_2)}{p_1 - p_2} \cdot \frac{p_1 + p_2}{D(p_1) + D(p_2)}$$

稱爲價格介於 p_1 與 p_2 間的**需求弧彈性** (arc elasticity of demand)。若 $D(p) = 50 - 2p$, 試求於 $p_1 = 15$, $p_2 = 20$ 時的需求弧彈性。

10. 設 $f(x)$ 爲一可微分函數, 我們稱

$$E_f(x) = f'(x) \frac{x}{f(x)}$$

爲函數 f 的**點彈性** (point elasticity), 證明

$$E_f(x) = \frac{\dfrac{d}{dx} \ln f(x)}{\dfrac{d}{dx} \ln x} ,$$

其中 $\ln$ 爲自然對數函數, 如例 6 前所介紹者。若 $f(x) = ax^2$, a, b 爲常數, 試求 $E_f(x)$。

11. 設某產品的需求函數爲 $x = D(p)$, 若其總收入 $TR = xp$ 表爲 p 的函數, 則得 $TR(p) = pD(p)$, 試證明: $E_{TR}(p) = 1 + E_D(p)$。

12. 設成本函數爲 $TC(x) = \dfrac{1}{100} x^2 + x + 300$, 其中 x 表生產數量。

（ⅰ）試求生產200個時的成本彈性。

（ⅱ）若生產數量從200增加至 209, 試以 $E_{TC}(200)$ 估計總成本的增加百分比。

（ⅲ）若生產數量爲 200, 試問其是爲規模的經濟抑爲規模的不經濟?

13. 設一物品的需求量 x 與其價格 p, 由隱函數 $x^2 + 400p^2 = 5200$ 所定義, 試求價格爲 2 元時的需求彈性。

14. 設生產某物品 x 單位的總成本爲 $y = TC(x)$, 此二者間有下述的隱函數關係:

$$4x^2 - 80x + 200 - y^2 + 4y = 0 \text{。}$$

試求生產數量爲35時的平均及邊際成本。

15. 設消費函數 $C(Y)$ 如下二題所述，分別求 MPC。並利用方程式 $Y = C(Y) + I$ 分別核驗

$$\frac{dY}{dI} = \frac{1}{1 - MPC} \text{。}$$

（ i ） $C(Y) = 3Y^{2/3} + 30$。

（ii） $C(Y) = \dfrac{4Y}{5} + 60 \ln Y + 38$。

16. 設消費函數 $C(Y)$ 具如下之形式： $C(Y) = aY + b\ln Y + d$ ，且 $Y = 200$ 時，其 $MPC = \dfrac{4}{5}$ ，又 MPC 穩定地減少至極限值爲 $\dfrac{3}{5}$ ，試求此函數 $C(Y)$。

17. 若我們將政府包含在討論的經濟模型中的話，則國民所得 Y 爲消費支出 C ，投資 I ，及政府支出 G 的總和。此外，消費不再是國民所得的函數，而爲**可支用的所得**（disposable income）Y_d 的函數，此 Y_d 卽國民所得 Y 減去稅額 T 之差，亦卽

$$Y = C(Y_d) + I + G = C(Y - T) + I + G,$$

其中變數 I, G, T 彼此獨立無關。沒有理由 G 與 T 相等，亦卽政府的**預算**（budget）未必是**均衡的**（balanced）。

（ i ）證明： $\dfrac{dY}{dI} = \dfrac{1}{1 - MPC}$ ， $\dfrac{dY}{dT} = -\dfrac{MPC}{1 - MPC}$ 。

（ii）設政府有財政赤字，其政府支出 $G = \dfrac{5}{4}T$ ，且

$$C(Y_d) = \frac{5}{9} Y_d + 80 \ln Y_d + 40,$$

求 $\dfrac{dY}{dT}$ 。

18. 某產品於生產 x 單位時的邊際成本爲 $\dfrac{x^2}{50} - 2x + 107$ ，固定成本爲

2,000 元。

（i）試求總成本函數。

（ii）於生產 30 單位時，求再增產一單位所增的成本。試比較此值
　　　與生產 30 單位的邊際成本何者為大。

19. 設某產品的邊際成本和邊際收入函數分別如下：

$$TC'(x) = \frac{1}{10}x^2 - 4x + 110, \quad TR'(x) = 150 - x,$$

且生產30單位的總成本為4,000元。試問

（i）總成本函數為何？

（ii）將淨利 NP 表為產量 x 的函數。

（iii）求生產量為25單位的淨利。

20. 設某產品的邊際成本和邊際收入函數分別如下：

$$TC'(x) = 10, \quad TR'(x) = 65 - 2x。$$

（i）求總收入函數。

（ii）若固定成本為250元，求總成本函數。

（iii）求生產10單位的淨收入。

（iv）試求生產的破均衡點。

21. 設所得為 Y 時的邊際稅率為 $T'(Y) = \frac{\sqrt{Y}}{40}$，若所得為 10,000 元
時，應納稅額為2,000元，則所得為160,000元時，應納稅額為何？

§5-2 極值的應用問題

本節我們將舉實例，說明如何利用導函數的性質，求解日常生活中最佳決策的問題。

I、成本與收入的最佳決策

例 1 設某物品每週的需求函數爲 $x=D(p)=18-\dfrac{p}{4}$，而成本函數爲 $TC(x)=120+2x+x^2$，

爲求最大的淨利，則每週的生產數應爲多少？而對應的價格爲何？

解 易知，價格爲 $p=D^{-1}(x)=72-4x$，而總收入爲

$$TR(x)=xp=x(72-4x),$$

故淨利爲

$$\begin{aligned}NP(x)&=TR(x)-TC(x)\\&=x(72-4x)-(120+2x+x^2)\\&=-120+70x-5x^2,\end{aligned}$$

因爲

$$NP'(x)=70-10x=10(7-x),$$

故知

x		7	
$NP'(x)$	+		−

故知 $x=7$ 時 $NP(x)$ 有極大值，此時對應的價格爲

$$p=(72-4x)\Big|_{x=7}=72-28=44。$$

例2 設某一物品製造 x 單位的總成本爲

$$TC(x) = 300 + \frac{x^3}{12} - 5x^2 + 170x,$$

其單位市價爲134元,問應製造多少單位, 可使淨利爲最大?

解 因爲單位售價爲134元, 故製造 x 單位時, 可獲利 $TR(x) = 134x$, 而淨利爲

$$NP(x) = TR(x) - TC(x) = 134x - \left(300 + \frac{x^3}{12} - 5x^2 + 170x\right)$$

$$= -\frac{x^3}{12} + 5x^2 - 36x - 300 \text{。}$$

因爲

$$NP'(x) = -\frac{x^2}{4} + 10x - 36$$

$$= \frac{(36-x)(x-4)}{4},$$

x		4		36	
$NP'(x)$	$-$		$+$		$-$

又 $x \geq 0$ 始有意義, 且 $NP(0) = -300$, 故知 $NP(x)$ 在 $x = 36$ 時有絕對極大值, 卽製造36單位時有最大淨利。

例3 設某一物品製造 x 單位的總成本爲

$$TC(x) = 20 + 4x + \frac{x^2}{5},$$

問生產量爲多少時有最小的平均成本?

解 由題意知, 生產量爲 x 單位時, 每單位的平均成本爲

$$AC(x) = \frac{20 + 4x + \frac{x^2}{5}}{x} = \frac{20}{x} + \frac{x}{5} + 4 \text{。}$$

因爲

$$AC'(x) = \frac{1}{5} - \frac{20}{x^2} = \frac{(x-10)(x+10)}{5x^2}, \quad x > 0,$$

x	10
$AC'(x)$	—　　　　＋

即知 $x = 10$ 時，$AC(x)$ 有絕對極小值，亦即生產 10 單位時有最小的單位平均成本。

於例 3 中，使單位平均成本爲最小的生產量爲10單位，此時的單位平均成本爲

$$AC(10) = \frac{20}{10} + \frac{10}{5} + 4 = 8 \quad (元／單位)。$$

若我們計算產量爲10單位時的邊際成本，則得

$$TC'(10) = \left. \left(4 + \frac{2}{5} x\right) \right|_{x=10} = 8,$$

亦爲同一數值。關於此結果，實在並非出於巧合，而是因爲

$$AC'(x) = 0 \implies AC(x) = TC'(x),$$

此式的證明留作習題。

II、最大稅收問題

設政府對某種商品，每單位徵收 t 元的稅金，而這稅金則轉嫁到顧客身上，即知顧客的購價 p，爲生產者要求的價格 p_1 與稅金 t 的和：$p = p_1 + t$。今設這商品的需求與供應函數分別爲 $D(p)$ 及 $S(p_1) = S(p-t)$，此時市場價格（即均衡價格）p_0 應滿足下式：

$$D(p) = S(p-t),$$

此時，均衡需求量爲 $x = D(p_0)$，而政府的稅收則爲

$$T = tx。$$

所欲求的是政府對每一物品應課徵多少稅金，可使稅收爲最大的問題。下面以一實例爲說明。

例 4　設某商品的需求與供給函數如下：

$$D(p)=\sqrt{20-p}, \ S(p)=\sqrt{p-2} \ \text{(加稅前)},$$

問政府應對每件商品課徵多少稅金可得最大稅收？

解　設每件商品課徵稅金 t 元，則均衡價格滿足下式:

$$D(p)=S(p-t) \Longleftrightarrow \sqrt{20-p}=\sqrt{p-t-2},$$

$$p=11+\frac{t}{2},$$

而均衡需求量爲

$$x=\sqrt{20-p}=\sqrt{9-\frac{t}{2}},$$

故政府的稅收爲

$$T=tx=t\sqrt{9-\frac{t}{2}}。$$

因爲

$$\frac{dT}{dt}=\sqrt{9-\frac{t}{2}}+\frac{-\dfrac{t}{2}}{2\sqrt{9-\dfrac{t}{2}}}=\frac{18-\dfrac{3t}{2}}{3\sqrt{9-\dfrac{t}{2}}},$$

故由下表

t		12	
$\dfrac{dT}{dt}$	+		−

卽知 $t=12$ 時，T 有極大值，卽每件商品課徵稅金12元時，政府有最大稅收

$$T(12)=12\sqrt{3} \ \text{(元)}。$$

Ⅲ、庫存控制問題

在商業上，預存貨物——稱爲**庫存**（inventory）——以備將來銷售或使用，乃是常見的行爲。譬如，零售店、批發商、製造公司、甚至

血庫等，均需有庫存。這些機構如何來決定其庫存政策呢？也就是說如何訂貨（訂貨量為何），及怎樣的情形下（庫存還多少時）訂貨，對這機構最為有利呢？於一個小店而言，一個經理人員或可隨時追蹤其庫存餘量來作決定，然而對一般的，尤其是大的機構而言，這樣做常是不切實際的，而常須藉所謂的「科學的庫存管理」來作控制，即：

(1) 設立一個描述此庫存系統行為的數學模式。

(2) 依據數學模式導出最佳庫存政策。

(3) 通常利用電子計算機控制庫存量，指示何時及如何訂貨。

下面我們介紹以微積分的方法，處理一個簡單的庫存控制模型的問題：設某公司的生產（供給）速率為 p，耗用（需求）速率為 d，其中 $p > d$。每次生產的固定成本（訂貨成本）為 K，單位物品在單位時間內的庫存成本為 k_c。今欲決定每次生產（訂貨）的數量 q，使單位時間的平均成本為最低。

因為每次生產(訂貨)數量為 q，而生產（供給）速率為 p，故 $\dfrac{q}{p}$ 乃每次的生產（供給）期間。因生產（供給）速率 p 大於耗用（需求）速率 d，故每單位時間的庫存，增加 $p-d$ 單位的物品，從而知每次生產（供給）期末的庫存量為 $\left(\dfrac{q}{p}\right)(p-d)$。當生產（供給）期結束後，因沒有生產供給，衹賴庫存以應消耗（需求），直到耗盡庫存時再事生產（訂貨，並隨即以速率 p 供給）。這樣兩次生產（訂貨）之間隔，稱為生產（訂貨）週期。因為耗用（需求）速率為 d，故知一個**生產（訂貨）週期**為 $\dfrac{q}{d}$。如此週而復始，而有如下所示的「鋸齒」圖形：

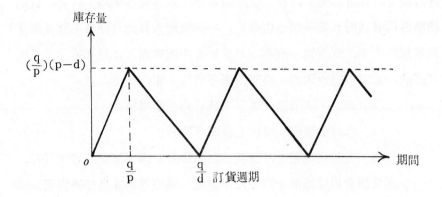

（因為庫存數量為整數，故圖形本不如所示的那麼平滑，但在這裏我們以平滑線段，來表明庫存量因時間的推移而產生的變化情形）。今一個生產週期內的總成本（視為生產量 q 的函數）為

$$TC(q)=固定成本＋庫存成本,$$

因一個生產週期的平均庫存量為 $\left(\dfrac{1}{2}\right)\left(\dfrac{q}{p}\right)(p-d)$, 故庫存成本為

$$k_c\left\{\left(\frac{1}{2}\right)\left(\frac{q}{p}\right)(p-d)\right\}\left(\frac{q}{d}\right),$$

即知

$$TC(q)=K+k_c\left\{\left(\frac{1}{2}\right)\left(\frac{q}{p}\right)(p-d)\right\}\left(\frac{q}{d}\right),$$

從而知單位時間的平均成本為

$$AC(q)=\frac{Kd}{q}+\frac{k_c}{2p}(p-d)q,$$

因為

$$AC'(q)=-\frac{Kd}{q^2}+\frac{k_c(p-d)}{2p},$$

$$AC'(q)= 0 \implies q = \sqrt{\frac{2Kd}{k_c}} \sqrt{\frac{p}{p-d}} , (q>0)$$

$$AC''(q)=\frac{2Kd}{q^3} > 0 ,$$

故知 $q = \sqrt{\frac{2Kd}{k_c}} \sqrt{\frac{p}{p-d}}$ 時，$AC(q)$ 有最小值。因由題意知 q 必須爲

整數，故可取實數 $\sqrt{\frac{2Kd}{k_c}} \sqrt{\frac{p}{p-d}}$ 左右最接近的二整數 q_1 及 q_1+1 ，

卽 q_1 爲使下式成立的整數：

$$q_1 \le \sqrt{\frac{2Kd}{k_c}} \sqrt{\frac{p}{p-d}} <q_1+1 ,$$

並比較 $AC(q_1)$ 及 $AC(q_1+1)$ 的大小，如果前一個較小，則最佳生產
（訂貨）量爲 q_1，否則最佳生產（訂貨）量爲 q_1+1。

　　若上述問題中，生產（供給）速率較耗用速率爲相對甚大時（譬如
此公司的貨品從外購進，且隨購隨到），卽 $\sqrt{\frac{p}{p-d}} \approx 1$，此時最佳訂
貨量爲

$$q \approx \sqrt{\frac{2Kd}{k_c}}$$

之一正整數，而此庫存系統可以下圖表出。對此一結論，讀者亦可仿照
上面所述，而直接導出（見習題第11題）。

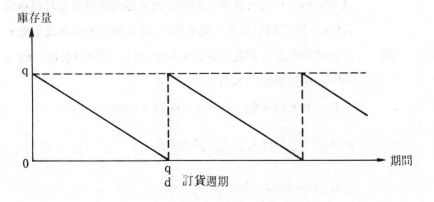

例5 設某物品的生產固定成本爲10,000元,每天需求率爲400件,生產率爲800件,每一物品一天的庫存成本爲4元,問每次生產多少爲最佳?

解 因爲 $K=10000$, $p=800$, $d=400$, $k_c=4$,故最佳生產量爲

$$q=\sqrt{\frac{2Kd}{k_c}}\sqrt{\frac{p}{p-d}}$$

$$=\sqrt{\frac{2\times10000\times400}{4}}\sqrt{\frac{800}{800-400}}=2000 \text{ (件)}。$$

Ⅳ、一般的極值問題

例6 設某人要用籬笆 (下圖中的實線),圍出一片面積爲3,600平方公尺的矩形土地,並於中央用一種價格較低的籬笆 (圖中的虛線),將它隔成兩半,如下圖所示:

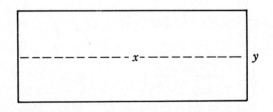

設周圍籬笆每公尺價格爲300元,而分隔用籬笆每公尺價格爲200元,問所圍矩形的長寬各爲何,可使籬笆的成本爲最低?

解 設所圍矩形的長和寬分別爲 x 和 y 公尺,則由題意知,$xy=3600$。所用籬笆成本爲

$$C=300(2x+2y)+200x=800x+600y,$$

將 y 以 $\dfrac{3600}{x}$ 代入上式,得成本爲

$$C(x)=800x+600\left(\frac{3600}{x}\right),$$

故得

$$C'(x) = 800 - \frac{2160000}{x^2} = \frac{800(x + 30\sqrt{3})(x - 30\sqrt{3})}{x^2},$$

由下表

x		$-30\sqrt{3}$		$30\sqrt{3}$	
$C'(x)$	$+$		$-$		$+$

可知矩形長爲 $x = 30\sqrt{3}$ 公尺，寬爲 $y = 40\sqrt{3}$ 公尺時，有最小的籬笆成本。

例 7　以導函數求極值的方法，證明：周長一定的矩形中，正方形的面積爲最大。

證　設矩形的定周長爲 s，長爲 x，則寬爲 $\dfrac{s}{2} - x$，而面積爲

$$A(x) = x\left(\frac{s}{2} - x\right) = \left(\frac{s}{2}\right)x - x^2,$$

故知

$$A'(x) = \frac{s}{2} - 2x,$$

由下表知

x		$\dfrac{s}{4}$	
$A'(x)$	$+$		$-$

故知矩形長爲 $x = \dfrac{s}{4}$ 時，有最大面積，即矩形爲正方形時，有最大面積。

例 8　某人擁有私人海灘，欲建海灘別墅出租。若別墅建得越多，則每間的租金越少。設建 x 間時，每間每週的租金爲 $\dfrac{\sqrt{243 - 9x}}{4}$。問應建別墅多少間，始能每週獲得最多的租金？

解   易知，建別墅 x 間的租金爲

$$f(x) = x \frac{\sqrt{243-9x}}{4} \text{。}$$

因爲

$$f'(x) = \frac{\sqrt{243-9x}}{4} + \frac{x}{8}\left(\frac{-9}{\sqrt{243-9x}}\right)$$

$$= \frac{2(243-9x)-9x}{8\sqrt{243-9x}}$$

$$= \frac{486-27x}{8\sqrt{243-9x}} \text{，}$$

由下表

x		18	
$f(x)$	$+$		$-$

可知建築別墅18間時，可得最大的租金。

例9   某一住家與一瓦斯供應中心位於一河的對岸，河寬100公尺，住家住於瓦斯供應中心正對岸的下游 200 公尺處。若地上鋪設的管子每公尺爲60元，水底鋪設的管子每公尺爲 100 元，問應如何鋪設可使成本最低？

解

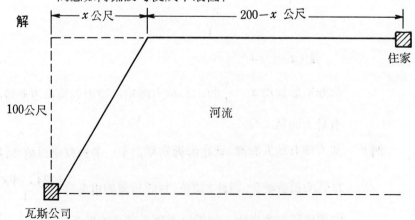

設瓦斯公司朝正對岸處的下游 x 公尺處鋪設水底管子，再沿河邊鋪設地上管子，如上圖，則成本為

$$C(x)=60(200-x)+100\sqrt{100^2+x^2}。$$

因為

$$C'(x)=-60+\frac{100x}{\sqrt{10,000+x^2}}$$

$$=\frac{100x-60\sqrt{10000+x^2}}{\sqrt{10000+x^2}}$$

$$=\frac{100(8x-600)(8x+600)}{\sqrt{10000+x^2}(100x+60\sqrt{10000+x^2})},$$

且 $x>0$，故由下表

x		75	
$C(x)$	$-$		$+$

知 $x=75$（公尺）時，$C(x)$ 有極小值。

習　　題

1. 經濟學上有個重要的原理，卽：邊際利益等於邊際成本時有最大淨利，試說明其理由。

2. 設生產某物品 x 單位的總成本為

$$TC(x)=\frac{x^3}{12}-5x^2+170x+300。$$

（ⅰ）怎樣的生產量範圍，其對應的邊際成本為漸減？

（ⅱ）怎樣的生產量範圍，其對應的邊際成本為漸增？

（ⅲ）最小的邊際成本為何？

3. 設生產某物品 x 單位的總成本為 $TC(x)$，其每單位的平均生產成本

爲 $AC(x)$, 二者均爲可微分函數。證明:

$$AC'(0)=0 \Longrightarrow AC(x)=TC'(x)。$$

4. 設生產某物品 x 單位的總成本爲

$$TC(x)=\frac{x^2}{30}+20x+480。$$

（ⅰ）問生產量爲何時，有最小的平均成本？

（ⅱ）驗證: 在最佳生產量下，平均成本等於邊際成本。

5. 設生產某商品 x 單位的總成本爲

$$TC(x)=x^2-2x+25,$$

其單位售價爲 p 元時的需求函數爲

$$D(p)=30-\frac{p}{4}。$$

爲求最大利潤，則應生產幾個？

6. 設某公賣物品生產 x 單位的總成本爲

$$TC(x)=1000+8x。$$

若每單位可以 p 元購得時，每週的需求量爲

$$D(p)=300-2p,$$

問每週生產多少單位可有最大的獲利？ 又售價爲何？

7. 題目同第 6 題。問

（ⅰ）若顧客每購買一單位須附加 10 元消費稅，則每週最佳生產量
爲何？

（ⅱ）顧客每購買一單位物品須付多少錢？

（ⅲ）每週可有多少消費稅？

8. 上題中，將消費稅改爲售價的25%。

9. 題目同第 6 題。

（ⅰ）設政府評估，每生產一單位，工廠須付 10 元的生產稅，若將

此稅視爲生產成本，則每週的最佳生產量爲何？

（ii）顧客每購買一單位物品須付多少錢？

（iii）將本題結果與第 7 題之結果比較可得何結論？

10. 設某商品的需求函數 $D(p)$ 與供給函數 $S(p)$ 如下：

$$D(p)=\frac{27-3p}{2},$$

$$S(p)=3p-\frac{9}{2}，（加稅前）$$

問每件商品加稅多少時，政府有最大的稅收？最大稅收爲多少？

11. 於庫存問題中，設公司從其他製造公司購入商品以應需求（卽供給速率極大），試直接導出最佳訂貨量爲

$$q=\sqrt{\frac{2Kd}{k_c}},$$

其中 K 爲訂貨成本，d 爲需求速率，k_c 爲庫存成本。

12. 設某商店每年銷售商品100,000件，每次訂貨成本爲600元，每件每年的庫存成本爲30元，試求其最佳訂貨量。

13. 設某公司每天生產某一種物品 18,000 件，這物品的每年需求量爲 2,880,000件。設每次生產的啓動成本爲 22,500 元，而每件每年的庫存成本爲0.18元，假設每年以 360 天計算，問這公司每次啓動生產的最佳生產量爲何？

14. 設開行一部卡車每小時的固定成本爲 600 元，當車速爲每小時20哩時，每一小時的汽油費爲 800 元，而汽油費與車速的平方成正比，求可使每哩平均成本爲最低的車速。

15. 某百貨公司以每件240元的價格購入襯衫，若以480元的價格出售，每週可賣32件，若每件售價每減40元每週可多售 8 件，問售價爲何時，可使每週有最大的獲利。

16. 蘋果園中，目前每種植30株果樹，而平均每株生產 400 個蘋果。如

果每畝增植一株果樹，則平均每株果樹的收穫量約少10個，問每畝應植幾株果樹，這蘋果園能有最大的收成？

17. 有一正方形的紙板，邊長為 60 公分，欲從四角各截去一個小正方形，以便做成一個無蓋的方形盒子，求所能做成的最大容積為多少？

18. 一人位於距海岸10哩的海島上，他要到沿海岸北上12哩的某鎮，設他划船的速度為每小時 2 哩，而步行的速度為每小時 4 哩。今此人要藉划船與步行到該鎮去，問他該在何處登岸，可使時間最省？

19. 試設計一個圓柱形而無蓋的杯子，使它的容積為定數 v，而製作材料為最省。

20. 一特製的圓柱形容器，它的底和側面都用不銹鋼製成，而蓋子則用純銀製成。若銀價比不銹鋼貴10倍，且容器體積為 10π 立方吋，問這容器的底半徑和高各為何，可使成本為最低？

第六章 定 積 分

§6-1 面積的概念、定積分的意義及性質

微積分課程的主體，乃在討論函數的微分與積分的問題。前者在於求得函數的導函數，及探討其性質，這是本書在此之前的主要內容。本章的目的，則在討論後者。正如本書第二章開頭所言，微分與積分的概念，均須藉極限的概念來建立。而且，我們也知道，函數在一點的導數，爲一差商的極限值。至於建立積分概念的極限之意義，則較前此的極限意義更爲廣泛，我們不擬詳爲解說，只打算作一簡單的介紹。而在作簡介之前，先讓我們從較爲具體，但與之有密切相關的面積的概念入手。

關於平面區域的面積，讀者應已熟悉矩形（正方形或長方形）區域，三角形區域及一般的多邊形區域(可分割成有限個三角形區域者)等的面積之求法；另外，也已熟悉求圓區域之面積公式。在此則要介紹，求一般曲線所圍的平面區域之面積的概念。首先，讓我們從求得拋物線 $y = f(x) = x^2$ 所決定的平面區域

$$S = \{(x, y) \mid 0 \leqq y \leqq x^2, 0 \leqq x \leqq a\}$$

的面積着手。首先，把區間 $[0, a]$ 分成 n 等分，然後過 x 軸上的分點：

$$\left\{0, \frac{a}{n}, \frac{2a}{n}, \frac{3a}{n}, \dots, \frac{(n-1)a}{n}, a\right\}$$

作垂直於 x 軸的直線，則可決定一些條狀的區域，如下圖所示：

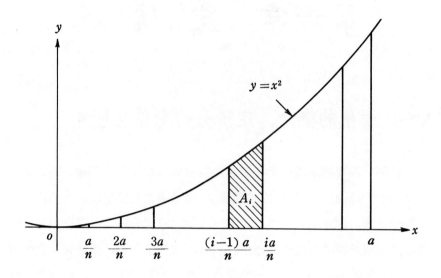

其中在第 i 個小區間 $\left[\dfrac{(i-1)\,a}{n}\,,\ \dfrac{ia}{n}\right]$ 上的放大圖形如下：

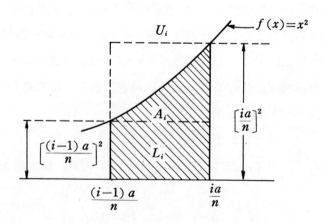

令 L_i 和 U_i 分別表以這小區間爲底而高爲 $\left(\dfrac{(i-1)a}{n}\right)^2$ 及 $\left(\dfrac{ia}{n}\right)^2$ 的

二個矩形區域的面積，A_i 表 S 在這小區間上的條狀面積，則顯然

$$L_i=\left[\frac{(i-1)a}{n}\right]^2\cdot\frac{a}{n},\ U_i=\left[\frac{ia}{n}\right]^2\cdot\frac{a}{n},$$

且知

$$\frac{a^3(i-1)^2}{n^3}=\left[\frac{(i-1)a}{n}\right]^2\cdot\frac{a}{n}=L_i\leqq A_i\leqq U_i$$

$$=\left[\frac{ia}{n}\right]^2\cdot\frac{a}{n}=\frac{a^3i^2}{n^3},$$

從而知，

$$\sum_{i=1}^{n}\frac{a^3}{n^3}(i-1)^2\leqq\sum_{i=1}^{n}A_i\leqq\sum_{i=1}^{n}\frac{a^3}{n^3}i^2,$$

卽知所求 S 的面積 $A=\sum\limits_{i=1}^{n}A_i$ 滿足下式：

$$\frac{a^3}{n^3}\sum_{i=1}^{n}(i-1)^2\leq A\leq\frac{a^3}{n^3}\sum_{i=1}^{n}i^2,$$

由公式：

$$1^2+2^2+3^2+\cdots+k^2=\frac{k(k+1)(2k+1)}{6}$$

得知，

$$\frac{a^3}{n^3}\cdot\frac{1}{6}(n-1)n(2n-1)\leqq A\leqq\frac{a^3}{n^3}\cdot\frac{1}{6}n(n+1)(2n+1),$$

$$\frac{a^3}{6}(1-\frac{1}{n})(2-\frac{1}{n})\leqq A\leqq\frac{a^3}{6}(1+\frac{1}{n})(2+\frac{1}{n})。$$

因爲上式對任意 n 均成立，而當 n 甚大時，

$$\frac{a^3}{6}(1-\frac{1}{n})(2-\frac{1}{n})\ 與\frac{a^3}{6}(1+\frac{1}{n})(2+\frac{1}{n})$$

二數甚爲接近（讀者可從圖形了解，當 n 甚大時 U_i 及 L_i 與 A_i 的關係）。事實上，因

$$\lim_{n\to\infty}(1-\frac{1}{n})(2-\frac{1}{n})=2=\lim_{n\to\infty}(1+\frac{1}{n})(2+\frac{1}{n}),$$

故由挾擠原理知

$$A = \frac{a^3}{6} \cdot 2 = \frac{a^3}{3}。$$

例1 求下圖中，一直線和一拋物線所圍的區域 A 的面積：

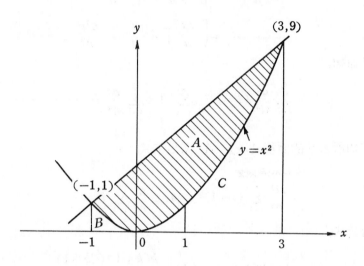

解 因為拋物線 $y = x^2$ 的圖形對 y 軸為對稱，故圖中區域 B 的面積，和拋物線下，x 軸上面，從 0 到 1 之間的區域有相同的面積。故由上面的解說知，區域 B 和 C 的面積分別為 $\frac{1^3}{3}$ 及 $\frac{3^3}{3}$。

而圖中三區域 A，B，C 所成的梯形區域面積則為

$$\frac{((-1)^2 + 3^2)(3-(-1))}{2} = 20，$$

而所求區域 A 的面積則為

$$20 - \frac{1}{3} - 9 = \frac{32}{3}。$$

對一般連續的函數 $f(x) \geqq 0$ 來說，區域

$$S = \{(x, y) \mid 0 \leq y \leq f(x), \ x \in [a, b]\}$$

的面積, 也仿照上面求 抛物線下之區域 面積的 方法 來求, 卽把區間 $[a,b]$ 細分成 n 等分, 並

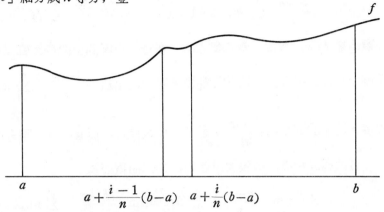

令第 i 個小區間 $[a+\dfrac{(i-1)(b-a)}{n}, \; a+\dfrac{i(b-a)}{n}]$ 上, 函數 $f(x)$ 的最大值爲 M_i, 最小值爲 m_i, 則 S 在這一小區間上的條狀小區域面積 A_i 介於二個分別以這小區間爲底, 以 M_i 和 m_i 爲高的矩形區域 U_i 和 L_i 的面積之間 (如下圖所示), 卽知

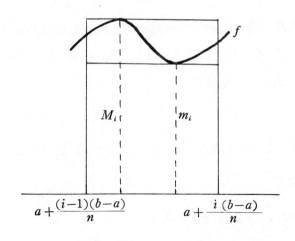

$$m_i \left(\frac{b-a}{n}\right) \leq A_i \leq M_i \left(\frac{b-a}{n}\right),$$

故知所求區域面積A滿足下面的式子:

$$\frac{b-a}{n}\sum_{i=1}^{n} m_i \leq A=\sum_{i=1}^{n} A_i \leq \frac{b-a}{n}\sum_{i=1}^{n} M_i,$$

對連續函數 $f(x)$ 來說, 當 n 很大時, 在每一小區間上的最大值 M_i 和

最小值 m_i 都很接近, 區域 S 的外接多邊形的面積 $\dfrac{b-a}{n}\sum_{i=1}^{n} M_i$,

和內接多邊形的面積 $\dfrac{b-a}{n}\sum_{i=1}^{n} m_i$ 也很接近, 而且, 當 n 趨近於 ∞

時, 二者的極限相等。由挾擠原理知, S 的面積卽爲

$$A=\lim_{n\to\infty} \frac{b-a}{n}\sum_{i=1}^{n} M_i =\lim_{n\to\infty} \frac{b-a}{n}\sum_{i=1}^{n} m_{i\circ}$$

下面我們要仿照前面所述, 介紹連續函數 $f(x)$ 在區間 $[a,b]$ 上
之定積分的意義。將 $[a,b]$ 分爲 n 等分, 令 M_i 及 m_i 分別表 $f(x)$

在第 i 個小區間上的極大和極小值, 並令 $\triangle x=\dfrac{b-a}{n}$ 及

$$L=\sum_{i=1}^{n} m_i \triangle x, \quad U=\sum_{i=1}^{n} M_i \triangle x,$$

則當 n 趨近於無限大時, L 和 U (均爲 n 的函數) 有相等的極限 A (理
論依據從略)。但對第 i 個小區間上的任意一點 t_i 而言, 易知

$$m_i \leq f(t_i) \leq M_i,$$

故知

$$L=\sum_{i=1}^{n} m_i \triangle x \leq \sum_{i=1}^{n} f(t_i) \triangle x \leq \sum_{i=1}^{n} M_i \triangle x=U,$$

從而由挾擠原理知

$$\lim_{n\to\infty} \sum_{i=1}^{n} f(t_i) \triangle x=A,$$

我們稱此數 A 爲 $f(x)$ 在 $[a,b]$ 上的**定積分**(**值**)(definite integral), 記爲

$$\int_a^b f(x)\ dx,$$

即

$$\int_a^b f(x)\ dx = \lim_{n \to \infty} \sum_{i=1}^n f(t_i)\ \triangle x。$$

譬如，區域

$$S = \{(x,y) \mid 0 \leq y \leq \sin x,\ x \in [0,\pi]\}$$

的面積 A 可表爲下面的極限式：

$$A = \lim_{n \to \infty} \frac{\pi}{n} \sum_{i=1}^n \sin \frac{i\pi}{n},$$

只是上式中，和數 $\sum \sin \dfrac{i\pi}{n}$ 不像和數 $\sum i^2$ 有一個衆所熟知的公式，

來便於求極限而已。關於這極限值，我們將在下一節例 1 中，利用所謂微積分基本定理，藉微分來求得。

　　一個連續函數在一閉區間上的定積分，可以有幾何上的解釋。設 $f(x)$ 爲區間 $[a,b]$ 上的一個連續的函數，其值有正有負，則由下圖可知，對於圖形在 x 軸以下的部分，對應的 M_i 爲負數，故知 $\sum M_i \triangle x$ 表 x 軸上方的諸長方形面積和，減去 x 軸下方的諸長方形面積和而得

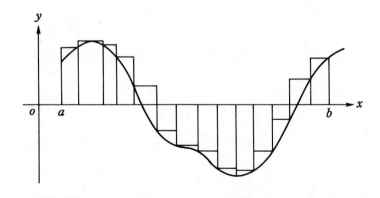

的數。而當 n 越大時，諸長方形所構成的區域，與函數圖形及 x 軸所圍的區域，兩者越形趨於一致。從以上的解說可知，一函數在區間 $[a,b]$ 上的定積分值，實卽函數在這區間部分的圖形，和 x 軸所圍的區域中，在 x 軸上方的區域面積，減去在 x 軸下方的區域面積，而得的數值。以下圖所示的函數 f 來說，令 a_1, a_2, a_3 分別表區域 A_1, A_2, A_3 的面積，則

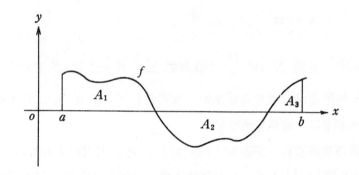

$$\int_a^b f(x)\ dx = a_1 - a_2 + a_3。$$

例2 設 $f(x) = \dfrac{3}{2}$，求 $\displaystyle\int_{-2}^{3} f(x)\ dx$ 的值。

解 易知，$\displaystyle\int_{-2}^{3} f(x)\ dx$ 表下圖所示的矩形區域的面積：

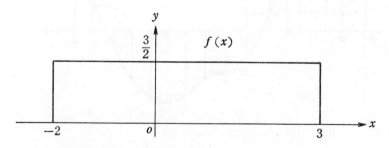

故知，

$$\int_{-2}^{3} f(x)\, dx = \left(\frac{3}{2}\right)(3-(-2)) = \frac{15}{2}。$$

例 3　求定積分 $\displaystyle\int_{-1}^{5}\left(1-\frac{x}{3}\right)dx$ 的值。

解　由幾何意義知，所求定積分值爲直線 $y=1-\dfrac{x}{3}$ 和 x 軸所圍，

在區間 $[-1,5]$ 部分的區域（如下圖）之面積的代數值，卽

$$\int_{-1}^{5}\left(1-\frac{x}{3}\right)dx$$

　=區域 A 的面積−區域 B 的面積

　$=\dfrac{8}{3}-\dfrac{2}{3}=2$。

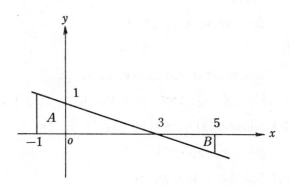

例 4　求定積分 $\displaystyle\int_{-\pi}^{\pi}\sin\ x\ dx$ 的值。

解　由於 $f(x)=\sin\ x$ 爲奇函數，其圖形對稱於原點，故由定

積分的幾何意義可知

$$\int_{-\pi}^{\pi} \sin x \ dx = 0 \text{。}$$

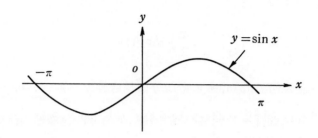

　　事實上，定積分的意義可以更擴及不連續的函數，而討論一般的有界函數。設 f 爲區間 $[a, b]$ 上的有界函數，卽存在正數M，使對任一 $x \in [a,b]$ 而言，皆有

　　　　$|f(x)| \leq M \text{。}$

今對 $[a,b]$ 上的點集合

　　　　$\triangle = \{x_0, x_1, x_2, \ldots, x_n\}$

而言，若有

　　　　$a = x_0 < x_1 < x_2 < \ldots < x_{n-1} < x_n = b,$

則稱$\triangle$爲 $[a,b]$ 上的一個**分割**（partition），$[x_{i-1}, x_i]$ 爲此分割的第 i 個**小區間** (subinterval)，其長以 $\triangle x_i$ 表之，卽

　　　　$\triangle x_i = x_i - x_{i-1},$

令 $\|\triangle\|$ 表諸小區間長之最大者，卽

　　　　$\|\triangle\| = \max\{\triangle x_i | i = 1, 2, \ldots, n\}$

稱爲分割$\triangle$之**範數** (norm)。今在每一小區間上任取一點卽得一集合

　　　　$\{t_1, t_2, \ldots, t_n\},$

其中 $t_i \in [x_{i-1}, x_i]$，稱爲分割$\triangle$之一組**樣本** (sample)。易知，對於 $[a,b]$ 上之任一分割而言，可有無限多組樣本。當分割固定，樣本取定後，我們可得一和數

$$\sum_{i=1}^{n} f(t_i)\ \triangle x_i,$$

稱為有界函數 f 在區間 $[a,b]$ 上，當分割為 $\triangle=\{x_0,x_1,x_2,\ldots,x_n\}$，且樣本為

$$\{t_i \mid t_i \in [x_{i-1},x_i], i=1,2,\ldots,n\}$$

時之**黎曼和** (Riemann sum)。易知，當分割固定時，一函數在一閉區間上的黎曼和，常因樣本的不同而互異。若當分割的範數 $\|\triangle\|$ 趨近於零時，不管樣本點怎麼取，上述的黎曼和均趨於同一極限 A，則稱 f 在 $[a,b]$ 上為**可積分** (integrable)，A 稱為其定積分之值，記為

$$\int_a^b f(x)\ dx,$$

$$\int_a^b f(x)\ dx = \lim_{\|\triangle\|\to 0}\sum_{i=1}^{n} f(t_i)\ \triangle x_i = A\text{。}$$

並稱 f 為**被積分函數** (integrand)，而 a，b 二數則分別稱為這定積分的**下限** (lower limit) 和**上限** (upper limit)。

上述黎曼和的極限

$$\lim_{\|\triangle\|\to 0}\sum_{i=1}^{n} f(t_i)\ \triangle x_i = A$$

的意義是，對任意指定的 $\varepsilon>0$，均存在 $\delta>0$，使得對區間 $[a,b]$ 上任意範數 $\|\triangle\|$ 小於 δ 之分割 $\triangle$ 而言，不管樣本 $\{t_i\}$ 怎麼取，其對應的黎曼和與 A 之距離均小於 ε，卽

$$\|\triangle\|<\delta \implies \left|\sum_{i=1}^{n} f(t_i)\ \triangle x_i - A\right| < \varepsilon,$$

其中 $\{t_i\}$ 為對應於分割 $\triangle$ 之任意一組樣本。這種意義下的極限，較之前面介紹過的，一函數在一點處的極限之意義，要複雜得多，但因其基本的意義相似，故而有相似的極限性質。

一函數之黎曼和的幾何意義如下圖所示為一些矩形面積的代數和:

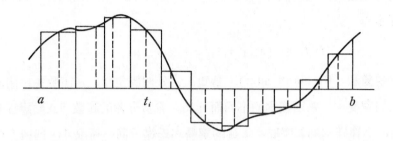

a t_i b

讀者應可發現, 在稍前所介紹的連續函數的定積分, 實為在此所介紹的, 利用黎曼和的極限所定的一般有界函數之定積分的一個特別情形, 即分割為對積分區間等分的情形。在定積分式子中, 代表變數的文字, 和這式所表的定積分值 (為一數) 並不相關, 所以這種變數稱為**啞變數** (dummy variable), 即知

$$\int_a^b f(x)\ dx = \int_a^b f(t)\ dt = \int_a^b f(y)\ dy。$$

例 5 設 $f(x) = c$ 為區間 $[a,b]$ 上的常數函數。以黎曼和的極限證明 f 為可積分, 並求

$$\int_a^b f(x)\ dx\ 之值。$$

解 因為對 $[a,b]$ 上之任一分割 $\triangle$ 而言, 不管樣本 $\{t_i\}$ 怎麼取, 恒有

$$f(t_i) = c\ ,\ i = 1\ ,\ 2\ ,\ ...\ ,\ n,$$

故黎曼和

$$\sum_{i=1}^n f(t_i)\ \triangle x_i = \sum_{i=1}^n c\ \triangle x_i = c\ \sum_{i=1}^n \triangle x_i = c(b-a),$$

為常數, 故得

$$\lim_{\|\triangle\|\to0} \sum_{i=1}^{n} f(t_i)\ \triangle x_i = c\,(b-a),$$

卽知 f 在 $[a,b]$ 上爲可積分，且

$$\int_a^b f(x)\ dx = \int_a^b c\ dx = c\,(b-a)。$$

例 5 中，當 $c=1$ 時，$\int_a^b 1\,dx$ 常記爲 $\int_a^b dx$，卽 $\int_a^b dx = b-a$。

例 6 設函數

$$f(x)=\begin{cases} 1，當 x 爲有理數；\\ 0，當 x 爲無理數， \end{cases}$$

則 f 在 $[a,b]$ 上是否爲可積分？何故？若爲可積分，則求 $\int_a^b f(x)\ dx$ 之值。

解 因爲對 $[a,b]$ 上之任一分割 $\triangle$ 而言，每一小區間 $[x_{i-1},x_i]$ 上均有有理點 $t_i{}'$ 與無理點 $t_i{}''$。若取 $\{t_i{}'\}$ 爲樣本，則黎曼和爲

$$\sum_{i=1}^{n} f(t_i{}')\ \triangle x_i = \sum_{i=1}^{n} \triangle x_i = b-a,$$

若取 $\{t_i{}''\}$ 爲樣本，則黎曼和爲

$$\sum_{i=1}^{n} f(t_i{}'')\ \triangle x_i = \sum_{i=1}^{n} 0 \cdot \triangle x_i = 0。$$

因爲分割 $\triangle$ 爲任意的，卽知不管 $\|\triangle\|$ 有多小，對應的黎曼和恒有上述的性質，故知極限

$$\lim_{\|\triangle\|\to0} \sum_{i=1}^{n} f(t_i)\ \triangle x_i$$

不存在，亦卽 f 在 $[a,b]$ 上不爲可積分。

對於一般的有界函數，其在一閉區間上是否可積分，而當其爲可積分時，其定積分值爲何等的問題，若皆如上例題之從定義探討，將是不切實際的。積分理論的主要目的，就在導出一些重要的定理，以解決上

述的二個問題。本書不打算一一推導出來，而要僅將其最基本的定理列出，以爲一切理論及求解技巧的依據，至於定理的證明，則概從略。

定理 6-1

設函數 f 在 $[a,b]$ 上爲連續，則 f 在 $[a,b]$ 上爲可積分。

下面提到的幾個定理，可易由極限的性質推導而得，我們僅證明一個作爲示範，其餘則留作習題。

定理 6-2

設函數 f 在 $[a,b]$ 上爲可積分， k 爲任意常數，則 kf 在 $[a,b]$ 上亦爲可積分，且

$$\int_a^b kf(x) \, dx = k \int_a^b f(x) \, dx。$$

證明 對 $[a,b]$ 上之任一分割 $\triangle = \{ x_1, x_2, \ldots, x_n \}$ 及其任一組樣本 $\{t_i \mid t_i \in [x_{i-1}, x_i]\}$ 而言，因

$$\sum_{i=1}^n kf(t_i) \, \triangle x_i = k \sum_{i=1}^n f(t_i) \, \triangle x_i,$$

且因 f 在 $[a,b]$ 上爲可積分，卽知

$$\lim_{\|\triangle\| \to 0} \sum_{i=1}^n f(t_i) \, \triangle x_i = \int_a^b f(x) \, dx,$$

從而知

$$\lim_{\|\triangle\| \to 0} \sum_{i=1}^n kf(t_i) \, \triangle x_i = k \lim_{\|\triangle\| \to 0} \sum_{i=1}^n f(t_i) \, \triangle x_i = k \int_a^b f(x) \, dx,$$

卽知 kf 在 $[a,b]$ 上亦爲可積分，且

$$\int_a^b kf(x) \, dx = k \int_a^b f(x) \, dx。$$

定理 6-3

設函數 f, g 在 $[a,b]$ 上均爲可積分，則 $f+g$ 在 $[a,b]$ 上亦爲可積分，且

$$\int_a^b (f(x)+g(x))\ dx = \int_a^b f(x)\ dx + \int_a^b g(x)\ dx。$$

定理 6-4

設函數 f 在 $[a,c]$ 及 $[c,b]$ 上均爲可積分，則 f 在 $[a,b]$ 上亦爲可積分，且

$$\int_a^b f(x)\ dx = \int_a^c f(x)\ dx + \int_c^b f(x)\ dx。$$

定理 6-5

設函數 f 在 $[a,b]$ 上爲可積分，且 $f(x) \geqq 0$，對每一 x 均成立，則

$$\int_a^b f(x)\ dx \geqq 0。$$

定理 6-6 積分均值定理 (mean-value theorem for integrals)

設 $f(x)$ 爲 $[a,b]$ 上的連續函數，則存在 $c \in [a,b]$，使得

$$f(c) = \frac{1}{b-a}\int_a^b f(x)\ dx。$$

證明 因爲 f 在 $[a,b]$ 上爲連續，由極值存在定理（定理 2-26）知，存在 $x_1, x_2 \in [a,b]$ 使得

$$f(x_1) \leq f(x) \leq f(x_2),\ \text{對每一} x \in [a,b] \text{均成立。}$$

由本節習題第11題知

$$\int_a^b f(x_1)\ dx \leqq \int_a^b f(x)\ dx \leqq \int_a^b f(x_2)\ dx$$

因 x_1, x_2 爲二常數，故由例 5 及上式知

$$f(x_1)(b-a) \leq \int_a^b f(x)\ dx \leq f(x_2)(b-a),$$

$$f(x_1) \leq \frac{1}{b-a}\int_a^b f(x)\ dx \leq f(x_2),$$

因爲 f 爲連續函數，由中間值定理（定理 2-28）知，存在一點 c 介於 x_1 與 x_2 之間，使得

$$f(c) = \frac{1}{b-a}\int_a^b f(x)\ dx,$$

即定理得證。

定理 6-6 中的數值 $\dfrac{1}{b-a}\displaystyle\int_a^b f(x)\ dx$ 稱爲 f 在 $[a,b]$ 上的**均值**

（mean-value），換言之，積分均值定理表明，有一點 $c \in [a,b]$，其函數值 $f(c)$ 等於 f 在 $[a,b]$ 上的均值。若是 $f(x) \geq 0$ 時，由於 $\displaystyle\int_a^b f(x)\ dx$ 表曲線 $y = f(x)$ 之下，在區間 $[a,b]$ 上之部分的區域的面積，而積分均值定理正表示這一區域的面積，可以等於一以區間 $[a,b]$ 爲底，而高爲 $f(c)$ 之矩形區域的面積，如下圖所示：

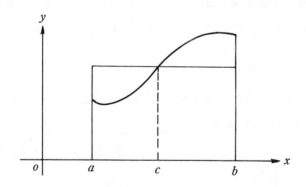

由定積分的定義，我們知 $\displaystyle\int_a^b f(x)\ dx$ 中，$a < b$ 才有意義。但在積分理論的發展上，我們有必要將定積分的意義加以擴充如下：設 f 在 $[a,b]$ 上爲可積分，則規定：

$$\int_c^c f(x)\ dx = 0,\ c \in [a,b],$$

$$\int_a^b f(x)\ dx = -\int_a^b f(x)\ dx。$$

對這擴充意義的定積分來說，可易證得例 5 及定理 6-2,6-3 中，積分上下限改爲任二實數亦皆成立；定理 6-4 中之 a, b, c 改爲任意三個實數也能成立；而定理 6-5 中之 a 若大於或等於 b 則不等號的方向則須反轉。

習 題

1. 設 $f(x)=\dfrac{hx}{a}$，利用公式： $1+2+3+\cdots+n=\dfrac{n(n+1)}{2}$， 仿本節課文求拋物線下之區域面積的方法，求三角形區域

$$\{(x,y) \mid 0 \leq y \leq f(x),\ x \in [0,a]\}$$

的面積。

2. 設 $f(x)=a+\dfrac{(b-a)x}{h}$，仿上題，求梯形區域

$$\{(x,y) \mid 0 \leq y \leq f(x),\ x \in [0,h]\}$$

的面積。

3. 設 $f(x)=x^3$,利用公式： $1^3+2^3+3^3+\cdots+n^3=\dfrac{n^2(n+1)^2}{4}$,求區域

$$\{(x,y) \mid 0 \leq y \leq f(x),\ x \in [0,a]\}$$

的面積。

4. 設 $f(x)=\dfrac{x}{2}-1$，求 $\displaystyle\int_{-2}^{4} f(x)\ dx$ 之值。

5. 設 $f(x)=\dfrac{x}{2}-1$，當 $x \geq 0$； $f(x)=-(x+1)$, 當 $x < 0$。求

$$\int_{-2}^{4} f(x)\ dx$$ 的值。

6. 設 $f(x)=|x-1|-1$，求 $\displaystyle\int_{-1}^{3} f(x)\ dx$ 的值。

7. 設函數

$$f(x)=\begin{cases} 1 \text{，當 } x \in [-1,0); \\ 2 \text{，當 } x \in [0,1]。 \end{cases}$$

將 $[-1,1]$ 分成奇數等分，除包含 0 的小區間外，在每一小區間上，任取一點為樣本，於下列的情況下，分別求 f 在 $[-1,1]$ 上的黎曼和：

（ⅰ）在包含 0 的小區間上，樣本取在 0 的右方。

（ⅱ）在包含 0 的小區間上，樣本取在 0 的左方。

8. 證明定理 6-3。

9. 證明定理 6-4。

10. 證明定理 6-5。

11. 設函數 f, g 在 $[a,b]$ 上均為可積分，且 $f(x) \geqq g(x)$, 對每一 $x \in [a,b]$ 均成立，證明：

$$\int_a^b f(x)\ dx \geq \int_a^b g(x)\ dx。$$

12. 設函數 f, $|f|$ 在 $[a,b]$ 上均為可積分（事實上，f 為可積分時，$|f|$ 亦必為可積分，證明從略），證明：

$$\int_a^b |f(x)|\ dx \geq \int_a^b f(x)\ dx。$$

13. 設函數 f 在 $[a,b]$ 上為連續，且 $f(x) \geqq 0$, 對每一 $x \in [a,b]$ 均成立。若存在 $x_0 \in [a,b]$ 使得 $f(x_0) > 0$, 證明：

$$\int_a^b f(x)\ dx > 0。$$

14. 設 f 為連續函數，a, b, c 為任意實數，證明：

$$\int_a^b f(x)\ dx = \int_a^c f(x)\ dx + \int_c^b f(x)\ dx。$$

15. 設 f 為連續函數，a, b 為任意實數，證明：

$$\int_a^b f(x)\ dx = \int_0^b f(x)\ dx - \int_0^a f(x)\ dx。$$

16. 設 $f(x)=\sin^2 x$，求下式之值：

$$\int_1^4 f(x)\ dx+\int_{-5}^1 f(x)\ dx-\int_{-3}^4 f(x)\ dx-\int_{-5}^{-3} f(x)\ dx。$$

17. 設 f 爲連續函數，a，b 爲任意實數，證明：

$$\left|\int_a^b \mid f(x)\mid dx\right| \geq \left|\int_a^b f(x)\ dx\right|。$$

18. 證明下面的積分均值定理之推廣：設 f，g 在 $[a,b]$ 上均爲連續，且對任意 $x\in[a,b]$ 均 $g(x)\geq 0$（或均 $g(x)\leq 0$），則存在 $c\in[a,b]$ 使得

$$\int_a^b f(x)g(x)\ dx=f(c)\int_a^b g(x)\ dx。$$

§6-2 微積分基本定理

在前面已經提到，若求定積分之值，均須從定義着手，則積分之價值卽無甚可觀。事實上，就許多連續函數而言，其定積分之值，有個相當簡單的求法。在此方法中，微分擔當著極爲重要的角色。本來，微分和積分這兩個概念，從定義上看，似乎沒有什麼關聯。然而，於十六世紀末期，**牛頓**（Newton）和**萊布尼兹**（Leibniz）兩人幾乎同時期發現了此二概念的密切關係。本節的目的，就在介紹表出此種關係的**微積分基本定理**（Fundamental theorem of calculus）。爲說明此一定理，首先從簡單的問題爲引導。對前節求過面積的區域

$$S=\{(t,y)\mid 0\leq y\leq t^2,0\leq t\leq x\}$$

其面積顯然爲 x 的函數 $A(x)$。在此，我們要導出 $A(x)$ 的對應公式。首先，我們要證明它爲一可微分函數。因爲

$$A'(x)=\lim_{\triangle x\to 0}\frac{A(x+\triangle x)-A(x)}{\triangle x},$$

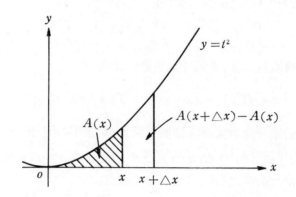

上式中, $\triangle x > 0$ 時, $A(x+\triangle x)-A(x)$ 表區域

$$\{(t,y) \mid 0 \leq y \leq t^2,\ x \leq t \leq x+\triangle x\}$$

之面積, 此數顯然介於一個以 x^2 爲高, 以 $\triangle x$ 爲寬的矩形區域之面積, 及一個以 $(x+\triangle x)^2$ 爲高, 以 $\triangle x$ 爲寬的矩形區域的面積之間, 如下圖所示, 卽知

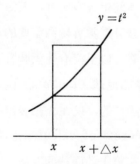

$$x^2 \cdot \triangle x < A(x+\triangle x)-A(x) < (x+\triangle x)^2 \triangle x,$$

$$x^2 < \frac{A(x+\triangle x)-A(x)}{\triangle x} < (x+\triangle x)^2,$$

因爲 $\lim_{\triangle x \to 0} (x+\triangle x)^2 = x^2$, 故由上式及挾擠原理知

$$\lim_{\triangle x \to 0} \frac{A(x+\triangle x)-A(x)}{\triangle x}=x^2,$$

即得 $A'(x)=x^2$。從而知 $A(x)$ 爲 x^2 之反導函數，換言之，可得

$$A(x)=\frac{x^3}{3}+c。$$

但因 $A(0)=0$，故 $c=0$，即得 $A(x)=\frac{x^3}{3}$。

仿上之推導，我們可得下面二定理。

定理 6-7 微積分基本定理（Ⅰ）

設 f 爲一連續函數，且

$$F(x)=\int_a^x f(t)\ dt,\ a \in \text{dom } f \text{ 爲一常數,}$$

則函數 F 爲可微分，且

$$F'(x)=f(x)。$$

證明 首先，讀者應可注意到，函數 F 是有意義的。因爲 f 爲連續函數，故由定理 6-1 知，在以 a，x 爲端點的閉區間上是可積分的。依導數的定義知

$$F'(x)=\lim_{\triangle x \to 0} \frac{F(x+\triangle x)-F(x)}{\triangle x}$$

$$=\lim_{\triangle x \to 0} \frac{\int_a^{x+\triangle x} f(t)\ dt-\int_a^x f(t)\ dt}{\triangle x}$$

$$=\lim_{\triangle x \to 0} \frac{\int_x^{x+\triangle x} f(t)\ dt}{\triangle x},$$

由積分均值定理知，存在介於 x 與 $x+\triangle x$ 之間的點 $\bar{x}$，使

$$\int_x^{x+\triangle x} f(t)\ dt=f(\bar{x}) \cdot \triangle x,$$

因爲 f 爲連續函數，且 $\bar{x}$ 介於 x 與 $x+\triangle x$ 之間，故知

$$\lim_{\triangle x \to 0} f(\bar{x})=f(x),$$

從而得

$$F'(x)=\lim_{\triangle x \to 0} \frac{\displaystyle\int_x^{x+\triangle x} f(t)\ dt}{\triangle x}=\lim_{\triangle x \to 0} f(\bar{x})=f(x),$$

卽定理得證。

定理 6-8 微積分基本定理 (II)

設 $f(x)$ 爲一連續函數，且 $G(x)$ 爲 f 之任一反導函數，則

$$\int_a^b f(t)\ dt=G(b)-G(a),$$

其中 $G(b)-G(a)$ 常以符號 $G(x)\Big|_a^b$ 表之。

證明 令

$$F(x)=\int_a^x f(t)\ dt,$$

則由定理6-7知 $F'(x)=f(x)$。又由於 $G(x)$ 爲 f 之一反導函數，卽知

$$G'(x)=f(x)=F'(x),$$

由定理4-5知

$$F(x)=G(x)+k,\quad k\ 爲一常數。$$

但因

$$0=\int_a^a f(t)\ dt=F(a)=G(a)+k,$$

$$k=-G(a),$$

卽得

$$F(x)=G(x)+k=G(x)-G(a),$$

從而得

$$\int_a^b f(t)\ dt=F(b)=G(b)-G(a)=G(x)\Big|_a^b。$$

卽定理得證。

例 1 求極限: $\displaystyle\lim_{n\to\infty} \frac{\pi}{n} \sum_{i=1}^n \sin \frac{i\pi}{n}$ 之值。

解　若將區間 $[0, \pi]$ 分爲 n 等分，則對函數 $f(x) = \sin x$ 而言，

$$\frac{\pi}{n} \sum_{i=1}^{n} \sin \frac{i\pi}{n}$$

爲 f 在 $[0, \pi]$ 上取樣本爲 $\{\frac{i\pi}{n} \mid i = 1, 2, \ldots, n\}$ 之黎曼和。

又當 $n \to \infty$ 時，上述等分而得之分割的範數趨近於 0，故知

$$\lim_{n \to \infty} \frac{\pi}{n} \sum_{i=1}^{n} \sin \frac{i\pi}{n} = \int_0^\pi \sin x \ dx = -\cos x \ \Big|_0^\pi$$

$$= -(-1-1) = 2 \, 。$$

例 2　求下面之極限：

$$\lim_{h \to 0} \int_2^{2+h} \sqrt{2 + \sqrt{2+t}} \ dt 。$$

解　設 $F(x) = \int_2^x \sqrt{2 + \sqrt{2+t}} \ dt$，則由定理 6-7 知 $F(x)$ 爲可

微分，從而知其爲連續，故

$$\lim_{h \to 0} \int_2^{2+h} \sqrt{2 + \sqrt{2+t}} \ dt = \lim_{h \to 0} F(2+h)$$

$$= F(2) = \int_2^2 \sqrt{2 + \sqrt{2+t}} \ dt = 0 \, 。$$

例 3　求下面之極限：

$$\lim_{h \to 0} \frac{1}{h} \int_2^{2+h} \sqrt{2 + \sqrt{2+t}} \ dt 。$$

解　令 $F(x)$ 如上例，則所求極限爲

$$\lim_{h \to 0} \frac{1}{h} \int_2^{2+h} \sqrt{2 + \sqrt{2+t}} \ dt = \lim_{h \to 0} \frac{F(2+h)}{h} \, ,$$

由上例知 $\lim\limits_{h \to 0} F(2+h) = 0$，故知此極限爲 $\frac{0}{0}$ 之不定型，

由羅比達法則知，

$$\lim_{h \to 0} \frac{F(2+h)}{h} = \lim_{h \to 0} \frac{D \ F(2+h)}{D \ h} = \lim_{h \to 0} \frac{F'(2+h)}{1} \, 。$$

由定理 6-7 知 $F'(x) = \sqrt{2 + \sqrt{2 + x}}$, 故知

$$\lim_{h \to 0} F'(2+h) = \lim_{h \to 0} \sqrt{2 + \sqrt{2 + (2+h)}} = \sqrt{2 + \sqrt{2 + 2}} = 2,$$

卽知

$$\lim_{h \to 0} \frac{1}{h} \int_2^{2+h} \sqrt{2 + \sqrt{2 + t}}\ dt = \lim_{h \to 0} \frac{F'(2+h)}{1} = \frac{2}{1} = 2 。$$

例 4 求下面各題:

(i) $D_x \int_1^x \frac{t}{1+t^2} dt$ (ii) $D_x \int_1^{\tan x} \frac{t}{1+t^2} dt$

解 (i) 由定理 6-7 知

$$D_x \int_1^x \frac{t}{1+t^2} dt = \frac{x}{1+x^2} 。$$

(ii) 令

$$F(x) = \int_1^x \frac{t}{1+t^2}\ dt, \quad u(x) = \tan x,$$

則由定理 6-7 及連鎖律知

$$D_x \int_1^{\tan x} \frac{t}{1+t^2}\ dt = D_x\ F(u(x))$$

$$= F'(u(x))u'(x) = \frac{u(x)}{1+u^2(x)}\ u'(x)$$

$$= \frac{\tan x}{1+\tan^2 x} \sec^2 x = \tan x 。$$

例 5 求下列各定積分之值:

(i) $\int_1^2 x^r\ dx, \quad r \neq -1$ (ii) $\int_0^1 x\sqrt{x}\ dx$

(iii) $\int_1^4 \frac{1+x+x^2}{\sqrt{x}} dx$ (iv) $\int_0^1 \frac{1}{1+x^2} dx$

解 (i) 易知, 對 $r \neq -1$ 而言, $\dfrac{x^{r+1}}{r+1}$ 爲 x^r 的反導函數, 故知

$$\int_1^2 x^r\ dx = \frac{x^{r+1}}{r+1}\ \Big|_1^2 = \frac{2^{r+1}-1}{r+1} 。$$

（ii）由（i）知

$$\int_0^1 x\sqrt{x}\ dx = \int_0^1 x^{\frac{3}{2}}\ dx = \frac{x^{\frac{3}{2}+1}}{\frac{3}{2}+1}\ \Big|_0^1 = \frac{2}{5}x^{\frac{5}{2}}\ \Big|_0^1 = \frac{2}{5}。$$

（iii）易知

$$\int_1^4 \frac{1+x+x^2}{\sqrt{x}}dx = \int_1^4 (x^{-\frac{1}{2}}+x^{\frac{1}{2}}+x^{\frac{3}{2}})\ dx$$

$$= \int_1^4 x^{-\frac{1}{2}}\ dx + \int_1^4 x^{\frac{1}{2}}\ dx + \int_1^4 x^{\frac{3}{2}}\ dx$$

$$= (2x^{\frac{1}{2}}+\frac{2}{3}x^{\frac{3}{2}}+\frac{2}{5}x^{\frac{5}{2}})\ \Big|_1^4$$

$$= 2(2-1)+\frac{2}{3}(2^3-1)+\frac{2}{5}(2^5-1) = \frac{286}{15}。$$

（iv）因爲 $\mathrm{Tan}^{-1}x$ 爲 $\dfrac{1}{1+x^2}$ 的反導函數，故知

$$\int_0^1 \frac{1}{1+x^2}\ dx = \mathrm{Tan}^{-1}x\ \Big|_0^1$$

$$= \mathrm{Tan}^{-1}1 - \mathrm{Tan}^{-1}0 = \frac{\pi}{4} - 0 = \frac{\pi}{4}。$$

例6　求下面定積分之值：

$$\int_{-2}^3 \mid x^3-x\mid dx。$$

解　因爲被積分函數有絕對值，故就絕對值內之函數值的正負加以討論，以消去絕對值符號。由下表易知

x	-1	0	1	
x^3-x	$-$	$+$	$-$	$+$

$$\int_{-2}^3 \mid x^3-x\mid dx = \int_{-2}^{-1} \mid x^3-x\mid dx + \int_{-1}^0 \mid x^3-x\mid dx$$

$$+ \int_0^1 \mid x^3-x\mid dx + \int_1^3 \mid x^3-x\mid dx$$

$$= \int_{-2}^{-} (x-x^3)\ dx + \int_{-1}^{0} (x^3-x)\ dx$$

$$+ \int_{0}^{1} (x-x^3)\ dx + \int_{1}^{3} (x^3-x)\ dx$$

$$= \frac{9}{4} + \frac{1}{4} + \frac{1}{4} + 16 = \frac{75}{4}。$$

例 7 設某公司生產 x 個產品之邊際成本爲

$$TC'(x) = \frac{x^2}{15} - 4x + 65。$$

試求其生產第46單位至第60單位產品之總成本。

解 所求生產第 46 單位至第 60 單位產品之總成本爲 $TC(60)-$ $TC(45)$，即

$$\int_{45}^{60} TC'(x)\ dx = \int_{45}^{60} \left(\frac{x^2}{15} - 4x + 65\right)\ dx$$

$$= \left(\frac{x^3}{45} - 2x^2 + 65x\right) \Big|_{45}^{60} = 600。$$

習　　題

求下列各極限：(1～6)

1. $\lim\limits_{h \to 0} \int_{0}^{2+h+h^2} (1+t)\ dt$ 　　　 2. $\lim\limits_{h \to 0} \int_{0}^{1+h} (\sin^2 t + \cos^2 t)\ dt$

3. $\lim\limits_{h \to 0} \int_{2}^{2+3h^2} \sqrt{1+t^2}\ dt$ 　　　 4. $\lim\limits_{h \to 0} \frac{1}{h} \int_{0}^{h} \sqrt{1+t+t^2}\ dt$

5. $\lim\limits_{h \to 0} \frac{1}{h} \int_{5}^{5+h} \sqrt{2t + \sqrt{16+t}}\ dt$

6. $\lim\limits_{h \to \pi/4} \frac{1}{h - \frac{\pi}{4}} \int_{h}^{\pi/4} \sqrt{\tan t}\ dt$

求下列各題：(7～10)

7. $D_x \int_1^x \sqrt{1+t^2}\, dt$ 8. $D_x \int_1^{\sin^2 x} (1+4t)\, dt$

9. $D_x \int_1^{\tan x} (1+t^2)\, dt$ 10. $D_x \int_{\sin^2 x}^{\cos^2 x} \sqrt{t}\, dt,\ x \in [0,1]$

11. 設 $u(x)$ 爲可微分函數，$f(x)$ 爲連續函數，且 $a,u(x) \in \mathrm{dom}\, f$，求

$$D_x \int_a^{u(x)} f(t)\, dt。$$

12. 設 $u(x), v(x)$ 爲可微分函數，$f(x)$ 爲連續函數，且 $u(x), v(x) \in \mathrm{dom}\, f$，求

$$D_x \int_{v(x)}^{u(x)} f(t)\, dt。$$

利用第12題的結果，求下列各題：（13～14）

13. $D_x \int_{x^2+1}^{\sec x} \sqrt{t^2-1}\, dt$ 14. $D_x \int_{\sqrt{x+1}}^{\mathrm{Tan}^{-1} x} \tan t\, dt$

求下列各定積分：（15～22）

15. $\int_1^8 \sqrt[3]{x}\, dx$ 16. $\int_{-19}^{19} x^5\, dx$

17. $\int_{-\frac{\pi}{4}}^{\frac{\pi}{4}} \tan x\, dx$ 18. $\int_0^{\frac{\pi}{4}} (\sin^2 x + \cos^2 x)^5\, dx$

19. $\int_0^{\frac{\pi}{12}} (\sec^2 3x - \tan^2 3x)^2 dx$ 20. $\int_{-\frac{\pi}{3}}^{\frac{\pi}{3}} \sec x\, \tan x\, dx$

21. $\int_{-3}^4 |\, 2x-3x^2\, |\, dx$ 22. $\int_{-2}^2 |\, x^4+x^3-2x^2\, |\, dx$

23. 設 f 爲 $[a,b]$ 上的連續函數，令 $F(x)=\int_{x_0}^x f(t)\, dt,\ x,x_0 \in [a,b]$。利用（微分）均值定理（定理 4-3），證明下面之積分均值定理：存在 $c \in [a,b]$ 使得

$$\int_a^b f(t)\, dt = f(c)(b-a)。$$

24. 某公司的邊際成本函數為 $TC'(x) = 50 + \dfrac{630}{x^2}$，試求於生產30單位產品後，再生產 5 單位產品之成本。

第七章　對數與指數函數

§7-1 自然對數函數

本章將以定積分來定義**自然對數函數**（natural logarithm function），然後藉自然對數來定義**自然指數函數**（natural exponential function），以及一般的實數指數，更進而定義一般的對數函數。在此，我們將可看到，數學家以定積分來定義自然對數，是個相當自然的發展。我們可以想像到，數學家在引進自然對數函數 ln 時，心中必定有個構想，希望它具有下面的三個性質：

(1) 為可逆函數，

(2) 為可微分函數，

(3) 對定義域中的任意二元素 x, y 而言，皆有下面的性質：

$$\ln xy = \ln x + \ln y。$$

根據上面的構想，進而解第 (3) 性質之「函數方程式」，卽發現函數

$$\ln x \longrightarrow \int_1^x \frac{1}{t}\, dt,\ x > 0,$$

具有所欲的三個性質（此為定理7-1），故以此為自然對數的定義。從幾何的觀點看，$\ln x$ 表曲線 $y = \frac{1}{t}$ 之下，x 軸之上，$t = 1$ 及 $t = x$ 二直線所圍區域面積的代數值，卽若 $x_1 < 1$ 時，$-\ln x_1$ 才表集合

$\{(t, y) \mid 0 \le y \le \frac{1}{t},\ t \in [x_1, 1]\}$ 之面積，如下圖所示：

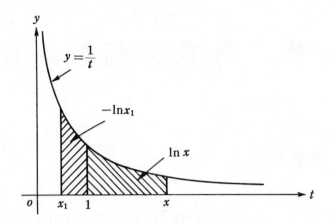

定理 7-1

自然對數 $\ln x = \int_1^x \dfrac{1}{t}\ dt,\ x > 0$，具有下列三性質:

（i）為可微分，

（ii）為可逆，

（iii）$\ln xy = \ln x + \ln y$。

證明 由定理6-7及 $\ln$ 之定義知, $\ln\ x$ 為可微分，且

$$D\ \ln x = D\int_1^x \dfrac{1}{t}\ dt = \dfrac{1}{x} > 0\ 。$$

故知 $\ln\ x$ 為嚴格增函數，即知為一對一函數，故為可逆。又由連鎖律得

$$D_x \ln xy = \dfrac{1}{xy}D_x(xy) = \dfrac{1}{xy}\cdot y = \dfrac{1}{x} = D_x \ln x ,$$

故由定理 4-5 知

$\ln xy = \ln\ x + c,$ 其中 c 為一常數。

令 $x = 1$ 代入上式得

$\ln y = \ln\ 1 + c$。

因為由定義知

$$\ln 1 = \int_1^1 \frac{1}{t}\, dt = 0\,,$$

故得

$$\ln y = c\,,$$

$$\ln xy = \ln x + \ln y\,,$$

卽定理得證。

　　自然對數函數，有下面定理所述的基本性質：

定理 7-2

　　（ⅰ）$\ln 1 = 0$，　　　　（ⅱ）$\ln x^n = n \ln x$，$x > 0$，$n \in N$，

　　（ⅲ）$\ln \dfrac{1}{x} = -\ln x$，$x > 0$，

　　（ⅳ）$\ln \dfrac{x}{y} = \ln x - \ln y$，$x$，$y > 0$。

證明 （ⅰ）$\ln 1 = 0$ 之性質在定理 7-1（ⅲ）的證明中已提及並說明過。

（ⅱ）$n = 1$ 時，顯然成立；而 $n = 2$ 時，由定理 7-1（ⅲ），

$$\ln x^2 = \ln(x \cdot x) = \ln x + \ln x = 2 \ln x\,,$$

仿此可知，對任意自然數 n 而言，逐次利用定理 7-1（ⅲ）卽得，

$$\ln x^n = \ln(x \cdot x \cdot \ldots \cdot x) \qquad\qquad (n\text{ 個 } x \text{ 相乘})$$

$$= \ln x + \ln x + \ldots + \ln x \qquad\qquad (n\text{ 個 } \ln x \text{ 相加})$$

$$= n \ln x\,。$$

（ⅲ）易知

$$\ln 1 = 0 \qquad\qquad\qquad （定理7\text{-}2（ⅰ））$$

$$\Longrightarrow \ln\left(x \cdot \frac{1}{x}\right) = 0$$

$$\Longrightarrow \ln x + \ln \frac{1}{x} = 0 \qquad\qquad （定理7\text{-}1（ⅲ））$$

$$\Longrightarrow \ln \frac{1}{x} = -\ln x\,,$$

(iv) 由定理 7-1 (iii) 及定理 7-2 (iii) 卽得:

$$\ln\frac{x}{y}=\ln(x\cdot\frac{1}{y})=\ln x+\ln\frac{1}{y}=\ln x+(-\ln y)$$
$$=\ln x-\ln y。$$

例1 證明定理 7-2 (ii) 中，n 爲任意整數亦成立。

證 只須證明 n 爲負整數的情形。設 n 爲負整數，則 $m=-n$ 爲正整數，故

$$\ln x^n=\ln x^{-m}=\ln\frac{1}{x^m}$$
$$=-\ln x^m \qquad (\text{定理 7-2 (iii)})$$
$$=-(m\ln x) \qquad (\text{定理 7-2 (ii)})$$
$$=(-m)\ln x=n\ln x。$$

下面將利用定理 7-2 (ii)，及自然數的**阿基米德**性質（定理1-7）來證明 $\ln$ 的值域爲R。

定理 7-3

自然對數函數 $\ln$ 的值域爲R。

證明 因爲 $\ln 2>0$（何故？），故對任意正數 M 而言，由阿基米德性質知，存在自然數 n 使得

$$n\ln 2>M,$$
$$\ln 2^n>M, \qquad\qquad (\text{定理 7-2 (ii)})$$

卽存在 $x=2^n$，使 $\ln x>M$。今對任意$K<0$而言，因$-K>0$，故由上知，存在 x 使

$$\ln x>-K,$$
$$-\ln x<K,$$
$$\ln\frac{1}{x}<K, \qquad (\text{定理 7-2 (ii)})$$

卽知存在 $y=\frac{1}{x}$，使 $\ln y<K$。由是知，對任意一$r\in R$而言，存在

x , $y > 0$, 使

$$\ln y < r < \ln x 。$$

由於 ln 為可微分函數，故為連續函數，因此由中間值定理（定理 2-28）知，必有一介於 x , y 之間的實數 z , 使得 ln $z = r$, 由是即知，ln 的值域為 R 。

　　由於自然對數函數 ln 為嚴格增函數，且值域為 R , 故知 x 很大時 ln x 很大，而 x 很接近於 0 時，ln x 為絕對值很大的負數，可知：

$$\lim_{x \to \infty} \ln x = \infty, \quad \lim_{x \to 0+} \ln x = -\infty 。$$

由於

$$D \ln x = \frac{1}{x} > 0 , \ D^2 \ln x = D\frac{1}{x} = -\frac{1}{x^2} < 0 ,$$

故知 ln 之圖形向右遞增，且向下凹，如下圖所示：

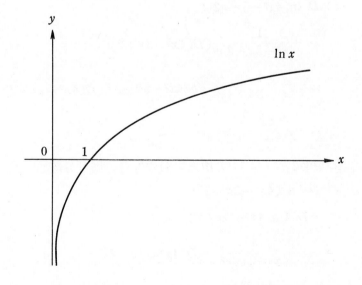

例2　證明: $\ln \sqrt{x} = \frac{1}{2} \ln x$ 。

證　令 $\sqrt{x} = y$, 則 $x = y^2$, 故得

$$\ln x = \ln y^2 = 2 \ln y = 2 \ln \sqrt{x},$$

$$\ln \sqrt{x} = \frac{1}{2} \ln x。$$

仿例 2 可得下面之定理：

定理 7-4

設 $x > 0$，p，$q \in Z$，則 $\ln \sqrt[p]{x^q} = \frac{q}{p} \ln x。$

證明 作為習題。

例3 求下面各題：

(i) $D \ln(x^2 + x + 1)^4$ (ii) $D \ln \sqrt{\dfrac{x^2 + 2x + 1}{x^2 + 1}}$

解 因 $D \ln x = \dfrac{1}{x}$，故由連鎖律得

(i) $D \ln(4x^2 - 3x + 2)^4$

$$= \frac{1}{(4x^2 - 3x + 2)^4} (D(4x^2 - 3x + 2)^4)$$

$$= \frac{1}{(4x^2 - 3x + 2)^4} \cdot 4(4x^2 - 3x + 2)^3 (D(4x^2 - 3x + 2))$$

$$= \frac{4(8x - 3)}{4x^2 - 3x + 2}。$$

若利用定理 7-2 (ii) 所述之對數性質，則可另解如下：

(i) $D \ln (4x^2 - 3x + 2)^4$

$$= D \, 4\ln(4x^2 - 3x + 2)$$

$$= 4 \frac{1}{4x^2 - 3x + 2} (D(4x^2 - 3x + 2))$$

$$= \frac{4(8x - 3)}{4x^2 - 3x + 2}。$$

(ii) $D \ln \sqrt{\dfrac{x^2 + 2x + 1}{x^2 + 1}}$

$$=D\frac{1}{2}(\ln(x^2+2x+1)-\ln(x^2+1))$$

$$=\frac{1}{2}\left(\frac{2x+2}{x^2+2x+1}-\frac{2x}{x^2+1}\right)$$

$$=\frac{1}{x+1}-\frac{x}{x^2+1}\ \text{。}$$

例4　設 $y=\ln\{\sqrt[3]{x^3-3x}(4x^4+2x^2)^4\}$，求 $\dfrac{dy}{dx}$。

解　由對數之性質知

$$y=\ln\{\sqrt[3]{x^3-3x}(4x^4+2x^2)^4\}$$

$$=\ln\sqrt[3]{x^3-3x}+\ln(4x^4+2x^2)^4$$

$$=\frac{1}{3}\ln(x^3-3x)+4\ln(4x^4+2x^2),$$

故知

$$\frac{dy}{dx}=\frac{1}{3(x^3-3x)}(D(x^3-3x))+\frac{4}{4x^4+2x^2}(D(4x^4+2x^2))$$

$$=\frac{1}{3(x^3-3x)}(3x^2-3)+\frac{4}{4x^4+2x^2}(16x^3+4x)$$

$$=\frac{x^2-1}{x^3-3x}+\frac{32x^2+8}{2x^3+x}\ \text{。}$$

在例 4 的求解中，我們利用了自然對數函數的基本性質先行化簡再求導函數。下面介紹的**對數微分法**，則爲更巧妙的對數性質的應用。

例5　設 $y=\dfrac{x\cos x}{(x^2+1)^3\sin^2x}$，求 $\dfrac{dy}{dx}$。

解　對等號兩邊取對數，並利用對數函數的性質知，

$$y=\frac{x\cos x}{(x^2+1)^3\sin^2x}$$

$$\Longleftrightarrow\ \ln y=\ln\left\{\frac{x\cos x}{(x^2+1)^3\sin^2x}\right\}$$

$$\Longleftrightarrow\ \ln y=\ln(x\cos x)-\ln((x^2+1)^3\sin^2x)$$

$$\Longleftrightarrow \ln y = \ln x + \ln \cos x - 3 \ln(x^2+1) - 2 \ln \sin x,$$

故得

$$D \ln y = D\{\ln x + \ln \cos x - 3 \ln(x^2+1) - 2 \ln \sin x\},$$

$$\frac{1}{y} \cdot \frac{dy}{dx} = \frac{1}{x} + \frac{1}{\cos x} D \cos x - \frac{3}{x^2+1} D(x^2+1)$$

$$- \frac{2}{\sin x} D \sin x$$

$$= \frac{1}{x} + \frac{-\sin x}{\cos x} - \frac{6x}{x^2+1} - \frac{2 \cos x}{\sin x}$$

$$\frac{dy}{dx} = y \cdot \left(\frac{1}{x} + \frac{-\sin x}{\cos x} - \frac{6x}{x^2+1} - \frac{2 \cos x}{\sin x} \right)$$

$$\frac{dy}{dx} = \frac{x \cos x}{(x^2+1)^3 \sin^2 x} \left(\frac{1}{x} - \frac{\sin x}{\cos x} - \frac{6x}{x^2+1} - \frac{2 \cos x}{\sin x} \right)。$$

由上例所示知，對數微分法的基本步驟如下：

步驟 1 $y = f(x)$，（其中 f 為一些函數的積與商或方根）

步驟 2 $\ln y = \ln f(x)$，（對步驟 1 之等號兩邊取對數並化簡）

步驟 3 $\frac{1}{y} \frac{dy}{dx} = \frac{d}{dx}(\ln f(x))$，（對步驟 2 之等號兩邊微分）

步驟 4 $\frac{dy}{dx} = f(x) \cdot \frac{d}{dx}(\ln f(x))$，（對步驟3之等號兩邊乘以 y ）

例 6　設 $\ln x^2 y^3 = 2x + y$, 求 $\frac{dy}{dx}$。

解　由隱函數的微分法知

$$\ln x^2 y^3 = 2x + y$$

$$\Longrightarrow 2 \ln x + 3 \ln y = 2x + y$$

$$\Longrightarrow \frac{d}{dx}(2 \ln x + 3 \ln y) = \frac{d}{dx}(2x + y)$$

$$\Longrightarrow \frac{2}{x} + \frac{3}{y} \frac{dy}{dx} = 2 + \frac{dy}{dx}$$

$$\Longrightarrow \quad \frac{dy}{dx} = \frac{2 - \dfrac{2}{x}}{\dfrac{3}{y} - 1} = \frac{2y(x-1)}{x(3-y)} \text{。}$$

習　題

1. 設 $A = \{(x, y) \mid 0 \le y \le \dfrac{1}{x}, \ x \in [1, 2]\}$, $B = \{(x, y) \mid 0 \le y \le \dfrac{1}{x},$

    $x \in [3, 6]\}$, 證明:

    A 的面積 $= B$ 的面積。

2. 仿例 2 證明定理 7-4。

    於下面各題中，求 $\dfrac{dy}{dx}$: $(3 \sim 14)$

3. $y = \ln 4x$ 4. $y = \ln ax \ (a < 0)$

5. $y = \ln |x|$ 6. $y = \ln x^5$

7. $y = \ln^4 2x$ 8. $y = \ln \ln (x^2 + 1)$

9. $y = (x^2 + 3) \ln \sqrt{x^4 + 1}$ 10. $y = \dfrac{\ln(2 + \sin 3x)}{x}$

11. $y = \sqrt[3]{\ln(2 - \cos 4x)}$ 12. $y = \dfrac{3x^2 + x + 1}{\ln x}$

13. $y = \dfrac{\sqrt[3]{(2x+3)^2}}{(3x-2)^3 (x^2-1)^2}$ 14. $y = x \ln(1 + \cos^2 x)^3$

    於下面各題中，求 $\dfrac{dy}{dx}$: $(15 \sim 17)$

15. $x \ln y + y \ln x = 1$ 16. $\ln(x^2 + y^2) = x - y$

17. $\ln(x^2 - y^2) = x + y$

18. 設 $y = \ln(x^2 + y^2)$, 求 $\dfrac{dy}{dx}$ 在點 $(1, 0)$ 處之值。

19. 求曲線 $y = \ln 2x$ 在點 $(\frac{1}{2}, 0)$ 處之切線方程式。

20. 求曲線 $y = (x+1)\ln(x-1)$ 在點 $(2,0)$ 處之切線方程式。

求下面各題之極限: $(21 \sim 23)$

21. $\lim\limits_{x \to 0} \dfrac{\ln(x+1)}{x}$ 22. $\lim\limits_{x \to \infty} \dfrac{\ln x}{x}$ 23. $\lim\limits_{x \to \infty} \dfrac{\ln^4 x}{\sqrt[3]{x}}$

24. 求下面之極限:

$$\lim_{n \to \infty} \left\{ \frac{1}{n} + \frac{1}{n+1} + \frac{1}{n+2} + \ldots + \frac{1}{2n} \right\}$$

提示: 令 $f(x) = \dfrac{1}{x}$,並考慮下式之幾何意義

$$\lim_{n \to \infty} \frac{1}{n} \{ f(1) + f(1 + \frac{1}{n}) + f(1 + \frac{2}{n}) + \ldots + f(1 + \frac{n}{n}) \}$$

25. 求下面定積分之值:

$$\int_{-4}^{-2} \frac{1}{x} \, dx 。$$

§7-2 自然指數函數及實數指數函數

上節中,我們曾證明了定義於 $(0, \infty)$ 之實值可逆且可微分的函數 ln 的值域為 R。我們稱 ln 之反函數為 **自然指數函數** (exponential function),以 exp 表之,卽

$$\exp : R \longrightarrow (0, \infty),$$

$$\exp x = \ln^{-1} x 。$$

從可逆函數及其反函數的定義知

$$\exp \ln x = x, \quad x \in (0, \infty),$$

$$\ln \exp x = x, \quad x \in R 。$$

而由於可逆函數及其反函數的圖形，對稱於直線 $y = x$，故知 exp 的圖形如下：

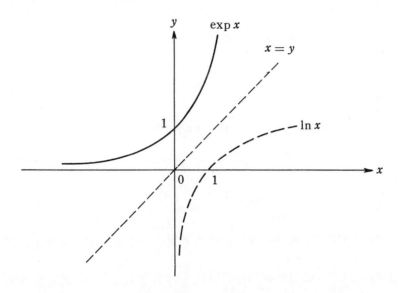

　　由定義知，可由自然對數的性質，推得下述自然指數的性質：

定理 7-5

　　（i）$\exp x > 0$，$x \in R$　　　　　（ii）$\exp 0 = 1$

　　（iii）$\exp(x+y) = (\exp x)(\exp y)$

　　（iv）$\exp(nx) = (\exp x)^n$，$n \in Z$。

證明 （i）由定義卽得。（ii）由於 exp 與 ln 互爲反函數，故易知

$$\exp 0 = \exp(\ln 1) = 1。$$

（iii）由 exp 與 ln 互爲反函數，並由 ln 的性質，可知

$$(\exp x)(\exp y) = \exp \ln\{(\exp x)(\exp y)\}$$
$$= \exp\{\ln \exp x + \ln \exp y\}$$
$$= \exp(x+y)。$$

（iv）由於 exp 及 ln 互爲反函數，故

$$(\exp x)^n = \exp \ln\{(\exp x)^n\},$$

更由上節例 1 知，對任意整數 n 而言，

$$\exp \ln\{(\exp x)^n\} = \exp\{n(\ln \exp x)\} = \exp(nx)。$$

綜上知，定理得證。

例1 設 a 爲任一實數，證明：

$$\exp \frac{a}{2} = \sqrt{\exp a}。$$

證

$$\sqrt{\exp a} = \exp \ln(\sqrt{\exp a})$$

$$= \exp (\frac{1}{2} \ln \exp a) \qquad (定理\ 7\text{-}4)$$

$$= \exp \frac{a}{2}。$$

例 1 說明了定理 7-5 (iv) 中的 n 爲 $\frac{1}{2}$ 時亦爲正確。事實上，仿例 1 的證法，可易導得此 n 爲任意分數 $\frac{q}{p}$ 時亦爲正確，關於此點留作讀者練習，在此僅列爲定理於下。

定理 7-6

對任意分數 $\frac{q}{p}$ 及實數 a 而言，$\exp (\frac{q}{p} a) = \sqrt[p]{(\exp a)^q}。$

若我們以**分指數** $(\exp a)^{q/p}$ 表 $\sqrt[p]{(\exp a)^q}$，則定理7-6卽表定理 7-5 (iv) 中之 n，可由整數擴充爲分數，而定理7-4則表定理 7-2 (ii) 中之 n，亦可由整數擴充而爲分數的意思。在此我們要提醒讀者的是，分指數 $a^{q/p}$ 的底 a，須爲正數才有意義，且才表 a^q 的 p 次方根 $\sqrt[p]{a^q}$。因若不管 a 是否爲正，均定義 $a^{q/p}$ 表 $\sqrt[p]{a^q}$，則有下式之不合理的現象出現：

$$-1 = \sqrt[3]{-1} = (-1)^{\frac{1}{3}} = (-1)^{\frac{2}{6}} = \sqrt[6]{(-1)^2} = \sqrt[6]{1} = 1。$$

對實數 $a > 0$ 而言，由 $\ln a^{q/p} = \frac{q}{p} \ln a$，可得

$$a^{q/p}=\exp(\ln a^{q/p})=\exp\left(\frac{q}{p}\ln a\right).$$

利用上述之恆等式，我們可對以正數 a 為底的指數之意義加以擴充，使對任意實數 x 而言，a^x 均有意義，稱為**實數指數**，意義如下：

$$a^x=\exp(x\ln a),$$

其中 a 仍稱為**底**，x 稱為**指數**。依此定義，可得定理7-2 (ii) 的擴充，如下定理所述。

定理 7-7

設 $a>0$，則對任意 $x\in R$ 而言，恒有 $\ln a^x=x\ln a$。

證明 易知

$$a^x=\exp(x\ln a) \qquad\text{（定義）}$$
$$\Longrightarrow \ln a^x=\ln(\exp(x\ln a))$$
$$=x\ln a, \qquad\text{（何故？）}$$

即得證。

一般而言，常覺得 a^x 之定義不易牢記，而定理 7-7 的結果反而較易記憶，故通常只記後者，而實指數的定義，若有需要時，可由後者推出如下：

$$a^x=\exp(\ln a^x) \qquad\text{（exp, ln 互為反函數）}$$
$$=\exp(x\ln a). \qquad\text{（定理 7-7）}$$

例2 求 1^x，$x\in R$ 之值。

解 $1^x=\exp(\ln 1^x)=\exp(x\ln 1)=\exp(x\cdot0)=\exp(0)=1$。

由實數指數的意義，我們可易推得負指數的一個簡單的意義：對 $a>0$ 而言，若 $x>0$，則 $-x<0$，且

$$a^{-x}=\exp(\ln a^{-x})$$
$$=\exp(-x\ln a)$$
$$=\frac{1}{\exp(x\ln a)}=\frac{1}{a^x},$$

譬如 $a^{-\sqrt{2}}=\dfrac{1}{a^{\sqrt{2}}}$ 等。下面我們要利用自然對數和指數的性質，來證明

實指數的**指數律**如下定理所述:

定理 7-8 指數律 (laws of exponents)

　　設 $a, b>0, x, y\in R,$ 則

　　　（ i ）$a^x\cdot a^y=a^{x+y}$　　　　　　（ii）$\dfrac{a^x}{a^y}=a^{x-y}$

　　　（iii）$a^x\cdot b^x=(ab)^x$　　　　　　（iv）$\dfrac{a^x}{b^x}=\left(\dfrac{a}{b}\right)^x$

　　　（ v ）$(a^x)^y=a^{xy}$

證明 今僅證明 (i),(v) 以爲示範，餘則留作習題。

　　　（i）$a^x\cdot a^y=\exp(x\ln a)\cdot\exp(y\ln a)$　　　　　（定義）

　　　　　　　$=\exp(x\ln a+y\ln a)$　　　　　（定理 7-5 (iii)）

　　　　　　　$=\exp((x+y)\ln a)$

　　　　　　　$=a^{x+y}。$　　　　　　　　　　（定義）

　　　（v）$(a^x)^y=\exp(\ln(a^x)^y)$

　　　　　　　$=\exp(y\ln a^x)$

　　　　　　　$=\exp(yx\ln a)$

　　　　　　　$=\exp(\ln a^{xy})$

　　　　　　　$=a^{xy}。$

　　上面我們藉著自然指數函數，定義了實數指數。事實上，這二者有著相當密切的關係。譬如對任意實數 x 來說，由於 exp 的值域爲 $(0,\infty)$，故由實數指數的定義知

$$a^x=\exp(x\ln a)>0,$$

又如，由於 exp 爲嚴格增函數（何故?），而於 $a>1$ 時，$\ln a>0$；

於 $0 < a < 1$ 時，$\ln a < 0$，故由定義

$$a^x = \exp(x \ln a)$$

即知，於 $a > 1$ 時，$f(x) = a^x$ 為嚴格增函數；於 $0 < a < 1$ 時，$g(x) = a^x$ 為嚴格減函數等。本章稍後，我們將說明 exp 實為 a^x 的一個特殊情形。在此，我們更要指出 a^x 的值域也為 $(0, \infty)$，如下面定理所述：

定理 7-9

設 $0 < a \neq 1$，則函數 a^x 的值域為 $(0, \infty)$。

證明 如上所述，易知 $a^x > 0$，對任意 x 均成立。又對任一 $r \in (0, \infty)$ 而言，因為

$$a^{\frac{\ln r}{\ln a}} = \exp\left(\frac{\ln r}{\ln a} \ln a\right)$$

$$= \exp(\ln r) = r,$$

故知 a^x 之值域為 $(0, \infty)$。

由上面的定理，及於 $a > 1$ 時，$f(x) = a^x$ 為嚴格增函數；且於 $0 < a < 1$ 時，$g(x) = a^x$ 為嚴格減函數的事實知：

$$a > 1 \text{ 時，} \lim_{x \to \infty} a^x = \infty, \lim_{x \to -\infty} a^x = 0;$$

$$0 < a < 1 \text{ 時，} \lim_{x \to \infty} a^x = 0, \lim_{x \to -\infty} a^x = \infty。$$

下面將考慮指數函數之導函數的問題。因為 $D \ln x = \dfrac{1}{x} \neq 0$，對每一 $x \in (0, \infty)$ 均成立，故由定理3-18知，$\exp x$ 為一可微分函數，其導函數如下定理所述：

定理 7-10

$$D \exp x = \exp x。$$

證明 因為 $\ln \exp x = x$，對任意 $x \in R$ 均成立。對此式等號兩邊就 x 微分得

$$D \ln \exp x = D \ x,$$

由 $D \ln x = \dfrac{1}{x}$ ，及連鎖律得

$$\frac{1}{\exp x} D \ \exp x = 1,$$

$$D \ \exp x = \exp x,$$

卽定理得證。

例 3　求 $D \ \exp(\sin^2(-2x^2+x-1))$ 。

解　由定理 7-9 及連鎖律知

$$D \ \exp(\sin^2(-2x^2+x-1))$$

$$= \exp(\sin^2(-2x^2+x-1)) \cdot D \ \sin^2(-2x^2+x-1)$$

$$= \exp(\sin^2(-2x^2+x-1)) \cdot 2(\sin(-2x^2+x-1)) \cdot$$
$$D \ \sin(-2x^2+x-1)$$

$$= \exp(\sin^2(-2x^2+x-1)) \cdot 2\sin(-2x^2+x-1)$$
$$\cos(-2x^2+x-1) \cdot D(-2x^2+x-1)$$

$$= \exp(\sin^2(-2x^2+x-1)) \cdot \sin 2 \ (-2x^2+x-1) \cdot$$
$$(-4x+1)$$

$$= (-4x+1) \ \sin 2 \ (-2x^2+x-1) \cdot$$
$$\exp(\sin^2(-2x^2+x-1)) 。$$

在介紹了實數指數的意義之後，我們可以證明下面在第三章中提到的定理：

定理 3-13

設 r 爲任意實數， f 爲可微分函數，且 $f(x) > 0$ ，則

$$D \ f^r(x) = r \ f^{r-1}(x)f'(x) 。$$

證明　由定義知

$$f^r(x) = \exp(\ln \ f^r(x)) = \exp(r\ln f(x)) 。$$

故由定理 7-9 及連鎖律知

$$D\ f^r(x) = D\ \exp(r\ln f(x))$$

$$= \exp(r\ln f(x))D(r\ln f(x))$$

$$= f^r(x)\ (r\frac{1}{f(x)})f'(x)$$

$$= r\ f^{r-1}(x)f'(x),$$

即定理得證。

例4　求下列各題：

(i) $D_x\ x^y$　　　　　(ii) $D_y\ x^y$　　　　　(iii) $D\ x^x$

解　(i) $D_x x^y = yx^{y-1}$。　　　　　(定理3-13)

(ii) $D_y x^y = D_y\exp(\ln\ x^y) = \exp(\ln x^y)D_y(\ln x^y)$

$$= x^y D_y(y\ln x) = x^y\ln x。$$

(iii) $D\ x^x = D\ \exp(\ln x^x) = \exp(\ln x^x)D(\ln x^x)$

$$= x^x\ D(x\ln x) = x^x(\ln x + x\cdot\frac{1}{x}) = x^x(\ln x + 1)。$$

我們把例 4 (ii) 的結果述爲下面的定理：

定理 7-11

設 $a > 0$，則 $D\ a^x = a^x\ln a$。

仿照前節介紹的對數微分法，利用對數函數來處理求合成的指數函數的導函數問題，甚爲便捷，如下例所示：

例5　求 $D(2+\cos^3 4x)^{2x+1}$。

解　令 $y = (2+\cos^3 4x)^{2x+1}$，則 $\ln\ y = \ln(2+\cos^3 4x)^{2x+1}$

$$= (2x+1)\ln(2+\cos^3 4x)，故得$$

$$D\ \ln\ y = D\ (2x+1)\ln(2+\cos^3 4x),$$

$$\frac{1}{y}(D\ y) = 2\ln(2+\cos^3 4x) + (2x+1)\cdot D\ \ln(2+\cos^3 4x)$$

$$= 2\ln(2+\cos^3 4x) + \frac{2x+1}{2+\cos^3 4x}\cdot D(2+\cos^3 4x)$$

$$= 2 \ln(2+\cos^3 4x) + \frac{2x+1}{2+\cos^3 4x} (3\cos^2 4x) D \cos 4x$$

$$= 2 \ln(2+\cos^3 4x) + \frac{2x+1}{2+\cos^3 4x} (-12\cos^2 4x \cdot \sin 4x),$$

$$D(2+\cos^3 4x)^{2x+1} = D \ y$$

$$= y \cdot \left\{ 2 \ln(2+\cos^3 4x) + \frac{2x+1}{2+\cos^3 4x} (-12\cos^2 4x \cdot \sin 4x) \right\}$$

$$= (2+\cos^3 4x)^{2x+1} \Big\{ 2\ln(2+\cos^3 4x)$$

$$-12 \ (2x+1) \ \frac{\cos^2 4x \cdot \sin 4x}{2+\cos^3 4x} \Big\}。$$

由定理7-11可知

$$D^2 a^x = D(D \ a^x) = D(a^x \ln \ a) = a^x \ \ln^2 a > 0 ,$$

故知只要 $a > 0$，則 a^x 的圖形恆凹向上，事實上它的圖形如下所示：

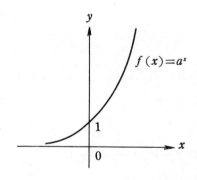

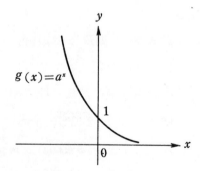

$f(x) = a^x , \ a > 1$ 之圖形 $g(x) = a^x , \ 0 < a < 1$ 之圖形

當 $0 < a < b$ 時，$\dfrac{b}{a} > 1$，故 $h(x) = \left(\dfrac{b}{a}\right)^x$ 爲嚴格增函數。又因

$h(0) = \left(\dfrac{b}{a}\right)^0 = 1$，故知

$$x > 0 \implies \left(\frac{b}{a}\right)^x > 1 \implies b^x > a^x,$$

$$x < 0 \implies \left(\frac{b}{a}\right)^x < 1 \implies b^x < a^x,$$

由此即知，在 y 軸的右邊，b^x 之圖形在 a^x 之圖形的上方；在 y 軸的左邊，b^x 之圖形在 a^x 之圖形的下方。下圖正表明不同底的幾個指數函數之圖形的相關位置，其中

$$a_3 > a_2 > a_1 > 1 > a_6 > a_5 > a_4 > 0 。$$

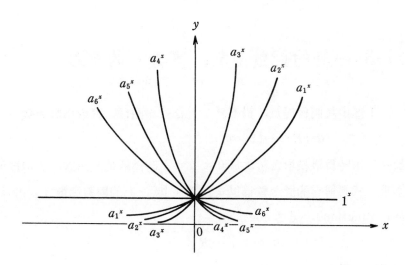

習　　　題

1. 證明定理 7-6。

2. 證明定理 7-8 (ii),(iii),(iv)。

　　於下列各題中，求 $\dfrac{dy}{dx}$： (3~14)

3. $y = (3x^2 + x + 1)^2$

4. $y = \sqrt{3^x}$

5. $y = \ln(\exp\sqrt[3]{x(2x^2 + x - 4)^2}))$

6. $y = \exp(\ln\sqrt[3]{(3x^2 - x + 1)^4})$

7. $y = x^2 \exp\ x^{-2}$ 8. $y = \exp(\exp x)$

9. $y = 10^x$ 10. $y = x^2 3^{2x+1}$

11. $y = x^{10x}$ 12. $y = 5^x \ln^2(1+x^2)$

13. $y = (x^2+1)^{\sin x}$ 14. $y = x^{x^x}$

15. 設 f 爲一可微分函數，且 $f'(x)=f(x)$，$f(0)=1$，證明：

$$f(x) = \exp\ x。$$

（提示：對 $\dfrac{f(x)}{\exp x}$ 就 x 微分）

§7-3 一般的對數函數，實數 e 的意義

上節中我們曾提及，對不爲 1 之正數 a 而言，實數指數函數

$$a^x : R \longrightarrow (0, \infty)$$

於 $a > 1$ 時爲嚴格增函數；於 $0 < a < 1$ 時爲嚴格減函數，故均爲可逆函數。我們稱它的反函數爲以 a 爲底（base）的**對數函數**（logarithmic function），記爲 $\log_a$，卽

$$\log_a : (0, \infty) \longrightarrow R。$$

由定義卽知

$$\log_a a^x = x, \ x \in R,$$

$$a^{\log_a x} = x, \ x > 0。$$

而 $\log_a x$ 的圖形，可易由它的反函數 a^x 之圖形而得，如下所示：

定理 7-12

設 $0 < a \neq 1$，則 $\log_a x = y \Longleftrightarrow a^y = x。$

證明 $\log_a x = y \Longrightarrow a^{\log_a x} = a^y \Longrightarrow x = a^y。$

$a^y = x \Longrightarrow \log_a a^y = \log_a x \Longrightarrow y \log_a a = \log_a x \Longrightarrow y = \log_a x。$

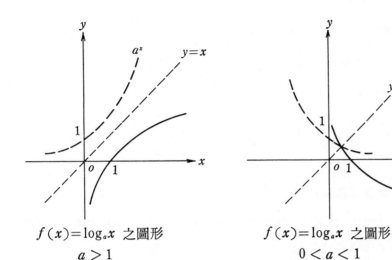

$f(x) = \log_a x$ 之圖形
$a > 1$

$f(x) = \log_a x$ 之圖形
$0 < a < 1$

推論 7-12.1

設 $0 < a \neq 1$, 則 (i) $\log_a 1 = 0$, (ii) $\log_a a = 1$。

下面提出之定理，將使讀者了解，本節提出的一般對數函數 $\log_a x$ 與自然對數函數 $\ln x$ 之間，有密切的關係。關於這，其實並非偶然，因爲 $\log_a x$ 爲 a^x 的反函數，而 a^x 乃藉自然指數來定義，且 $\ln x$ 卽爲 $\exp x$ 之反函數。

定理 7-13 換底法 (change of base)

設 $0 < a \neq 1$, 則(i) $\log_a x = \dfrac{\ln x}{\ln a}$, (ii) $\log_a x = \dfrac{\log_c x}{\log_c a}$, 其中 $0 < c \neq 1$。

證明 (i) 設 $\log_a x = y$, 則 $a^y = x$。將此式等號兩邊的數分別取自然對數值卽知

$$a^y = x$$

$$\Longleftrightarrow \ln a^y = \ln x$$

$$\Longleftrightarrow y \ln a = \ln x \qquad (\text{定理 7-7})$$

$$\Longleftrightarrow y = \frac{\ln x}{\ln a}, \qquad (\text{因}0 < a \neq 1, \text{故} \ln a \neq 0)$$

亦卽

$$\log_a x = \frac{\ln\ x}{\ln\ a}\ 。$$

(ii) 由 (i) 知

$$\log_a x = \frac{\ln\ x}{\ln\ a} = \frac{\dfrac{\ln\ x}{\ln\ c}}{\dfrac{\ln\ a}{\ln\ c}} = \frac{\log_c x}{\log_c a}\ 。$$

綜上知，定理得證。

由於 $\log_a x$ 與 $\ln x$ 有定理 7-13 的關係，故 $\log_a x$ 承襲 $\ln\ x$ 的性質，如下定理所述：

定理 7-14

設 $0 < a \neq 1$，$x\ ,\ y > 0$，則

(i) $\log_a xy = \log_a x + \log_a y,$ (ii) $\log_a \dfrac{x}{y} = \log_a x - \log_a y,$

(iii) $\log_a \dfrac{1}{x} = -\log_a x,$ (iv) $\log_a x^y = y\ \log_a x 。$

證明 僅證明 (i),(iv) 以為示範，餘則留作習題。

$$
\begin{aligned}
(\text{i})\ \log_a xy &= \frac{\ln xy}{\ln a} && （定理7\text{-}13） \\[2mm]
&= \frac{\ln x + \ln y}{\ln a} && （定理\ 7\text{-}1\ (\text{iii})） \\[2mm]
&= \frac{\ln x}{\ln a} + \frac{\ln y}{\ln a} && \\[2mm]
&= \log_a x + \log_a y, && （定理7\text{-}13） \\[2mm]
(\text{iv})\ \log_a x^y &= \frac{\ln x^y}{\ln a} && （定理7\text{-}13） \\[2mm]
&= \frac{y \ln x}{\ln a} && （定理\ 7\text{-}7） \\[2mm]
&= \frac{y(\ln x)}{\ln a} &&
\end{aligned}
$$

$$= y\log_a x。 \qquad\qquad (定理7\text{-}13)$$

顯然 $\log_a x$ 亦為可微分函數，其導函數則如下之定理所示：

定理 7-15

設 $0 < a \neq 1$，則 $D\ \log_a x = \dfrac{1}{x\ln a}$。

證明 因為 $\log_a x = \dfrac{\ln x}{\ln a}$，故得

$$D\ \log_a x = D\left(\frac{\ln x}{\ln a}\right) = \left(\frac{1}{\ln a}\right)D\,(\ln x) = \left(\frac{1}{\ln a}\right)\frac{1}{x}$$

$$= \frac{1}{x\ln a},$$

即定理得證。

例1 設 $y = \log_x(\sqrt{x^3})$，求 $\dfrac{dy}{dx}$。

解 因為 $y = \log_x(\sqrt{x^3}) = \log_x x^{\frac{3}{2}} = \dfrac{3}{2}$，故知 $\dfrac{dy}{dx} = 0$，$x > 0$。

例2 設 $y = \log_x(x^3\sin^2 x)$，求 $\dfrac{dy}{dx}$。

解 因為

$$y = \log_x(x^3\sin^2 x) = \log_x x^3 + \log_x \sin^2 x$$

$$= 3\log_x x + 2\log_x \sin x$$

$$= 3 + 2 \cdot \frac{\ln \sin x}{\ln x},$$

故得

$$\frac{dy}{dx} = \frac{d}{dx}\ \left(3 + 2 \cdot \frac{\ln \sin x}{\ln x}\right)$$

$$= 2\left\{\frac{1}{\sin x}(D\ \sin x)\,(\ln x)^{-1} + (\ln(\sin x))\right.$$

$$\left.(-(\ln x)^{-2})(D\ \ln x)\right\}$$

$$= 2 \left\{ \frac{\cos x}{\sin x} (\ln \ x)^{-1} - (\ln(\sin \ x))(\ln \ x)^{-2} \frac{1}{x} \right\}$$

$$= 2 \ \frac{x(\cos x)(\ln x) - (\sin x)(\ln(\sin x))}{(x \ln^2 x)(\sin x)} \ 。$$

最後，爲了說明自然對數函數 $\ln x$ 和自然指數函數 $\exp x$，只不過分別是一般對數函數 $\log_a x$ 和指數函數 a^x 的特例而已，在這裏要先證明一個重要的極限值存在。

定理 7-16

極限 $\lim\limits_{x \to 0} (1+x)^{1/x}$ 存在。

證明 因爲

$$(1+x)^{1/x} = \exp \frac{\ln(1+x)}{x}$$

且 $\exp$ 爲連續函數，由定理2-25知，

$$\lim_{x \to 0} (1+x)^{1/x} = \lim_{x \to 0} \exp \frac{\ln(1+x)}{x}$$

$$= \exp \ (\lim_{x \to 0} \frac{\ln(1+x)}{x})$$

$$= \exp \ (\lim_{x \to 0} \frac{D \ \ln(1+x)}{D \ x}) \ （羅比達法則）$$

$$= \exp \ (\lim_{x \to 0} \frac{\frac{1}{(1+x)}}{1})$$

$$= \exp \ 1,$$

卽定理得證。

定理7-16的極限值爲 $\exp 1$，特以符號 e 表之，卽

$$e = \exp \ 1 = \lim_{x \to 0} (1+x)^{1/x} \ 。$$

由於

$$\ln \ e = \ln \ \exp \ 1 = 1,$$

故由 ln 的幾何定義知，e 乃使曲線 $y = \dfrac{1}{x}$ 之下，x 軸之上，從 1 到 e 之區域面積爲 1 之數，如下圖所示：

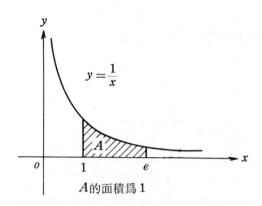

A 的面積爲 1

這數 e 爲一無理數，它的值約爲 2.718281828。

下面的定理證明以 e 爲底的指數函數 e^x，卽爲自然指數函數 exp x；而以 e 爲底的對數函數 $\log_e x$，卽爲自然對數函數 ln x。

定理 7-17

(i) $e^x = \exp x,\ x \in R$　　　(ii) $\log_e x = \ln x,\ x > 0$。

證明 （i）因爲 $e = \exp 1$，故 ln $e = \ln \exp 1 = 1$，由實數指數的意義知，

$$e^x = \exp(x \ln e) = \exp(x \cdot 1) = \exp x。$$

(ii) 由換底法知

$$\log_e x = \frac{\ln x}{\ln e} = \frac{\ln x}{1} = \ln x ,$$

故定理得證。

本書此後 $\log_e x$ 仍常記爲 ln x，而 e^x 與 exp x 則互爲通用。

例 3　求下面各極限：

$$\lim_{x\to 0+} x^x, \ \lim_{x\to\infty} \frac{x^2}{e^x}, \ \lim_{x\to\infty} \frac{x^3}{2^x}, \ \lim_{x\to\infty} \frac{\ln^2 x}{x}, \ \lim_{x\to\infty} \frac{\log_2^3 x}{x} \ 。$$

解　因為 exp 為連續函數，故

$$\lim_{x\to 0+} x^x = \lim_{x\to 0+} \exp(x\ln x)$$

$$= \exp(\lim_{x\to 0+} x \ln x)$$

$$= \exp(\lim_{x\to 0+} \frac{\ln x}{\frac{1}{x}})$$

$$= \exp(\lim_{x\to 0+} \frac{D \ln x}{D(\frac{1}{x})})$$

$$= \exp(\lim_{x\to 0+} \frac{\frac{1}{x}}{(-\frac{1}{x^2})})$$

$$= \exp 0 = 1;$$

因為 $e^x, 2^x, \ln x, \log_2 x$ 等均為嚴格增函數，且前二者的值域均為 $(0, \infty)$，而後二者的值域為 R，故知

$$\lim_{x\to\infty} e^x = \infty, \ \lim_{x\to\infty} 2^x = \infty, \ \lim_{x\to\infty} \ln x = \infty, \ \lim_{x\to\infty} \log_2 x = \infty,$$

故由羅比達法則知

$$\lim_{x\to\infty} \frac{x^2}{e^x} = \lim_{x\to\infty} \frac{D \ x^2}{D \ e^x} = \lim_{x\to\infty} \frac{2x}{e^x} = \lim_{x\to\infty} \frac{2}{e^x} = 0 \ ;$$

$$\lim_{x\to\infty} \frac{x^3}{2^x} = \lim_{x\to\infty} \frac{D \ x^3}{D \ 2^x} = \lim_{x\to\infty} \frac{3x^2}{2^x \ln 2}$$

$$= \lim_{x\to\infty} \frac{6x}{2^x \ln^2 2} = \lim_{x\to\infty} \frac{6}{2^x \ln^3 2} = 0 \ ;$$

$$\lim_{x\to\infty} \frac{\ln^2 x}{x} = \lim_{x\to\infty} \frac{D \ \ln^2 x}{D \ x} = \lim_{x\to\infty} \frac{2(\ln x) \cdot \left(\frac{1}{x}\right)}{1}$$

$$= \lim_{x \to \infty} \frac{2 \ln x}{x} = \lim_{x \to \infty} \frac{\left(\dfrac{2}{x}\right)}{1} = 0 ;$$

$$\lim_{x \to \infty} \frac{(\log_2{}^3 x)}{x} = \lim_{x \to \infty} \frac{\left(\dfrac{\ln^3 x}{\ln^3 2}\right)}{x} = \left(\frac{1}{\ln^3 2}\right) \lim_{x \to \infty} \frac{\ln^3 x}{x} = 0 。$$

例 4 試作 $f(x) = xe^x$ 的圖形。

解 因為

$$f'(x) = e^x + xe^x = e^x(1+x),$$

又 $e^x > 0$，故由下表

x	-1	
$f'(x)$	$-$	$+$

可知 -1 為 f 的相對極小點。又因

$$f''(x) = e^x(1+x) + e^x = e^x(2+x),$$

x	-2	
$f''(x)$	$-$	$+$

故知 -2 為反曲點，f 在區間 $(-\infty, -2)$ 上為向下凹，在區間 $(-2, \infty)$ 上為向上凹。此外，當 $x \geqq 0$ 時，$f(x) \geqq 0$；當 $x < 0$ 時，$f(x) < 0$；且知 $f(0) = 0$，

$$\lim_{x \to -\infty} f(x) = \lim_{x \to -\infty} xe^x = \lim_{x \to -\infty} \frac{x}{e^{-x}} = \lim_{x \to -\infty} \frac{1}{-e^{-x}} = 0 ,$$

$$\lim_{x \to \infty} f(x) = \infty 。$$

綜上資料，作出圖形如下：

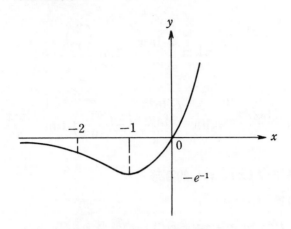

例5　某汽車製造廠新近推出一種新型旅行巴士，預估公開 t 個月時每月銷售量爲

$$S(t)=\frac{200}{1+9e^{-t}},$$

試求（ⅰ）初期每月的銷售量爲何？

　　　（ⅱ）最多每月銷售量爲何？

　　　（ⅲ）何時銷售量的增加率爲最大？

解　（ⅰ）初期每月的銷售量爲 $S(0)=\dfrac{200}{1+9e^{0}}=20$。

（ⅱ）因爲 t 愈大時 e^{-t} 愈小，故 $S(t)$ 爲嚴格增函數。但因

$$\lim_{t\to\infty}S(t)=\lim_{t\to\infty}\frac{200}{1+9e^{-t}}=200,$$

故知隨時間之愈久，每月的銷售量愈近於 200。

（ⅲ）銷售量的增加率爲 $S'(t)$。因

$$S'(t)=-200(1+9e^{-t})^{-2}(-9e^{-t})=1800e^{-t}(1+9e^{-t})^{-2},$$
$$S''(t)=1800(-e^{-t}(1+9e^{-t})^{-2}-2e^{-t}(1+9e^{-t})^{-3}(-9e^{-t}))$$
$$=1800e^{-t}(1+9e^{-t})^{-3}(9e^{-t}-1),$$

因爲 e^{-t}, $(1+9e^{-t})^{-3}$ 均爲正，故 $S''(t)$ 與 $(9e^{-t}-1)$ 爲同號，由下表

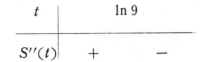

t		ln 9	
$S''(t)$		$+$	$-$

故知 $S'(t)$ 在 $t = \ln 9 \approx 2.19722$（查自然對數值表）處有相對極大值。其中 $S(t)$ 的圖形如下所示：

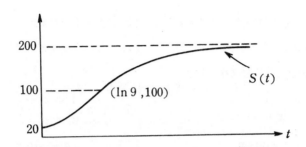

　　像例 5 所示一樣，一種新產品的推出，其每月銷售量的成長，大都如下所述的情形：起初銷售成長率甚為緩慢，然後因著公共知名度的增加，成長率增加到它的最大值。其後，雖然銷售量仍在增加，但成長率卻在減小。最後達到**市場飽和點**（market saturation），而銷售成長率幾近於零。如果將每月銷售量表為時間 t 的函數 $S(t)$，則這函數的圖形即如例 5 而如下所示，具這類情形的函數，稱為**後勤函數**（logistic function）。

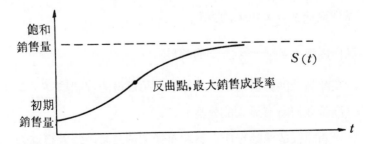

習　　題

1.　證明定理 7-14 (ii),(iii)。

於下面各題中，求$\dfrac{dy}{dx}$: (2～5)

2.　$y = \log_2(4\sqrt[3]{(x^3+6x+1)^4})$　　3.　$y = (\log_a x)^x$

4.　$y = x^2(e^{\cos x})^2$　　　　　　　　5.　$y = \log_x(x^2+1)^{\tan x}$

求下面各極限: (6～11)

6.　$\lim\limits_{x \to 0} \dfrac{e^{2x}-1}{x}$　　　　　　7.　$\lim\limits_{x \to 0+} \dfrac{\log_2 x}{\sqrt{x}}$

8.　$\lim\limits_{x \to 0} \dfrac{e^{2x}-\cos x}{x}$　　　　9.　$\lim\limits_{x \to 0} \dfrac{xe^x-\sin x}{x^2\cos x}$

10.　$\lim\limits_{x \to 0+} (\sin x)^{\sin x}$　　　　11.　$\lim\limits_{x \to l+} (\sin x)^{\tan x}$

12.　證明**常態分配** (normal distribution)（probability density
function, p.d.f.）

$$f(x) = \left(\frac{1}{\sigma\sqrt{2\pi}}\right) \exp\left(\frac{-\left(\dfrac{x-\mu}{\sigma}\right)^2}{2}\right),$$

（其中 σ , μ 爲常數），在 $x = \mu$ 處有極大值。

13.　試作函數 $y = x \ln x$ 的圖形。

14.　試作函數 $y = \dfrac{e^x+e^{-x}}{2}$ 的圖形。

15.　設某商品於供應量爲 x 時，每一商品可得的利潤爲 $p = 25e^{-x/5}$，問
供應量爲何時有最大的收益？

16.　一家新開張的保齡球館，於開幕後 t 個月時，每天打球的人數爲

$$f(t) = \frac{360}{3+15e^{-t}},$$

試問：

　　　　（ⅰ）初期每天有多少顧客？

　　　　（ⅱ）此球館未來最多每天有多少顧客？

　　　　（ⅲ）試作 f 的圖形。圖形的反曲點代表什麼意義？

17.　在一人口爲 50000 的小城中，於有人感染流行性感冒後 t 日時，城中感染的人數爲

$$N(t)=\frac{10000}{1+9999e^{-t}},$$

問何時流行的速率爲最快？

§7-4 指數函數的應用

　　在商業上，常須有金錢的週轉。通常向人借錢以爲己用，須付出一定金額的**利息**（interest），而所借得的錢稱爲**本金**（principal），在單位時期內，利息與本金的比率稱爲**利率**（interest　rate）。一般來說，時期的單位常取一年，故利率常指年利率而言。習慣上，利率常以**複利**（compound　interest）的方式計算，即在一年中數度將利息加入本金而再生息。譬如，銀行可能以年利率 r 而一年四次複利的方式計息，則於年初存入本金 P 元，經三個月後的本利和爲 $P\left(1+\dfrac{r}{4}\right)$ 元，再經三個月後，本利和即成爲

$$P(1+\frac{r}{4})\ (1+\frac{r}{4})=P(1+\frac{r}{4})^2,$$

而一年後的本利和則爲 $P(1+\dfrac{r}{4})^4$ 元。仿此，若年利率爲 r，一年 n 次複利計息，則 P 元本金經一年後的本利和爲

$$P(1+\frac{r}{n})^n。$$

並非所有資產的增值均如上述，將一年分幾次複利計算，而往往是依所謂的**連續複利**（compounded continuously）計算的。譬如一件藝術作品的價值，往往被看作是連續增值的。此外，許多公司對其收益，亦是採用連續複利計算的。也就是說，其複利計算是無時不在進行的，亦卽可令一年 n 次複利之 n 趨近於無窮大。故知本金爲 P，年利率爲 r，以連續複利計算時，一年後的本利和爲

$$\lim_{n \to \infty} P(1+\frac{r}{n})^n$$

$$=\lim_{n \to \infty} P \text{ 因爲 } ((1+\frac{r}{n})^{n/r})^r,$$

因爲

$$\lim_{x \to 0} (1+x)^{1/x}=e,$$

而 $n \longrightarrow \infty$ 時，$\frac{r}{n} \longrightarrow 0$，故知

$$\lim_{n \to \infty} P(1+\frac{r}{n})^n=Pe^r。$$

若考慮 t 年（t 不一定爲正整數），則連續複利的本利和爲

$$S(t)=Pe^{rt}。$$

我們稱利率 r 爲連續複利的**名利率**（nominal interest rate），而實際在一年中利息 Pe^r-P 和本金 P 的比率

$$\frac{Pe^r-P}{P}=e^r-1,$$

則稱爲**實利率**（effective interest rate），此值和本金 P 無關。

例1　一筆 40,000 元的投資，以 9％的連續複利計息，問16個月後，這筆投資的價值爲何？又，這投資的實利率爲何？

解　因 t 年後的本利和爲

$$S(t)=Pe^{rt}=40000e^{0.09t},$$

故16個月$=\dfrac{4}{3}$年後的本利和爲

$$S\left(\dfrac{4}{3}\right)=40000e^{0.09\left(\frac{4}{3}\right)}=40000e^{0.12}$$

$$=40000\times1.1275=45100 \text{（元）}$$

又實利率爲

$$e^{0.09}-1=1.0942-1=0.0942,$$

卽實利率爲9.42%。

例2 某人收藏有一名畫，兩年前評估價值爲 400,000 元，今年評估則值 560,000 元，假設其增值以連續複利計算，問何時這畫將值達800,000元。

解 依連續複利的公式知，若名利率爲 r ，則以兩年前爲時間起時， t 年後的本利和爲

$$S(t)=Pe^{rt}=400000e^{rt}。$$

因已知

$$560000=S(2)=400000e^{2r},$$

故得

$$e^{2r}=\dfrac{7}{5},$$

$$r=\left(\dfrac{1}{2}\right)\ln\left(\dfrac{7}{5}\right)=\left(\dfrac{1}{2}\right)\ln(1.4)。$$

所求時間 t 滿足下式:

$$800000=400000e^{rt},$$

$$rt=\ln 2$$

$$t=\dfrac{\ln 2}{r}=\dfrac{2\ln 2}{\ln 1.4}=\dfrac{2(0.69315)}{0.33647}\approx4.12 \text{（年）},$$

因爲 $t=0$ 表二年前，故知今後再 2.12 年時，這畫將值達 800,000 元。

若於連續複利公式

$$S(t)=Pe^{rt}$$

的等號兩端同乘以 e^{-rt}，則得

$$P=S(t)e^{-rt}。$$

這式表明，要想期望連續複利 t 年後得本利和爲 $S(t)$ 時，現在得投入的金額爲 P。我們稱這金額 P 爲 t 年後金額爲 $S(t)$ 的**現值**（present value）。折算現值，在處理資產的決策上，是相當重要的工作。

例 3 一對新婚夫婦期望八年後購買一棟價值 4,000,000 元的公寓。設某種投資可得名利率10%的連續複利，問這對夫婦當今應投資多少？

解 這對夫婦當今應投資的金額,乃是八年後4,000,000元的現值

$$P=4000000e^{-(0.1)\times8}=4000000\times0.4493=1797200(元)。$$

例 4 某古董商擁有一件現值 200,000 元的古董。設此古董每年固定增值 40,000 元。若這商人有機會投資連續複利爲10%的事業。

（ⅰ）問這古董在 6 年後賣出，還是在12年後賣出較有利？

（ⅱ）何時賣出最爲有利？

解 （ⅰ）依題意知，6 年後的賣價爲 $200000+40000\times6=$ 440000元，它的現值則爲

$$P_1=440000e^{-(0.1)\times6}=440000\times(0.5488)=241472 (元)$$

12年後的賣價爲 $200,000+40,000\times12=680,000$ 元，它的現值則爲

$$P_2=680000e^{-(0.1)\times12}=680000\times(0.3012)=204816(元)$$

比較二者知， 6 年後賣出較爲有利。

（ⅱ）設於 t 年後賣出，則賣價爲 $200000+40000\times t$ 元，它的現值則爲

$$f(t)=(200000+40000t)e^{-(0.1)t}。$$

因爲

$$f'(t)=40000e^{-(0.1)t}+(200000+40000t)e^{-(0.1)t}(-0.1)$$

$$=(20000-4000t)e^{-(0.1)t}$$

因爲 $e^{-(0.1)t}>0$，故得下表：

t		5	
$f'(t)$	+		−

即知 $t=5$ 時 $f(t)$ 有極大值，也就是說，5 年後賣出最爲有利。

對連續複利公式就 t 微分得

$$D\ S(t)=D\ Pe^{rt},$$

$$S'(t)=rPe^{rt}=rS(t),$$

即知在時刻爲 t 時，本利和的變率和當時的本利和成正比（名利率 r 爲比例常數）。在自然現象中，也有類此的情形，即某事物之量在某時刻的變率和它在該時刻的量成正比。譬如，人口的成長，細菌的繁殖，放射性物質的衰變，電容器上電荷的洩放，物體在介質中溫度的變化等，都有這種現象。下面將證明有此現象的事物，其量的成長（或衰變）的情形，亦具指數函數的型態。

令 $f(t)$ 表具有前述性質的事物在時間爲 t 時的量，則它在時間爲 t 時的變率爲 $f'(t)$，由於二者成正比，令比例常數爲 k，則

$$f'(t)=kf(t)。$$

因爲 $f(t)$ 表此事物在時間爲 t 之量，其值爲正，故上式可表爲

$$\frac{f'(t)}{f(t)}=k。 \tag{A}$$

因爲

$$D \ln f(t) = \frac{1}{f(t)} f'(t), \quad D \, kt = k, \qquad \text{(B)}$$

故由 (A),(B) 二式卽知,

$$D \ln f(t) = D \, kt,$$

從而由定理 4-4 (i) 知

$$\ln f(t) = kt + c, \quad c \, 爲一常數。$$

令 $t = 0$ ，得

$$\ln f(0) = c,$$

故得

$$\ln f(t) = kt + \ln f(0),$$

$$\ln \frac{f(t)}{f(0)} = kt,$$

$$\frac{f(t)}{f(0)} = e^{kt},$$

$$f(t) = f(0)e^{kt}.$$

由上式知，凡具有前述性質之事物，在任何時刻 t 之量 $f(t)$, 爲其最初之量 $f(0)$ 與 e^{kt} 之乘積，其中常數 k 乃因各事物的不同而互異。

例 5 在理想的條件下，人口的自然成長率，與當前的人口成正比。在此條件下，若某城市在 1970 年的人口爲 100 萬人，1980年的人口爲 120 萬人，則可預期這城市於廿一世紀開始時人口數將如何？

解 設這城市在時間爲 t 時的人口數爲 $P(t)$，並以 1970 年爲時間的起點，卽 $P(0) = 1000000$, 則

$$P(t) = 1000000e^{kt}, \quad 其中 \, k \, 爲常數。$$

因爲

$$1200000 = P(10) = 1000000e^{10k},$$

$$e^{10k} = 1.2,$$

故得廿一世紀初的人口數為

$$P(30)=1000000e^{30k}=1000000(e^{10k})^3$$
$$=1000000(1.2)^3=1728000 \text{（人）。}$$

例 6　某一放射性物質於前年的重量為20公克，經過二年之後，於今的重量為 5 公克，問再過一年後的重量為何？

解　設前年表時間的起點，而這放射性物質於時間為 t 時的重量為 $f(t)$，則

$$f(t)=f(0)e^{kt}=20e^{kt},$$

其中 k 為對應於這放射性物質的常數。由題意知 $f(2)=5$, 即

$$5=20e^{2k},$$

$$k=\ln\frac{1}{2}。$$

即得

$$f(t)=20e^{(\ln(\frac{1}{2}))t}=20(e^{(\ln(\frac{1}{2}))})^t=20\left(\frac{1}{2}\right)^t,$$

而知所求再過一年後這放射性物質的量為

$$f(3)=20\left(\frac{1}{2}\right)^3=\frac{20}{8}=2.5 \text{（公克）。}$$

習　　題

1. 我們說金錢對某一投資公司的價值為 8 ％，意思是說，這公司不會從事實利率不到 8 ％之投資。問此公司願意從事投資的連續複利的名利率為何？

2. 連續複利的名利率為下面各款的情況下，實利率為何？

　　　(i) 6 ％　　　(ii) 10％　　　(iii) 12％　　　(iv) 15％

3. 一筆120,000元的投資，以名利率 6 ％連續複利計息。

（i）3 年半後此投資的價值爲何？

（ii）何時此投資將值192,000元？

4. 以名利率 8 ％連續複利計息，希望 4 年 3 個月後得款 400,000 元，問現今應投資多少？

5. 某君於20年前作一筆投資，以連續複利計息，而今這筆投資的價值爲原來的二倍，問所作投資的名利率爲何？

6. 設從事房地產的王君有一筆土地可出售，其今後 t 年的售價爲 $400000+100000t$。若王君有機會從事連續複利 8 ％的投資。問10年後賣出抑20年後賣出較爲有利？又最佳的賣出時機爲何？

7. 細菌在理想的環境下，繁殖的速率與其當前的數目成正比。若在某一時刻細菌的數目爲1,000，而經過10小時後的細菌數爲8,000，問再過 5 小時後細菌的數目爲多少？

8. 一物質分解的速率，與其現有的量成正比。若經 3 分鐘時，此物質已分解10％，問何時此物質可分解一半？

第八章　積分的技巧

§8-1 不定積分的基本公式

在第 4-3 中，我們曾介紹一函數之反導函數的概念。求一函數 f 的反導函數，乃在求得一可微分函數 $F(x)$，使得 $F'(x)=f(x)$。同時我們知道，一函數的反導函數有無限多，其任何兩者均相差一常數。對於連續函數 f 而言，由微積分基本定理知，欲求定積分 $\displaystyle\int_a^b f(x)dx$ 之值時，只要求得 f 的一個反導函數 $G(x)$，則 $G(x)\Big|_a^b$ 即爲所要求得的定積分值。並且定理 6-7 告訴我們，

$$F(x)=\int_a^x f(t)dt$$

即爲 f 的一個反導函數。然而上式表出的 $F(x)$ 並無助於定積分 $\displaystyle\int_a^b f(x)dx$ 值的求出。因爲 $F(x)\Big|_a^b=\displaystyle\int_a^b f(x)dx$ 乃是我們希望求得的值。換句話說，我們所要求得的 f 的反導函數 $G(x)$，必須是 $G(x)\Big|_a^b$ 之值能卽求出者。我們知道，對一些基本函數來說，可從微分公式直接推得它的反導函數，但是我們常會遇到無法如此求得反導函數的被積分函數，因此在本章中，我們要介紹幾個求一函數之反導函數的技巧。求一函數的反導函數，也稱求這函數的**不定積分**，或稱對這函數**積分**（integrate），或求積分。就如同求一函數的導函數，爲對應函數微分或求微分一樣。

　　求積分時，首先應熟練一些基本的公式，然後才能得心應手。下面先把可由一些基本函數的導函數，對應推得的不定積分公式列出，以供往後積分的參考：

微　　分	積　　分

$D\dfrac{x^{n+1}}{n+1}=x^n,\ (n\neq -1)$ 　　　　$\displaystyle\int x^n\ dx=\dfrac{x^{n+1}}{n+1}+c,\ (n\neq -1)。$

$D\ \sin x=\cos x$ 　　　　$\displaystyle\int\cos x\ \ dx=\sin x+c。$

$D\ \cos x=-\sin x$ 　　　　$\displaystyle\int\sin x\ \ dx=-\cos x+c。$

$D\ \tan x=\sec^2 x$ 　　　　$\displaystyle\int\sec^2 x\ \ dx=\tan x+c。$

$D\ \cot x=-\csc^2 x$ 　　　　$\displaystyle\int\csc^2 x\ \ dx=-\cot x+c。$

$D\ \sec x=\sec x\ \tan x$ 　　　　$\displaystyle\int\sec x\ \tan x\ \ dx=\sec x+c。$

$D\ \csc x=-\csc x\ \cot x$ 　　　　$\displaystyle\int\csc x\ \ \cot x\ \ dx=-\csc x+c。$

$D\ \text{Sin}^{-1}x=\dfrac{1}{\sqrt{1-x^2}}$ 　　　　$\displaystyle\int\dfrac{1}{\sqrt{1-x^2}}\ dx=\text{Sin}^{-1}x+c。$

$D\ \text{Tan}^{-1}x=\dfrac{1}{1+x^2}$ 　　　　$\displaystyle\int\dfrac{1}{1+x^2}\ dx=\text{Tan}^{-1}x+c。$

$D\ \text{Sec}^{-1}x=\dfrac{1}{x\sqrt{x^2-1}}$ 　　　　$\displaystyle\int\dfrac{1}{x\sqrt{x^2-1}}dx=\text{Sec}^{-1}|x|+c。$

$D\ \ln x=\dfrac{1}{x}$ 　　　　$\displaystyle\int\dfrac{1}{x}\ dx=\ln|x|+c。$

$D\ e^x=e^x$ 　　　　$\displaystyle\int e^x\ dx=e^x+c。$

　　其中 $\displaystyle\int\dfrac{1}{x}\ dx$ 和 $\displaystyle\int\dfrac{1}{x\sqrt{x^2-1}}\ dx$ 二公式等號右邊並沒有直接對應於微分公式，而將變數 x 改以 $|x|$，其理由如下所述：對定積分

$$\int_{-2}^{-1} \frac{1}{x} \, dx$$

而言，被積分式 $\frac{1}{x}$ 在閉區間 $[-2, -1]$ 上為連續，故所考慮的定積分

值存在。因 $\ln x$ 為函數 $\frac{1}{x}$ 的一個反導函數，由微積分基本定理，似乎

下式：

$$\ln x \Big|_{-2}^{-1} = \ln(-1) - \ln(-2)$$

應為所求定積分之值。然而 -1，-2 二數均不在 $\ln x$ 的定義域中，故

上式實無任何意義。但因

$$D \ln(-x) = \frac{1}{-x} \cdot (-1) = \frac{1}{x},$$

故 $\ln(-x)$ 亦為 $\frac{1}{x}$ 的一個反導函數，此時

$$\ln (-x) \Big|_{-2}^{-1} = \ln 1 - \ln 2 = -\ln 2,$$

卽有意義，而為所求定積分之值。由上面之特例知，欲求定積分 $\int_{a}^{b} \frac{1}{x} \, dx$

時，若區間 $[a, b] \subset (0, \infty)$ 時，則可取 $\ln x$ 為 $\frac{1}{x}$ 的反導函數；若

$[a, b] \subset (-\infty, 0)$ 時，則取 $\ln(-x)$ 為 $\frac{1}{x}$ 的反導函數，因此我們以下

式來包含這二種情況：

$$\int \frac{1}{x} \, dx = \ln |x| + c 。$$

若 $a < 0 < b$ 時，函數 $f(x)$ 在區間 $[a, b]$ 上不為連續，且函數值不

為有界，因而

$$\int_{a}^{b} \frac{1}{x} \, dx$$

的意義不曾定義過，我們將在本章最後一節中做一簡介。基於類似的

理由，我們也以 $\text{Sec}^{-1}|x|$ 做爲 $\dfrac{1}{x\sqrt{x^2-1}}$ 的反導函數，而有下面的積分公式：

$$\int \frac{1}{x\sqrt{x^2-1}}\ dx=\text{Sec}^{-1}|x|+c。$$

例 1　求下面的積分：

(i) $\displaystyle\int x^2(x^3+1)^2dx$　　(ii) $\displaystyle\int (x+\frac{1}{x})^3\ dx$

(iii) $\displaystyle\int_1^8 \frac{(1+x)^2}{x\sqrt[3]{x^2}}\ dx$

解　(i) 易知

$$\int x^2(x^3+1)^2dx$$

$$=\int (x^8+2x^5+x^2)\ dx=\frac{x^9}{9}+\frac{x^6}{3}+\frac{x^3}{3}+c。$$

(ii) 易知

$$\int (x+\frac{1}{x})^3\ dx$$

$$=\int (x^3+3x+\frac{3}{x}+\frac{1}{x^3})\ dx$$

$$=\frac{x^4}{4}+\frac{3x^2}{2}+3\ \ln|x|-\frac{1}{2x^2}+c。$$

(iii) 因爲 $x\sqrt[3]{x^2}=x^{-\frac{5}{3}}$，故得

$$\int_1^8 \frac{(1+x)^2}{x\sqrt[3]{x^2}}\ dx$$

$$=\int_1^8 x^{-\frac{5}{3}}(1+2x+x^2)dx$$

$$=\int_1^8 (x^{-\frac{5}{3}}+2x^{-\frac{2}{3}}+x^{\frac{1}{3}})\ dx$$

$$=(-\frac{3}{2}\ x^{-\frac{2}{3}}+6x^{\frac{1}{3}}+\frac{3}{4}\ x^{\frac{4}{3}})\ \Big|_1^8$$

$$=-\frac{3}{2}\ (\frac{1}{4}-1)+6\ (\ 2-1)+\frac{3}{4}\ (16-1)$$

$$=\frac{147}{8}\ 。$$

上面例 1 (i) 中，若 (x^3+1) 的冪指數不爲 2，而爲很大的整數，或不爲整數，則對未學積分技巧的讀者，將是一個難題，譬如，你是否可以解決下面的二個積分問題？

$$\int x^2(x^3+1)^{25}dx,\qquad \int x^2(x^3+1)^{\frac{1}{3}}dx 。$$

爲解答這二個問題，須用到下面的定理，它可由連鎖律證得，且在積分時常常用及。

定理 8-1

設 $\int f(x)\ dx=F(x)+c$，且 $u(x)$ 爲一可微分函數，則

$$\int f(u(x))u'(x)\ dx=F(u(x))+c 。$$

證明 依不定積分的意義，我們須證明下式成立：

$$D\ F(u(x))=f(u(x))u'(x) 。$$

因爲 $\int f(x)\ dx=F(x)+c$，故知 $F'(x)=f(x)$，由連鎖律知，

$$DF(u(x))=F'(u(x))u'(x)=f(u(x))u'(x),$$

卽定理得證。

例 2 求不定積分：

$$\int x^2(x^3+1)^{25}dx 。$$

解 令 $f(x)=x^{25}$，$u(x)=x^3+1$，則 $(x^3+1)^{25}=f(u(x))$，$u'(x)=3x^2$，故知

$$\int x^2(x^3+1)^{25}\ dx=\frac{1}{3}\int 3x^2(x^3+1)^{25}\ dx$$

$$=\frac{1}{3}\int f(u(x))u'(x)\ dx,$$

由於 $\int f(x)\ dx = \int x^{25}\ dx = \dfrac{1}{26}\ x^{26} + c = F(x) + c$，故由定理8-1知，

$$\int x^2(x^3+1)^{25}\ dx = \frac{1}{3}\int f(u(x))u'(x)dx$$

$$= \frac{1}{3} \cdot F(u(x)) + c$$

$$= \frac{1}{3} \cdot \frac{1}{26} \cdot (x^3+1)^{26} + c$$

$$= \frac{1}{78}\ (x^3+1)^{26} + c。$$

利用定理 8-1 來求積分時，如果以下面的觀點來看，則應用起來更能得心應手。對式子 $\int f(u(x))u'(x)dx$ 來說，如果把 $u'(x)dx$ 看作一個實體，利用第3-9節中「微分」(differential) 的意義知，

$$d\ u(x) = u'(x)dx,$$

上述的式子卽成爲 $\int f(u(x))d\ u(x)$，

此時若把 $u(x)$ 看作是一個變數 u，則因 $\int f(u)du = F(u) + c$，而定理 8-1 正表示積分的結果可由 $F(u)$ 中的 u 以原來的 $u(x)$ 代回卽得的意思。下面就用這觀點來重解例 2 於下：

$$\int x^2(x^3+1)^{25}\ dx = \frac{1}{3}\int (x+1)^{25}(3x^2)\ dx$$

$$= \frac{1}{3}\int (x^3+1)^{25}\ d\ (x^3+1)$$

$$= \frac{1}{3} \cdot \frac{1}{26} \cdot (x^3+1)^{26} + c$$

$$= \frac{1}{78}(x^3+1)^{26} + c。$$

例 3　求下面二積分：

(i) $\int \cos 3x \ dx$ 　　　　(ii) $\int_{-1}^{3} \sqrt{2x+3} \ dx$

解　(i) $\int \cos 3x \ dx = \dfrac{1}{3} \int \cos 3x \ d(3x) = \dfrac{1}{3} \sin 3x + c_{\circ}$

(ii) $\int_{-1}^{3} \sqrt{2x+3} \ dx = \dfrac{1}{2} \int_{-1}^{3} \sqrt{2x+3} \ d(2x+3)$

$$= \dfrac{1}{2} \cdot \dfrac{(2x+3)^{(\frac{1}{2})+1}}{\dfrac{1}{2}+1} \ \Big|_{-1}^{3} = \dfrac{1}{3}(27-1) = \dfrac{26}{3}_{\circ}$$

例 4　求下面二積分：

(i) $\int \dfrac{\sin \sqrt{x}}{\sqrt{x}} \ dx$ 　　　　(ii) $\int \dfrac{\ln x}{x} \ dx$

解

(i) $\int \dfrac{\sin \sqrt{x}}{\sqrt{x}} \ dx = 2 \int (\sin \sqrt{x}) d\sqrt{x} = -2\cos \sqrt{x} + c_{\circ}$

(ii) $\int \dfrac{\ln x}{x} \ dx = \int \ln x \ d \ln x = \dfrac{\ln^2 x}{2} + c_{\circ}$

例 5　求下面二積分：

(i) $\int e^{\sin x} \cos x \ dx_{\circ}$ 　　　(ii) $\int 5^x \ dx_{\circ}$

解　(i) $\int e^{\sin x} \cos x \ dx = \int e^{\sin x} \ d \sin x = e^{\sin x} + c_{\circ}$

(ii) $\int 5^x \ dx = \int \exp \ln 5^x \ dx = \int \exp(x \ln 5) \ dx$

$$= \dfrac{1}{\ln 5} \int \exp(x \ln 5) d(x \ln 5)$$

$$= \dfrac{1}{\ln 5} \exp(x \ln 5) + c$$

$$= \dfrac{1}{\ln 5} \ 5^x + c_{\circ}$$

例6　求下面二積分:

$$\text{(i)} \int \frac{x}{4+3x^2} \, dx \qquad\qquad \text{(ii)} \int \frac{1}{4+3x^2} \, dx$$

解　(i) $\displaystyle\int \frac{x}{4+3x^2} \, dx = \frac{1}{6} \int \frac{1}{4+3x^2} \, d(4+3x^2)$

$$= \frac{1}{6} \ln(4+3x^2)+c_{\circ}$$

$$\text{(ii)} \int \frac{1}{4+3x^2} \, dx = \frac{1}{4} \int \frac{1}{1+\frac{3x^2}{4}} \, dx$$

$$= \frac{1}{4} \int \frac{\frac{2}{\sqrt{3}}}{1+(\frac{\sqrt{3}\,x}{2})^2} \, d(\frac{\sqrt{3}\,x}{2})$$

$$= \frac{1}{2\sqrt{3}} \operatorname{Tan}^{-1} \frac{\sqrt{3}\,x}{2}+c_{\circ}$$

例7　求下面二積分:

$$\text{(i)} \int \frac{x}{\sqrt{1-2x^2}} \, dx \qquad\qquad \text{(ii)} \int \frac{1}{\sqrt{1-2x^2}} \, dx$$

解　(i) $\displaystyle\int \frac{x}{\sqrt{1-2x^2}} \, dx = -\frac{1}{4} \int \frac{1}{\sqrt{1-2x^2}} \, d(1-2x^2)$

$$= -\frac{1}{4} \cdot \frac{1}{-\frac{1}{2}+1} \cdot (1-2x^2)^{-\frac{1}{2}+1}+c = -\frac{1}{2}\sqrt{1-2x^2}+c_{\circ}$$

$$\text{(ii)} \int \frac{1}{\sqrt{1-2x^2}} \, dx = \int \frac{\frac{1}{\sqrt{2}}}{\sqrt{1-(\sqrt{2}\,x)^2}} \, d(\sqrt{2}\,x)$$

$$= \frac{1}{\sqrt{2}} \operatorname{Sin}^{-1}(\sqrt{2}\,x)+c_{\circ}$$

例8　求下面二積分:

$$\text{(i)} \int \frac{e^x}{1+e^x} \, dx \qquad\qquad \text{(ii)} \int \frac{1}{1+e^x} \, dx$$

解　(i) $\displaystyle\int \frac{e^x}{1+e^x}\,dx = \int \frac{1}{1+e^x}\,d(1+e^x) = \ln(1+e^x)+c$。

(ii) $\displaystyle\int \frac{1}{1+e^x}\,dx = \int \frac{1+e^x-e^x}{1+e^x}\,dx$

$$= \int \left(1 - \frac{e^x}{1+e^x}\right)\,dx$$

$$= x - \int \frac{e^x}{1+e^x}\,dx$$

$$= x - \ln(1+e^x)+c。$$

不定積分 $\displaystyle\int f(x)\,dx$ 中之符號 dx，可表明被積分函數中的變數

為 x，而其他的變數為常數。例如，$\displaystyle\int x^2 y^3\,dx = \frac{x^3 y^3}{3}+c$，而

$$\int x^2 y^3\,dy = \frac{x^2 y^4}{4}+c。$$

習　　　題

求下列各題:

1. $\displaystyle\int x^3\sqrt{x}\,dx$

2. $\displaystyle\int \frac{8}{\sqrt[4]{y^3}}\,dy$

3. $\displaystyle\int x^2 y + \sqrt{x y^3}\,dy$

4. $\displaystyle\int_1^2 \sqrt{3x-2}\,dx$

5. $\displaystyle\int \frac{(\sqrt{x}+3)^4}{\sqrt{x}}\,dx$

6. $\displaystyle\int \frac{(2-\sqrt{x})^2}{\sqrt[3]{x}}\,dx$

7. $\displaystyle\int (2-x^2)^3\,dx$

8. $\displaystyle\int (\sqrt{x^3}+1)^{10}\sqrt{x}\,dx$

9. $\displaystyle\int (e^x+1)^6 e^x\,dx$

10. $\displaystyle\int (e^x+1)^2 e^{-x}\,dx$

11. $\displaystyle\int \frac{x}{(3+x^2)^4}\,dx$

12. $\displaystyle\int \cos\left(\frac{3x}{5}\right)\,dx$

13. $\displaystyle\int \frac{1}{2+3x^2}\, dx$

14. $\displaystyle\int \frac{1}{x\,\ln\,x}\, dx$

15. $\displaystyle\int \frac{1}{\sqrt{4-3x^2}}\, dx$

16. $\displaystyle\int (\sin^2 x + \cos^2 x)^8\, dx$

17. $\displaystyle\int (\sin^2 x - \cos^2 x)\, dx$

18. $\displaystyle\int \frac{\sin x}{\cos^3 x}\, dx$

19. $\displaystyle\int \frac{\cos^3 x}{\sqrt[3]{\sin x}}\, dx$

20. $\displaystyle\int \tan x\, dx$

21. $\displaystyle\int e^{3x}\, dx$

22. $\displaystyle\int x\, e^{x^2}\, dx$

23. $\displaystyle\int (10^x)^2\, dx$

24. $\displaystyle\int \frac{x}{\sqrt{1-3x^2}}\, dx$

25. $\displaystyle\int \frac{(e^x+1)^2}{e^{3x}}\, dx$

26. $\displaystyle\int \frac{e^x}{\sqrt{1+e^x}}\, dx$

27. $\displaystyle\int \frac{1}{2+e^{-x}}\, dx$

28. $\displaystyle\int \frac{e^x}{\sqrt{1-e^{2x}}}\, dx$

29. $\displaystyle\int \frac{x}{\sqrt{2-3x^4}}\, dx$

30. $\displaystyle\int \frac{dx}{x\sqrt{x^4-1}}$

31. $\displaystyle\int \frac{\mathrm{Sin}^{-1}x}{\sqrt{1-x^2}}\, dx$

32. $\displaystyle\int \frac{\mathrm{Tan}^{-1}x}{1+x^2}\, dx$

33. $\displaystyle\int \frac{dx}{x\,(1+\ln^2 x)}$

34. 一家新開麵圈餅店，第一週中銷售 500 個。設這店開幕 t 週時之銷售量變率爲

$$r(t)=\frac{30000e^{-t}}{(4+6e^{-t})^2},$$

試求其飽和銷售量（參閱7-3節例 5 ）。

§8-2 分部積分法

我們知道，求不定積分（積分）和求導函數（微分），是兩個相反的過程。一般來說，只要基本的微分公式熟練，並利用連鎖律，則求一函數的導函數的工作，都是很簡單的，可是相反的過程則要困難得多。譬如，因

$$D(xe^x-e^x)=e^x+xe^x-e^x=xe^x,$$

故知

$$\int xe^x dx=xe^x-e^x+c。$$

可是如果沒有經過上面的微分過程，而直接面對求積分的問題：

$$\int xe^x \, dx$$

時，則要找出 xe^x 的反導函數 xe^x-e^x+c 來，並不像微分一樣直接而容易。本節就是要提出這類積分問題的一般求法，稱爲**分部積分法** (integration by parts)，它的理論依據爲下面的定理。

定理 8-2

設 $u(x),\ v(x)$ 都爲可微分函數，則

$$\int u(x)v'(x)dx=u(x)v(x)-\int v(x)u'(x)dx,$$

亦卽

$$\int_a^b u(x)v'(x)dx=u(x)v(x)\Big|_a^b-\int_a^b v(x)u'(x)dx。$$

證明 由微分的公式知，

$$(u(x)v(x))'=u'(x)v(x)+u(x)v'(x)。$$

對上式等號兩邊積分得，

$$\int(u(x)v(x))'dx=\int(u'(x)v(x)+u(x)v'(x))dx$$

$$= \int v(x)u'(x)dx + \int u(x)v'(x)dx,$$

上式等號左邊乃對$(u(x) \cdot v(x))'$求積分，但顯然$u(x) \cdot v(x)$即為一反導函數，今將它代入，並適當移項，即得

$$\int u(x)v'(x)dx = u(x)v(x) - \int v(x)u'(x)dx,$$

亦即

$$\int_a^b u(x)v'(x)dx = u(x)v(x)\Big|_a^b - \int_a^b v(x)u'(x)dx。$$

而定理得證。

於定理8-2中，如果以$du(x)$表$u'(x)dx$，以$dv(x)$表$v'(x)dx$，則得

$$\int u(x)dv(x) = u(x)v(x) - \int v(x)du(x),$$

簡記為

$$\int u\,dv = uv - \int v\,du。$$

稱為**分部積分法**的公式。分部積分法的意思是，把積分式中積分符號的後面，分為u和dv二部，然後利用公式，轉換成求另一積分以求解，如下例所示。

例1 求不定積分 $\displaystyle\int x\cos x\,dx$。

解 令 $u=x$，$dv=\cos x\ dx$ 則 $du=dx$，$v=\sin x$，故由分部積分公式得

$$\int x\cos x\,dx = x\sin x - \int \sin x\,dx$$

$$= x\sin x + \cos x + c。$$

例1中，若令 $u=\cos x$，$dv=x\,dx$，則 $du=-\sin x\,dx$，$v=\dfrac{x^2}{2}$，而得

$$\int x \cos x \, dx = \frac{x^2}{2} \cos x + \int \frac{x^2}{2} \sin x \, dx,$$

上式中等號右邊的不定積分，並不像例 1 中的 $\int \sin x \, dx$ 一樣卽可求出，卻反而變得更爲「複雜」些。這是在作「分部」工作時，分得不當所致。事實上，在分部時，對所分的 u 和 dv 二部，是希望能求出 v，而且積分 $\int v \, du$ 也可求出，或至少比原來的不定積分更易求解。至於怎樣分法，才能達成上述的目的，則無一定的法則可循，而有賴於多作練習，才能心領神會。

例 2　求定積分 $\int_0^1 \text{Sin}^{-1}x \, dx$ 之值。

解　令 $u = \text{Sin}^{-1}x,\ dv = dx$, 則 $du = \dfrac{1}{\sqrt{1-x^2}} \, dx,\ v = x$，故知

$$\int_0^1 \text{Sin}^{-1}x \, dx = x\text{Sin}^{-1}x \Big|_0^1 - \int_0^1 \frac{x}{\sqrt{1-x^2}} \, dx$$

$$= \frac{\pi}{2} + \frac{1}{2} \int_0^1 \frac{1}{\sqrt{1-x^2}} d(1-x^2)$$

$$= \frac{\pi}{2} + \sqrt{1-x^2} \Big|_0^1 = \frac{\pi}{2} - 1 \, 。$$

有時分部積分法，不能經一次的運算，卽直接求出所要的反導函數，但卻能導得一個可以求得解答的方程式，如下例所示。

例 3　求 $\int e^x \cos x \, dx$。

解　令 $u = e^x,\ dv = \cos x \, dx$，則 $du = e^x dx,\ v = \sin x$，故得

$$\int e^x \cos x \, dx = e^x \sin x - \int e^x \sin x \, dx, \qquad (\text{I})$$

就(I)式等號右邊的不定積分，再用分部積分法，令 $u = e^x$, $dv = \sin x \, dx$, 則 $du = e^x dx,\ v = -\cos x$，故得

$$\int e^x \sin x \, dx = -e^x \cos x + \int e^x \cos x \, dx,$$

將這結果代入 (I) 而得

$$\int e^x \cos x \ dx = e^x \sin x + e^x \cos x - \int e^x \cos x \ dx,$$

$$2 \int e^x \cos x \ dx = e^x (\sin x + \cos x) + c,$$

故得

$$\int e^x \cos x \ dx = \frac{1}{2} \ e^x (\sin x + \cos x) + c_1 \text{。}$$

例 3 中，若取 $dv = e^x dx$，並經兩次分部積分法，仍然能得解，見習題第13題。

例 4 設 $n \in N$，證明：

$$\int x^n e^x \ dx = x^n e^x - n \int x^{n-1} e^x \ dx,$$

並藉此公式以求 $\int x^3 e^x \ dx$。

解 令 $u = x^n$, $dv = e^x dx$, 則 $du = n x^{n-1} dx$, $v = e^x$, 故

$$\int x^n e^x \ dx = x^n e^x - n \int x^{n-1} e^x \ dx,$$

由此公式得

$$\int x^3 e^x \ dx = x^3 e^x - 3 \int x^2 e^x \ dx$$

$$= x^3 e^x - 3(x^2 e^x - 2 \int x e^x \ dx)$$

$$= x^3 e^x - 3x^2 e^x + 6(x e^x - \int e^x \ dx)$$

$$= x^3 e^x - 3x^2 e^x + 6x e^x - 6e^x + c$$

$$= e^x (x^3 - 3x^2 + 6x - 6) + c \text{。}$$

像例 4 一樣，將被積分函數中的冪指數 n 予以降低的公式，稱爲**簡化公式** (reduction formula)。許多不定積分問題的求解，可先導出簡化公式，然後反覆利用它來求解，今再舉一例來加強說明。

例 5 證明下面的簡化公式：

$$\int \sin^n x \ dx = -\frac{1}{n} \ \sin^{n-1} x \ \cos x$$

$$+ \frac{n-1}{n} \ \int \sin^{n-2} x \ dx,$$

並利用它來求下面的積分 $\int \sin^4 x \ dx$。

解　令 $u = \sin^{n-1} x, dv = \sin x dx$, 則 $du = (n-1)\sin^{n-2} x \cos x dx$, $v = -\cos x$。由分部積分法知

$$\int \sin^n x \ dx = -\sin^{n-1} x \ \cos x + (n-1)\int \sin^{n-2} x \ \cos^2 x \ dx$$

$$= -\sin^{n-1} x \ \cos x + (n-1) \int \sin^{n-2} x (1 - \sin^2 x) dx$$

$$= -\sin^{n-1} x \ \cos x + (n-1) \int \sin^{n-2} x \ dx$$

$$- (n-1) \int \sin^n x \ dx,$$

$$n\int \sin^n x \ dx = -\sin^{n-1} x \cos x + (n-1) \int \sin^{n-2} x \ dx,$$

$$\int \sin^n x \ dx = -\frac{1}{n} \sin^{n-1} x \ \cos x + \frac{n-1}{n} \int \sin^{n-2} x \ dx,$$

即公式得證。利用此簡化公式可得

$$\int \sin^4 x \ dx = -\frac{1}{4} \sin^3 x \ \cos x + \frac{3}{4} \int \sin^2 x \ dx$$

$$= -\frac{1}{4} \sin^3 x \ \cos x + \frac{3}{4}(-\frac{1}{2} \sin x \cos x + \frac{1}{2} \int dx)$$

$$= -\frac{1}{4} \sin^3 x \ \cos x - \frac{3}{8} \ \sin x \ \cos x + \frac{3}{8} \ x + c。$$

習　　題

求下列各題：$(1 \sim 12)$

1. $\int x e^x \ dx$　　　　　　　　　2. $\int x \sin 3x \ dx$

3. $\displaystyle\int \mathrm{Tan}^{-1}x\ dx$ 4. $\displaystyle\int \ln x\,dx$

5. $\displaystyle\int_0^1 \ln(x+1)\ dx$ 6. $\displaystyle\int x^2 e^x\ dx$

7. $\displaystyle\int x\ln^2 x\ dx$ 8. $\displaystyle\int \sin\ln x\,dx$

9. $\displaystyle\int \cos\ln x\,dx$ 10. $\displaystyle\int \sqrt{1-x^2}\ dx$

11. $\displaystyle\int (x-1)^2 \ln x\,dx$ 12. $\displaystyle\int \frac{\ln x}{\sqrt{x}}\ dx$

13. 取 $dv=e^x dx$，並利用二次分部積分法，求 $\displaystyle\int e^x \cos x\,dx$。

    導出下面各簡化公式：

14. $\displaystyle\int \cos^n x\ dx=\frac{1}{n}\cos^{n-1}x\ \sin\ x+\frac{n-1}{n}\int \cos^{n-2}x\ dx$。

15. $\displaystyle\int \ln^n x\ dx=x\ln^n x-n\int \ln^{n-1}x\ dx$。

§8-3 三角函數的積分法

    關於由三角函數結合而成的函數之積分，除了由微分公式直接對應的基本積分公式外，本節將利用前此所介紹的一些技巧，來求某些特殊結合形式之三角函數的積分。所以本節除了加深讀者對這些特殊形式函數之積分的印象，使能遇到這種形式時，能對求解方法有快速正確的反應外，在理論上並無新的引介。今分幾種型態來說明。

（一）$\displaystyle\int \sin^m x\ \cos^n x\ dx$ 的積分法

    如果上面形式中的 m，n 有一為正奇數，則當 m 為正奇數時，

$$\int \sin^m x\ \cos^n x\ dx=-\int \sin^{m-1}x\ \cos^n x\ d\cos\ x$$

$$= -\int (\sin^2 x)^{\frac{m-1}{2}} \cos^n x \; d \cos x$$

$$= -\int (1-\cos^2 x)^{\frac{m-1}{2}} \cos^n x \; d \cos x;$$

當 n 爲正奇數時，

$$\int \sin^m x \; \cos^n x \; dx = \int \sin^m x \; \cos^{n-1} x \; d \sin x$$

$$= \int \sin^m x (1-\sin^2 x)^{\frac{n-1}{2}} \; d \sin x,$$

然後利用二項式定理的公式，將括號之冪式展開，以便求積分，如下例所示：

例 1　求下面各題：

(i) $\int \sin^3 x \; \cos^5 x \; dx$。　　　　(ii) $\int \dfrac{\sin^3 x}{\sqrt{\cos^3 x}} \; dx$。

解　　(i)

$$\int \sin^3 x \; \cos^5 x \; dx = \int \sin^3 x \; \cos^4 x \; d \sin x$$

$$= \int \sin^3 x (1-\sin^2 x)^2 d \sin x$$

$$= \int (\sin^3 x - 2\sin^5 x + \sin^7 x) \; d \sin x$$

$$= \frac{\sin^4 x}{4} - \frac{\sin^6 x}{3} + \frac{\sin^8 x}{8} + c。$$

或

$$\int \sin^3 x \; \cos^5 x \; dx = -\int \sin^2 x \; \cos^5 x \; d \cos x$$

$$= -\int (1-\cos^2 x) \cos^5 x \; d \cos x$$

$$= -\int (\cos^5 x - \cos^7 x) \; d \cos x$$

$$= -\frac{\cos^6 x}{6} + \frac{\cos^8 x}{8} + c_1。$$

(ii) $\displaystyle\int \frac{\sin^3 x}{\sqrt{\cos^3 x}}\ dx = -\int \frac{\sin^2 x}{\sqrt{\cos^3 x}}\ d\,\cos x$

$\displaystyle\qquad\qquad = -\int \frac{1-\cos^2 x}{\sqrt{\cos^3 x}}\ d\,\cos x$

$\displaystyle\qquad\qquad = -\int (\cos^{-\frac{3}{2}}x - \cos^{\frac{1}{2}}x)\ d\,\cos x$

$\displaystyle\qquad\qquad = -(-2)\cos^{-\frac{1}{2}}x + \frac{2}{3}\,\cos^{\frac{3}{2}}x + c$

$\displaystyle\qquad\qquad = 2\sqrt{\cos\ x}\,(\sec\ x + \frac{\cos x}{3}) + c_{\circ}$

對上面例 1 (i)，我們給予二種解法，雖然結果看似不同，其實是一者以 $\sin x$ 表出，一者以 $\cos x$ 表出，如果利用三角函數的平方關係式，則其中一個結果，可易化爲另一個結果，只是可能常數有所不同而已，讀者不妨嘗試看看。

如果上述形式中，m，n 都爲正偶數，則可利用三角恆等式：

$$\sin^2 x = \frac{1-\cos 2x}{2}\ ,\quad \cos^2 x = \frac{1+\cos 2x}{2}\ ,$$

將冪指數降低；或利用三角函數的平方關係，將被積分函數化爲只含一種三角函數，然後利用下面的簡化公式（第 8-2 節例 5 及習題14題）：

$$\int \sin^n x\ dx = -\frac{1}{n}\,\sin^{n-1}x\,\cos\ x + \frac{n-1}{n}\int \sin^{n-2}x\ dx,$$

$$\int \cos^n x\ dx = \frac{1}{n}\,\cos^{n-1}x\,\sin\ x + \frac{n-1}{n}\int \cos^{n-2}x\ dx,$$

來求積分，如下二例所示：

例2 求下面的積分：

$$\int \sin^2 x\ \cos^2 x\ dx_{\circ}$$

解　　　$\displaystyle\int \sin^2 x\ \cos^2 x\ dx = \int \frac{1-\cos 2x}{2} \cdot \frac{1+\cos 2x}{2}\ dx$

$\displaystyle\qquad\qquad\qquad = \frac{1}{4}\int (1-\cos^2 2x)\ dx$

$\displaystyle\qquad\qquad\qquad = \frac{x}{4} - \frac{1}{4}\int \frac{1+\cos 4x}{2}\ dx$

$\displaystyle\qquad\qquad\qquad = \frac{x}{8} - \frac{\sin 4x}{32} + c\,。$

例3　求下面的積分：

$$\int \sin^2 x\ \cos^4 x\ dx\,。$$

解

$\displaystyle\int \sin^2 x\ \cos^4 x\ dx = \int (1-\cos^2 x)\cos^4 x\ dx$

$\displaystyle\qquad\qquad\qquad\qquad = \int \cos^4 x\ dx - \int \cos^6 x\ dx\,。$

反覆利用簡化公式：

$$\int \cos^n x\ dx = \frac{1}{n}\cos^{n-1} x\ \sin x + \frac{n-1}{n}\int \cos^{n-2} x\ dx,$$

故得

$\displaystyle\int \sin^2 x\ \cos^4 x\ dx = \int \cos^4 x\ dx - \int \cos^6 x\ dx$

$\displaystyle = \int \cos^4 x\ dx - (\frac{1}{6}\cos^5 x\ \sin x - \frac{5}{6}\int \cos^4 x\ dx)$

$\displaystyle = \frac{1}{6}\int \cos^4 x\ dx - \frac{1}{6}\cos^5 x\ \sin x$

$\displaystyle = \frac{1}{6}\cdot(\frac{1}{4}\cos^3 x\ \sin x + \frac{3}{4}\int \cos^2 x\ dx) - \frac{1}{6}\cos^5 x\ \sin x$

$\displaystyle = \frac{1}{24}\cos^3 x\ \sin x - \frac{1}{6}\cos^5 x\ \sin x + \frac{1}{8}\int \cos^2 x\ dx$

$\displaystyle = \frac{1}{24}\cos^3 x\ \sin x - \frac{1}{6}\cos^5 x\ \sin x$

$$+\frac{1}{8}(\frac{1}{2}\cos x \sin x+\frac{1}{2}\int 1\ dx)$$

$$=\frac{1}{24}\cos^3 x \sin x-\frac{1}{6}\cos^5 x \sin x$$

$$+\frac{1}{16}\cos x \sin x+\frac{1}{16}x+c。$$

（二）$\int \sec^m x\ \tan^n x\ dx$ 及 $\int \csc^m x\ \cot^n x\ dx$ 的積分法

上面形式中，若 m 為正偶數時，則

$$\int \sec^m x\ \tan^n x\ dx=\int \sec^{m-2}x\ \tan^n x\ d \tan x$$

$$=\int (1+\tan^2 x)^{\frac{m-2}{2}}\tan^n x\ d \tan x;$$

$$\int \csc^m x\ \cot^n x\ dx=-\int \csc^{m-2}x\ \cot^n x\ d \cot x$$

$$=\int (1+\cot^2 x)^{\frac{m-2}{2}}\cot^n x\ d \cot x;$$

當 n 為正奇數時，則

$$\int \sec^m x\ \tan^n x\ dx=\int \sec^{m-1}x\ \tan^{n-1}x\ d \sec x$$

$$=\int \sec^{m-1}x(\sec^2 x-1)^{\frac{n-1}{2}}d \sec x;$$

$$\int \csc^m x\ \cot^n x\ dx=-\int \csc^{m-1}x\ \cot^{n-1}x\ d \csc x$$

$$=-\int \csc^{m-1}x(\csc^2 x-1)^{\frac{n-1}{2}}d \csc x。$$

因而可利用二項式定理的公式，將括號之冪式展開，以便求積分，如下例所示:

例 4　求下面各題:

(i) $\int \sec^6 x\ \tan^3 x\ dx。$　　　　(ii) $\int \dfrac{\csc^4 x}{\sqrt[3]{\cot x}}\ dx。$

解　(i) $\int \sec^6 x \tan^3 x \ dx$

$$= \int \sec^4 x \tan^3 x \ d \tan x$$

$$= \int (1+\tan^2 x)^2 \tan^3 x \ d \tan x$$

$$= \int (\tan^3 x + 2\tan^5 x + \tan^7 x) \ d \tan x$$

$$= \frac{1}{4} \tan^4 x + \frac{1}{3} \tan^6 x + \frac{1}{8} \tan^8 x + c。$$

或 $\int \sec^6 x \tan^3 x \ dx = \int \sec^5 x \tan^2 x \ d \sec x$

$$= \int \sec^5 x (\sec^2 x - 1) \ d \sec x$$

$$= \frac{1}{8} \sec^8 x - \frac{1}{6} \sec^6 x + c。$$

(ii) $\int \dfrac{\csc^4 x}{\sqrt[3]{\cot x}} \ dx$

$$= -\int \frac{\csc^2 x}{\sqrt[3]{\cot x}} \ d \cot x$$

$$= -\int \frac{1+\cot^2 x}{\sqrt[3]{\cot x}} \ d \cot x$$

$$= -\int ((\cot x)^{-\frac{1}{3}} + (\cot x)^{\frac{5}{3}}) d \cot x$$

$$= -\frac{3}{2} \cot^{\frac{2}{3}} x - \frac{3}{8} \cot^{\frac{8}{3}} x + c。$$

如果（二）的形式中，m 和 n 中有一為 0 ，則分別於下面的（三）及（四）來討論：

（三）$\int \tan^n x \ dx$ 及 $\int \cot^n x \ dx$ 的積分法

如果上面形式中的 n 為正奇數，則為（二）中 n 為正奇數的情形（此時 $m=0$ ），如下例 5 解 II 所示。在這裏，我們要介紹一個簡化公式，

可以處理 $n \geq 2$ 的一般情形。而於 $n = 1$ 時，我們藉(二)的技巧，導出
二個被視爲基本公式的式子，而須熟記：

$$\int \tan x \, dx = \int \frac{\tan x \sec x}{\sec x} \, dx$$

$$= \int \frac{1}{\sec x} \, d \sec x = \ln|\sec x| + c,$$

同樣的方法，可導得

$$\int \cot x \, dx = \ln|\sin x| + c \text{。}$$

於 $n \geq 2$ 時，

$$\int \tan^n x \, dx = \int \tan^{n-2} x (\sec^2 x - 1) \, dx$$

$$= \int \tan^{n-2} x \sec^2 x \, dx - \int \tan^{n-2} x \, dx$$

$$= \int \tan^{n-2} x \, d \tan x - \int \tan^{n-2} x \, dx$$

$$= \frac{1}{n-1} \tan^{n-1} x - \int \tan^{n-2} x \, dx;$$

同樣的，

$$\int \cot^n x \, dx = \frac{-1}{n-1} \cot^{n-1} x - \int \cot^{n-2} x \, dx \text{。}$$

例 5　求 $\int \tan^5 x \, dx$。

解 I　反覆利用上面導出的簡化公式，得

$$\int \tan^5 x \, dx = \frac{1}{4} \tan^4 x - \int \tan^3 x \, dx$$

$$= \frac{1}{4} \tan^4 x - \frac{1}{2} \tan^2 x + \int \tan x \, dx$$

$$= \frac{1}{4} \tan^4 x - \frac{1}{2} \tan^2 x + \ln|\sec x| + c \text{。}$$

解 II

$$\int \tan^5 x \; dx = \int \frac{\tan^4 x}{\sec x} \; d \sec x$$

$$= \int \frac{(\sec^2 x - 1)^2}{\sec x} \; d \sec x$$

$$= \int \frac{(\sec^4 x - 2\sec^2 x + 1)}{\sec x} \; d \sec x$$

$$= \int (\sec^3 x - 2 \sec x + \frac{1}{\sec x}) \; d \sec x$$

$$= \frac{1}{4} \sec^4 x - \sec^2 x + \ln |\sec x| + c_1 。$$

例 6　求 $\int \cot^4 5x \; dx$。

解　$\int \cot^4 5x \; dx$

$$= \frac{1}{5} \int \cot^4 5x \; d(5x)$$

$$= \frac{1}{5}(-\frac{1}{3}) \cot^3 5x - \frac{1}{5} \int \cot^2 5x \; d(5x)$$

$$= -\frac{1}{15} \cot^3 5x + \frac{1}{5} \cot 5x + \frac{1}{5} \int d(5x)$$

$$= -\frac{1}{15} \cot^3 5x + \frac{1}{5} \cot 5x + x + c 。$$

（四）$\int \sec^m x \; dx$ 及 $\int \csc^m x \; dx$ 的積分法

如果上面形式中的 m 為正偶數，則為（二）中 m 為正偶數的情形（此時 $n=0$），可仿例 4 求解，如下例解 II 所示。在這裏，我們要利用分部積分法，對任一正整數 $n \geqq 2$ 的情形，導出一個簡化公式，來解一般的問題。令

$$u = \sec^{m-2} x, \; dv = \sec^2 x \; dx,$$

則得

$$du = (m-2)\sec^{m-3} x \; \sec x \tan x \; dx$$

$$= (m-2)\sec^{m-2}x \, \tan \, x \, dx, \quad v = \tan \, x,$$

故由分部積分法的公式得

$$\int \sec^m x \, dx = \sec^{m-2}x \, \tan \, x - (m-2)\int \sec^{m-2}x \, \tan^2 x \, dx$$

$$= \sec^{m-2}x \, \tan \, x - (m-2)\int \sec^{m-2}x(\sec^2 x - 1) \, dx$$

$$= \sec^{m-2}x \, \tan \, x - (m-2)\int \sec^m x \, dx$$

$$+ (m-2)\int \sec^{m-2}x \, dx,$$

因而得

$$(m-1)\int \sec^m x \, dx = \sec^{m-2}x \, \tan \, x + (m-2)\int \sec^{m-2}x \, dx,$$

$$\int \sec^m x \, dx = \frac{1}{m-1}\sec^{m-2}x \, \tan \, x + \frac{m-2}{m-1}\int \sec^{m-2}x \, dx_\circ$$

同理可得簡化公式:

$$\int \csc^m x \, dx = \frac{-1}{m-1}\csc^{m-2}x \, \cot \, x + \frac{m-2}{m-1}\int \csc^{m-2}x \, dx_\circ$$

反覆利用上面的二個簡化公式, 則對任意正整數$m \geq 2$來說, 求不定積分

$$\int \sec^m x \, dx \, \text{及} \int \csc^m x \, dx$$

的問題, 都可化爲求

$$\int \sec \, x \, dx \, \text{及} \int \csc \, x \, dx$$

的問題 (當m爲正奇數時), 或求$\int dx$的問題 (當m爲正偶數時), 而
前面的二個積分如下:

$$\int \sec \, x \, dx = \int \frac{\sec x \, (\sec \, x + \tan \, x)}{\sec \, x + \tan \, x} \, dx$$

$$= \int \frac{1}{\sec \, x + \tan \, x} \, d(\sec \, x + \tan \, x)$$

$$= \ln \ |\sec \ x + \tan \ x| + c,$$

$$\int \csc \ x \ dx = \int \frac{\csc x \,(\csc \ x + \cot \ x)}{\csc \ x + \cot \ x} \ dx$$

$$= \int \frac{-1}{\csc \ x + \cot \ x} \ d\,(\csc \ x + \cot x)$$

$$= -\ln \ |\csc \ x + \cot \ x| + c,$$

$$= \ln \ \left| \frac{1}{\csc \ x + \cot x} \right| + c,$$

$$= \ln \ \left| \frac{\csc \ x - \cot \ x}{\csc^2 x - \cot^2 x} \right| + c,$$

$$= \ln \ |\csc \ x - \cot \ x| + c_{\circ}$$

上面的二個積分公式，一般都視爲基本公式，而須熟記。

例7　求 $\int \sec^4 3x \ dx$。

解 I　$\int \sec^4 3x \ dx$

$$= \frac{1}{3} \int \sec^4 3x \ d\,(3x)$$

$$= \frac{1}{3} \ (\frac{1}{3} \ \sec^2 3x \tan 3x + \frac{2}{3} \int \sec^2 3x \ d\,(3x))$$

$$= \frac{1}{9} \ \sec^2 3x \tan 3x + \frac{2}{9} \ \tan 3x + c_{\circ}$$

解 II　$\int \sec^4 3x \ dx$

$$= \frac{1}{3} \int \sec^4 3x \ d\,(3x) = \frac{1}{3} \int \sec^2 3x \ d\,(\tan \ 3x)$$

$$= \frac{1}{3} \int \ (1 + \tan^2 3x) \ d\,(\tan \ 3x)$$

$$= \frac{1}{3} \ (\tan \ 3x + \frac{1}{3} \ \tan^3 3x) + c_{1 \circ}$$

$$= \frac{1}{3} \ \tan \ 3x + \frac{1}{9} \ \tan^3 3x + c_{1 \circ}$$

例 8   求 $\displaystyle\int \csc^3 4x \ dx$。

解   此題中被積分函數的冪指數爲正奇數，無法用上例之解 II 的
解法，而須用分部積分法求解（或利用簡化公式）。令

$$u = \csc 4x, \ dv = \csc^2 4x \ dx,$$

則 $du = -4\csc 4x \ \cot 4x dx, \ v = -\dfrac{1}{4} \cot 4x$，故得

$$\int \csc^3 4x \ dx = -\frac{1}{4}\csc 4x \cot 4x - \int \csc 4x \ \cot^2 4x \ dx$$

$$= -\frac{1}{4}\csc 4x \cot 4x - \int \csc 4x (\csc^2 4x - 1) \ dx$$

$$= -\frac{1}{4}\csc 4x \cot 4x - \int \csc^3 4x \ dx + \int \csc 4x \ dx$$

$$= -\frac{1}{8} \csc 4x \ \cot 4x + \frac{1}{2} \int \csc 4x \ dx$$

$$= -\frac{1}{8} \csc 4x \ \cot 4x + \frac{1}{8} \int \csc 4x \ d(4x)$$

$$= -\frac{1}{8}\csc 4x \cot 4x + \frac{1}{8}\ln \ |\csc 4x - \cot 4x| + c。$$

（五） $\displaystyle\int \sin ax \cos bx \ dx, \int \sin ax \sin bx \ dx$ **及**

$\displaystyle\int \cos ax \cos bx \ dx$ **的積分法**

對上面形式的問題，可將被積分函數，利用下面化積爲和差的三角
恆等式，化爲二個三角函數的和來求積分：

$$\sin\alpha \ \cos\beta = \frac{1}{2} \ (\sin(\alpha+\beta) + \sin(\alpha-\beta)),$$

$$\cos\alpha \ \cos\beta = \frac{1}{2} \ (\cos(\alpha+\beta) + \cos(\alpha-\beta)),$$

$$\sin\alpha \ \sin\beta = -\frac{1}{2} \ (\cos(\alpha+\beta) - \cos(\alpha-\beta))。$$

例 9   求下面各题：

(i) $\int \sin 2x \cos 3x\ dx$　　(ii) $\int \cos 3x \cos \dfrac{x}{2}\ dx$

解　(i) $\int \sin 2x \cos 3x\ dx = \int \dfrac{1}{2}(\sin 5x + \sin(-x))dx$

$$= \dfrac{1}{2} \int (\sin 5x - \sin x)\ dx$$

$$= \dfrac{1}{2} (-\dfrac{1}{5} \cos 5x + \cos x) + c$$

$$= -\dfrac{1}{10} \cos 5x + \dfrac{1}{2} \cos x + c。$$

(ii) $\int \cos 3x \cos \dfrac{x}{2}\ dx$

$$= \int \dfrac{1}{2} (\cos \dfrac{7}{2} x + \cos \dfrac{5}{2} x)\ dx$$

$$= \dfrac{1}{2} (\int \cos \dfrac{7}{2} x\ dx + \int \cos \dfrac{5}{2} x\ dx)$$

$$= \dfrac{1}{2} (\dfrac{2}{7} \sin \dfrac{7}{2} x + \dfrac{2}{5} \sin \dfrac{5}{2} x) + c$$

$$= \dfrac{1}{7} \sin \dfrac{7}{2} x + \dfrac{1}{5} \sin \dfrac{5}{2} x + c。$$

例10　求下面積分：

$$\int \sin 5x \cos^2 3x\ dx。$$

解　$\int \sin 5x \cos^2 3x\ dx$

$$= \int \dfrac{\sin 5x(1 + \cos 6x)}{2}\ dx$$

$$= \dfrac{1}{2} (\int \sin 5x\ dx + \int \sin 5x \cos 6x\ dx)$$

$$= \dfrac{1}{2} (-\dfrac{1}{5} \cos 5x + \int \dfrac{1}{2} (\sin 11x + \sin(-x))\ dx)$$

$$= -\dfrac{1}{10} \cos 5x + \dfrac{1}{4}(-\dfrac{1}{11} \cos 11x + \cos x) + c$$

$$= -\frac{1}{10}\cos 5x - \frac{1}{44}\cos 11x + \frac{1}{4}\cos x + c。$$

本節中提到的，各種形式的有關三角函數結合而成的函數之積分方法，讀者務必熟練它們的解法。至於導出的簡化公式則無須強記，但須熟練各公式的導出方法，並於須用時自行推導出來，以供應用。

習　　題

求下列各題：(1～15)

1. $\displaystyle\int \cos^5 x \sin^4 x\ dx$

2. $\displaystyle\int \cos^7 x\ dx$

3. $\displaystyle\int \frac{\cos x}{\sqrt{\sin^3 x}}\ dx$

4. $\displaystyle\int \cos^4 2x\ dx$

5. $\displaystyle\int \csc^6 x\ \cos^5 x\ dx$

6. $\displaystyle\int \sin^2 3x\ \cos^2 3x\ dx$

7. $\displaystyle\int \frac{\sec^2 x}{\sqrt{\tan x}}\ dx$

8. $\displaystyle\int \sec^3 4x\ dx$

9. $\displaystyle\int \tan^5 3x\ dx$

10. $\displaystyle\int \csc^6 3x\ dx$

11. $\displaystyle\int \cot^6 2x\ dx$

12. $\displaystyle\int \sin 3x\ \cos 5x\ dx$

13. $\displaystyle\int \sin 2x\ \sin \frac{2x}{3}\ dx$

14. $\displaystyle\int \cos \frac{x}{2}\ \cos \frac{3x}{5}\ dx$

15. $\displaystyle\int \sin x\ \cos 2x\ \sin 3x\ dx$

16. 設 m, n 為任意正整數，證明下面二題：

(i) $\displaystyle\int_{-\pi}^{\pi} \sin mx\ \cos nx\ dx = 0$;

(ii) $\displaystyle\int_{-\pi}^{\pi} \sin mx\ \sin nx\ dx = \int_{-\pi}^{\pi} \cos mx\ \cos nx\ dx$

$$= \begin{cases} 0, & \text{當} m \neq n \text{時}; \\ \pi, & \text{當} m = n \text{時。} \end{cases}$$

§8-4 代換積分法

在本章第一節中，我們曾討論下面型式的積分：

$$\int f(u(x))u'(x)dx。$$

若對不定積分 $\int f(x)\ dx$ 我們知道解法，則可將上式表為

$$\int f(u(x))du(x),$$

並將 $u(x)$ 看作一變數 u，而求出

$$\int f(u)\ du = G(u)+c,$$

然後以 $u(x)$ 取代變數 u，而得 $G(u(x))+c$ 為原來不定積分之解，這就是所謂的**變數變換積分法**(integration by change of variable)。關於變數變換積分法還有一種和上面所述相反的過程，就是當求積分

$$\int f(x)\ dx$$

的問題時，以一適當的函數 $g(y)$ 代入式中的 x，並且 $d\ g(y)$ 仍表為 $g'(y)\ dy$，則得不定積分

$$\int f(g(y))g'(y)\ dy,$$

若這一積分可求得，則原來的積分問題可因而求得。這種由一代換公式變換積分變數的積分法也稱為**代換積分法** (integration by substitution)。它的理論依據則為下面的定理。

定理 8-3

設 $g(y)$ 為一可逆且可微分的函數。若

$$\int f(g(y))g'(y)dy = G(y)+c,$$

則

$$\int f(x)\ dx = G(g^{-1}(x)) + c。$$

證明　由不定積分的意義知，我們只須證明下式成立：

$$D\ G(g^{-1}(x)) = f(x)。$$

因為

$$\int f(g(y))g'(y)\ dy = G(y) + c，$$

故知

$$G'(y) = f(g(y))g'(y)，$$

由上式及連鎖律知，

$$D\ G(g^{-1}(x))$$
$$= G'(g^{-1}(x)) \cdot D\ g^{-1}(x)$$
$$= f(g(g^{-1}(x)))g'(g^{-1}(x)) \cdot D\ g^{-1}(x)$$
$$= f(x)g'(g^{-1}(x)) \cdot D\ g^{-1}(x)。 \tag{1}$$

又，對恆等式 $gg^{-1}(x) = x$ 的等號兩邊就 x 微分，得

$$D\ gg^{-1}(x) = D\ x，$$
$$g'(g^{-1}(x)) \cdot D\ g^{-1}(x) = 1。 \tag{2}$$

將（2）代入（1）中，即得

$$D\ G(g^{-1}(x)) = f(x)，$$

而定理得證。

例 1　求不定積分

$$\int \frac{x}{1 + \sqrt{x}}\ dx。$$

解　令 $f(x) = \dfrac{x}{1 + \sqrt{x}}$，$y = 1 + \sqrt{x}$，則 $x = g(y) = (y-1)^2$

為一可逆且可微分之函數（雖然此 $g(y)$ 從外在的型式看似乎不為可逆，但因 $y = 1 + \sqrt{x} \geq 1$，故知 $g(y) = (y-1)^2$ 為可逆）且 $g'(y) = 2(y-1)$，故

$$\int f(g(y))g'(y)\ dy$$

$$=\int \frac{(y-1)^2}{y}\cdot 2(y-1)\ dy$$

$$=2\int (y^2-3y+3-\frac{1}{y})\ dy$$

$$=2(\frac{1}{3}y^3-\frac{3}{2}\ y^2+3y-\ln\ |y|)+c$$

$$=\frac{y}{3}\ (2y^2-9y+18)-2\ln\ |y|+c$$

$$=\frac{y}{3}\ (2(y-1)^2-5(y-1)+11)-2\ln\ |y|+c$$

由定理 8-3 知

$$\int f(x)\ dx=\int \frac{x}{1+\sqrt{x}}\ dx$$

$$=\frac{1+\sqrt{x}}{3}\ (2x-5\sqrt{x}+11)-2\ln(1+\sqrt{x})+c。$$

上面的解法中，爲了配合定理 8-3，所以做了詳細的解說，但習慣上以代換法求積分時，常簡潔的表出如下：

令 $y=1+\sqrt{x}$，則 $x=(y-1)^2$，且 $dx=2(y-1)dy$，故

$$\int \frac{x}{1+\sqrt{x}}\ dx=\int \frac{(y-1)^2}{y}\cdot 2(y-1)\ dy$$

$$=2\int (y^2-3y+3-\frac{1}{y})\ dy$$

$$=2(\frac{1}{3}y^3-\frac{3}{2}\ y^2+3y-\ln\ |y|)+c$$

$$=\frac{y}{3}\ (2y^2-9y+18)-2\ln\ |y|+c$$

$$=\frac{y}{3}(2(y-1)^2-5(y-1)+11)-2\ln\ |y|+c$$

$$=\frac{1+\sqrt{x}}{3}\ (2x-5\sqrt{x}+11)-2\ln(1+\sqrt{x})+c。$$

例2 假設我們不知微分公式：$D\ \text{Tan}^{-1}x = \dfrac{1}{1+x^2}$，利用定理 8-3，求

$$\int \frac{1}{1+x^2}\ dx。$$

解 利用三角的平方關係：$1+\tan^2 y = \sec^2 y$ 知，可令 $x = \text{Tan}\ y$ 代入上式，得

$$\int \frac{1}{1+x^2}\ dx = \int \frac{1}{1+\tan^2 y}\ d\tan y$$

$$= \int \frac{1}{\sec^2 y}\ \sec^2 y\ dy = \int dy$$

$$= y+c$$

$$= \text{Tan}^{-1}x + c。$$

在例 2 中，我們變數變換的公式為 $x = \text{Tan}\,y$，正表明將 x 用一個可逆且可微分的函數來替代，其中 Tan 乃表定義域限於 $(-\frac{\pi}{2},\ \frac{\pi}{2})$ 的函數（見第 3-6 節），而它的值則和正切函數 tan 的值一樣，所以在例 2 的求解過程中寫為 $\tan y$，但仍表示 $y \in (-\frac{\pi}{2},\ \frac{\pi}{2})$，而知為可逆，故而不與定理 8-3 相違背。例 2 的求解過程中，變數變換的公式為三角函數，故稱為**三角代換法**（trigonometric substitution）；而例 1 的變數變換公式為代數函數，故稱為**代數代換法**（algebraic substitution）。在不定積分中，以代換法求積分時，應將變數代換為原來的變數，如上二例所示。

如果我們求一定積分值時，須用變數變換法求解，則可依據下面定理的結果，以簡化求解的過程。

定理 8-4

設 $g(y)$ 為一可逆且可微分的函數，且

$$\int f(g(y))g'(y)dy = G(y)+c,$$

則

$$\int_a^b f(x)\ dx = \int_{g^{-1}(a)}^{g^{-1}(b)} f(g(y))g'(y)dy。$$

證明　由定理8-3知，若

$$\int f(x)\ dx = G(g^{-1}(x))+c,$$

故由微積分基本定理知

$$\int_a^b f(x)\ dx = G(g^{-1}(x))\ \Big|_a^b$$

$$= G(g^{-1}(b))-G(g^{-1}(a))$$

$$= G(y)\ \Big|_{g^{-1}(a)}^{g^{-1}(b)}$$

$$= \int_{g^{-1}(a)}^{g^{-1}(b)} f(g(y))g'(y)dy,$$

而定理得證。

　　上面定理 8-4 中，當經變數變換求出 $f(g(y))g'(y)$ 的反導函數 $G(y)$ 後，不須求出 $f(x)$ 的反導函數 $G(g^{-1}(x))$，而可直接求 $G(y)\ \Big|_{g^{-1}(a)}^{g^{-1}(b)}$ 的值，即得所要求的定積分值。其中 $g^{-1}(b)$ 和 $g^{-1}(a)$ 二數，乃分別是經由變換公式 $x = g(y)$ 求得的對應於 $x = b$，a 時，y 的數值。

　　例3　證明半徑為 r 的圓之面積為 πr^2。

　　證　如果以圓心為原點建立坐標系，則這圓的方程式為 $x^2+y^2 = r^2$，故知所求圓的面積為

$$2\int_{-r}^r \sqrt{r^2-x^2}\ dx。$$

以三角代換法，令 $x = r\operatorname{Sin} y$，則 $dx = r\cos y\ dy$。又當 $x = \pm r$ 時，$y = \pm\dfrac{\pi}{2}$，故得

$$2 \int_{-r}^{r} \sqrt{r^2 - x^2} \ dx = 2 \int_{-\frac{\pi}{2}}^{\frac{\pi}{2}} r^2 \cos^2 y \ dy$$

$$= 2r^2 \int_{-\frac{\pi}{2}}^{\frac{\pi}{2}} \frac{1 + \cos 2y}{2} \ dy$$

$$= r^2 (y + \frac{1}{2} \sin 2y) \ \Big|_{-\frac{\pi}{2}}^{\frac{\pi}{2}}$$

$$= \pi r^2 。$$

下面再以幾個例題，來作為加强以變數變換法求積分的示範。

例 4　求 $\displaystyle \int_{1}^{6} \frac{x}{\sqrt{3x-2}} \ dx$。

解　令 $y = \sqrt{3x-2}$, 則 $x = \dfrac{y^2 + 2}{3}$, $dx = \dfrac{2y}{3} \ dy$,

且 $x = 1$ 時 $y = 1$, 而 $x = 6$ 時 $y = 4$, 故得

$$\int_{1}^{6} \frac{x}{\sqrt{3x-2}} dx = \int_{1}^{4} \frac{\frac{y^2+2}{3}}{y} \cdot \frac{2y}{3} dy = \frac{2}{9} \int_{1}^{4} (y^2 + 2) \ dy$$

$$= \frac{2}{9} (\frac{y^3}{3} + 2y) \ \Big|_{1}^{4} = \frac{2}{9} (\frac{64}{3} + 8 - \frac{1}{3} - 2) = 6。$$

例 5　求 $\displaystyle \int_{0}^{9} \frac{dx}{\sqrt{\sqrt{x}+1}}$。

解　令 $y = \sqrt{\sqrt{x}+1}$, 則 $x = (y^2-1)^2$, $dx = 2(y^2-1)(2y)dy$,

故得

$$\int_{0}^{9} \frac{dx}{\sqrt{\sqrt{x}+1}} = \int_{1}^{2} \frac{4y(y^2-1)}{y} dy = 4 \int_{1}^{2} (y^2-1) \ dy$$

$$= 4(\frac{y^3}{3} - y) \ \Big|_{1}^{2} = \frac{16}{3}。$$

例 6　求 $\displaystyle \int x^2 \sqrt{x^2+4} \ dx$。

解　令 $x = 2\text{Tan} y$, 則 $dx = 2\sec^2 y \ dy$, 故得

$$\int x^2 \sqrt{x^2+4}\ dx$$

$$=\int 16\tan^2 y\ \sec^3 y\ dy=\int 16(\sec^2 y-1)\ \sec^3 y\ dy$$

$$=16(\int \sec^5 y\ dy-\int \sec^3 y\ dy)$$

$$=4\sec^3 y\ \tan y+12\int \sec^3 y\ dy-16\int \sec^3 y\ dy$$

$$=4\sec^3 y\ \tan y-4\int \sec^3 y\ dy$$

$$=4\sec^3 y\ \tan y-4(\frac{1}{2}\sec\ y\ \tan y+\frac{1}{2}\int \sec y\ dy)$$

$$=4\sec^3 y\ \tan y-2\sec y\ \tan y-2\ln|\sec y+\tan y|+c$$

$$=\frac{1}{4}x\sqrt{(x^2+4)^3}-\frac{1}{2}x\sqrt{x^2+4}-2\ln(x+\sqrt{x^2+4})+c_1。$$

例7　求 $\int \dfrac{\sqrt{4x^2-9}}{x}\ dx$。

解　令 $x=\dfrac{3}{2}\operatorname{Sec} y$，則 $\sqrt{4x^2-9}=3\tan y,\ dx=\dfrac{3}{2}\sec y\ \tan y\ dy$，

故得

$$\int \frac{\sqrt{4x^2-9}}{x}\ dx$$

$$=\int \frac{3\tan y\ \dfrac{3}{2}\sec y\ \tan y}{\dfrac{3}{2}\sec y}\ dy=3\int \tan^2 y\ dy$$

$$=3\int (\sec^2 y-1)\ dy=3\int \sec^2 y\ dy-3\int dy$$

$$=3\tan y-3y+c$$

$$=\sqrt{4x^2-9}-3\operatorname{Sec}^{-1}\frac{2x}{3}+c。$$

以代換法求積分，是個非常有用的方法，讀者務必多作練習，以期能熟練。

習　　題

求下列各題：(1~15)

1. $\displaystyle\int_0^4 \frac{x^2}{\sqrt{2x+1}}\, dx$　　　　2. $\displaystyle\int_0^1 x^2(1-x)^{20}\, dx$

3. $\displaystyle\int \frac{1}{(1+\sqrt{x})^3}\, dx$　　　　4. $\displaystyle\int \frac{\sqrt{x}}{(1+\sqrt{x})^3}\, dx$

5. $\displaystyle\int \sqrt{e^x-1}\, dx$　　　　6. $\displaystyle\int \sqrt{1-4x^2}\, dx$

7. $\displaystyle\int \sqrt{3-2x^2}\, dx$　　　　8. $\displaystyle\int \frac{1}{\sqrt{x^2-1}}\, dx$

9. $\displaystyle\int \frac{dx}{x^2\sqrt{1-x^2}}$　　　　10. $\displaystyle\int x^2\sqrt{1+x^2}\, dx$

11. $\displaystyle\int \frac{1}{\sqrt{1+\sqrt[3]{x}}}\, dx$　　　　12. $\displaystyle\int \frac{x^3}{\sqrt{x^2-1}}\, dx$

13. $\displaystyle\int_0^{\sqrt{5}} x^2\sqrt{5-x^2}\, dx$　　　　14. $\displaystyle\int \frac{2x^2+1}{2x+3}\, dx$

15. $\displaystyle\int (\mathrm{Cos}^{-1}x)^2\, dx$

16. 設 $f(-x)=f(x)$，證明：$\displaystyle\int_{-a}^a f(x)\, dx = 2\int_0^a f(x)\, dx$。

17. 設 $f(-x)=-f(x)$，證明：$\displaystyle\int_{-a}^a f(x)\, dx = 0$。

18. 設 f 爲連續函數，證明：

$$\int_0^{\frac{\pi}{2}} f(\sin x)\, dx = \int_0^{\frac{\pi}{2}} f(\cos x)\, dx 。$$

19. 設 f 爲一連續函數，證明：

$$\int_0^{\pi} x f(\sin x)\, dx = \frac{\pi}{2}\int_0^{\pi} f(\sin x)\, dx$$

20. 利用第19題，求下面定積分值：$\displaystyle\int_0^\pi \frac{x\,\sin x}{2-\sin^2 x}\,dx$。

§8-5 有理函數的積分法

我們知道，有理函數是具下面形式的函數：

$$\frac{p(x)}{q(x)}，其中 p(x) 和 q(x) 均爲多項式。$$

若其中 $p(x)$ 的次數大於或等於 $q(x)$ 的次數，則 $\dfrac{p(x)}{q(x)}$ 可表爲一多項式（稱爲**整式**）和一**眞分式**（卽分子爲常數或次數小於分母之次數的分式）的和，因此有理函數的積分法，可僅考慮眞分式的積分法。

若一眞分式的分母可分解爲**互質**的因式（各因式間沒有次數大於 1 的公因式）的乘積時，我們可藉所謂的**部分分式**（或稱**分項分式**）（partial fraction）的技巧，將這分式分爲幾項眞分式的和。它主要是依據下面的定理，這定理的證明則從略。

定理 8-5

設 P, A, B 都是多項式。若 A 和 B 爲互質，且 $\dfrac{P}{A\cdot B}$ 爲一眞分式，則 $\dfrac{P}{A\cdot B}$ 可唯一表爲二眞分式 $\dfrac{C}{A}$ 和 $\dfrac{D}{B}$ 的和，卽

$$\frac{P}{A\cdot B}=\frac{C}{A}+\frac{D}{B}。$$

下面將以實例說明，來示範如何將一眞分式表爲部分分式的和，因而可易求得積分。

例 1　將下面分式表爲部分分式的和：

$$\frac{4x+3}{(2x+1)(x-1)}。$$

解　設

$$\frac{4x+3}{(2x+1)(x-1)}=\frac{a}{2x+1}+\frac{b}{x-1}。$$

對等號兩邊同乘以 $(2x+1)(x-1)$，卽得

$$4x+3=a(x-1)+b(2x+1)，$$

因爲上式中等號兩邊爲二相等的多項式，故對於文字 x 以任何數代入，都能使等式成立。將 x 以 1 代入，可使等式右邊的第一項值爲 0，卽得

$$4(1)+3=a(1-1)+b(2(1)+1)，\ b=\frac{7}{3}；$$

將 x 以 $-\frac{1}{2}$ 代入，可使等式右邊的第二項值爲 0，卽得

$$4\left(-\frac{1}{2}\right)+3=a\left(-\frac{1}{2}-1\right)+b\left(2\left(-\frac{1}{2}\right)+1\right)，\ a=-\frac{2}{3}，$$

卽知

$$\frac{4x+3}{(2x+1)(x-1)}=-\frac{2}{3(2x+1)}+\frac{7}{3(x-1)}。$$

例 2　求上例的分式之積分，卽求

$$\int\frac{4x+3}{(2x+1)(x-1)}\ dx。$$

解　由上例知

$$\int\frac{4x+3}{(2x+1)(x-1)}\ dx=\int\frac{-2}{3(2x+1)}\ dx+\int\frac{7}{3(x-1)}\ dx$$

$$=\frac{-2}{3}\int\frac{d(2x+1)}{2(2x+1)}+\frac{7}{3}\int\frac{d(x-1)}{(x-1)}$$

$$=-\frac{1}{3}\ln\ |2x+1|+\frac{7}{3}\ln\ |x-1|+c。$$

　　由代數基本定理 (fundamental theorem of algebra) 易知，任一實係數多項式均可分解爲一次與二次多項式的乘積，從而由部分分式的理論知，一眞分式可表爲下面形式之眞分式的和：(其中 $a\neq0$)

$$\frac{c}{(ax+b)^n},\quad \frac{rx+s}{(ax^2+bx+c)^n},\quad n\in N。$$

前者的積分是淺顯的，因為

$$\int \frac{1}{(ax+b)^n}dx=\frac{1}{a}\int\frac{1}{(ax+b)^n}\,d(ax+b)$$

$$=\begin{cases}\dfrac{1}{a}\,\ln\,|ax+b|+c, & 當\,n=1；\\[2mm]\dfrac{1}{a}\left(\dfrac{1}{1-n}\right)\left(\dfrac{1}{(ax+b)^{n-1}}\right)+c_1, & 當\,n>1。\end{cases}$$

至於後者，因為

$$\int\frac{rx+s}{(ax^2+bx+c)^n}\,dx$$

$$=\int\frac{\dfrac{r}{2a}(2ax+b)+s-\dfrac{rb}{2a}}{(ax^2+bx+c)^n}\,dx$$

$$=\frac{r}{2a}\int\frac{d(ax^2+bx+c)}{(ax^2+bx+c)^n}+\left(s-\frac{rb}{2a}\right)\int\frac{dx}{(ax^2+bx+c)^n}$$

$$=\begin{cases}\dfrac{r}{2a}\,\ln\,|ax^2+bx+c|\\[2mm]\qquad+\left(s-\dfrac{rb}{2a}\right)\int\dfrac{dx}{(ax^2+bx+c)^n}, & 當\,n=1；\\[4mm]\dfrac{r}{2a}\cdot\dfrac{1}{1-n}\cdot\dfrac{1}{(ax^2+bx+c)^{n-1}}\\[2mm]\qquad+\left(s-\dfrac{rb}{2a}\right)\int\dfrac{dx}{(ax^2+bx+c)^n}, & 當\,n>1。\end{cases}$$

故知只須考慮下面形式的積分問題：

$$\int\frac{dx}{(ax^2+bx+c)^n}。$$

這種積分可藉**配方法** (completing the square) 而得解決，卽將ax^2+bx+c 配方如下：

$$ax^2+bx+c=a[(x+\frac{b}{2a})^2+(\frac{4ac-b^2}{4a^2})]$$

$$=a[(x+\frac{b}{2a})^2+(\frac{\sqrt{4ac-b^2}}{2a})^2],$$

在此 $4ac-b^2>0$，否則卽可分解因式（何故？）。令 $u=x+\dfrac{b}{2a}$，

$k=\dfrac{\sqrt{4ac-b^2}}{2a}$，則考慮的積分卽爲

$$\frac{1}{a^n}\int\frac{du}{(u^2+k^2)^n}。$$

當 $n=1$ 時，

$$\frac{1}{a}\int\frac{du}{u^2+k^2}=\frac{1}{a}\int\frac{kd(\frac{u}{k})}{k^2(1+(\frac{u}{k})^2)}=\frac{1}{ak}\text{Tan}^{-1}(\frac{u}{k})+c;$$

當 $n>1$ 時，可令 $u=k\ \text{Tan}\ y$，則 $du=k\ \sec^2y\ dy$，且 $u^2+k^2=k^2\sec^2y$，故得

$$\int\frac{du}{(u^2+k^2)^n}=\int\frac{k\ \sec^2y\ dy}{k^{2n}\sec^{2n}y}=\frac{1}{k^{2n-1}}\int\cos^{2n-2}y\ dy,$$

上式的最後一個積分，可藉簡化公式求出，然後以下式代入：

$$y=\text{Tan}^{-1}\left(\frac{u}{k}\right)=\text{Tan}^{-1}\left(\frac{2ax+b}{\sqrt{4ac-b^2}}\right),$$

卽將變數轉換爲原來的變數 x，而題目得以解決。

例 3　求下面分式的積分：

$$\int\frac{2x^2-x-1}{(2x^2+3)(x-2)}\ dx。$$

解　首先，將被積分式表爲部分分式的和，設

$$\frac{2x^2-x-1}{(2x^2+3)(x-2)}=\frac{ax+b}{2x^2+3}+\frac{c}{x-2},$$

上式等號右邊第一項的分母爲二次式，所以這項分子的一般

式具 $ax+b$ 的形式。兩邊消去分母，得

$$2x^2-x-1=(ax+b)(x-2)+c(2x^2+3),$$

令 $x=2$ 代入上式，得 $c=\dfrac{5}{11}$，代入上式並去分母，得

$$22x^2-11x-11=11(ax+b)(x-2)+5(2x^2+3),$$

$$12x^2-11x-26=11(ax+b)(x-2),$$

$$ax+b=\frac{12}{11}x+\frac{13}{11}。$$

從而得

$$\int \frac{2x^2-x-1}{(2x^2+3)(x-2)}\,dx$$

$$=\frac{12}{11}\int \frac{x}{2x^2+3}\,dx+\frac{13}{11}\int \frac{dx}{2x^2+3}+\frac{5}{11}\int \frac{1}{x-2}\,dx$$

$$=\frac{3}{11}\int \frac{d(2x^2+3)}{2x^2+3}+\frac{13}{11\sqrt{6}}\int \frac{d\sqrt{\frac{2}{3}}x}{\left(\sqrt{\frac{2}{3}}x\right)^2+1}+\frac{5}{11}\int \frac{1}{x-2}\,d(x-2)$$

$$=\frac{3}{11}\ln(2x^2+3)+\frac{13}{11\sqrt{6}}\mathrm{Tan}^{-1}\sqrt{\frac{2}{3}}x+\frac{5}{11}\ln|x-2|+c。$$

例4　求下面分式的積分：

$$\int \frac{3x^2-2x+4}{(x+1)(x-2)^2}\,dx。$$

解　設

$$\frac{3x^2-2x+4}{(x+1)(x-2)^2}=\frac{ax+b}{(x-2)^2}+\frac{c}{x+1},$$

去分母得

$$3x^2-2x+4=(ax+b)(x+1)+c(x-2)^2,$$

以 $x=-1$ 代入上式，得 $c=1$，並代入上式，得

$$3x^2-2x+4=(ax+b)(x+1)+(x-2)^2,$$

$$2x^2+2x=(ax+b)(x+1),$$

$$ax+b=2x,$$

即知 $\dfrac{3x^2-2x+4}{(x+1)(x-2)^2}=\dfrac{2x}{(x-2)^2}+\dfrac{1}{x+1},$

雖然上式的第一項已爲眞分式，但是這種分母 爲一多項式 $p(x)$ 的冪式（在這例中， $p(x)=(x-2)$）的情形，在實際運用以求積分時，往往須使分子的次數小於 $p(x)$ 的次數,所以須把第一項表爲二眞分式的和來求積分,如下所示:

$$\frac{2x}{(x-2)^2}=\frac{2(x-2)+4}{(x-2)^2}=\frac{2}{x-2}+\frac{4}{(x-2)^2},$$

$$\int\frac{3x^2-2x+4}{(x+1)(x-2)^2}dx$$

$$=\int\frac{2}{x-2}\,dx+\int\frac{4}{(x-2)^2}\,dx+\int\frac{1}{x+1}\,dx$$

$$=2\ln|x-2|-4(x-2)^{-1}+\ln|x+1|+c$$

$$=\ln|(x-2)^2(x+1)|-4(x-2)^{-1}+c。$$

例 5 求下面分式的積分:

$$\int\frac{x^4-2x+3}{(x-1)^3}\,dx。$$

解 首先須把被積分函數表爲一整式和一眞分式的和，如下:

$$\frac{x^4-2x+3}{(x-1)^3}=(x+3)+\frac{2(3x^2-5x+3)}{(x-1)^3},$$

反覆利用綜合除法可得

$$3x^2-5x+3=3(x-1)^2+(x-1)+1,$$

從而知

$$\frac{x^4-2x+3}{(x-1)^3}=(x+3)+\frac{2(3(x-1)^2+(x-1)+1)}{(x-1)^3}$$

$$=(x+3)+\frac{6}{x-1}+\frac{2}{(x-1)^2}+\frac{2}{(x-1)^3}$$

而得

$$\int \frac{x^4-2x+3}{(x-1)^3} dx = \int (x+3)dx + \int \frac{6dx}{x-1} + \int \frac{2dx}{(x-1)^2} + \int \frac{2dx}{(x-1)^3}$$

$$= \frac{x^2}{2} + 3x + 6\ln |x-1| - 2(x-1)^{-1} - (x-1)^{-2} + c。$$

例6　求下面分式的積分:

$$\int \frac{3x-5}{2x^2+x+1} dx。$$

解　　$\int \dfrac{3x-5}{2x^2+x+1} dx$

$$= \int \frac{\frac{3}{4}(4x+1)-\frac{23}{4}}{2x^2+x+1} dx$$

$$= \frac{3}{4} \int \frac{d(2x^2+x+1)}{2x^2+x+1} - \frac{23}{4} \int \frac{dx}{2x^2+x+1}$$

$$= \frac{3}{4}\ln(2x^2+x+1) - \frac{23}{4} \int \frac{dx}{2(x+\frac{1}{4})^2+\frac{7}{8}}$$

$$= \frac{3}{4} \ln(2x^2+x+1) - \frac{46}{7} \int \frac{\frac{\sqrt{7}}{4} d\left(\frac{4x+1}{\sqrt{7}}\right)}{1+\left(\frac{4x+1}{\sqrt{7}}\right)^2}$$

$$= \frac{3}{4} \ln(2x^2+x+1) - \frac{23}{2\sqrt{7}} \mathrm{Tan}^{-1}\frac{4x+1}{\sqrt{7}} + c。$$

例7　求下面分式的積分:

$$\int \frac{4x-5}{(x^2+3x+4)^2} dx。$$

解　　$\int \dfrac{4x-5}{(x^2+3x+4)^2}dx = \int \dfrac{2(2x+3)-11}{(x^2+3x+4)^2} dx$

$$= 2\int \frac{d(x^2+3x+4)}{(x^2+3x+4)^2} - 11\int \frac{dx}{(x^2+3x+4)^2}$$

$$= \frac{-2}{x^2+3x+4} - 11 \int \frac{dx}{(x^2+3x+4)^2},$$

因爲

$$\int \frac{dx}{(x^2+3x+4)^2} = \int \frac{dx}{\left[\left(x+\frac{3}{2}\right)^2+\frac{7}{4}\right]^2},$$

令 $x+\frac{3}{2}=\frac{\sqrt{7}}{2}$ Tan y, 則

$$\left[\left(x+\frac{3}{2}\right)^2+\frac{7}{4}\right]^2=\frac{49}{16}\sec^4 y,$$

且 $dx=\frac{\sqrt{7}}{2}\sec^2 y\ dy$, 故

$$\int \frac{dx}{\left[\left(x+\frac{3}{2}\right)^2+\frac{7}{4}\right]^2} = \int \frac{\frac{\sqrt{7}}{2}\sec^2 y}{\frac{49}{16}\sec^4 y}\ dy$$

$$=\frac{8\sqrt{7}}{49}\int \cos^2 y\ dy = \frac{4\sqrt{7}}{49}\int (1+\cos 2y)\ dy$$

$$=\frac{4\sqrt{7}}{49}\ (y+\sin y\cos y)+c$$

$$=\frac{4\sqrt{7}}{49}\left[\text{Tan}^{-1}\frac{2x+3}{\sqrt{7}}+\frac{\sqrt{7}(2x+3)}{4(x^2+3x+4)}\right]+c,$$

因得

$$\int \frac{4x-5}{(x^2+3x+4)^2}dx = \frac{-2}{x^2+3x+4}-\frac{44\sqrt{7}}{49}\left[\text{Tan}^{-1}\frac{2x+3}{\sqrt{7}}\right]$$

$$-\frac{11}{7}\left(\frac{2x+3}{x^2+3x+4}\right)+c。$$

下面形式的積分， 可藉適當的變數變換， 而化爲有理式的積分問題:

$$\int \frac{dx}{a\sin x+b\cos x+c}。$$

在這種問題中， 令 $x=2\ \text{Tan}^{-1}y$, 則因 $\tan(\frac{x}{2})=y$, 故得

$$\sin x = 2\sin\frac{x}{2}\cos\frac{x}{2} = 2\tan\frac{x}{2}\cos^2(\frac{x}{2})$$

$$= \frac{2\tan\frac{x}{2}}{\sec^2(\frac{x}{2})} = \frac{2\tan\frac{x}{2}}{1+\tan^2(\frac{x}{2})}$$

$$= \frac{2y}{1+y^2},$$

$$\cos x = 2\cos^2(\frac{x}{2}) - 1 = \frac{2}{\sec^2(\frac{x}{2})} - 1$$

$$= \frac{2}{1+\tan^2(\frac{x}{2})} - 1$$

$$= \frac{2}{1+y^2} - 1$$

$$= \frac{1-y^2}{1+y^2},$$

$$dx = \frac{2}{1+y^2} \, dy,$$

將上面三式代入積分式中，卽得一有理式的積分問題，如下例所示：

例 8　求下面積分：

$$\int \frac{dx}{\sin x + 5}。$$

解　令 $x = 2\,\mathrm{Tan}^{-1} y$，則

$$\int \frac{dx}{\sin x + 5} = \int \frac{2dy}{5y^2 + 2y + 5} = \int \frac{2dy}{5\left(y+\frac{1}{5}\right)^2 + \frac{24}{5}}$$

$$= \frac{5}{12}\int \frac{\left(\frac{\sqrt{24}}{5}\right)d\left(\frac{5y+1}{\sqrt{24}}\right)}{1+\left(\frac{5y+1}{\sqrt{24}}\right)^2}$$

$$= \frac{1}{\sqrt{6}}\,\mathrm{Tan}^{-1}\frac{5y+1}{\sqrt{24}} + c$$

$$= \frac{1}{\sqrt{6}}\,\mathrm{Tan}^{-1}\frac{5\tan(\frac{x}{2})+1}{\sqrt{24}} + c。$$

習 題

求下面各題:

1. $\int \dfrac{x^2-2x+3}{x(x-1)(x+1)}\,dx$

2. $\int \dfrac{3x-5}{x^2(x+1)}\,dx$

3. $\int \dfrac{3x^3-x+1}{(x^2-1)(x^2+1)}\,dx$

4. $\int \dfrac{-2x+5}{(2x-1)(x+2)}\,dx$

5. $\int \dfrac{x^3-2x+1}{x(2x^2+3)}\,dx$

6. $\int \dfrac{x^4-2x+3}{(x-1)^3}\,dx$

7. $\int \dfrac{3x^4-x+2}{x^3-1}\,dx$

8. $\int \dfrac{7x^3+x^2+10x+9}{(3x-1)(x+2)^3}\,dx$

9. $\int \dfrac{-x^4-2x+1}{x(4x^2-9)}\,dx$

10. $\int \dfrac{x^4-3}{x^3+x-2}\,dx$

11. $\int \dfrac{5x^2-2x+3}{2x^3-3x^2-2x+3}\,dx$

12. $\int \dfrac{x^4-3x+1}{x^2(x-2)^3}\,dx$

13. $\int \dfrac{x^4-3x+1}{x^3-x^5}\,dx$

14. $\int \dfrac{-2x+3}{(x^2-2x+4)^2}\,dx$

15. $\int \dfrac{1}{\sqrt{1+e^x}}\,dx$

16. $\int \dfrac{dx}{2-\cos x}$

17. $\int \dfrac{dx}{\sin x+2\cos x}$

18. $\int \dfrac{dx}{\sqrt{-2x-x^2}}$

§8-6 積分表的使用

到目前爲止，我們所遇到的積分問題，大都可直接利用一個特殊的積分技巧而得解決。然而一般的積分問題，常須經過繁冗的運算才能得解。因而在應用上，人們將常用型態之積分問題的解，列爲一表，以便利查用求解。本書後的附錄中，卽附有一簡單的**積分表** (table of integrals），作爲學生熟習積分表使用的練習。我們鼓勵讀者去查閱一般較詳盡的積分表，有些積分表中，所包含的反導函數公式超過500個以上。

使用積分表時，往往所要解決的積分問題的被積分函數，不完全符合積分表中的形式，而須經過適當的代數技巧，加以運算及作變數變換，才能符合積分表的形式而引用，如下面諸例所示。

例1 求 $\int \dfrac{dx}{e^x+e^{-x}}$。

解 $\int \dfrac{dx}{e^x+e^{-x}}=\int \dfrac{e^x}{e^{2x}+1}\ dx$

$$=\int \dfrac{1}{1+(e^x)^2}\ d(e^x)=\mathrm{Tan}^{-1}e^x+c。\quad (公式16)$$

例2 求 $\int \dfrac{dx}{\sqrt{3-2x^2}}$。

解 $\int \dfrac{dx}{\sqrt{3-2x^2}}=\int \dfrac{\dfrac{1}{\sqrt{2}}}{\sqrt{(\sqrt{3})^2-(\sqrt{2}\,x)^2}}\ d(\sqrt{2}\,x)$

$$=\dfrac{1}{\sqrt{2}}\,\mathrm{Sin}^{-1}\dfrac{\sqrt{2}}{\sqrt{3}}\,x+c。\qquad (公式15)$$

例3 求 $\int \dfrac{x\,dx}{\sqrt{5x^4-3}}$。

解 $\int \dfrac{x\,dx}{\sqrt{5x^4-3}}=\int \dfrac{\dfrac{1}{2\sqrt{5}}}{\sqrt{(\sqrt{5}\,x^2)^2-(\sqrt{3})^2}}\ d(\sqrt{5}\,x^2)$

$$=\dfrac{1}{2\sqrt{5}}\ln|\sqrt{5}\,x^2+\sqrt{5x^4-3}|+c。\quad (公式28)$$

例4 求 $\int_2^3 \dfrac{dx}{x(2x-3)}\ dx$。

解 由公式23知

$$\int_2^3 \dfrac{dx}{x(2x-3)}\ dx=\dfrac{1}{3}\ \ln\ \left|\ \dfrac{2x-3}{x}\ \right|\Big|_2^3=\dfrac{1}{3}\ \ln\ 2。$$

例 5 求 $\int x^3 e^{5x}\,dx$。

解 反覆利用公式62的簡化式，得

$$\int x^3 e^{5x}\,dx$$

$$=\frac{x^3}{5}\,e^{5x}-\frac{3}{5}\int x^2 e^{5x}\,dx$$

$$=\frac{x^3}{5}\,e^{5x}-\frac{3}{5}\left(\frac{x^2}{5}\,e^{5x}-\frac{2}{5}\int x e^{5x}\,dx\right)$$

$$=\frac{x^3}{5}\,e^{5x}-\frac{3}{25}\,x^2 e^{5x}+\frac{6}{25}\left(\frac{x}{5}\,e^{5x}-\frac{1}{5}\int e^{5x}\,dx\right)$$

$$=\frac{x^3}{5}\,e^{5x}-\frac{3}{25}\,x^2 e^{5x}+\frac{6}{125}\,x e^{5x}-\frac{6}{125}\cdot\frac{1}{5}\,e^{5x}+c$$

$$=e^{5x}\left(\frac{x^3}{5}-\frac{3}{25}x^2+\frac{6}{125}\,x-\frac{6}{625}\right)+c。$$

例 6 求 $\int \dfrac{x^2 dx}{\sqrt{x^2+3}}$。

解 $\displaystyle\int \frac{x^2 dx}{\sqrt{5x^2+3}}$

$$=\int \frac{\dfrac{1}{5\sqrt{5}}\,(\sqrt{5}\,x)^2}{\sqrt{(\sqrt{5}\,x)^2+(\sqrt{3})^2}}\,d(\sqrt{5}\,x)$$

$$=\frac{1}{5\sqrt{5}}\left(\frac{\sqrt{5}\,x}{2}\right)\sqrt{5\,x^2+3}-\frac{3}{2}\ln(\sqrt{5}\,x+\sqrt{5\,x^2+3}))$$
$$+c。 \hspace{3cm} (公式30)$$

例 7 求 $\int \dfrac{\sqrt{x^2+x-1}}{2x+1}\,dx$。

解 $\displaystyle\int \frac{\sqrt{x^2+x-1}}{2x+1}\,dx$

$$=\int \frac{\sqrt{\left(x+\dfrac{1}{2}\right)^2-\dfrac{5}{4}}}{2\left(x+\dfrac{1}{2}\right)}\,d\left(x+\frac{1}{2}\right)$$

$$= \frac{1}{2} \sqrt{\left(x+\frac{1}{2}\right)^2 - \frac{5}{4}} - \frac{5}{8} \int \frac{d\left(x+\frac{1}{2}\right)}{\left(x+\frac{1}{2}\right) \sqrt{\left(x+\frac{1}{2}\right)^2 - \frac{5}{4}}}$$

$$\text{（公式36）}$$

$$= \frac{1}{2} \sqrt{\left(x+\frac{1}{2}\right)^2 - \frac{5}{4}} - \left(\frac{5}{8}\right)\left(\frac{2}{\sqrt{5}}\right) \text{Sec}^{-1} \frac{|2x+1|}{\sqrt{5}} + c$$

$$\text{（公式38）}$$

$$= \frac{1}{2} \sqrt{x^2+x-1} - \frac{\sqrt{5}}{4} \text{Sec}^{-1} \frac{|2x+1|}{\sqrt{5}} + c。$$

例8　求 $\int \frac{x}{\sqrt{2x-x^2}} \, dx$。

解　$\int \frac{x}{\sqrt{2x-x^2}} \, dx$

$$= \int \frac{\left(-\frac{1}{2}\right)(2-2x)+1}{\sqrt{2x-x^2}} \, dx$$

$$= -\frac{1}{2} \int \frac{2-2x}{\sqrt{2x-x^2}} \, dx + \int \frac{1}{\sqrt{2x-x^2}} \, dx$$

$$= -\frac{1}{2} \int \frac{d(2x-x^2)}{\sqrt{2x-x^2}} + \int \frac{1}{\sqrt{1-(x-1)^2}} \, d(x-1)$$

$$= \left(-\frac{1}{2}\right)(2\sqrt{2x-x^2}) + \text{Sin}^{-1}(x-1) + c \quad \text{（公式1及15）}$$

$$= -\sqrt{2x-x^2} + \text{Sin}^{-1}(x-1) + c。$$

例9　求 $\int \frac{3x+4}{x^2+2x+5} \, dx$。

解　$\int \frac{3x+4}{x^2+2x+5} \, dx$

$$= \int \frac{\frac{3}{2}(2x+2)+1}{x^2+2x+5} \, dx$$

$$= \frac{3}{2} \int \frac{2x+2}{x^2+2x+5} \, dx + \int \frac{1}{x^2+2x+5} \, dx$$

$$= \frac{3}{2} \int \frac{d(x^2+2x+5)}{x^2+2x+5} + \int \frac{1}{(x+1)^2+4}\ d(x+1)$$

$$= \frac{3}{2} \ln(x^2+2x+5) + \frac{1}{2}\ \mathrm{Tan}^{-1}\ \frac{x+1}{2} + c。$$

（公式14及16）

例10   求 $\displaystyle\int \frac{dx}{x\sqrt{4x^2+9}}$。

解 $\displaystyle\int \frac{dx}{x\sqrt{4x^2+9}}\ dx$

$$= \int \frac{\frac{1}{2}\ d(2x)}{\frac{1}{2}(2x)\sqrt{(2x)^2+3^2}} = \left(-\frac{1}{3}\right)\ln\left|\frac{3+\sqrt{4x^2+9}}{2x}\right| + c。$$

（公式37）

習   題

利用各種方法（包括查積分表），求下面各題：

1. $\displaystyle\int \frac{dx}{\sqrt{3+4x^2}}$

2. $\displaystyle\int \frac{dx}{\sqrt{9x^2-3}}$

3. $\displaystyle\int \frac{dx}{x\sqrt{2-4x^2}}$

4. $\displaystyle\int \frac{dx}{x\sqrt{9x^2+4}}$

5. $\displaystyle\int \frac{dx}{x\sqrt{9+16x^4}}$

6. $\displaystyle\int \frac{dx}{9-16x^2}$

7. $\displaystyle\int \frac{dx}{4x^2-9}$

8. $\displaystyle\int \frac{\sqrt{3x+5}}{2x}\ dx$

9. $\displaystyle\int \frac{x}{(2x+1)(4x-9)}\ dx$

10. $\displaystyle\int \frac{x^4}{(x+1)^2(3x-2)}\ dx$

11. $\displaystyle\int \frac{x-5}{2x^2-3x}\ dx$

12. $\displaystyle\int (x+3)\sqrt{4x^2-5}\ dx$

13. $\displaystyle\int \frac{4x-3}{(2x-1)^2(3x+4)}\ dx$

14. $\displaystyle\int \frac{2x-5}{x\sqrt{3x^2+1}}\ dx$

15. $\displaystyle\int (2x^2-1)\sqrt{4x^2+3}\ dx$

16. $\displaystyle\int \frac{-2x+5}{(x-3)^3}\ dx$

17. $\displaystyle\int_0^1 \frac{x^3-2x+1}{2x+3}\ dx$

18. $\displaystyle\int_1^2 \frac{-2x+3}{x(3x-1)^3}\ dx$

19. $\displaystyle\int \frac{x}{\sqrt{x^4-4}}\ dx$

20. $\displaystyle\int \frac{-x+5}{3-4x^2}\ dx$

21. $\displaystyle\int \frac{x^3+1}{(x^2+9)^2}\ dx$

22. $\displaystyle\int \frac{\sqrt{x-3}}{\sqrt{x+3}}\ dx$

23. $\displaystyle\int \frac{dx}{\sqrt{x}+\sqrt[3]{x}}$

24. $\displaystyle\int \frac{\sqrt{x}}{\sqrt[3]{x}+4}\ dx$

25. $\displaystyle\int \frac{4x^2+x+1}{(x^2+2x+3)^{\frac{3}{2}}}\ dx$

26. $\displaystyle\int \frac{3x-5}{2x^2+6x+1}\ dx$

27. $\displaystyle\int \frac{1}{\sqrt{2-3x-4x^2}}\ dx$

28. $\displaystyle\int x^3\sin 2x\ dx$

29. $\displaystyle\int \frac{e^{2x}}{3e^x+5}\ dx$

30. $\displaystyle\int \frac{1}{e^x-2e^{-x}}\ dx$

31. $\displaystyle\int \frac{4x+7}{(x^2-2x+3)^3}\ dx$

32. $\displaystyle\int \frac{x}{x^4-16}\ dx$

33. $\displaystyle\int \frac{3x^6-2x^2+1}{x^3-x^5}\ dx$

34. $\displaystyle\int \frac{\sin x}{1+\sin x}\ dx$

35. $\displaystyle\int \frac{dx}{1+2\tan x}$

36. $\displaystyle\int \frac{1}{3\sec x-1}\ dx$

§8-7 數值積分法

在前此所介紹的積分技巧，是用以求出某些特殊型態之函數的反導函數，而求出反導函數的主要目的之一，卽在於藉微積分基本定理來求定積分的值。但是，並不是所有的連續函數，皆存在可易求得函數值的反導函數。譬如，$f(x)=\exp(x^2)$ 卽爲一例，因而求定積分

$$\int_a^b \exp(x^2)\,dx$$

之值時，卽無法藉微積分基本定理來求得。況且，縱使對某一函數，我們能求得熟知的反導函數 $G(x)$，但往往在應用上 $G(x)\Big|_a^b$ 之值只能用它的近似值，譬如

$$\int_1^2 \frac{1}{x}\,dx = \ln|x|\ \Big|_1^2 = \ln 2,$$

而在應用上，我們只能取 $\ln 2$ 的近似值。因此，在實際應用的問題上，求一定積分值時，只須求出適用的近似值卽可。這種求定積分近似值的方法，一般卽稱爲**數值積分法** (numerical integration)，在這裏要介紹二種數值積分法，一種稱爲**梯形法則** (trapezoidal rule)，一種稱爲**辛浦森法則** (Simpson's rule)，都是適用於電子計算機計算的方法。

對連續函數 $f(x)$ 來說，它在區間 $[a,b]$ 上的定積分值 $\int_a^b f(x)\,dx$，就幾何意義看，實表曲線 $y = f(x)$ 和三直線 $x = a$，$x = b$ 及 $y = 0$ 所圍區域面積的代數值。若將區間 $[a,b]$ 以分點

$$a = x_0 < x_1 < \cdots < x_n = b$$

作 n 等分，則每一小區間的長度爲

$$k = \frac{b-a}{n},$$

令 $f(x)$ 在 $x = x_i$ 處的值爲 y_i，卽

$$y_i = f(x_i),$$

並以 $(x_{i-1}, 0)$，$(x_{i-1}, f(x_{i-1}))$，$(x_i, 0)$，$(x_i, f(x_i))$ 四點所決定的梯形區域之面積

$$\frac{1}{2}\,(f(x_{i-1}) + f(x_i))(x_i - x_{i-1}) = \frac{1}{2}\,(y_{i-1} + y_i)\,k$$

作為 $f(x)$ 在小區間 $[x_{i-1}, x_i]$ 上之定積分 $\int_{x_{i-1}}^{x_i} f(x)\ dx$ 的近似，如下圖所示:

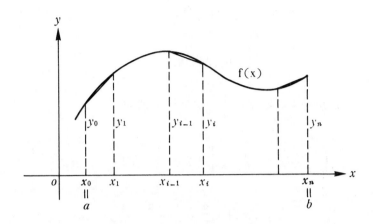

從而可知，所求 $f(x)$ 在 $[a, b]$ 上的定積分值可有如下的近似:

$$\int_a^b f(x)\ dx = \int_{x_0}^{x_1} f(x)\ dx + \int_{x_1}^{x_2} f(x)\ dx + \cdots + \int_{x_{n-1}}^{x_n} f(x)\ dx$$

$$\approx \frac{k}{2}(y_0 + y_1) + \frac{k}{2}(y_1 + y_2) + \cdots + \frac{k}{2}(y_{n-1} + y_n)$$

$$= \frac{k}{2}(y_0 + 2y_1 + 2y_2 + \cdots + 2y_{n-1} + y_n)。$$

當然，如果 n 越大，則可得越好的近似，然而卻要以計算更多的項為代價。

例 1 將區間 $[1, 2]$ 分別分為 2 等份及 4 等份，然後利用梯形法則來求定積分

$$\int_1^2 \frac{1}{x}\ dx = \ln 2 \approx 0.693147$$

的近似值。

解 設 $n = 2$，則 $k = \frac{1}{2}$，由梯形法則知

$$\int_1^2 \frac{1}{x}\ dx \approx \frac{\frac{1}{2}}{2}\ (\frac{1}{1}+2\cdot\frac{1}{\frac{3}{2}}+\frac{1}{2})$$

$$= \frac{1}{4}(1+\frac{4}{3}+\frac{1}{2})$$

$$= \frac{17}{24} \approx 0.708333,$$

設 $n=4$ ，則 $k=\frac{1}{4}$ ，由梯形法則知

$$\int_1^2 \frac{1}{x}\ dx \approx \frac{\frac{1}{4}}{2}\ (\frac{1}{1}+2\cdot\frac{1}{\frac{5}{4}}+2\cdot\frac{1}{\frac{3}{2}}+2\cdot\frac{1}{\frac{7}{4}}+\frac{1}{2})$$

$$= \frac{1}{8}\ (1+\frac{8}{5}+\frac{4}{3}+\frac{8}{7}+\frac{1}{2})$$

$$= \frac{1171}{1680} \approx 0.697024 。$$

下面要介紹的辛浦森法則，在求定積分的近似值時，比梯形法則更具實用價值，因爲它是「以曲線作爲曲線的近似」，比起梯形法則「以線段作爲曲線的近似」，較能切合，誤差要小得多。辛浦森法的主要概念，可用下圖來說明：

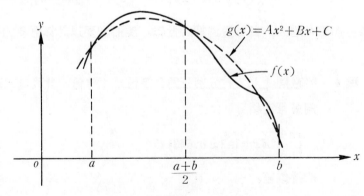

設 $f(x)$ 為一連續函數，則坐標平面上過 $(a, f(a))$，$(\dfrac{a+b}{2}$，

$f\dfrac{a+b}{2})$ 及 $(b, f(b))$ 三點可決定一拋物線（特殊情形下為一直線），

它的方程式為

$$y = g(x) = Ax^2 + Bx + C,$$

辛浦森法則就是要以 $y = g(x)$ 作為 $y = f(x)$ 的近似，也就是

$$\int_a^b g(x)\ dx \approx \int_a^b f(x)\ dx。$$

由圖形可知，當 $[a,b]$ 相當小時，這種近似甚為理想。藉助於下面的

定理可知，要求定積分 $\int_a^b g(x)\ dx$ 的值時，無須求出 $g(x)$ 中的

A, B, C 的值，而可由 $g(x)$ 在 $a, \dfrac{a+b}{2}$, b 三點的值（和 f 在這三

點的值分別相等）而求得。

定理 8-6

設 $g(x) = Ax^2 + Bx + C$, $k = \dfrac{b-a}{2}$，則

$$\int_a^b g(x)\ dx = \frac{k}{3}(g(a) + 4g(\frac{a+b}{2}) + g(b))。$$

證明 直接計算等式的兩邊:

$$\int_a^b g(x)\ dx = \int_a^b Ax^2 + Bx + C\ dx$$

$$= A(\frac{x^3}{3}) + B(\frac{x^2}{2}) + Cx\ \Big|_a^b$$

$$= \frac{A}{3}(b^3 - a^3) + \frac{B}{2}(b^2 - a^2) + C(b - a)$$

$$= \frac{b-a}{6}\Big(2A(b^2 + ab + a^2) + 3B(b + a) + 6C\Big),$$

$$\frac{k}{3}\left(g(a)+4g(\frac{a+b}{2})+g(b)\right)$$

$$=\frac{b-a}{6}\left[(Aa^2+Ba+C)+4(A\left(\frac{a+b}{2}\right)^2\right.$$

$$\left.+B\frac{a+b}{2}+C)+(Ab^2+Bb+C)\right]$$

$$=\frac{b-a}{6}\left(2A(b^2+ab+a^2)+3B(b+a)+6C\right),$$

比較上面二式的值，卽知

$$\int_a^b g(x)\ dx=\frac{k}{3}\left(g(a)+4g(\frac{a+b}{2})+g(b)\right),$$

而定理得證。

例2 將區間 $[1,2]$ 分爲二等分，利用辛浦森法則求定積分

$$\int_1^2\frac{1}{x}\ dx=\ln 2\approx 0.693147$$

的近似值。

解 因爲 $k=\frac{1}{2}$，由辛浦森法則知

$$\int_1^2\frac{1}{x}\ dx\approx\frac{\frac{1}{2}}{3}(\frac{1}{1}+4\cdot\frac{1}{\frac{3}{2}}+\frac{1}{2})$$

$$=\frac{1}{6}(1+\frac{8}{3}+\frac{1}{2})$$

$$=\frac{25}{36}\approx 0.694444。$$

由例 2 和例 1 相比較，我們發現，將區間 $[1,2]$ 分作二等分，利用辛浦森法則求得的結果，比用梯形法則將區間分作四等分求得的結果，還要來得正確。

上面用辛浦森法則求定積分的近似值時，僅將積分區間分作二等分

來求，但若積分區間相當大時，顯然可知，上面的作法必有很大的誤差。因而要將積分的區間作更細的分割，才能得更佳的近似。為利用定理 8-6，我們必需將區間分作偶數等分。設

$$a = x_0 < x_1 < x_2 < \cdots < x_{2n-1} < x_{2n} = b$$

將區間 $[a, b]$ 分作 $2n$ 等分，則每一小區間的長度為 $k = \dfrac{b-a}{2n}$。若令 $y_i = f(x_i)$，則在小區間 $[x_0, x_2]$ 上，$y = f(x)$ 可用過三點 (x_0, y_0), (x_1, y_1), (x_2, y_2) 的 $y = g(x) = Ax^2 + Bx + C$ 為近似，而由定理 8-6 可知，

$$\int_{x_0}^{x_2} f(x)\ dx \approx \int_{x_0}^{x_2} g(x)\ dx$$

$$= \frac{k}{3}\ (g(x_0) + 4g(x_1) + g(x_2))$$

$$= \frac{k}{3}\ (y_0 + 4y_1 + y_2),$$

同樣的，

$$\int_{x_2}^{x_4} f(x)\ dx \approx \frac{k}{3}\ (y_2 + 4y_3 + y_4),$$

$$\cdots\cdots\cdots\cdots\cdots\cdots\cdots\cdots\cdots\cdots\cdots\cdots ,$$

$$\int_{x_{2n-2}}^{x_{2n}} f(x)\ dx \approx \frac{k}{3}\ (y_{2n-2} + 4y_{2n-1} + y_{2n}),$$

故得

$$\int_a^b f(x)\ dx = \int_{x_0}^{x_2} f(x)\ dx + \int_{x_2}^{x_4} f(x)\ dx + \cdots + \int_{x_{2n-2}}^{x_{2n}} f(x)\ dx$$

$$\approx \frac{k}{3}(y_0 + 4y_1 + y_2) + \frac{k}{3}(y_2 + 4y_3 + y_4) + \cdots + \frac{k}{3}(y_{2n-2} + 4y_{2n-1} + y_{2n})$$

$$= \frac{k}{3}(y_0 + 4y_1 + 2y_2 + 4y_3 + 2y_4 + \cdots + 2y_{2n-2} + 4y_{2n-1} + y_{2n}).$$

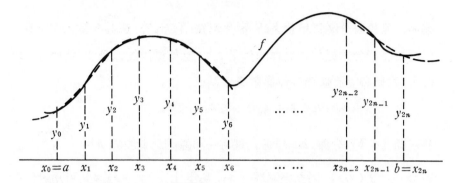

例3 將區間 [1,2] 分為四等分，利用辛浦森法則求

$$\int_1^2 \frac{1}{x} \, dx = \ln 2 \approx 0.693147$$

的近似值。

解 設 $n = 4$，則 $k = \frac{1}{4}$，利用上文中的符號，由辛浦森法則知

$$\ln 2 = \int_1^2 \frac{1}{x} \, dx \approx \frac{k}{3} (y_0 + 4y_1 + 2y_2 + 4y_3 + y_4)$$

$$= \frac{\frac{1}{4}}{3} \left(\frac{1}{1} + 4 \cdot \frac{1}{\frac{5}{4}} + 2 \cdot \frac{1}{\frac{3}{2}} + 4 \cdot \frac{1}{\frac{7}{4}} + \frac{1}{2} \right)$$

$$= \frac{1}{12}(1 + \frac{16}{5} + \frac{4}{3} + \frac{16}{7} + \frac{1}{2}) \approx 0.693254。$$

例4 辛浦森法則在**列表函數**（a tabulated function）的「積
分」上，也有它的應用。設某地某天早上6點至下午6點的
華氏氣溫如下表所示：

時間	6:00	7:00	8:00	9:00	10:00	11:00	12:00
氣溫	49	51	54	58	63	71	80

時間	13:00	14:00	15:00	16:00	17:00	18:00
氣溫	87	88	90	87	82	79

則一天的平均氣溫爲何？

解　令 $T(t)$ 表早上 6 點至下午 6 點間於時間爲 t 時的氣溫，則一天的平均氣溫爲

$$\frac{1}{12} \int_6^{18} T(t) \; dt,$$

以辛浦森法則求積分值，令 $k = 1$，則

$$\begin{aligned}
\int_6^{18} T(t) \; dt \approx \frac{1}{3} & \left[49 + 4(51) + 2(54) + 4(58) + 2(63) \right. \\
& + 4(71) + 2(80) + 4(87) + 2(88) + 4(90) \\
& \left. + 2(87) + 4(82) + 79 \right] = \frac{1}{3}(2628) = 876,
\end{aligned}$$

故得平均氣溫爲

$$\frac{1}{12} \int_6^{18} T(t) \; dt = \frac{876}{12} = 73 \text{。}$$

我們知道辛浦森法則求定積分的近似值甚爲有效，但是它的誤差情形如何呢？下面提出誤差估計的命題作爲參考，它的證明則從略：設 $f^{(4)}(x)$（f 的第四階導函數）在區間 $[a,b]$ 上爲連續，M 爲 $f^{(4)}$ 在 $[a,b]$ 上的絕對極大值，則將 $[a,b]$ 作 $2n$ 等分，利用辛浦森法則求定積分

$$\int_a^b f(x) \; dx$$

的近似值時，它造成的誤差爲

$$|E| \leqq \frac{b-a}{180} \left(\frac{b-a}{2n} \right)^4 M \text{。}$$

最後，我們要提到的是，由於用梯形法則或辛浦森法則求定積分的近似值時，將積分區間分割得越細，可得越好的近似，但卻須以計算項數越多作代價。所幸這二者的計算公式都爲具重複性的規則公式，故而可易寫成電子計算機程式，藉計算機來求值。

習　　題

於下列各題中，將區間 $[a,b]$ 分作 n 等分，分別利用梯形法則及辛浦森法則，來求定積分 $\int_a^b f(x)\ dx$ 的近似值。($1\sim6$)

1.　$f(x)=\dfrac{1}{x^2}$, $[a,b]=[1,2]$, $n=4$

2.　$f(x)=\dfrac{1}{1+x}$, $[a,b]=[2,10]$, $n=8$

3.　$f(x)=x^3$, $[a,b]=[0,1]$, $n=6$

4.　$f(x)=x^4$, $[a,b]=[0,1]$, $n=4$

5.　$f(x)=\sqrt{1+x^3}$, $[a,b]=[0,2]$, $n=4$

6.　$f(x)=\dfrac{1}{2+\sin x}$, $[a,b]=[0,\pi]$, $n=6$

7.　利用下式:

$$\pi=4\int_0^1\frac{1}{1+x^2}\,dx,$$

及辛浦森法則，將區間 $[0,1]$ 分作 6 等分，來求 π 的近似值。

§8-8　廣義積分

本節要介紹的是定積分概念的推廣，稱為**廣義積分**或**瑕積分**（improper integral）。在定積分中，有兩個要點，即是積分的區間為一有限的區間 $[a,b]$，而被積分函數為在積分區間 $[a,b]$ 上的有界函數。廣義積分，則是有上面二者之一（或兩者兼具）不成立之積分概念。

　　首先，在無窮區間上的積分概念，可仿定積分的幾何意義來看。對無窮區域（如下圖所示）

$$S = \{(x,y) \mid 0 \leq y \leq f(x), \ x \in [a, \infty)\}$$

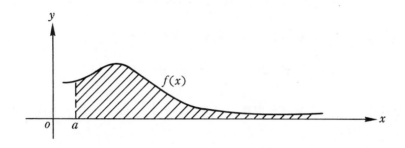

來說，它的面積似乎是無窮的，事實上，有時確是如此，但有時卻也不然。不過，在此我們似乎應該先說清楚，什麼是一個無窮區域的面積。合理的意義，似應先求 f 在一有限區間 $[a,b]$ 上的區域 $T = \{(x,y)\mid 0 \leq y \leq f(x), \ x \in [a,b]\}$ 的面積 $A(b)$，然後令 b 趨於無窮，即若極限

$$\lim_{b \to \infty} A(b)$$

存在，則稱它的極限值爲無窮區域 S 的面積，而若這極限不存在（此時極限發散到 ∞），則稱這無窮區域的面積爲無窮。所謂**第一型廣義積分**（improper integral of the first kind）的意義也和此相仿。

　　設 f 爲一有界函數，a 爲一常數，且對任一 $b \geq a$ 而言，定積分 $\displaystyle\int_a^b f(x) \ dx$ 均存在。令 $\displaystyle\int_a^\infty f(x) \ dx$ 表極限 $\displaystyle\lim_{b \to \infty}\int_a^b f(x) \ dx$，即

$$\int_a^\infty f(x) \ dx = \lim_{b \to \infty} \int_a^b f(x) \ dx,$$

稱爲 $f(x)$ 在區間 $[a, \infty)$ 上的廣義積分。若此極限存在，且其值爲 A，則稱這廣義積分**收斂於**（converges to）A，記爲

$$\int_a^\infty f(x) \ dx = A,$$

亦稱這廣義積分為**收斂的**（convergent）；若此極限不存在，則稱廣義

積分 $\displaystyle\int_a^\infty f(x)\ dx$ 為**發散的**（divergent）。同樣的，廣義積分

$$\int_{-\infty}^a f(x)\ dx = \lim_{b\to-\infty}\int_b^a f(x)\ dx$$

之斂散的意義，也可仿上定義。而若二廣義積分

$$\int_{-\infty}^0 f(x)\ dx \quad \text{與} \quad \int_0^\infty f(x)\ dx$$

均為收斂（此時二者均表實數），則以符號 $\displaystyle\int_{-\infty}^\infty f(x)\ dx$ 表上面二數之

和，卽

$$\int_{-\infty}^\infty f(x)\ dx = \int_{-\infty}^0 f(x)\ dx + \int_0^\infty f(x)\ dx,$$

並稱 $\displaystyle\int_{-\infty}^\infty f(x)\ dx$ 為收斂。若 $\displaystyle\int_{-\infty}^0 f(x)\ dx$ 與 $\displaystyle\int_0^\infty f(x)\ dx$ 二者

中有一或二者皆為發散，則稱 $\displaystyle\int_{-\infty}^\infty f(x)\ dx$ 為發散的。易知，對任一

實數 a 而言，

$$\int_a^\infty f(x)\ dx \text{ 為收斂} \Longleftrightarrow \int_0^\infty f(x)\ dx \text{ 為收斂,}$$

$$\int_{-\infty}^a f(x)\ dx \text{ 為收斂} \Longleftrightarrow \int_{-\infty}^0 f(x)\ dx \text{ 為收斂,}$$

故 $\displaystyle\int_{-\infty}^\infty f(x)\ dx$ 為斂散的定義中，0 可代以任一實數 a。前述三種廣

義積分：

$$\int_{-\infty}^a f(x)\ dx, \quad \int_a^\infty f(x)\ dx, \quad \int_{-\infty}^\infty f(x)\ dx$$

分別稱為 f 在無窮區間 $(-\infty, a]$、$[a, \infty)$ 及 $(-\infty, \infty)$ 上的第一型

廣義積分。由廣義積分的定義，我們知道，求一收斂廣義積分之值，實

卽二個我們熟悉的運算的結合，亦卽求定積分及求極限，如下面諸例所

示。

例1 下列各廣義積分是否爲收斂？若爲收斂，則求其值:

(i) $\int_1^\infty \dfrac{1}{\sqrt[3]{x}}\ dx$ (ii) $\int_1^\infty \dfrac{1}{x}\ dx$ (iii) $\int_1^\infty \dfrac{1}{x^2}\ dx$

解 (i) $\int_1^\infty \dfrac{1}{\sqrt[3]{x}}\ dx = \lim_{b\to\infty} \int_1^b \dfrac{1}{\sqrt[3]{x}}\ dx = \lim_{b\to\infty}\ (\dfrac{3}{2})x^{\frac{2}{3}}\ \Big|_1^b$

$$= \lim_{b\to\infty}\ (\dfrac{3}{2})b^{\frac{2}{3}} - \dfrac{3}{2} = \infty,$$

故知此一廣義積分爲發散的。

(ii) $\int_1^\infty \dfrac{1}{x}\ dx = \lim_{b\to\infty} \int_1^b \dfrac{1}{x}\ dx = \lim_{b\to\infty}\ (\ln\ |x|\ \Big|_1^b)$

$$= \lim_{b\to\infty}\ (\ln\ |\ b\ |) = \infty,$$

故知此一廣義積分爲發散的。

(iii) $\int_1^\infty \dfrac{1}{x^2}\ dx = \lim_{b\to\infty} \int_1^b \dfrac{1}{x^2}\ dx = \lim_{b\to\infty}\ (-\dfrac{1}{x})\ \Big|_1^b$

$$= \lim_{b\to\infty}\ (1 - \dfrac{1}{b}) = 1,$$

故知此一廣義積分爲收斂的，其值爲 1 。

例2 下面的廣義積分是否爲收斂？若爲收斂，則求其值:

$$\int_0^\infty \sin x\ dx。$$

解 因爲 $\int_0^\infty \sin x\ dx = \lim_{b\to\infty} \int_0^b \sin x\ dx = \lim_{b\to\infty}\ (1 - \cos\ b)$，其

極限不存在，故知此一廣義積分爲發散的。

例3 下面的廣義積分是否爲收斂？若爲收斂，則求其值:

$$\int_0^\infty x\ e^{-x}\ dx。$$

解 因爲 $\int_0^\infty x\ e^{-x}\ dx = \lim_{b\to\infty} \int_0^b x\ e^{-x}\ dx$，由分部積分法知

$$\int_0^b x\ e^{-x}\ dx = -x\ e^{-x}\ \Big|_0^b + \int_0^b e^{-x}\ dx = -\dfrac{b}{e^b} + (-e^{-x})\ \Big|_0^b$$

$$= -\frac{b+1}{e^b}+1,$$

由羅比達律知

$$\lim_{b\to\infty}(-\frac{b+1}{e^b}+1)=1+\lim_{b\to\infty}-\frac{D(b+1)}{D\,e^b}$$

$$=1+\lim_{b\to\infty}(-\frac{1}{e^b})=1,$$

故知

$$\int_0^\infty x\,e^{-x}\,dx=\lim_{b\to\infty}(-\frac{b+1}{e^b}+1)=1\,。$$

例 4　下面的廣義積分是否爲收斂？若爲收斂，則求其值：

$$\int_{-\infty}^\infty \frac{1}{1+x^2}\,dx。$$

解　須考慮下面的二個廣義積分：

$$\int_{-\infty}^0 \frac{1}{1+x^2}\,dx,\quad \int_0^\infty \frac{1}{1+x^2}\,dx。$$

易知 $\displaystyle\int_0^\infty \frac{1}{1+x^2}\,dx$

$$=\lim_{b\to\infty}\int_0^b \frac{1}{1+x^2}\,dx=\lim_{b\to\infty}(\text{Tan}^{-1}x\,\Big|_0^b)=\lim_{b\to\infty}(\text{Tan}^{-1}b)$$

$$=\frac{\pi}{2},$$

且知 $\displaystyle\int_{-\infty}^0 \frac{1}{1+x^2}\,dx$

$$=\lim_{b\to-\infty}\int_b^0 \frac{1}{1+x^2}\,dx=\lim_{b\to-\infty}(\text{Tan}^{-1}x\,\Big|_b^0)=0-(-\frac{\pi}{2})$$

$$=\frac{\pi}{2},$$

故得 $\displaystyle\int_{-\infty}^\infty \frac{1}{1+x^2}\,dx=\int_{-\infty}^0 \frac{1}{1+x^2}\,dx+\int_0^\infty \frac{1}{1+x^2}\,dx=\pi。$

若令 $f(x) = \dfrac{1}{\pi} \cdot \dfrac{1}{1+x^2}$，則由例 4 可知

$$\int_{-\infty}^{\infty} f(x)\ dx = 1,$$

像上面的函數 f 一樣，任一非負（$\geqq 0$）函數，在區間 $(-\infty, \infty)$ 上的廣義積分收斂於 1 者，稱爲一**機率密度函數**(probability density function, p.d.f.)，爲機率論及統計學上的一個重要的概念。

　　若一函數在有限區間上不爲有界，則爲所謂的 **第二型 廣義積分** (improper integral of the second kind)，譬如

$$\int_{0}^{1} \frac{1}{\sqrt{x}}\ dx$$

中被積分函數 $f(x) = \dfrac{1}{\sqrt{x}}$ 在開區間 $(0,1)$ 上爲無界：

$$\lim_{x \to 0^+} f(x) = \infty,$$

而仿第一型廣義積分，定義爲

$$\int_{0}^{1} \frac{1}{\sqrt{x}}\ dx = \lim_{a \to 0^+} \int_{a}^{1} \frac{1}{\sqrt{x}}\ dx$$

$$= \lim_{a \to 0^+} 2\sqrt{x}\ \Big|_{a}^{1} = 2,$$

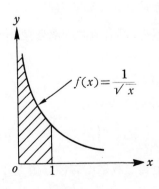

它也表一無窮區域的面積，如上圖所示。而廣義積分

$$\int_0^1 \frac{1}{x}\, dx = \lim_{a \to 0^+} \int_a^1 \frac{1}{x}\, dx = \lim_{a \to 0^+} \ln x \Big|_a^1 = \infty,$$

爲一發散的廣義積分。當然，像廣義積分

$$\int_{-1}^1 \frac{1}{x}\, dx,$$

則只當二個第二型廣義積分：

$$\int_0^1 \frac{1}{x}\, dx , \quad \int_{-1}^0 \frac{1}{x}\, dx$$

均收斂時才爲收斂，從而知它爲一發散的廣義積分。關於第一二型的廣義積分，有下面二定理所述的性質，其證明留作習題。

定理 8-7

第一型廣義積分

$$\int_1^\infty \frac{1}{x^p}\, dx$$

於 $p > 1$ 時爲收斂，而於 $p \le 1$ 時爲發散。

定理 8-8

第二型廣義積分

$$\int_0^1 \frac{1}{x^p}\, dx$$

於 $0 < p < 1$ 時爲收斂，而於 $p \ge 1$ 時爲發散。

廣義積分除了上述二型外，還有所謂的**混合型**（mixed kind），譬如

$$\int_0^\infty \frac{1}{\sqrt{x}\,(1+x)}\, dx,$$

只有當下面二個廣義積分：

$$\int_1^\infty \frac{1}{\sqrt{x}\,(1+x)}\, dx , \quad \int_0^1 \frac{1}{\sqrt{x}\,(1+x)}\, dx,$$

均收斂時才爲收斂，且其值爲二收斂廣義積分值之和。由於

$$\int_1^\infty \frac{1}{\sqrt{x}\,(1+x)}\, dx = \lim_{b \to \infty} \int_1^b \frac{1}{\sqrt{x}\,(1+x)}\, dx$$

$$= \lim_{b \to \infty} \int_1^{\sqrt{b}} \frac{1}{y(1+y^2)} (2ydy) \quad (令\ y = \sqrt{x})$$

$$= \lim_{b \to \infty} \left(2\mathrm{Tan}^{-1}y \, \Big|_1^{\sqrt{b}} \right) = \frac{\pi}{2},$$

$$\int_0^1 \frac{1}{\sqrt{x}\,(1+x)}\, dx = \lim_{a \to 0^+} \int_a^1 \frac{1}{\sqrt{x}\,(1+x)}\, dx$$

$$= \lim_{a \to 0^+} \left(2\mathrm{Tan}^{-1}y \, \Big|_a^1 \right) = \frac{\pi}{2},$$

故知

$$\int_0^\infty \frac{1}{\sqrt{x}\,(1+x)}\, dx = \pi。$$

習　　題

1.　證明定理 8-7。

2.　證明定理 8-8。

3.　證明下面混合型廣義積分對任意 p 均為發散：

$$\int_0^\infty \frac{1}{x^p}\, dx。$$

4.　設 $\displaystyle\int_a^\infty f(x)\, dx$ 及 $\displaystyle\int_{-\infty}^a f(x)\, dx$ 均為收斂，證明對任意實數 b

而言，$\displaystyle\int_b^\infty f(x)\, dx$ 及 $\displaystyle\int_{-\infty}^b f(x)\, dx$ 亦均為收斂，且

$$\int_a^\infty f(x)\, dx + \int_{-\infty}^a f(x)\, dx = \int_b^\infty f(x)\, dx + \int_{-\infty}^b f(x)\, dx。$$

5.　設 $\displaystyle\int_{-\infty}^\infty f(x)\, dx$ 為收斂，證明：

$$\int_{-\infty}^\infty f(x)\, dx = \lim_{t \to \infty} \int_{-t}^t f(x)\, dx。$$

6.　設 $\displaystyle\lim_{t \to \infty} \int_{-t}^t f(x)\, dx$ 存在，則 $\displaystyle\int_{-\infty}^\infty f(x)\, dx$ 是否必為收斂？　若

是，則證明之，若否，則舉出反例。

下面各題中之廣義積分是否爲收斂？若是，則求其值：(7~21)

7. $\int_{1}^{\infty} \frac{1}{x^{\frac{3}{2}}} \, dx$

8. $\int_{0}^{\infty} \frac{x}{1+x^2} \, dx$

9. $\int_{2}^{\infty} \frac{1}{(x-1)^2} \, dx$

10. $\int_{1}^{\infty} e^{-\frac{x}{2}} \, dx$

11. $\int_{-\infty}^{-3} \frac{1}{\sqrt{3-2x}} \, dx$

12. $\int_{-\infty}^{\infty} \frac{e^x}{1+e^x} \, dx$

13. $\int_{2}^{\infty} \frac{1}{x^2-1} \, dx$

14. $\int_{3}^{\infty} \frac{1}{x \ln^2 x} \, dx$

15. $\int_{-\infty}^{\infty} \frac{1}{e^x+e^{-x}} \, dx$

16. $\int_{0}^{3} \frac{1}{\sqrt{3-x}} \, dx$

17. $\int_{0}^{3} \frac{1}{(x-3)^2} \, dx$

18. $\int_{0}^{1} \frac{e^{\sqrt{x}}}{\sqrt{x}} \, dx$

19. $\int_{-2}^{0} \frac{1}{\sqrt{4-x^2}} \, dx$

20. $\int_{-2}^{0} \frac{x}{\sqrt{4-x^2}} \, dx$

21. $\int_{0}^{\frac{\pi}{2}} \frac{1}{1-\cos x} \, dx$

第九章　積分的應用

§9-1 在幾何上的應用

I.　區域的面積

　　在第六章中，我們曾利用直觀的常識，了解到非負值連續函數圖形和 x 軸所圍，在一區間上的區域之面積的求法，並藉這面積的求算概念，來介紹一連續函數 $f(x)$ 在閉區間 $[a,b]$ 上的定積分

$$\int_a^b f(x)\,dx$$

之意義。當時即曾以下式作定義:

$$\int_a^b f(x)\,dx = \lim_{n \to \infty} \sum_{i=1}^n f(t_i) \triangle x 。$$

其中 $\triangle x = \dfrac{b-a}{n}$，乃是把區間 $[a,b]$ 分為 n 等分所得的每一個小區間的長度，又 t_i 為第 i 個小區間區間 $[x_{i-1}, x_i]$ 上的任意一點，而和數

$$\sum_{i=1}^n f(t_i) \triangle x$$

於 n 趨近於無限大時，會趨近於一數，就是定積分值。在幾何意義上，於 $f(x) \geqq 0$ 時，黎曼和 $\sum f(t_i) \triangle x$ 實表一多邊形區域的面積，而為

曲線 $y = f(x)$ 之下，區間 $[a,b]$ 之上的區域

$$A = \{(x,y) \mid 0 \le y \le f(x),\ x \in [a,b]\}$$

之面積的近似值，如下圖所示：

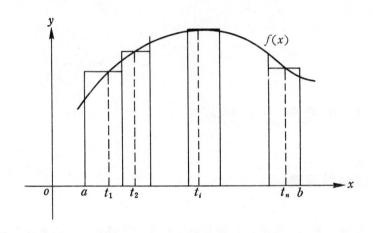

當 n 趨大時，各小區間的長度卽趨近於 0，而對應於黎曼和的多邊形區域卽趨近於 A。因而可知，區域 A 的面積卽爲定積分

$$\int_a^b f(x)\ dx$$

的值。我們要指出，定積分的符號和黎曼和的符號實相對應：於 n 甚大時，$\triangle x = \dfrac{b-a}{n}$ 甚小，在定積分的符號中卽以 dx 來替代；而被積分函數之值 $f(x)$，和包含 x 的小區間 $[x_{i-1}, x_i]$ 上任一點 t_i 的函數值 $f(t_i)$ 近於相等；又積分符號 " $\displaystyle\int_a^b$ " 正取代黎曼和之項數趨於無窮時，求和符號 "$\sum$" 的情形。

如果我們更直觀的，對表區域 A 之面積的定積分 $\displaystyle\int_a^b f(x)\ dx$ 的各部分符號，給予幾何上的說明，則將更有助於了解以積分來求區域的面積：

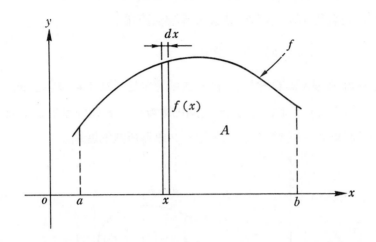

設想將區域 A 分成垂直於 x 軸的無數「細長條」，則對應於區間 $[a, b]$ 上之任意一點 x 處的「長條」高度爲 $f(x)$，寬度爲 dx，因而這「長條」的面積爲 $f(x)\,dx$。由於區域 A 的面積，爲這些無數的諸「長條」的面積的總和，故以符號 " $\displaystyle\int_a^b$ " 來表對區間 $[a, b]$ 上的每一 x 所對應的「長條」面積求和。以這個觀點來看由二函數 $f(x)$ 及 $g(x)$ 的圖形所圍的區域 B（如下圖所示）的面積，

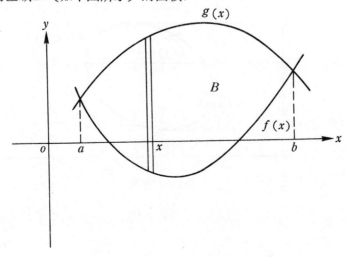

可如下表出：對 $[a, b]$ 上的任一點 x 而言，「長條」之長爲 $g(x) -$
$f(x)$，而寬爲 dx，故知所求區域 B 的面積爲

$$\int_a^b (g(x) - f(x)) \, dx。$$

對下圖所示的區域 C 來說，它一者可看作是區間 $[a, b]$ 上的二函數
$y = f(x)$ 及 $y = g(x)$ 之圖形所圍的區域，一者又可看作是區間 $[c, d]$
上的二函數 $x = h(y)$ 及 $x = k(y)$ 之圖形所圍的區域：

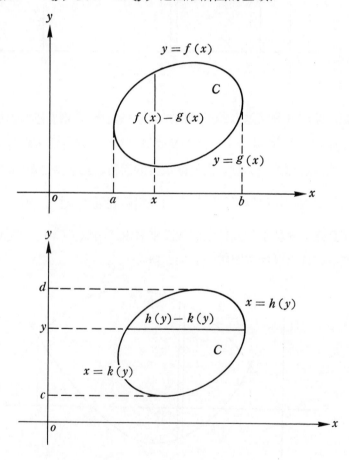

故知 C 的面積爲

$$\int_a^b (f(x)-g(x))\ dx\ \ 或\ \ \int_c^d (h(y)-k(y))\ dy,$$

如下諸例所示。

例 1 求區域 $\{(x,y)\,|\,0\leq y\leq \sin x,\ x\in[0,\pi]\}$ 的面積。

解 易知所求乃正弦函數之圖形的一個「峰」的面積:

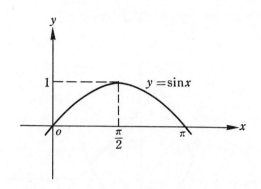

$$\int_0^\pi \sin x\ dx=(-\cos x)\ \Big|_0^\pi = -\cos\pi+\cos 0=2。$$

例 2 求曲線 $y=x^3$ 與直線 $y=x$ 所圍區域的面積。

解 所求區域的面積爲

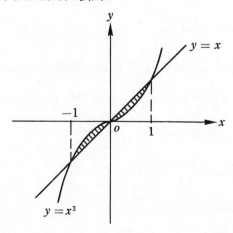

$$\int_{-1}^{0} (x^3-x)\ dx + \int_{0}^{1} (x-x^3)\ dx$$

$$= \left(\frac{x^4}{4}-\frac{x^2}{2}\right)\Big|_{-1}^{0} + \left(\frac{x^2}{2}-\frac{x^4}{4}\right)\Big|_{0}^{1}$$

$$= \left(\frac{1}{2}-\frac{1}{4}\right) + \left(\frac{1}{2}-\frac{1}{4}\right) = \frac{1}{2}。$$

例 3 下圖所示的區域,由下面三方程式的圖形所圍,試求其面積:

$y=x^2$, $2x-y+3=0$, $x+y-2=0$。

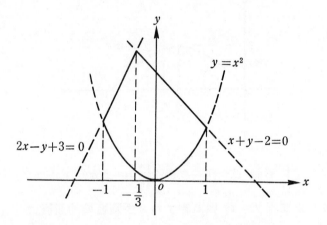

解 所示的區域, 於區間$[-1,-\frac{1}{3}]$ 上, $2x-y+3=0$ 之圖形

位於 $y=x^2$ 之圖形的上方; 而於區間 $[-\frac{1}{3},1]$ 上, $x+$

$y-2=0$ 之圖形位於 $y=x^2$ 之圖形的上方,故所求的面積為

$$\int_{-1}^{-\frac{1}{3}} (2x+3-x^2)\ dx + \int_{-\frac{1}{3}}^{1} (2-x-x^2)\ dx$$

$$= \left(x^2+3x-\frac{x^3}{3}\right)\Big|_{-1}^{-\frac{1}{3}} + \left(2x-\frac{x^2}{2}-\frac{x^3}{3}\right)\Big|_{-\frac{1}{3}}^{1} = \frac{8}{3}。$$

有時曲線所圍的區域如下圖所示:

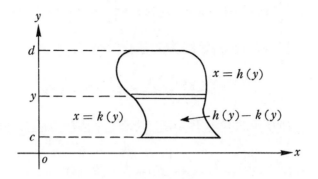

則求面積時，顯然應將這區域看作是由二個自變數爲 y 的函數：

$$x = h(y) \ \text{及} \ x = k(y)$$

在區間 $[c, d]$ 上所圍成，而採公式

$$\int_c^d (h(y) - k(y)) \ dy,$$

較爲方便。下例中展示二種求法，其中第二種解法卽採這種觀點。

　　例 4　求拋物線 $x + y^2 = 9$ 和直線 $y = x + 3$ 所圍區域的面積。

　　解 I　因爲所予的區域，於區間 $[0, 5]$ 上， $y = x - 3$ 之圖形位於
　　　　$y = -\sqrt{9-x}$ 之圖形的上方； 而於區間 $[5, 9]$ 上， $y =$
　　　　$\sqrt{9-x}$ 之圖形位於 $y = -\sqrt{9-x}$ 之圖形的上方，故所求的
　　　　面積爲

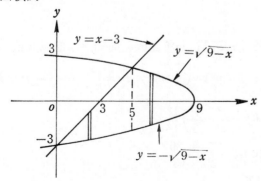

$$\int_0^5 (x-3-(-\sqrt{9-x}))dx + \int_5^9 (\sqrt{9-x}-(-\sqrt{9-x}))dx$$

$$=\int_0^5 (x-3)\ dx + \int_0^5 \sqrt{9-x}\ d(-(9-x))$$

$$\qquad\qquad + 2\int_5^9 \sqrt{9-x}\ d(-(9-x))$$

$$=\left(\frac{x^2}{2}-3x\right)\Big|_0^5 - \frac{2}{3}\cdot(9-x)^{\frac{3}{2}}\Big|_0^5 - 2\cdot\frac{2}{3}\cdot(9-x)^{\frac{3}{2}}\Big|_5^9$$

$$=\left(\frac{25}{2}-15\right)-\frac{2}{3}\cdot(8-27)-\frac{4}{3}\cdot(0-8)$$

$$=\frac{125}{6}\ 。$$

解 II　將求面積的區域看作是由下面二個自變數爲 y 的函數:

$$x=9-y^2\ \text{和}\ \ x=y+3$$

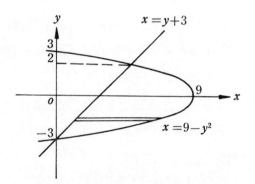

在區間 $[-3,2]$ 上所圍成，而知所求區域面積爲

$$\int_{-3}^2 ((9-y^2)-(y+3))\ dy = \int_{-3}^2 (6-y-y^2)\ dy$$

$$=\left(6y-\frac{y^2}{2}-\frac{y^3}{3}\right)\Big|_{-3}^2$$

$$=30-(-\frac{5}{2})-\frac{35}{3}$$

$$=\frac{125}{6}\ 。$$

例 5 求橢圓$\dfrac{x^2}{a^2}+\dfrac{y^2}{b^2}=1$（其中 $a>0,b>0$）的面積。

解 因上半橢圓爲$y=b\sqrt{1-\dfrac{x^2}{a^2}}$，由橢圓圖形的對稱性，易知

所求橢圓的面積爲

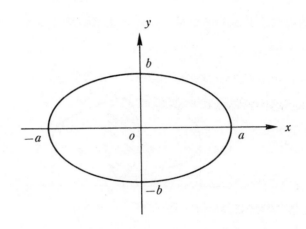

$$2\int_{-a}^{a} b\sqrt{1-\dfrac{x^2}{a^2}}\ dx。$$

利用變數變換積分法，令 $x=a\ \mathrm{Sin}\ y$，則 $dx=a\ \cos y$

dy，而當 $x=a$ 時，$y=\dfrac{\pi}{2}$，當 $x=-a$ 時，$y=-\dfrac{\pi}{2}$故得

$$2\int_{-a}^{a} b\sqrt{1-\dfrac{x^2}{a^2}}\ dx$$

$$=2b\int_{-\frac{\pi}{2}}^{\frac{\pi}{2}} a\ \cos^2 y\ dy$$

$$=2ab\int_{-\frac{\pi}{2}}^{\frac{\pi}{2}} \dfrac{1+\cos 2y}{2}\ dy$$

$$=ab(y+\dfrac{1}{2}\sin 2y)\ \Big|_{-\frac{\pi}{2}}^{\frac{\pi}{2}}$$

$$=\pi\ ab。$$

II. 立體的體積

我們在此將介紹截面積可知的立體之體積的求法。設有一立體 V，它和過區間 $[a,b]$ 上之任意一點 x 而與這區間垂直的平面，交截於一平面區域，且這區域的面積可求，為一連續函數 $A(x)$。

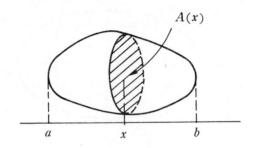

對於區間 $[a, b]$ 上的任一分割 $\triangle = \{ x_0, x_1, x_2, \ldots, x_n \}$ 來說，在過 x_{i-1}, x_i 二點而垂直於區間 $[a,b]$ 之二平面間的立體體積，可以下面柱體體積

$$A(t_i) \triangle x_i, \ t_i \in [x_{i-1}, x_i]$$

作爲近似，因而知下面和數爲所予立體體積的近似：

$$\sum_{i=1}^{n} A(t_i) \triangle x_i,$$

而這數則爲連續函數 $A(x)$ 在區間 $[a,b]$ 上的一個黎曼和，故知

$$\lim_{n \to \infty} \sum_{i=1}^{n} A(t_i) \triangle x_i = \int_a^b A(x) \ dx,$$

此值卽爲所予立體的**體積** (volume)。

例 6 設一金字塔的底部爲一邊長爲 a 的正方形，而高爲 h，求這金字塔的體積。

解　以過金字塔頂且和底邊垂直的直線為 x 軸，而以底的中點為原點，則過坐標為 $x\,(x>0)$ 且垂直於 x 軸的平面，若與金字塔相交，則交於一正方形區域。由幾何性質可知，距底部

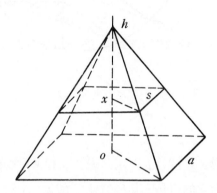

x 的平面和金字塔相交的正方形區域的邊長 s 滿足下式：

$$\frac{s}{a}=\frac{h-x}{h}, \quad s=\frac{(h-x)a}{h},$$

故知它的面積為

$$A(x)=(\frac{(h-x)a}{h})^2,$$

而所求金字塔的體積為

$$v=\int_0^h A(x)\ dx=\int_0^h (\frac{(h-x)a}{h})^2\ dx$$

$$=\frac{a^2}{h^2}\cdot\frac{-(h-x)^3}{3}\ \Big|_0^h=\frac{a^2 h}{3}。$$

例 7　設有一立體如下圖所示：這立體和過任一 $y\in[0,1]$ 且和 y 軸垂直的平面都交截成一直角三角形區域，求這立體的體積。

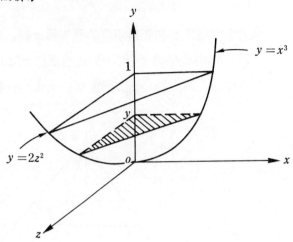

解 　對 $y \in [0,1]$ 來說，過 y 而和 y 軸垂直的平面，和立體交截

而成的直角三角形區域，在 xy 平面上的邊長爲 $x = \sqrt[3]{y}$，

在 yz 平面上的邊長爲 $z = \sqrt{\dfrac{y}{2}}$，故知這直角三角形區域的

面積爲

$$A(y) = \frac{\sqrt[3]{y} \cdot \sqrt{\dfrac{y}{2}}}{2} = (\frac{1}{2\sqrt{2}}) y^{\frac{5}{6}},$$

而所求立體的體積爲

$$v = \int_0^1 A(y) \; dy = \int_0^1 (\frac{1}{2\sqrt{2}}) y^{\frac{5}{6}} dy$$

$$= \frac{1}{2\sqrt{2}} \cdot (\frac{6}{11}) y^{\frac{11}{6}} \; \Big|_0^1 = \frac{3\sqrt{2}}{22} \text{。}$$

設 $f(x) \geqq 0$，$x \in [a,b]$，則 f 之圖形繞 x 軸旋轉而得的**旋轉體**

(solid of revolution) 的體積爲

$$v = \int_a^b \pi (f(x))^2 \; dx,$$

這是因爲過點 x 而垂直於 x 軸的平面，和旋轉體 相交截 於一半徑爲

$f(x)$ 的圓，它的面積爲 $A(x) = \pi (f(x))^2$ 的緣故。

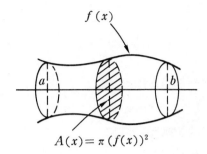

$$A(x) = \pi\,(f(x))^2$$

例8　求半徑爲 r 之球的體積。

解　半徑爲 r 之球，可由半徑爲 r 之圓繞它的直徑旋轉而得。可設坐標系的原點爲這圓的圓心，則這圓的方程式爲

$$x^2 + y^2 = r^2,$$

而　$y = f(x) = \sqrt{r^2 - x^2}$　則爲表上半圓的函數，它繞 x 軸旋轉而得之球的體積爲

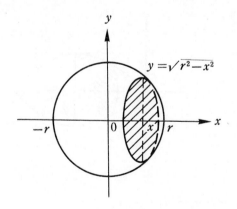

$$v = \int_{-r}^{r} \pi\,(f(x))^2\ dx$$

$$= \int_{-r}^{r} \pi\,(\sqrt{r^2 - x^2})^2\ dx$$

$$= \pi \left(r^2 x - \frac{1}{3} x^3 \right) \Big|_{-r}^{r}$$

$$= \frac{4}{3} \cdot \pi r^3 。$$

例 9 求正弦函數圖形和軸所圍的區域

$$A = \{ (x, y) \mid 0 \leq y \leq \sin x, \ x \in [0, \pi] \}$$

繞 x 軸旋轉而得的旋轉體的體積。

解 所求的旋轉體體積爲

$$v = \int_0^\pi \pi (\sin x)^2 \ dx$$

$$= \int_0^\pi \pi \frac{(1 - \cos 2x)}{2} \ dx$$

$$= \frac{\pi}{2} \cdot \left(x - \frac{1}{2} \sin 2x \right) \Big|_0^\pi$$

$$= \frac{\pi^2}{2} 。$$

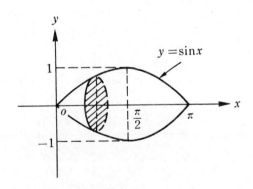

對上面求旋轉體體積的公式

$$v = \int_a^b \pi (f(x))^2 \ dx,$$

如果仿照上面對求區域面積的積分公式的直觀了解，則可如下看它：對區間 $[a, b]$ 上的一點 x 來說，均對應一垂直於 x 軸的「薄圓盤」，這

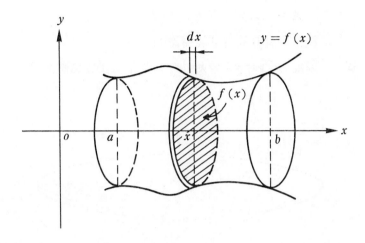

薄圓盤的半徑爲 $f(x)$，而厚度爲 dx，故體積爲 $\pi(f(x))^2dx$，因而從 a 到 b 的諸薄圓盤的體積總和，卽旋轉體的體積爲

$$v = \int_a^b \pi(f(x))^2\,dx。$$

　　由這直觀的了解，可易得知下圖所示的區域 A 繞 y 軸旋轉而得的旋轉體的體積爲

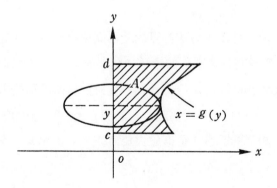

$$v = \int_c^d \pi(g(y))^2\,dy。$$

例10　求區域

$$A = \{(x,y) \mid \sqrt{x} \leq y \leq 2\}$$

繞 y 軸旋轉而得的旋轉體的體積。

解　因為 $\sqrt{x} = y \Longrightarrow x = y^2$，故知所求旋轉體的體積為

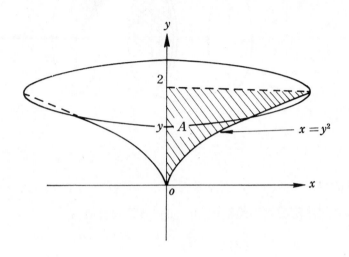

$$v = \int_0^2 \pi (y^2)^2 \ dy$$

$$= \pi (\frac{y^5}{5}) \ \Big|_0^2 = \frac{32\,\pi}{5}。$$

以上求旋轉體體積的方法，可說是垂直於旋轉軸，將旋轉體細切成「薄圓盤」，然後將各薄圓盤的體積加起來而得的，所以這種方法可稱為**圓盤法** (disc method)。今另介紹一種求旋轉體體積的方法，稱為**層殼法** (shell method)。為說明起見，設想在 xy 平面上的第一象限內，有一區域 A，如下圖所示，這區域夾於直線 $x = a$ 和 $x = b$ 之間。

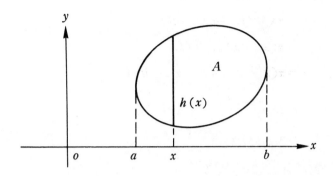

今以 y 軸爲旋轉軸，使區域 A 在空中繞 y 軸旋轉，而得一旋轉體。設對任一 $x \in [a,b]$ 來說，過 x 而垂直於 x 軸的直線，和區域 A 相交的線段長 $h(x)$ 爲 x 的連續函數。今將區間 $[a,b]$ 分爲 n 等分，則於第 i 個小區間 $[x_{i-1}, x_i]$ 上，令 t_i 爲該小區間的中點，並將以 $h(t_i)$ 爲高，以 $\triangle x = \dfrac{b-a}{n}$ 爲寬，且以直線 $x = t_i$ 爲中央線的矩形區域繞 y 軸旋轉而得的圓柱殼，作爲區域 A 在第 i 個小區間上之部分繞 y 軸旋轉而得的立體之近似。

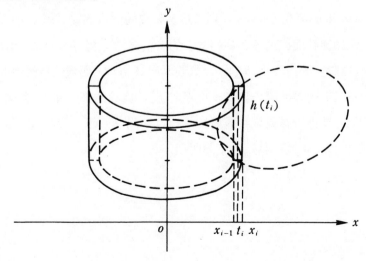

由於這圓柱殼的體積爲

$$\pi x_i{}^2 h(t_i) - \pi x^2{}_{i-1} h(t_i)$$

$$= \pi (x_i{}^2 - x^2{}_{i-1}) h(t_i)$$

$$= \pi (x_i + x_{i-1})(x_i - x_{i-1}) h(t_i)$$

$$= 2\pi \cdot \frac{(x_i + x_{i-1})}{2} \triangle x h(t_i)$$

$$= 2\pi t_i h(t_i) \triangle x,$$

故知所求旋轉體的近似體積爲

$$\sum_{i=1}^{n} 2\pi t_i h(t_i) \triangle x,$$

這和數爲連續函數 $2\pi x h(x)$ 在區間 $[a,b]$ 上的一個黎曼和，故當 n 趨近於無限大時，上面的和數趨近於定積分

$$\int_a^b 2\pi x h(x) \ dx$$

之值。然而當 n 甚大時，上述圓柱殼卽和所近似的旋轉體任意接近，從而知上面的定積分值，卽爲所求旋轉體的體積。

　　下面更以直觀的觀點，來幫助記憶上面剝殼法求旋轉體體積的公式。將區域 A 分成「細長條」，則 A 繞 y 軸旋轉而得的旋轉體，卽爲諸長條繞 y 軸旋轉而成的諸「旋轉殼」的體積之和。對應於 $x \in [a,b]$ 處的「旋轉殼」的高度爲 $h(x)$，殼的厚度爲 dx，而殼的旋轉半徑爲 x，故若將這旋轉殼沿着一旋轉「母線」（譬如旋轉的細長條）「剪開」，並「展平」，則得一長爲旋轉殼周長 $2\pi x$，高爲 $h(x)$，厚爲 dx 的薄片，體積爲 $2\pi x h(x) \ dx$，如下圖所示：

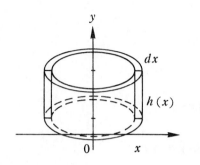 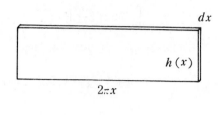

對從 a 到 b 的每一 x，都對應這麼一個旋轉殼，故而總體積為

$$\int_a^b 2\pi x h(x)\ dx 。$$

例11　求以點（5,0）為圓心，半徑為 2 的圓區域 A 繞 y 軸旋轉而得的立體的體積。這立體的形狀有如輪胎，稱為**環體**（solid torus）。

解

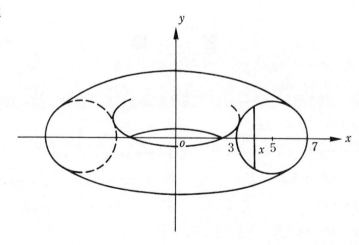

因為以（5,0）為圓心，半徑為 2 的圓之方程式為

$$(x-5)^2+y^2=4 ,$$

故知對區間［3,7］上的任一點 x 來說，區域 A 上對應的細長條的長為 $2\sqrt{4-(x-5)^2}$，而知所求環體的體積為

$$\int_3^7 2\pi x(2\sqrt{4-(x-5)^2})\ dx。$$

令 $x-5=2\mathrm{Sin}\ y$，則

$$4\pi \int_3^7 x\sqrt{4-(x-5)^2}\ dx$$

$$=4\pi \int_{-\frac{\pi}{2}}^{\frac{\pi}{2}} (5+2\sin y)(2\cos y)^2\ dy$$

$$=16\pi \int_{-\frac{\pi}{2}}^{\frac{\pi}{2}} 5\cos^2 y+2\sin y\ \cos^2 y\ dy$$

$$=40\pi \int_{-\frac{\pi}{2}}^{\frac{\pi}{2}} (1+\cos 2y)\ dy-32\pi \int_{-\frac{\pi}{2}}^{\frac{\pi}{2}} \cos^2 y\ d\cos y$$

$$=40\pi (y+\frac{1}{2}\sin 2y)\ \Big|_{-\frac{\pi}{2}}^{\frac{\pi}{2}}-\frac{32}{3}\cos^3 y\ \Big|_{-\frac{\pi}{3}}^{\frac{\pi}{2}}$$

$$=40\pi^2。$$

習　　題

於下列各題中，求各方程式圖形所圍之區域的面積：（1～10）

1. $y=x^2-3,\ y=2x$　　　　2. $y=2x,\ y=x^3$

3. $y+x^2=6,\ y+2x-3=0$　　4. $y=x^2,\ y=\sqrt{x}$

5. $y=3x^2,\ y=x^3$　　　　6. $y=x^5+1,\ x=-2,\ x=1,\ y=0$

7. $y=x\sqrt{x^2-9},\ x=5,\ y=0$　8. $\sqrt{x}+\sqrt{y}=1,\ x=0,\ y=0$

9. $y=x^2-4x+5,\ x+y=15,\ 5x-y=3$

10. $y=\sin x,\ y=\cos x,\ x\in[0,2\pi]$

11. 下圖所示的立體，乃以 x 軸及 y 軸爲中心軸，而半徑爲 a 的二圓柱所圍的立體在第一卦限之部分，試求它的體積。

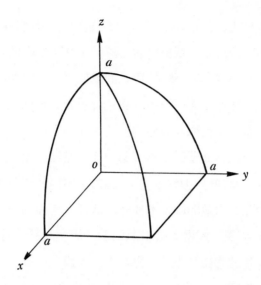

12. 求橢圓 $\dfrac{x^2}{a^2}+\dfrac{y^2}{b^2}=1$ 繞 x 軸旋轉而得的橢球之體積。

13. 求下面四方程式之圖形所圍之區域繞 y 軸旋轉而得的立體之體積:

$$y=x^2+2,\ y=\dfrac{x}{2}+1,\ x=0,\ x=1。$$

14. 求方程式 $y=2x-x^2$ 之圖形和 x 軸所圍區域繞 y 軸旋轉而得的立體之體積。

15. 求餘弦函數圖形和軸所圍的區域

$$A=\{(x,y)\,|\,0\leqq y\leqq \cos x,\ x\in[0,\dfrac{\pi}{2}]\}$$

繞 y 軸旋轉而得的旋轉體的體積。

§9-2 在物理上的應用

I. 功的概念

在這裏，我們要舉出一種藉積分的意義來定義的 物理概念——**功**

（work）。在物理上，當以一不變的力 F 施加於一物體（推或拉），使其在直線上移動一距離 d，則稱對該物體作了 $W=Fd$ 的功。功的單位有呎-磅，吋-克，哩-噸等，依 F 與 d 的單位而定。譬如，將一10磅重的物體舉高 2 呎，卽作了 20 呎-磅的功。經驗告訴我們，施加一力於一物體上時，施力常是變動而非固定的。譬如在一水平路上推動一部車子時，可能因某部分的路面堅硬平整，某一部分路面鬆軟，或某部分的路面佈滿碎石等，由於摩擦力的不同，因而在不同的路段的施力卽不相同。當作用於物體的力並非固定不變時，欲計算所作的功，則可仿照積分的概念來處理，如下所述。在此爲討論的方便起見，我們有三點假設：(1) 力所作用的物體集中於一點，(2) 物體在一直線上移動，(3) 移動時速度保持不變。

設要考慮將一物體在直線上從 a 移動到 b，且作用力非固定不變，而爲物體所在位置的連續函數 $F(x), x \in [a,b]$。將區間 $[a,b]$ 作 n 等分，令 $F(u_i)$ 與 $F(v_i)$ 分別表 F 在小區間 $[x_{i-1}, x_i]$ 上的最大和最小值，則在區間 $[x_{i-1}, x_i]$ 上所作的功 W_i 應介於 $F(u_i)\triangle x_i$ 與 $F(v_i)\triangle x_i$ 之間（其中 $\triangle x_i = \dfrac{b-a}{n}$ 爲每一小區間的長度），卽

$$F(v_i)\triangle x \leq W_i \leq F(u_i)\triangle x,$$

故從 a 至 b 所作之功 $W=\sum W_i$ 應滿足下式：

$$\sum_{i=1}^{n} F(v_i)\triangle x \leq W \leq \sum_{i=1}^{n} F(u_i)\triangle x,$$

由於上一不等式的前後二式，於 n 趨近於無限大時同趨近於定積分

$$\int_a^b F(x)\ dx$$

之值，故知上一定積分值卽爲所求作用力爲 $F(x)$ 時移動一物體從 a 至 b 所作的功。

例 1 一桶沙重 100 磅，以一繩連結於桶上10呎處的絞盤，若繩重

不計，則將此桶沙提高到頂端須作多少功？

解　因 $F(x)=100$（磅），故所求之功爲

$$W=\int_0^{10} F(x)\ dx=\int_0^{10} 100\ dx=100x\ \Big|_0^{10}$$

$$=1000\ (呎\text{-}磅)。$$

例 2　設例 1 中之繩每尺重 5 磅，今須計繩重，求將此桶沙提高到
頂端須作多少功？

解　此時 $F(x)$ 不再爲常數函數。譬如，剛開始時 $F(x)$ 爲桶重
與10呎繩重之和，而當提升 x 呎時，繩長爲 $10-x$ 呎，而所
須之力爲

$$F(x)=100+5(10-x)=150-5x,$$

故所作之功爲

$$W=\int_0^{10} F(x)\ dx=\int_0^{10}(150-5x)\ dx$$

$$=(150x-\frac{5x^2}{2})\ \Big|_0^{10}=1250\ (呎\text{-}磅)。$$

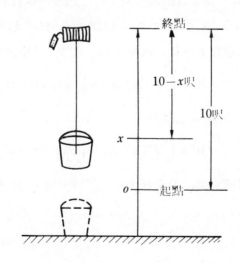

例 3　於前例中，若盛沙桶底有一漏洞，使沙從洞中漏出，設其漏

出速率保持一定，而抵頂端時沙桶重為80磅，求所作的功。

解　因為在提升沙桶途中漏出20磅的沙，故沙漏出的速率為每提升一呎為 2 磅，故提升 x 呎時沙桶重為 $100-2x$，而所須的力為

$$F(x)=5(10-x)+100-2x=150-7x,$$

故所作之功為

$$W=\int_0^{10} F(x)\ dx=\int_0^{10}(150-7x)\ dx=(150x-\frac{7x^2}{2})\ \Big|_0^{10}$$
$$=1150 \text{ (呎-磅)。}$$

例 4　根據物理上的**虎克定律** (Hooke's law)，一彈簧從自然長度引伸 x 單位長時，會產生應力

$$F(x)=kx,$$

其中 k 為比例常數。設對某一彈簧而言，將之由自然長度引伸 2 吋需 4 磅的力，問於下列情況下各作多少功？

（i）從自然長度引伸 4 吋。

（ii）從較自然長度長 2 吋，引伸到較自然長度長 6 吋。

解　（i）因 $F(x)=kx$，由題意，$4=F(2)=2k$，故此一彈簧的常數 $k=2$，而知 $F(x)=2x$，故所求之功為

$$W=\int_0^4 F(x)\ dx=\int_0^4 2x\ dx=x^2\ \Big|_0^4=16 \text{ (吋-磅)。}$$

（ii）所求之功為

$$W=\int_2^6 F(x)\ dx=\int_2^6 2x\ dx=x^2\ \Big|_2^6=32 \text{ (吋-磅)。}$$

讀者應可留意到，上面例 4 中，同為引伸 4 吋，但後者所作的功卻為前者的兩倍。

II. 力矩和重心

設平面上有 n 個質點，位於坐標爲

$$P_i(x_i, y_i), \ i=1, \ 2,..., \ n,$$

處，它位於點 $P_i(x_i, y_i)$ 處的質點有質量 m_i，則這一組質點對 y 軸的**力矩**（moment），乃指實數

$$M_y = \sum_{i=1}^{n} m_i x_i,$$

而這一組質點對 x 軸的力矩，則指

$$M_x = \sum_{i=1}^{n} m_i y_i。$$

換句話說，一組質點到一直線的力矩，乃是各質點的質量，和它到該直線的「有向距離」乘積的總和。設這組質點的總質量爲 m，卽 $m = \sum_{i=1}^{n} m_i$，則這組質點的**重心**（center of gravity），乃是指從對兩軸力矩的觀點，足以代表這組質點之位置的一點 $C(\bar{x}, \bar{y})$，也就是說，當我們設想這組質點集中於點 C 處時，它對兩坐標軸的力矩，等於這組質點對兩軸的力矩，也就是，總質量 m 於 C 處對 x 軸的力矩 $m\bar{y}$ 及對 y 軸的力矩 $m\bar{x}$ 分別等於 M_x 及 M_y，故知

$$\bar{x} = \frac{M_y}{m} = \frac{\sum_{i=1}^{n} m_i x_i}{\sum_{i=1}^{n} m_i}, \quad \bar{y} = \frac{M_x}{m} = \frac{\sum_{i=1}^{n} m_i y_i}{\sum_{i=1}^{n} m_i}。$$

上面所述的，關於一組有限個質點力矩和重心的概念，可推廣來探討密度均勻的薄片的力矩和重心的問題。我們可設想考慮的密度均勻的薄片爲區域 A，單位面積的薄片之質量爲 1，並設區域 A 在坐標平面上介於二直線 $x = a$ 及 $x = b$ 之間，且過 x 軸上任一點 $x \in [a, b]$，而和

x軸垂直的直線，和區域 A 相交於一線段，它的長 $h(x)$ 爲一連續函數。令分點

$$a=x_0, \; x_1, \; x_2,\ldots, \; x_{i-1}, \; x_i,\ldots, \; x_{n-1}, \; x_n=b,$$

將區間 $[a,b]$ 作 n 等分，則下圖中矩形區域面積爲 $h(x_i)\triangle x_i$（其中 $\triangle x_i=x_i-x_{i-1}=\dfrac{b-a}{n}$），所以質量爲$m_i=h(x_i)\triangle x_i$。當 n 趨大時，這矩形區域對 y 軸的力矩近似於

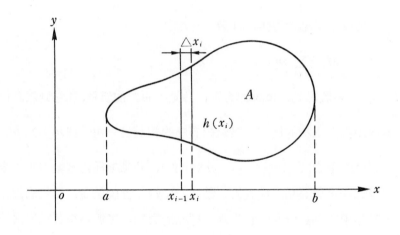

$$m_i x_i = x_i h(x_i)\triangle x_i$$

而且近似於區域 A 在二直線 $x=x_{i-1}$ 及 $x=x_i$ 之間的部分對 y 軸的力矩，從而知，當 n 甚大時，由於每一$\triangle x_i$ 甚小，故區域 A 對 y 軸的力矩應近似於

$$\sum_{i=1}^{n} x_i h(x_i)\triangle x_i,$$

關於這一點，我們實在無法證明，因爲我們不曾界定一區域對一直線的力矩之意義。由於上述的和數，爲連續函數 $xh(x)$ 在區間 $[a,b]$ 上的一個黎曼和，故當 n 趨近於無限大時，上面和數的極限卽爲定積分

$$\int_a^b xh(x)\ dx$$

之值。或者說，我們可以上面的定積分值，作爲區域A所表的密度均勻薄片對y軸的力矩之定義，卽

$$M_y=\int_a^b xh(x)\ dx。$$

同理，區域A所表的密度均勻薄片對x軸的力矩也可類似定義：設區域A介於直線$y=c$及$y=d$之間，且對任一 $y\in[c,d]$ 來說，過點$(0,y)$ 的水平線和區域A相交於一長爲連續函數 $k(y)$ 的線段，則區域A所表的密度均勻薄片對x軸的力矩爲

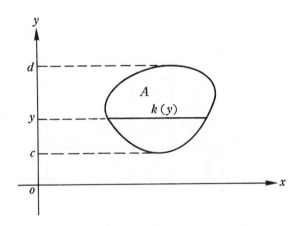

$$M_x=\int_c^d yk(y)dy。$$

令區域A的面積爲 s，則由本章第 2-1 節知

$$s=\int_a^b h(x)\ dx=\int_c^d k(y)\ dy,$$

故仿照對一組有限個質點的重心之定義，可定區域A所表的密度均勻薄片之**重心** $C(\bar{x},\bar{y})$ 爲

$$\bar{x}=\frac{1}{s}\int_a^b xh(x)\ dx,\ \bar{y}=\frac{1}{s}\int_c^d yk(y)\ dy。$$

對平面區域*A*來說，可將它看作是密度均勻的薄片，因而也可用上述的 M_x 及 M_y 分別稱爲區域 *A* 對 *x* 軸及對 *y* 軸的力矩。並從而以上述的薄片的重心爲區域*A*的**重心**（或**形心**（centroid））。

例 5 證明矩形區域的重心爲對角線的交點。

證 設矩形區域如下圖所示：易知，這區域的面積爲 $s=(b-a)$ $(d-c)$，而對任一 $x \in [a,b]$，和 *x* 軸垂直的直線都和這區域相交爲一長爲 $h(x)=d-c$ 的線段，故知

$$\bar{x}=\frac{1}{s}\int_a^b xh(x)\ dx=\frac{1}{s}\int_a^b x(d-c)\ dx=\frac{a+b}{2},$$

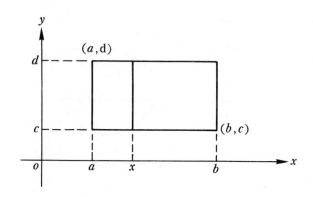

同理可求得 $\bar{y}=\dfrac{c+d}{2}$，從而可知這矩形區域的重心 $C(\bar{x},\bar{y})$ 爲這區域對角線的交點，而本題得證。

例 6 求點集合 $S=\{(x,y)\,|\,x^2+y^2\leq 1,\ x\geq 0,\ y\geq 0\}$ 所表的區域之重心。

解 易知 *S* 的重心 $C(\bar{x},\bar{y})$ 的 $\bar{x}=\bar{y}$，今求 $\bar{x}$ 於下：首先，*S* 的面積 $s=\dfrac{\pi}{4}$，又知

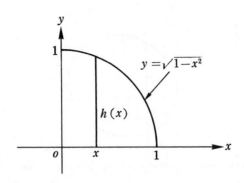

$h(x)=\sqrt{1-x^2}$, $x \in [0,1]$，故得

$$\bar{x}=\frac{1}{s}\int_0^1 xh(x)\ dx=\frac{4}{\pi}\int_0^1 x\sqrt{1-x^2}\ dx$$

$$=\frac{4}{\pi}\cdot(-\frac{1}{3})\cdot(1-x^2)^{\frac{3}{2}}\Big|_0^1=\frac{4}{3\pi},$$

卽知 S 的重心爲 $C(\dfrac{4}{3\pi}\,,\ \dfrac{4}{3\pi})$。

下面的定理指出，一區域的重心，和由這區域產生的旋轉體之體積間的關係。

定理 9-1 帕卜斯定理 (Pappus' theorem)

設於平面上，區域 A 位於直線 L 的一側。若 A 的面積爲 s ，而 A 的重心和直線 L 的距離爲 d ，則 A 繞 L 在空中旋轉而得的旋轉體的體積爲 $v=2\pi ds$。

證明 於平面上建立坐標系，使 L 爲軸，而區域 A 位於第一象限，如下圖所示：設 A 位於二直線 $x=a$ 及 $x=b$ 之間，而 $h(x)$ 表過 $[a,b]$ 上一點 x 且和 x 軸垂直的直線和區域 A 相交而得的線段長，爲 x 的連續函數。設 A 的重心爲 $C(\bar{x},\bar{y})$ ，則

$$\bar{x}=\frac{1}{s}\int_a^b xh(x)\ dx。$$

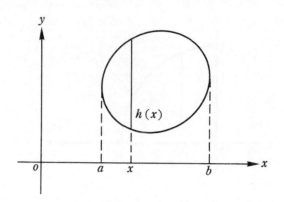

由層殼法知 A 繞 L （即 y 軸）旋轉而得的旋轉體的體積為

$$v = \int_a^b 2\pi x h(x)\ dx = 2\pi \int_a^b x h(x)\ dx = 2\pi \bar{x} s,$$

由題意知 $\bar{x}=d$，故得 $v=2\pi ds$，而定理得證。

常識上易知，一圓區域的重心為圓心（見本節習題第 7 題），故第 9-1 節中的環體（例11）之體積，可藉帕卜斯定理求得。設圓區域的半徑為 a，圓心和圓外直線的距離為 b，則這圓區域繞直線旋轉而得的環體體積為 $2\pi^2 a^2 b$。

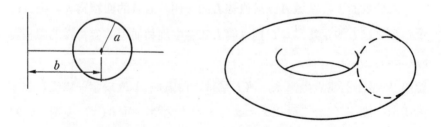

III. 液壓問題

當建造一座液體容槽時，我們需要知道，容槽側壁因為裝填液體所

須承受的壓力。關於**液壓問題** (liquid pressure problem)，有兩個重要的性質：(1) 對液體中的一點來說，它來自任一方向的液壓都相等。(2) 液壓不會因容器的形狀而不同。由物理知識知，在（質量）密度爲 ρ 的液體中，距液面爲 h 的深度處，所受的壓力爲

$$P = \rho g h,$$

其中 g 表重力加速度，卽約爲9.8公尺/秒²，或32.2呎/秒²。令 $w = \rho g$，則因 g 爲常數，故 w 因液體的（質量）密度而不同，稱爲這液體的重量密度。譬如以水來說，w 約等於9,800牛頓/公尺³或62.5磅/呎³。對一個水平懸置於液體中，深度爲 h 處的面積爲 A 的薄片來說，它所承受的液壓爲

$$F = PA = whA。$$

由液壓的性質(2)知,下圖所示的三個同高的且底面積相同的容器，它們

的底承受相同的壓力：對垂直懸置於液體中的薄片來說，要求它所承受的壓力，則較水平懸置者要困難得多，因爲它上面不同深度的各點，所承受的壓力都不相同。爲處理這種問題，我們以液面爲坐標平面的橫軸，而容器底部的方向爲縱軸的正向，且假設薄片於深度爲 y 時的水平方向的長爲 $l(y)$，爲 y 的連續函數，並設薄片垂直懸置於液體中深度爲 a 到 b 之間，如下圖所示：

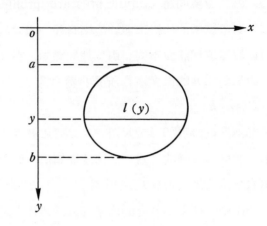

將區間 $[a,b]$ 分割成 n 等分，令 t_i 爲位於第 i 個小區間 $[y_{i-1},y_i]$ 上的任意一點，則薄片在第 i 個小區間上的部分的面積近似於 $l(t_i)\triangle y_i$，其中 $\triangle y_i=\dfrac{b-a}{n}$。 因而知這部分的薄片所承受的液壓近似於 $wt_il(t_i)$ $\triangle y_i$，從而知整個薄片所承受的液壓近似於

$$\sum_{i=1}^{n} wt_il(t_i)\triangle y_i,$$

這是連續函數 $wyl(y)$ 在閉區間 $[a,b]$ 上的一個黎曼和，因而可知，當 n 趨於無限大時，這黎曼和趨於定積分

$$\int_a^b wyl(y)\ dy=w\int_a^b yl(y)\ dy$$

之值。

例 7 一個容槽的側面呈一等腰梯形狀，上底長爲 4 公尺，下底長爲 2 公尺，深度爲 2 公尺。若槽中裝塡重量密度爲 w 的液體，求這容槽一個側面所承受的液壓。

解 可將容槽表如下示的圖形：

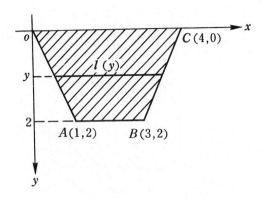

其中直線 $\overleftrightarrow{OA}$ 的方程式爲 $x=\dfrac{y}{2}$，直線 $\overleftrightarrow{BC}$ 的方程式爲

$x=4-\dfrac{y}{2}$，故得

$l(y)=4-y$,

從而得所求的液壓爲

$$F=w\int_0^2 yl(y)\ dy=w\int_0^2 y(4-y)\ dy=w\left(2y^2-\dfrac{y^3}{3}\right)\Big|_0^2$$

$$=\dfrac{16}{3}\ w\ \text{（牛頓）}.$$

例8　一圓柱形的污水涵管，半徑爲 2 公尺，當水半滿時，封閉涵管的閘門所承受的液壓爲何？（設污水的重量密度約等於一般水的重量密度 $w=9800$ 牛頓/公尺³）

解　下圖表明閘門承受半滿液壓的情形：

易知，$l(y)=2\sqrt{4-y^2}$ 而所求的液壓爲

$$F=w\int_0^2 yl(y)\ dy=w\int_0^2 2y\sqrt{4-y^2}\ dy$$

$$=-w\left(\dfrac{2}{3}\right)(4-y^2)^{\frac{3}{2}}\Big|_0^2$$

$$=\dfrac{16}{3}\ w\approx52266.7\ \text{（牛頓）}.$$

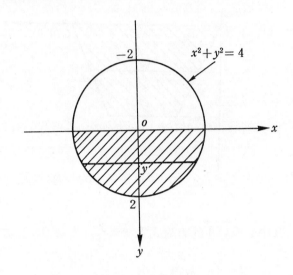

習 題

沿 x 軸移動一物體，使之從點 a 到點 b，若使用的力 F 為物體所在位置 x 之函數，於下列各情況下，求所作的功：(1~2)

1. $F(x)=x^2-2x+4$, $[a,b]=[1,3]$

2. $F(x)=10-3x+2x^2$, $[a,b]=[-1,2]$

於下列各題中，令 r 表彈簧的自然長度 (吋)，而 s 表引伸彈簧 t 吋所須的力 (磅)，求將彈簧從 u 吋引伸至 v 吋所須作的功：(3~4)

3. $r=4$, $s=10$, $t=1$, $u=4$, $v=6$。

4. $r=6$, $s=100$, $t=\frac{1}{2}$, $u=6$, $v=7$。

5. 一彈簧的自然長度為10吋，而將之壓縮 2 吋須用10磅的力，問將彈簧從自然長度壓成 5 吋長須作多少功？

6. 一錨重1000磅，錨鏈重每呎 3 磅。若拋錨時，錨在船下20呎處，問起錨須作多少功？

7. 證明一圓區域的重心爲這圓的圓心。

8. 求區域 $S = \{(x,y) \mid x^2 \leq y \leq 1 + \dfrac{x}{2}\}$ 的重心。

9. 於坐標平面上， 求 $A(a_1, a_2)$, $B(b_1, b_2)$, $C(c_1, c_2)$ 三點所定的三角形區域的重心。

10. 設一圓區域的圓心爲 (b, b)，半徑爲 a，且這圓區域和直線 $L : x + y = 1$ 不相交，求這圓區域繞直線 L 旋轉而得的環體的體積。

11. 利用帕卜斯定理，求一三角形區域繞它的一邊旋轉而得的旋轉體的體積。

12. 於一水池中，將一 2 公尺立方的密閉箱子浸入水中，使箱子的一面和池面平齊，求垂直於池面的一面所受的液壓。

13. 將上題的箱子固定在池面下 1 公尺處，仍使箱子的一面平行於池面，求垂直於池面的一面所受的液壓。

14. 設一游泳池呈長方體的形狀，它的長寬和深分別爲50公尺，25公尺及2.5公尺，當注滿水時，長的側壁所受的液壓爲何？

15. 一水族館之水箱的觀賞窗呈一半徑 1 公尺的圓形，窗頂在水箱水面下0.5公尺的地方，求這觀賞窗所受的液壓。

16. 一水道的攔水閘呈等腰三角形，頂角朝下，高 1 公尺，底 1.5 公尺，當水道的水滿到閘頂時，閘門所受的液壓爲何？

§9-3 在經濟上的應用

本節要以例子說明積分在經濟上的應用，有些問題本身卽可自明，有些則須先介紹相關的概念，才可了解題意。

例1 設某公司於生產 x 單位的產品時的邊際成本爲

$$MC(x) = x^2 + 2x + \frac{1}{x+1},$$

若生產的固定成本爲10，試求其生產 6 單位產品的總成本。

解 總成本 $TC(x)$ 爲邊際成本的反導函數，卽

$$TC(x)=\int MC(x)\ dx=\int x^2+2x+\frac{1}{x+1}\ dx$$
$$=\frac{x^3}{3}+x^2+\ln(x+1)+k,$$

由已知條件知

$$TC(0)=k=10,$$

故知

$$TC(x)=\frac{x^3}{3}+x^2+\ln(x+1)+10,$$

而所求總成本爲

$$TC(6)=\frac{6^3}{3}+6^2+\ln(6+1)+10$$
$$\approx 72+36+1.95+10\approx 120。$$

例2 設某公司於生產 x 單位的產品時的邊際收入爲

$$MR(x)=x^3-x+10,$$

試求其生產 x 單位的產品時的總收入函數。

解 由定義知所求生產 x 單位的產品時的總收入函數爲

$$TR(x)=\int MR(x)\ dx=\int x^3-x+10\ dx$$
$$=\frac{x^4}{4}-\frac{x^2}{2}+10x+k,$$

因爲 $TR(0)=0$，卽知 $k=0$，故得

$$TR(x)=\frac{x^4}{4}-\frac{x^2}{2}+10x。$$

例3 在經濟學上，**資金股票** (capital stock) 於時間爲 t 時的量 $CS(t)$ 與**淨投資率** $RNI(t)$ (rate of net investment) 有下式的關係：

$$D_tCS(t)=RNI(t),$$

換言之，淨投資率乃資金股票量的變率。今設 $RNI(t) =$
$36\sqrt{t} + 44$ （仟元/年），試求第 8 年中資金股票總數。

解　所求者為

$$\int_8^9 36\sqrt{t} + 44 \ dt = 36(\frac{2}{3}) \ t^{\frac{3}{2}} + 44t \ \Big|_8^9 = 149 \ （仟元）。$$

例 4　某工廠購進一部機器，其於 t 年後能產生收益率

$$R'(t) = 625 + \frac{2500}{t+1} \ ,$$

此機器於 t 年後的維持與修護成本的增加率為

$$M'(t) = 700 + 100t。$$

今工廠經理決定，於修護維持費增加率達收益率的80%時，
要賣出這部機器。

（ⅰ）問此機器使用幾年後會被賣出？

（ⅱ）計算此機器在此工廠造成的總淨收益，並以區域圖形
　　　表出之。

解　（ⅰ）依題意，工廠於 $M'(t) = 0.8R'(t)$ 時，須出售此機
器。因為

$$M'(t) = 0.8R'(t)$$

$$\Longleftrightarrow 700 + 100t = 0.8 \ (625 + \frac{2500}{t+1})$$

$$\Longleftrightarrow 100(t^2 + 3t - 18) = 0$$

$$\Longleftrightarrow (t-3)(t+6) = 0$$

$$\Longleftrightarrow t = 3, \ -6,$$

可知 $t = 3$ 時，即使用三年後須出售此機器。

（ⅱ）總淨收益的變率顯然為 $R'(t) - M'(t)$，故知三年內的
總淨收益為

$$\int_0^3 R'(t) - M'(t) \ dt = \int_0^3 (\frac{2500}{t+1} - 75 - 100t) \ dt$$

$$=2500 \ln (t+1)-75t-50t^2 \Big|_0^3$$

$$=2500 \ln 4-225-450$$

$$=2500(1.38629)-675$$

$$\approx 2791。$$

圖形表出如下:

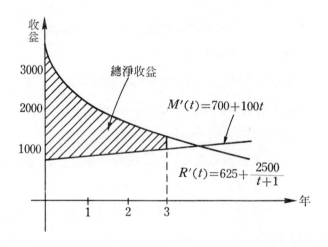

工商企業界的固定資產，諸如房舍、機器或設備等耐用性較强的有形財物，由於使用日久而性能耗損，或式樣過時，新品汰舊等原因，致價值漸減，這種價值的遞減稱爲**折舊**（depreciation）。若將固定資產於使用期間的折舊加以計算，分期攤銷，並於營業收入中提存等額的準備基金，可於資產使用期限屆滿時，得以購置新資產，而保持資產的完整，以維護業務的進行。最基本的折舊法，稱爲**直線法**（straight-line method），乃是把總折舊額平均分攤到使用期限之方法。譬如，每年折舊 a 元，則 t 年底的折舊爲 $f(t)=at$，其**折舊率**爲 $f'(t)=a$，爲一常數函數。事實上，許多資產的折舊率不爲常數。譬如就汽車的折舊來

說，新購初始幾年的折舊很快，然後老舊以後的折舊則要慢得多。一般來說，可設一資產在使用期限內的折舊率爲連續函數 $g(t)$，而時間爲 t 的折舊總額爲 $f(t)$，則 $f'(t)=g(t)$，因而可知

$$f(t)=\int_0^t f'(x)\ dx=\int_0^t g(x)\ dx,$$

假設在計算到時間爲 t 時的總折舊時，均加計一次所費 C 元的大翻修的話，則總開銷爲

$$h(t)=C+\int_0^t g(x)\ dx,$$

而平均開銷，即每年開銷爲

$$k(t)=\frac{h(t)}{t}。$$

若沒有其他的因素須考慮，則最佳的翻修時機，乃是對應於使 $k(t)$ 有最小值的 t，從而可知最佳翻修時機 t 滿足下式：

$$k'(t)=\frac{th'(t)-h(t)}{t^2}=0,$$

亦即

$$h'(t)=\frac{h(t)}{t}=k(t)$$

時。由於 $h'(t)=g(t)$，故知最佳翻修時機乃 $g(t)=k(t)$ 時。也就是說，當折舊率等於平均開銷時，就是最佳的翻修時機了。

例5 假設有一裝備的折舊率爲 $g(t)=300\sqrt{t}$，而大翻修的費用 $C=500$（t 表年），爲使平均開銷爲最小，則應在何時翻修？

解 由題意知平均開銷爲

$$k(t)=\frac{h(t)}{t}=\frac{C+\int_0^t g(x)\ dx}{t}=\frac{(500+\int_0^t 300\sqrt{x}\ dx)}{t}$$

$$=\frac{500+200t^{\frac{3}{2}}}{t}。$$

由上知

t 爲最佳翻修時機

$\Longleftrightarrow k(t)=g(t)$

$\Longleftrightarrow \dfrac{500+200t^{\frac{3}{2}}}{t}=300\sqrt{t}$

$\Longleftrightarrow t=5^{\frac{3}{2}}\approx 2.924,$

即知約在 2 年11個月時大翻修，可有最小的平均開銷。

下面再要介紹的是一組經濟學上的概念：**消費者的剩餘**(consumers'surplus, CS）與**生產者的剩餘**（producer's surplus, PS），此二概念均可用曲線下之區域的面積來表示。設某產品的需求與供給函數分別如下：

$$x=D(p), \quad x=S(p),$$

其中 p 表單位產品的價格，而 x 表產品的數量。顯然前者爲減函數，而後者爲增函數。一種價格 p_0 爲均衡價格（即市場價格）的充要條件爲 $D(p_0)=S(p_0)$。下圖所示二區域面積，即表消費者的剩餘與生產者的剩餘，其中 a 表生產者願意供應的最小價格，而 b 則表消費者願意付出的最大價格。換言之，

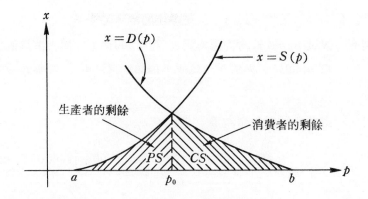

消費者的剩餘　$CS = \int_{p_0}^{b} D(p)\,dp$,

生產者的剩餘　$PS = \int_{a}^{p_0} S(p)\,dp$。

關於消費者的剩餘之概念，下面將再加闡述，而由於生產者的剩餘乃與之爲相對應的概念，故略而不贅。令 $p_0 < p_1 < \cdots < p_n = b$ 爲區間 $[p_0, b]$ 上的一組分點。設售物者訂定物價由 $b = p_n$，並經上述各分點，經 p_{n-1} 以至於 p_0。當訂價爲 p_{n-1} 時，消費者購買量爲 $D(p_{n-1})$，而共支付 $p_{n-1}D(p_{n-1})$ 的金額；當訂價爲 p_{n-2} 時，此時消費者的需求爲 $D(p_{n-2})$，但因上次已購買了 $D(p_{n-1})$，故另以 p_{n-2} 的價格購買 $D(p_{n-2}) - D(p_{n-1})$ 單位的物品，花費金額爲

$$p_{n-2}(D(p_{n-2}) - D(p_{n-1})),$$

如此以往，當價格逐次降低變動以至於 p_0，消費總共爲購得 $D(p_0)$ 單位的物品所支付的總金額爲

$$\sum_{i=0}^{n-1} p_i(D(p_i) - D(p_{i+1})),$$

(注意，$D(p_n) = 0$) 如下圖斜線部分所示。

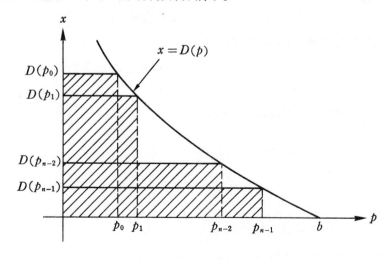

若售物者直接就訂出均衡價格爲售價，則消費者可以直接以單位價格爲 p_0 購得 $D(p_0)$ 單位的物品，較之前述的總花費省下的金額爲

$$\sum_{i=0}^{n-1} p_i(D(p_i)-D(p_{i+1}))-p_0D(p_0),$$

此一數值爲消費者的剩餘。當前述分點所成的分割之範數趨近於 0 時，總花費近於下面左圖斜線部分所示之區域面積，而消費者的剩餘，則近於下面右圖斜線部分所示之區域的面積。

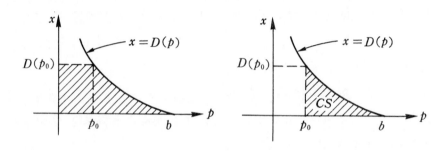

例6   設某商品之需求與供給函數分別如下所示:

$$x=D(p)=p^2-12p+36, \quad x=S(p)=p^2+6p,$$

試求消費者的剩餘及生產者的剩餘。

解   因爲

$$D(p)=0 \implies p=6 \,, \quad S(p)=0 \implies p=0 \,,$$
$$D(p_0)=S(p_0) \implies p_0=2 \,,$$

故知消費者的剩餘爲

$$CS=\int_2^6 D(p) \ dp=\int_2^6 p^2-12p+36 \ dp$$
$$=\frac{p^3}{3}-6p^2+36p \ \Big|_2^6=\frac{64}{3} \,,$$

而生產者的剩餘爲

$$PS=\int_0^2 S(p) \ dp=\int_0^2 (p^2+6p) \ dp$$

$$= \frac{p^3}{3} + 3p^2 \Big|_0^2 = \frac{44}{3}。$$

消費者的剩餘，表明消費者因能以低價購買，無須付予專賣壟斷者堅持的無理高價，而得的好處。此外，消費者與生產者的剩餘二概念，也對社會性的決策有所助益，如下例所示。

例 7　某一新興都市正討論是否課徵建設經費，以便裝置街燈的問題。為簡便計，假設這社會有 40000 戶，此四萬個單位均為課徵及享用設施的均等單位。設他們和承造包商接頭，而得到一些不同工程要求的不同估訂價格

$$S(p) = p^2 + 9p。\qquad\qquad （一單位為100盞）$$

其中 p 表價格（一單位為4,000,000元），卽價格為 p 單位，可有對應 $S(p)$ 單位的街燈之裝置（合於工程品質和維持費）。藉著彼此協調的結果，市議員通過決議，本社會對應於 p 單位（一單位為4,000,000元）的價格，願意裝置街燈數為

$$D(p) = (p-9)^2 = p^2 - 18p + 81 \qquad （一單位為100盞）$$

單位。試問

（ⅰ）若此計劃付諸實施，則每戶應承擔多少？

（ⅱ）此計劃是否值得？

解　（ⅰ）因為 $D(p_0) = S(p_0) \implies p_0 = 3$，故知若此計畫付諸實施，則每戶應承擔

$$3 \times \frac{4000000}{40000} = 300 \text{（元）}。$$

（ⅱ）因為由於此計劃的實施並無金錢的收益，其利益乃是因裝置街燈而得的方便，所以無法以收益和支出來評定是否值得。但由於消費者的剩餘，表示以均衡價格而交易所得到的好處，故考慮這一計畫的消費者的剩餘

$$CS = \int_3^9 D(p) \, dp = \int_3^9 (p-9)^2 \, dp = 72,$$

$$（一單位為4,000,000元）$$

故每戶平均爲

$$72 \times \frac{4000000}{40000} = 7200 \text{ (元)},$$

可知消費者剩餘大於實施此計劃的承擔，故而知此計劃是值得的。

設若例 7 中的均衡價格爲 $p_0 = 8$，則消費者的剩餘爲

$$\int_8^9 (p-9)^2 \, dp = \frac{1}{3},$$

而每戶平均爲

$$\frac{1}{3} \times \frac{4000000}{40000} = \frac{100}{3} \text{ (元)},$$

此值小於計劃實施的承擔，因而計劃的實施乃爲不值得。

本節最後，我們要介紹連續所得的**現值**(present value) 計算法。在第 7-4 節中，我們曾介紹過，於名利率爲 r 作連續複利的情況下，t 年後金額爲 $S(t)$ 之現值爲 $P = S(t)e^{-rt}$。而今要考慮的是，由於連續的投資，造成連續的所得，其於開始後 t 年時，每年所得率爲連續函數 $f(t)$ 的情況下，折算爲現值應爲多少的問題。

今設考慮的期間爲從開始以至 x 年以後，即考慮 $t \in [0, x]$。以分割 $\triangle = \{0 = t_0, t_1, \ldots, t_n = x\}$ 將區間 $[0, x]$ 作 n 等分，考慮第 i 個小區間 $[t_{i-1}, t_i]$ 期間的所得 A_i，其值可以

$$f(\eta_i) \triangle t_i, \ \eta_i \in [t_{i-1}, t_i], \ (\triangle t_i = t_i - t_{i-1})$$

爲近似，若 n 甚大，則 $\triangle t_i$ 甚小，故此值的現值甚近似於

$$e^{-r\eta_i} f(\eta_i) \triangle t_i。$$

從而知在 $[0, x]$ 期間，上述連續所得的現值近似於

$$\sum_{i=1}^n e^{-r\eta_i} f(\eta_i) \triangle t_i,$$

此爲連續函數 $e^{-rt} f(t)$ 在區間 $[0, x]$ 上的黎曼和。當 n 甚大時，分割

的範數甚小，而於 $n \to \infty$ 時，上式卽趨近於定積分

$$P = \int_0^x e^{-rt} f(t)\ dt,$$

我們卽以上式之值作名利率爲 r，連續所得率爲連續函數 $f(t)$ 的情況下，在時期爲 $[0,x]$ 的所得的**現值**。

例8 某公司之管理政策爲，期望其投資有15%連續複利的報酬。今此公司有機會以 1,600,000 元租用一部機器以從事十年的生產。估計此生產將造成每年 300,000 元的所得，試問租用此部機器是否划算？

解 依題意，可設每年的淨所得在年底沒有自然的增加，而爲均勻的連續收入。可知這十年期的連續所得的現值爲

$$P = \int_0^{10} 300000 e^{-0.15t}\ dt = -2000000\, e^{-0.15t}\ \Big|_0^{10}$$

$$= -2000000 e^{-1.5} + 2000000$$

$$= -2000000(0.2231) + 2000000$$

$$= 1553800\ (元),$$

因爲所得現值不及租金，故知租用不划算。

今將上述現值的概念稍加擴充，假設某一投資爲 C 元，且於 t 年後此投資的殘值爲 $S(t)$ 元。若時間爲 t 時的收入率爲 $R'(t)$，而維持修護費率爲 $M'(t)$，則於名利率爲 r，以連續複利計算的情況下，x 年後此投資的**淨現值**（net present value）爲

$$NP(x) = \int_0^x (R'(t) - M'(t)) e^{-rt} dt + S(x) e^{-rx} - C,$$

關於此，習題中有進一層的探討。

習　　題

1. 設某公司生產物品 x 單位的邊際成本為

$$MC(x) = \frac{x^3}{60} - x + 615,$$

固定成本為 1,000 元，試求生產30單位物品的總成本。

2. 設生產某物品 x 單位的邊際收入和邊際成本，分別如下面函數所示：

$$MR(x) = 150 - x, \ MC(x) = \frac{x^2}{10} - 4x + 110,$$

又已知生產30單位的總成本為 4,000 元。

（ⅰ）此生產的固定成本為何？

（ⅱ）何以 $R(0) = 0$？

（ⅲ）淨利函數為何？

（ⅳ）求能獲最大淨利的生產量。

3. 設資金股票於時間為 t 時的淨投資率為

$$RNI(t) = 0.76t^{\frac{1}{8}} + 1.2, \qquad \text{（單位為仟元）}$$

試問第九年中資金股票的增額為何？

4. 設所得額為 Y 時的邊際稅率（參考第 5-1 節習題第 5 題）為

$$MTR(Y) = \frac{\sqrt[4]{Y}}{40},$$

若所得額為10,000元時的應納稅款為2,000元，問所得額為160,000元時的應納稅款為何？

5. 某一物品當前的賣價為 40,000 元，設 x 年後的增值率為每年3,000 $+ 180\sqrt{x}$ 元，問

（ⅰ）四年後其值增加多少？

（ⅱ）一年後其值增加多少？何以此值較一年後之年終價值的成長

率爲小?

6. 某公司生產 X 單位物品時的邊際成本爲

$$MC(x)=50+\frac{630}{x^2},$$

試求於生產30單位產品後，再生產 5 單位產品所需的成本。

7. 某國家於1950年後 t 年的人口成長率爲每年

$$g(t)=\frac{e^{\frac{t}{40}}}{2}, \qquad\qquad （單位爲百萬人）$$

（ⅰ）估計1960年時，此國人口的成長率。

（ⅱ）此國從1950年至1960年中，人口約增多少?

8. 某一第三世界國家，於1970年後 t 年的淨投資率爲每年

$$RNI(t)=200+50t, \qquad （單位爲百萬美元）$$

試求1975至1980年所增加的資金股票總數。

9. 設淨投資率於時間 t 時爲 $RNI(t)=t\sqrt{t^2+1}$ （仟元），求第一年中增加的資金股票總數。

10. 設某一裝備於時間 $t\in[0,3]$ （年）期間的折舊率爲 $g(t)=1-\frac{t^2}{9}$

（單位爲十萬元），分別求這裝備於半年、一年、一年半及二年後的折舊。

11. 設某一裝備於時間 $t\in[0,6]$ （年）期間的折舊率爲 $g(t)=\sqrt{10-t}$

（單位爲萬元），若六年後這裝備需要5,000元的大翻修，求這六年中這一裝備的平均開銷。

12. 若例 5 中 $g(t)=100t^{\frac{2}{3}}$ 且 $C=400$，求最佳的翻修時機。

13. 某公司購得一部機器，使得 t 年後每年的收入率爲

$$R'(t)=60-\frac{25t}{9}, \qquad\qquad （單位爲仟元）$$

而維持修護費率爲

$$M'(t) = t^2 + 3,$$ （單位爲仟元）

（ i ）公司決定維持修護費用超過收入的90%時，得出售此機器，問此機器何時出售？

（ ii ）計算此機器爲此公司造成的總淨利。

14. 設某產品的需求與供應函數分別如下所示：

$$x = D(p) = p^2 - 10p + 25, \quad x = S(p) = p^2 + 5p,$$

試求消費者的剩餘及生產者的剩餘。

15. 如上題，但需求及供應函數則如下：

$$x = D(p) = 36 - \frac{p^2}{4}, \quad x = S(p) = 5p - 20 \text{。}$$

16. 若某投資於往後五年中的第 t 年時，可造成每年 $2000 - 50t$（單位爲仟元）的連續所得率。設以名利率爲10%之連續複利計算，求此投資之所得的現值。

17. 某公司正考慮以 5,000,000 元租用一倉庫 6 年，此投資可獲每年 720,000 元之所得率。此公司要求其投資之報酬以名利率12%之連續複利計算。

（ i ）求出由此項租用而得的獲利之現值。

（ ii ）若此公司於 6 年期滿後，可以權利金 3,600,000 元轉租此倉庫，求此筆款項的現值。

（iii）租用此倉庫是否划算？

18. 某公司購得一部可使用10年的機器，此機器可造成每年 500,000 元的收入率，而其維修費率則爲每年 $M'(t) = 48,000e^{0.2t}$ 元。設此公司要求其投資報酬以名利率8 %的連續複利計算。

（ i ）求此機器造成的淨連續所得的現值。

（ ii ）若此機器的購買及裝置成本爲2,600,000元，而十年後的殘值爲400,000元，問購買此機器是否合乎公司的政策？

19. 一投資的**最佳經濟生命** (optimal economic life)，乃是使此投資的淨現值為最大的期間

   （ i ）設 x 為一投資的最佳經濟生命，證明：
   $$R'(x) - M'(x) = rS(x) - S'(x),$$
   其中 $R'(t)$, $M'(t)$, $S(t)$ 分別表投資 t 年後之收入率，維持修護率及殘值，而 r 表連續複利的名利率。

   （ ii ）設某公司對某種投資而言，有
   $$R'(t) = 3000, \quad M'(t) = 375 + 300t, \quad S(t) = \frac{8000}{t},$$
   且 $t \geq 2$，$r = 0.1$，試求此投資的最佳經濟生命。

20. 設所得率為每年 C 元，連續 x 年。證明此連續所得以名利率 r 複利計算時，其現值為
   $$P = \frac{C(1 - e^{-rx})}{r}。$$

21. 設某商品的需求函數 $x = D(p)$ 於任意價格 p 時均為正，若 $p = a$ 為市場價格，則**消費者的剩餘**定義為廣義積分：
   $$\int_a^\infty D(p)\ dp。$$
   設一商品的供給函數與需求函數分別為
   $$S(p) = 9p - 8, \quad D(p) = \frac{80}{\sqrt{(p+2)^3}},$$
   試證 $p = 2$ 為市場價格，並求消費者的剩餘。

22. 課文中，我們定義於時間為 t 的所得率為 $f(t)$，名利率為 r 之 x 年連續所得之現值為
   $$\int_0^x e^{-rt} f(t)\ dt。$$
   很自然地，其**永久連續所得** (perpetual income stream) 之現值可定義為廣義積分

$$\int_0^\infty e^{-rt} f(t)\ dt_{\circ}$$

今設　$f(t)=100+3000e^{-\frac{t}{2}}$ $r=0.1$，試求永久連續所得的現值。

第十章 偏微分

§10-1 多變數函數

前此我們所介紹的函數，可以說皆有其本身的簡單性。這乃是為了方便起見，所以把相關的概念或量，均假設僅和一個因素有關，即設為單一變數的函數，而將其他的因素視為不變量。然而，在實際的領域中，某種量常與甚多的因素相關。譬如：

(1) 學生在一科課程的成績，往往與許多因素有關，諸如三次或四次考試的成績、上課的勤惰、作業的好壞等。

(2) 在經濟學上，採購某種物品的導期（即訂貨到貨物送到的時間），往往與購買程序、貨物輸送、儲存空間及其他許多因素有關。

(3) 某種生物的總數與其再生力、食物供給、死亡率等有關。

(4) 某種物品的總生產量，與勞工數、生產設備的利用等因素有關。

本節的目的即在簡介此種變數多於一個的函數——即**多變數函數**(multivariate function)的問題。設某一量與三種因素有關，則當這三種因素的量分別為 x, y, z 已知時，則這一量即可確定，而記為 $f(x, y, z)$。譬如，一個直圓柱形儲存槽的容積 V，是它的底半徑 r 和槽深 h 的函數：

$$V(r,h) = \pi r^2 h, \ r > 0, \ h > 0;$$

一個長方體的盒子的表面積 A 爲它的三維邊長 x, y, z 的函數：

$$A(x,y,z)=2(xy+yz+zx), \ x, \ y, \ z>0$$

等。多變數函數的定義域若無特別指明，且此函數可用公式表出時，則仍如前述的具一個變數的函數（稱爲**單變數函數**）一樣，指的是使函數值爲實數的所有變數值。譬如，若

$$f(x,y)=x^2y^2-xy^3+3y+1,$$

$$g(x,y)=\frac{2x+3y}{x-y},$$

$$h(x,y,z)=\ln xyz,$$

則 f 之定義域爲 $\{(x,y)|x,y\in R\}$，即整個坐標平面；g 之定義域爲 $\{(x,y)|x\neq y\}$，即坐標平面上不在直線 $x=y$ 上之所有點的全體；而 h 的定義域則爲 $\{(x,y,z)|xyz>0\}$，即空間坐標系（稍後將介紹）中，滿足不等式 $xyz>0$ 之點 (x,y,z) 的全體。

本章的主要目的，在介紹**二變數函數**（bivariate function, function of two variables）和它對應於單變數函數中導數概念的**偏導數（偏微分）**，而一般多變數函數的偏微分，即可由二變數函數的概念而得觸類旁通。討論二變數函數是有兩點理由：其一是因解決二變數函數之極值問題，要比解決一般多變數函數的極值問題，所用的微積分工具要簡單得多，其二是因二變數函數能有具體的圖形表法（雖然並不容易）。

例1 一家皮衣製造廠，每週皮衣產量 z（件），與其皮材數量 x（平方公尺）及人力 y（人工小時）有如下**生產函數**（production function）所示的關係：

$$z=f(x,y)=2x\left(1-\frac{10}{y}\right),$$

今某週獲皮材 75 平方公尺，且有 100 人工小時的人力，問

此週的產量爲何？

解　所求的產量爲

$$z = f(75, 100) = 2(75)\left(1 - \frac{10}{100}\right) = 135 \text{ (件)}。$$

例2　一水果攤販賣有白葡萄與紫葡萄，每斤價格分別爲 p_1 及 p_2 元。設 x_1 與 x_2 分別表白紫葡萄每天的銷售量。顯然，x_1 爲 p_1 的函數，而 x_2 爲 p_2 的函數。但嚴格地說，x_1 與 x_2 均應爲 p_1 與 p_2 的函數。因爲若 p_2 保持不變，而 p_1 上漲，必然造成 x_2 的增加；同樣的情況，若 p_1 保持不變，而 p_2 增加，亦必造成 x_1 的增加。像上所述，一種商品之需求，因另一種商品價格的增高而增高者，這二種商品互稱爲**替代**（substitute）或**競爭**（competitive）**商品**。今設

$$x_1 = f(p_1, p_2) = 80 - \frac{5p_1}{4} - \frac{480}{p_2},$$

$$x_2 = g(p_1, p_2) = 60 - 15e^{-\frac{p_1}{20}} - p_2,$$

若 $p_1 = 20$(元)，$p_2 = 24$（元），求白葡萄與紫葡萄每天可賣幾斤？

解　所求爲

$$f(20, 24) = 80 - \frac{5(20)}{4} - \frac{480}{24} = 35 \text{ (斤)},$$

$$g(20, 24) = 60 - 15e^{-1} - 24 = 30.5 \text{ (斤)}。$$

與例2的情形相反，若一商品的需求，因另一商品價格的增高而減少，則稱此二商品互爲**補充**（complementary）**商品**。譬如，照相機和軟片卽互爲補充商品。

例3　設某公司生產兩種產品 A 與 B，此公司生產的固定成本爲 FC，而產品 A 與 B 的單位變動成本分別爲 a 與 b。試求**聯**

合成本函數（joint cost function）、**聯合收入函數**（joint revenue function）及**聯合淨利函數**（joint net profit function）。

解　設 A 產品生產 x 單位，B 產品生產 y 單位，而二者售價分別為 $p_1(x,y)$ 及 $P_2(x,y)$，則聯合成本函數為

$$C(x,y)=FC+ax+by,$$

聯合收入函數為

$$R(x,y)=xp_1(x,y)+yP_2(x,y),$$

而聯合淨利函數為

$$NP(x,y)=R(x,y)-C(x,y)。$$

在前面我們已經介紹過，單變數函數 $f(x)$ 之圖形，乃坐標平面上的點集合：

$$\{(x,y)\,|\,y=f(x)\},$$

為坐標平面上的曲線。同樣的，二變數函數 $f(x,y)$ 的圖形，乃**三維空間**（three-dimensional space）上的點集合

$$\{(x,y,z)\,|\,z=f(x,y)\},$$

為一空間曲面。對 **n 元實數組**（real n-tuple）的全體：

$$R^n=\{(x_1,x_2,x_3,\ldots,x_{n-1},x_n)\,|\,x_1,x_2,\ldots,x_{n-1},x_n\in R\},$$

我們稱為 **n 維空間**（n-dimensional space）。設 $D\subset R^n$，則定義於 D 的實值函數

$$f:D\longrightarrow R$$

稱為 $x_1,x_2,x_3,\ldots,x_{n-1},\,x_n$ 等 n 個變數的 **n 元實值函數**。而 R^{n+1} 的子集合

$$\{(x_1,x_2,x_3,\ldots,x_n,x_{n+1})\,|\,x_{n+1}=f(x_1,x_2,\ldots,x_n),$$
$$(x_1,x_2,\ldots,x_n)\in D\},$$

稱為函數 f 或方程式 $x_{n+1}=f(x_1,x_2,\ldots,x_n)$ 的**圖形**。譬如，

$\{(r,h,V(r,h))\,|\,r>0,h>0\},$

$\{(x,y,z,A(x,y,z))\,|\,x>0,y>0,z>0\},$

分別爲二變數函數 $V(r,h)$ 及三變數函數 $A(x,y,z)$ 的圖形。

三維空間實乃我們生存的空間，在此空間中，我們可建立直角坐標系。卽過任意點O作互相垂直的三直線，並在各直線上以O爲原點建立直線坐標系，分別稱爲x軸，y軸及z軸。通常三軸的相關位置取如下圖所示的**右手系** (right-handed system)，由 x, y 兩軸決定的平面，稱爲 xy 平面，而 yz 平面和 zx 平面的意義仿此，這三平面統稱爲**坐標平面** (coordinate plane)。若空間中一點 P 在 x, y, z 三軸的投影的直線坐標分別爲 a, b, c，則以 $P(a,b,c)$ 表這一點，並稱 (a,b,c) 爲點P的**坐標** (coordinates)。反之，對任一實數三元組 (a,b,c) 而言，我們於 xy 平面上取平面坐標爲 (a,b) 之點A（其三維空間坐標爲 $(a,b,0)$)，過A點作一直線L垂直於 xy 平面，並在 z 軸上取直線坐標爲c 之點B（其三維空間坐標爲$(0,0,c)$)，過B點作直線L的垂線，其垂足爲P，則由幾何知識可知P的三維空間坐標卽爲 (a,b,c)。

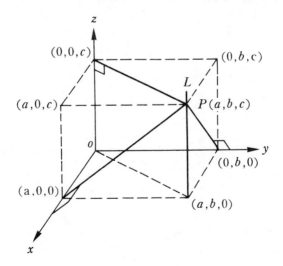

於是空間可與點集合

$$\{(x,y,z)\,|\,x,y,z\in R\},$$

形成一對一的對應， 我們稱此種對應爲**三維 空間直角坐標系** （three dimensional rectangular coordinate system）。

三個坐標平面將空間分割成八個部分， 每一部分均稱爲**卦限** （octant）。其中的一個

$$\{(x,y,z)\,|\,x>0,y>0,z>0\},$$

特稱爲**第一卦限** （the first octant）， 至於其他各卦限， 一般均不稱爲第幾卦限。

由二變數實值函數圖形的意義可知， 函數 $f:D\longrightarrow R$ 的圖形， 爲三維空間 R^3 的子集合：

$$\{(x,y,f(x,y))\,|\,(x,y)\in D\}\subset R^3,$$

意卽對定義域 $D\subset R^2$ 的每一點 (x,y)， 可得三維空間 （此後簡稱爲空間） 之點 $(x,y,f(x,y))$， 則所有的這種點的全體， 卽爲 $f(x,y)$ 的圖形， 一般可視爲一曲面， 如下圖所示：

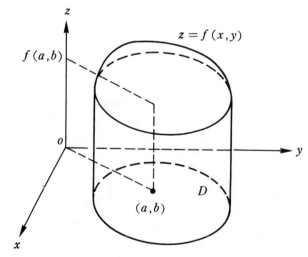

在作圖上，一般來說，並不容易。但通常我們可藉它和某些平面的交線
來認識它。譬如，可藉所謂的**等高線**（level curve）來幫助了解。所
謂等高線，是指取各種高度（垂直於 z 軸）的平面使與曲面 $z=f(x,y)$
相截而得各平面曲線——這些曲線上每一點的「高度」，卽對 xy 平面
的相對距離都相等（這就是稱爲等高線的理由）——投射到 xy 平面而
得的一些曲線。由於對應於不同高度的平面而得的等高線，同時投射到
xy 平面上，故可由這些等高線之間的情形，了解到曲面的情形。譬如
函數

$$f(x,y)=x^2+y^2$$

對應於平面 $z=k$ （≥ 0）的平面產生的等高線爲一些以原點爲圓心半
徑爲 $\sqrt{k}$ 的同心圓，如下圖所示：

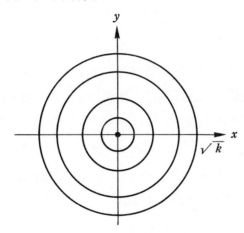

$$x^2+y^2=k,\ z=0,$$

因爲平面 $z=k$ （<0）和曲面 $z=f(x,y)=x^2+y^2$ 不相交(何故？)，
因此曲面完全在 xy 平面上方。事實上，這函數的圖形爲 xz 平面上
的拋物線 $z=y^2$ 繞 z 軸旋轉而得的旋轉拋物面，如下圖所示：

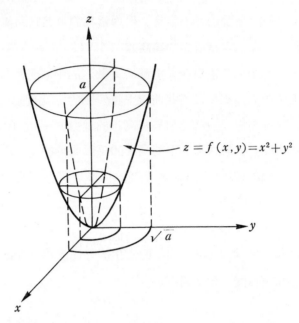

$$z = f(x,y) = x^2 + y^2$$

若是產生諸等高線的各平行平面（都垂直於 z 軸）之間的距離相等，則可知等高線越密的地方，對應的曲面上的「坡度」越陡，而等高線越疏的地方，對應的曲面上的「坡度」越緩。這也是一般平面地圖上，用來表出地形山岳高低的方法。

例 4 試作下面函數 $z = f(x,y) = x^2 + 4y^2$ 的等高線。

解 因爲函數值 $z = f(x,y) \geqq 0$，故可用平面 $z = c \geqq 0$ 和函數圖形交截，而得平面曲線

$$x^2 + 4y^2 = c, \ z = c \geqq 0,$$

它在 xy 平面上的射影爲 xy 平面上的曲線

$$x^2 + 4y^2 = c, \ z = 0。$$

於 $c = 0$ 時，它爲原點；於 $c > 0$ 時，它爲同心的橢圓，圖形如下：

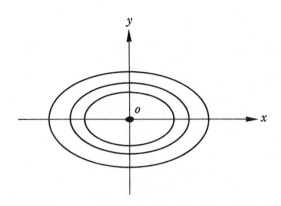

等高線通常可用來分析一公司的生產函數。一生產函數的等高線稱為**等產量線** (isoquant, constant product curve)，每一等產量線說明在特定產量正影響生產的因素之間的關係。

例 5　某公司的生產函數為 $f(x,y)=3x^{\frac{2}{3}}y^{\frac{1}{3}}$，試繪出產量為 60 的等產量線。

解　產量為 60 的等產量線方程式為

$$f(x,y)=60,$$
$$3x^{\frac{2}{3}}y^{\frac{1}{3}}=60,$$
$$(x^{\frac{2}{3}}y^{\frac{1}{3}})^3=(20)^3,$$
$$x^2y=8000,$$
$$y=\frac{8000}{x^2},$$

圖形如下頁所示:

上例的等產量線之圖形顯示，為保持產量的固定，生產因素之一的使用之增加，須以另一生產因素的使用之減少為代價。等產量線在一點 (x,y) 處的（切線）的斜率 $\dfrac{dy}{dx}$，可解釋為第一因素增加使用一單位，所造成的第二因素之使用的變更。因而其負值 $-\dfrac{dy}{dx}$ 乃表為使生產量不

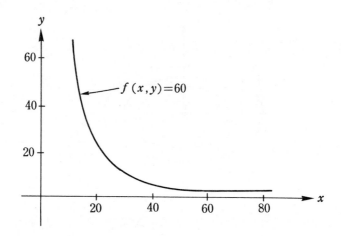

變時，一因素替代另一因素的比率，我們卽稱 $-\dfrac{dy}{dx}$ 爲二因素間在點

(x,y) 處之**邊際替代率** (marginal rate of substitution)。

例 6 對例 5 之生產函數而言，求在點 $(20,20)$ 處之邊際替代率。

並藉以求當第一生產因素從20變到21時，爲保持等生產量，

第二生產因素應爲何？

解 因爲 $f(20,20)=3(20)^{\frac{2}{3}}(20)^{\frac{1}{3}}=60$，故其等產量線爲 $y=$

$\dfrac{8000}{x^2}$，從而得

$$\frac{dy}{dx}=-\frac{16000}{x^3},$$

$$-\frac{dy}{dx}\bigg|_{(20,20)}=\frac{16000}{(20)^3}=2,$$

並知當第一生產因素從 20 變到 21 時，第二生產因素須從

20 減到 18，此時產量爲

$$f(21,18)=3(21)^{\frac{2}{3}}(18)^{\frac{1}{3}}\approx 59.84,$$

約爲 60。

例 7 對例 5 之生產函數而言，若第一生產因素從15變爲17，則第

二生產因素須為何，始可使生產量與 $(x, y)=(15, 30)$ 相同？

解 先求在 $(15, 30)$ 處的邊際替代率。設 $f(15, 30)=c$，則等產量線為 $3x^{\frac{2}{3}}y^{\frac{1}{3}}=c$，對等號兩邊就 x 微分得

$$3 \cdot \frac{2}{3} x^{-\frac{1}{3}}y^{\frac{1}{3}}+3x^{\frac{2}{3}} \cdot \frac{1}{3} y^{-\frac{2}{3}} \cdot \frac{dy}{dx}=0,$$

$$\frac{dy}{dx}=-\frac{2y}{x},$$

故得在 $(15, 30)$ 處的邊際替代率為

$$-\frac{dy}{dx}\bigg|_{(x, y)=(15, 30)}=4,$$

從而知當第一生產因素從 15 變為 $17=15+2$ 時，所求第二生產因素應從 30 變為 $30-2(4)=22$。

設一生產公司的聯合成本函數為 $C(x, y)$，則其等高線稱為**等成本線** (isocost curve)，表明公司在固定預算下，二種生產因素如何協調的問題。

例8 於例 3 之聯合成本函數中，設 $FC=1000$, $a=20$, $b=5$，試作其等成本線。

解

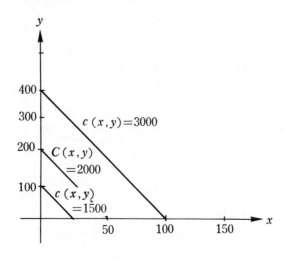

因為 $C(x,y)=1000+20x+5y$，故等成本線為上面第一象限內之平行線段。

除了用等高線來了解曲面外，也可藉與 x 軸或 y 軸垂直的平面和曲面相交而得的交線，來幫助了解曲面。設 $P(a,b)$ 為函數 f 之定義域中的一點，則過P與 y 軸垂直的平面，與函數 $f(x,y)$ 的圖形交於一曲線，其方程式為

$$z=\phi(x)=f(x,b),$$

同樣的，過P而與 x 軸垂直的平面，與函數 $f(x,y)$ 的圖形亦交於一曲線，其方程式為

$$z=\phi(y)=f(a,y),$$

均為單變數函數，稱為函數 $f(x,y)$ 的**切片函數** (slice function)，如下圖所示:

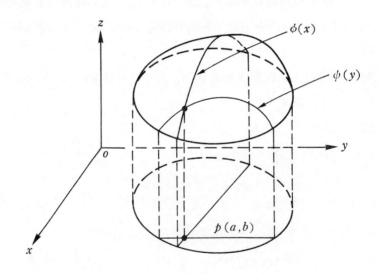

習　　題

1. 設 $f(x,y)=\dfrac{x^2y}{x+y+1}$，求 $f(1,-1),\ f(0,3)$ 及 $f(4,3)$ 之值。

2. 下面各題中，函數 f 的定義域為何？

（ⅰ）$f(x,y)=x^2+y^2+1$ 　　　（ⅱ）$f(x,y)=xe^{y+1}$

（ⅲ）$f(x,y)=\dfrac{x}{\sqrt{x^2+y^2+1}}$ 　　　（ⅳ）$f(x,y)=\ln(1-x^2-y^2)$

（ⅴ）$f(x,y)=\dfrac{y}{\sqrt{x^2+y^2}}$ 　　　（ⅵ）$f(x,y)=\sqrt{4-xy}$

3. 設 $f(x,y)$ 為一生產函數，

　(a) 若對任意 $t>0$，均有 $f(tx,ty)=tf(x,y)$，則稱 f 顯示**常數規模收益** (constant returns to scale)；

　(b) 若對任意 $t>1$，均有 $f(tx,ty)<tf(x,y)$，則稱 f 顯示**遞減規模收益** (decreasing returns to scale)；

　(c) 若對任意 $t>1$，均有 $f(tx,ty)>tf(x,y)$，則稱 f 顯示**遞增規模收益** (increasing returns to scale)。

試將下面各生產函數分類：

（ⅰ）$f(x,y)=4xy$ 　　　（ⅱ）$f(x,y)=6x^{\frac{1}{2}}y^{\frac{1}{2}}$

（ⅲ）$f(x,y)=8x^{\frac{1}{3}}y^{\frac{1}{3}}$

4. 某一電視機製造公司每月的固定成本為400,000 元，其一部彩色電視機的製造成本為 8,000 元，黑白電視機的製造成本為3,200元，試求其聯合成本函數。

5. 上題中，若彩色電視機的售價為 p_1 元，黑白電視機的售價為 p_2 元，則每月的銷售量分別為：

$$x = 600 - \frac{p_1}{40} \qquad y = 80 - \frac{p_2}{80},$$

求聯合收入函數， 及聯合淨利函數。 又若 $p_1 = 14,400$ 元, $p_2 = 4,800$ 元, 則淨利爲何？

6. 如第 4 、 5 題， 若政府徵收每部電視機25%的銷售稅， 則此公司於 $p_1 = 14,400$ 元, $p_2 = 4,800$ 元的情況下的淨利爲何？

7. 某公司生產 A, B 兩種產品， 售價分別爲 p_1 與 p_2, 而每週銷售量分別爲

$$x = 900 - 31p_1 + 2p_2, \qquad y = 5p_1 - 10p_2,$$

（ⅰ）問此二產品爲替代商品抑爲補充商品？

（ⅱ）若此公司希望銷售 A 產品 150 單位， B 產品 30 單位， 問各對應售價爲何？

8. 上題中， 若 $x = 450 - 9p_1 - 2p_2, \ y = 900 - p_1 - 3p_2$, 則

（ⅰ）二商品爲替代商品抑爲補充商品？

（ⅱ）若希望銷售 A 產品 40 單位， B 產品 600 單位， 則二者的售價應如何？

（ⅲ）將二者的售價表爲銷售量的函數。

於下面各題中， 對應於所給的 c 值， 作出函數 f 的等高線： (9~14)

9. $f(x,y) = 2x + y + 1, \ c = 0, 1, -2, -4$

10. $f(x,y) = xy, \ c = 0, 1, -1, 4$

11. $f(x,y) = \dfrac{y^2}{x}, \ c = 0, 1, -1, 2$

12. $f(x,y) = \sqrt{x^2 + y^2 - 4}, \ c = 0, 1, 4, 9$

13. $f(x,y) = 2x^2 + y^2, \ c = 0, 1, 4, 9$

14. $f(x,y) = \exp(x^2 + y^2), \ c = 1, e, e^4, e^{16}$

15. 設某公司之生產函數爲 $f(x,y) = 5\sqrt{xy}$, 試作產量爲 100 之等產

量線。並求在 $(x,y)=(25,16)$ 處之邊際替代率。

16. 設某公司之生產函數為 $f(x,y)=5\sqrt[3]{xy}$，試作產量為 50 之等產量線。並求在 $(x,y)=(40,5)$ 處之邊際替代率。

§10-2 極限與連續

二變數函數的極限和連續的概念，都可從單變數函數的對應概念引伸而來。爲說明方便起見，先介紹幾個點集合上的名詞。於 R^2 上，以一點 $P(x_0,y_0)$ 爲圓心，以正數 δ 爲半徑之圓的內部，稱爲 P 的 δ-鄰域 (δ-neighborhood)，以 $N\delta(P)$ 表之，卽

$$N\delta(P)=\{Q(x,y)|\overline{PQ}<\delta\}$$
$$=\{(x,y)|\sqrt{(x-x_0)^2+(y-y_0)^2}<\delta\}$$
$$=\{(x,y)|(x-x_0)^2+(y-y_0)^2<\delta^2\}.$$

設集合 $D\subset R^2$，點 P 有一 δ-鄰域 $N\delta(P)\subset D$，則稱 P 爲 D 的一個**內點** (interior)。若集合 D 的每一個點都是 D 的內點，則稱 D 爲一個**開集合** (open set)。如下圖所示：

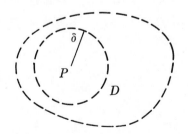

譬如一圓的內部爲一開集合，第一象限

$$\{(x,y)|x,y>0\}$$

爲一開集合，且平面 R^2 也爲一開集合等。若 R^2 上的點 Q 的任一鄰域都包含有 D 上的點，且也都包含有不是 D 上的點，則稱 Q 爲 D 的一個**界**

點 (boundary point)。像下圖中，點 Q 和 S 都是 D 的界點，其中 $Q \in D$ 而 $S \notin D$:

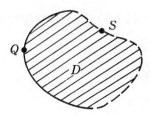

又如就一個圓區域來說，圓周上的點為它的界點；對坐標平面的第一象限來說，原點和兩軸正向上的點都是它的界點等；而集合 R^2 則無界點。一個包含它的所有界點的集合稱為**閉集合** (closed set)。顯然集合 $\{(x,y) \mid x^2+y^2 \le a^2\}$ 和 $\{(x,y) \mid x \ge 0, y \ge 0\}$ 都為閉集合，而平面 R^2 也為一閉集合 (何故？)。我們稱二變數函數 f 在它定義域 D 的一個內點 $P_0(x_0,y_0)$ 處的極限存在且極限值為 L，是指對很接近 P_0 的點 $P \in D$ 來說，f 在 P 的值可以很接近於 L，而且可接近到任意所要的程度，用「數學語言」來說，則指對任意的 $\varepsilon > 0$ 來說，均可找到 $\delta > 0$，使得

$$0 < d(P, P_0) < \delta \ \text{且} \ P \subset D \Longrightarrow |f(P) - L| < \varepsilon$$

(其中 $d(P, P_0)$ 表 P 和 P_0 的距離)。函數 f 在 P_0 處的極限存在且極限值為 L 時，記為

$$\lim_{P \to P_0} f(P) = L \ \text{或} \ \lim_{(x,y) \to (x_0,y_0)} f(x,y) = L。$$

例 1 證明：$\displaystyle\lim_{(x_0,y_0) \to (0,0)} \sqrt{x^2+y^2} = 0。$

證 對任意指定的 $\varepsilon > 0$ 來說，令 $\delta = \varepsilon$，則易知

$$0 < d((x,y),(x_0,y_0)) < \delta \Longrightarrow 0 < \sqrt{x^2+y^2} < \delta = \varepsilon,$$

由極限的定義即知

$$\lim_{(x,y) \to (0,0)} \sqrt{x^2+y^2} = 0。$$

如同在單變數函數的極限一樣，一函數在一點處的極限若存在，則它的極限值必是唯一存在。並且，極限的各種性質，如所謂的挾擠原理（定理 2-4），或下面的定理 10-1 的內容等也都成立。在單變數函數中，一函數在一點 a 處的極限存在的充分而且必要的條件是，它在 a 處的兩個單邊極限都存在而且相等。用口語來說，函數在 a 處的極限存在，是不管自變數 x 如何向 a 處靠近（從右邊或從左邊），極限都會存在而且相等。就二變數函數來說，點 $P(x,y)$ 向一點 $P_0(x_0,y_0)$ 處靠近的方式有無限多種，譬如沿著 xy 平面上經過 P_0 的任何曲線來向 P_0 靠近等。由極限存在的定義知，

$$\lim_{P \to P_0} f(P) = L$$

時，必是不管點 P 以何種方式向 P_0 處靠近，極限均會存在而且相等。關於這，可參考下例：

例 2 設 $f(x,y) = \dfrac{xy}{x^2+2y^2}, (x,y) \neq (0,0)$，證明：

$$\lim_{(x,y) \to (0,0)} f(x,y) \text{不存在。}$$

解 在這裏，我們要考慮點 $P(x,y)$ 向點 $P_0(x_0,y_0)$ 的兩種靠近方式（見下圖所示）。首先，令 $y=2x$，即考慮沿著 xy 平面上的直線 $y=2x$ 的靠近情形：易知

$$\lim_{\substack{x \to 0 \\ y=2x}} f(x,y) = \lim_{x \to 0} f(x,2x) = \lim_{x \to 0} \frac{x(2x)}{x^2+2(2x)^2}$$

$$= \lim_{x \to 0} \frac{2x^2}{9x^2} = \frac{2}{9};$$

其次，令 $y=x$，即考慮沿著 xy 平面上的直線 $y=x$ 的靠近情形：易知

$$\lim_{\substack{x \to 0 \\ y=x}} f(x,y) = \lim_{x \to 0} f(x,x) = \lim_{x \to 0} \frac{x^2}{x^2+2x^2} = \lim_{x \to 0} \frac{x^2}{3x^2} = \frac{1}{3},$$

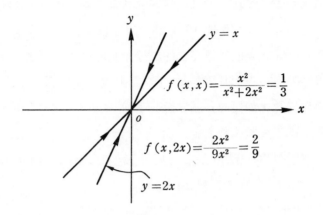

由上即知, $\lim\limits_{(x,y)\to(0,0)} f(x,y)$ 不存在。

在這裏，我們又遭遇到和單變數函數求極限的相同問題，卽若要求一函數的極限時，都從定義著手是不切實際的作法。因此須先有一些可以引用求值的定理，來作爲求函數極值的依據。下面提到的定理，卽爲單變數函數的對應定理，證明則概皆從略。

定理 10-1

設 $\lim\limits_{P\to P_0} f(P)=A$, $\lim\limits_{P\to P_0} g(P)=B$, 則

(i) $\lim\limits_{P\to P_0} (f(P)+g(P))=A+B,$

(ii) $\lim\limits_{P\to P_0} (f(P)g(P))=AB,$

(iii) 當 $B\neq 0$ 時, $\lim\limits_{P\to P_0} \dfrac{f(P)}{g(P)}=\dfrac{A}{B}$。

二變數函數在一點 P_0 爲**連續**的意義，也是由單變數函數的對應意義延伸而來，卽可用下式表出：

$$\lim\limits_{P\to P_0} f(P)=f(P_0)。$$

並且，於 f 在定義域中每一點均爲連續時，稱 f 爲**連續函數**。二連續函數的合成也爲連續函數，仿如單變數函數的情形一樣，如下面定理所述，證明則從略。

定理 10-2

設 f, g, h 均爲二變數連續函數，且

$$F(x,y)=f(g(x,y),\ h(x,y))$$

則 F 也爲連續函數。

若定理 10-2 中的函數 $f(x,y)=x+y$，則

$$F(x,y)=g(x,y)+h(x,y),$$

故知二連續函數的和也爲連續函數。同樣的，可知二連續函數的差、積和商及其他的代數結合，也都爲連續函數。

若把一單變數函數看作是二變數函數，譬如，

$$f(x,y)=\frac{y}{3},\ g(x,y)=y^2$$

等，則這函數的圖形爲包含（yz）平面上的平面曲線（$z=\frac{y}{3}$ 及 $z=y^2$）且平行於垂直於這平面的坐標軸（x 軸）的柱面，如下圖所示：

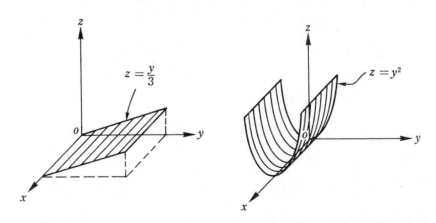

對於上面所述，由單變數函數定出的二變數函數，有下面定理所述的重要性質，它可由極限的意義直接得出。

定理 10-3

設 $f(x,y)$ 爲由單變數函數 $\phi(x)$ 定出的二變數函數，卽設

$$f(x,y)=\phi(x)。$$

若 $\phi(x)$ 爲單變數連續函數，則 $f(x,y)$ 爲二變數連續函數。

例 3 求下面的極限：

$$\lim_{(x,y)\to(0,0)} \ln\frac{1+\sqrt{x^2+y^2}}{xy+x+1}。$$

解 因爲 $x,y,1,x^2,y^2,\sqrt{x}$ 等都是單變數的連續函數，由定理 10-3 知也是二變數的連續函數，更由定理 10-1, 10-2 知，

$$f(x,y)=\ln\frac{1+\sqrt{x^2+y^2}}{xy+x+1}$$

爲一二變數連續函數，從而知

$$\lim_{(x,y)\to(0,0)} \ln\frac{1+\sqrt{x^2+y^2}}{xy+x+1}= \lim_{(x,y)\to(0,0)} f(x,y)$$

$$= f(0,0)=\ln 1=0。$$

讀者應該注意到下面二種不同形式的極限之間的差別：

$$\lim_{(x,y)\to(a,b)} f(x,y),\ \lim_{x\to a}\lim_{y\to b} f(x,y)。$$

對後面的一個極限來說，它表示兩個單變數極限。首先，將 x 看作是常數，而求極限

$$\lim_{y\to b} f(x,y)。$$

若對每一 x 來說，上面的極限都存在，則極限值爲 x 的函數 $G(x)$，則極限 $\lim_{x\to a}\lim_{y\to b} f(x,y)$ 卽表

$$\lim_{x\to a} G(x)$$

的意思。我們以下例來說明。

例 4 設 $f(x,y)=\dfrac{x+3y}{x-y}$，$x\neq y$，試求下面三個極限：

$$\lim_{y\to 0}\lim_{x\to 0} f(x,y), \quad \lim_{x\to 0}\lim_{y\to 0} f(x,y), \quad \lim_{(x,y)\to(0,0)} f(x,y)。$$

解 易知

$$\lim_{y\to 0}\lim_{x\to 0} f(x,\ y)=\lim_{y\to 0}\lim_{x\to 0}\frac{x+3y}{x-y}=\lim_{y\to 0}\frac{3y}{-y}=-3,$$

$$\lim_{x\to 0}\lim_{y\to 0} f(x,\ y)=\lim_{x\to 0}\lim_{y\to 0}\frac{x+3y}{x-y}=\lim_{x\to 0}\frac{x}{x}=1。$$

因為 $f(x,0)=\dfrac{x}{x}=1$, $f(0,y)=\dfrac{3y}{-y}=-3$, 故知 f 在 x 軸上（原點除外）之值恆為 1，在 y 軸上（原點除外）之值恆為 -3，即知以原點為圓心，任意正數 δ 為半徑的圓內，恆有函數值為 1 和 -3 的值，從而由極限的定義知

$$\lim_{(x,y)\to(0,0)} f(x,y)$$

不存在。

由上例知，上面提到的三種形式的極限意義並不相同。對例 2 的函數 $f(x,y)$ 來說，

$$\lim_{y\to 0}\lim_{x\to 0} f(x,\ y)=\lim_{y\to 0}\lim_{x\to 0}\frac{xy}{x^2+2y^2}=\lim_{y\to 0} 0=0,$$

$$\lim_{x\to 0}\lim_{y\to 0} f(x,\ y)=\lim_{x\to 0}\lim_{y\to 0}\frac{xy}{x^2+2y^2}=\lim_{x\to 0} 0=0,$$

二者的極限值相等，但

$$\lim_{(x,y)\to(0,0)} f(x,y)$$

則仍不存在。於

$$\lim_{(x,y)\to(a,b)} f(x,y)$$

存在時，若對任意 x 來說，$\lim\limits_{y\to b} f(x,\ y)$ 都存在且對任意 y 來說，$\lim\limits_{x\to a} f(x,y)$ 也都存在，則二個極限

$$\lim_{x \to a} \lim_{y \to b} f(x, y) \text{ 及 } \lim_{y \to b} \lim_{x \to a} f(x, y)$$

必都存在，且極限值等於

$$\lim_{(x,y) \to (a,b)} f(x, y)$$

之值。關於這點，我們只提出以供參考，而不予證明。

習　　題

於下面各題中，對應於所給的趨近方式，求出各極限：(1〜2)

1.　$\lim\limits_{(x,y) \to (0,0)} \dfrac{xy}{2x^2 + 3y^2}$

（ⅰ）沿著 x 軸　　　　　　（ⅱ）沿著 y 軸

（ⅲ）沿著直線 $2y = 3x$　　　（ⅳ）沿著拋物線 $y = x^2$

2.　$\lim\limits_{(x,y) \to (0,0)} \dfrac{x^2 - y^2}{2x^2 + y^2}$

（ⅰ）沿著 x 軸　　　　　　（ⅱ）沿著 y 軸

（ⅲ）沿著直線 $2y = 3x$　　　（ⅳ）沿著拋物線 $y = x^2$

於下面各題中，說明各極限不存在：(3〜4)

3.　$\lim\limits_{(x,y) \to (0,0)} \dfrac{xy}{2x^2 + y^2}$　　　　4.　$\lim\limits_{(x,y) \to (0,0)} \dfrac{x^4 + y^2}{x^2 + y^2}$

於下面各題中，各極限是不是存在？若是存在，則求出極限：(5〜8)

5.　$\lim\limits_{(x,y) \to (0,0)} \dfrac{x^2 - y^2}{x + y}$　　　　6.　$\lim\limits_{(x,y) \to (1,1)} \dfrac{x + y}{x^2 - y^2}$

7.　$\lim\limits_{(x,y) \to (0,0)} \dfrac{\sin(x - y)}{1 + \sqrt{x^2 + y^2}}$　　8.　$\lim\limits_{(x,y) \to (0,0)} x \ln(x + y) \ (x, y > 0)$

9.　設 $f(x, y) = \dfrac{x^2 - y^2}{2x^2 + y^2}$，求 $\lim\limits_{y \to 0} \lim\limits_{x \to 0} f(x, y), \lim\limits_{x \to 0} \lim\limits_{y \to 0} f(x, y)$ 及

$$\lim_{(x,y)\to(0,0)} f(x,y)_{\circ}$$

10. 設

$$f(x, y) = \begin{cases} \dfrac{xy^2}{x^2+y^4}, & (x,y)\neq(0,0) \\ 0, & (x,y)=(0,0)_{\circ} \end{cases}$$

求 $\lim\limits_{y\to 0}\lim\limits_{x\to 0} f(x,y)$ 及 $\lim\limits_{x\to 0}\lim\limits_{y\to 0} f(x,y)$。又對任意常數 m 來說,

沿著直線 $y=mx$, 求極限 $\lim\limits_{(x,y)\to(0,0)} f(x,y)$, 又 $\lim\limits_{(x,y)\to(0,0)} f(x,y)$

是不是存在? 何故?

於下面各題中, 函數 f 是不是爲連續函數? 試說明之: (11~17)

11. $f(x,y)=1$ 12. $f(x,y)=x^4+\sqrt{y^2+1}$

13. $f(x,y)=\dfrac{x+y}{x^2+y^2}$

14. $f(x,y)=\begin{cases} \dfrac{x^2y}{x^2+y^2}, & (x,y)\neq(0,0) \\ 0, & (x,y)=(0,0)_{\circ} \end{cases}$

15. $f(x,y)=\begin{cases} \dfrac{x-y}{|x|+|y|}, & (x,y)\neq(0,0) \\ 0, & (x,y)=(0,0)_{\circ} \end{cases}$

16. $f(x,y)=\begin{cases} \dfrac{\sin(x^2+y^2)}{x^2+y^2}, & (x,y)\neq(0,0) \\ 1, & (x,y)=(0,0)_{\circ} \end{cases}$

17. $f(x,y)=\begin{cases} \dfrac{\sin(x^2-y^2)}{x^2+y^2}, & (x,y)\neq(0,0) \\ 1, & (x,y)=(0,0)_{\circ} \end{cases}$

§10-3 偏導函數的意義，全微分

　　設 f 為一多變數函數，如果將它的變數中，除一個特定外皆看作常數，就可看作是該特定變數的函數（為 f 的一個切片函數），而為一單變數函數。假定特定的變數為 x，且這對應的單變數函數為 x 的可微分函數，那麼它的導函數，記作 f_x，稱為 **f 就 x 的偏導函數**（partial derivative of f with respect to x）。求 f 對 x 的偏導函數，也稱**對 f 就 x 偏微分**（partially differentiate f with respect to x）。

　　嚴格的說，偏導函數的概念應從一多變數函數在一點的**偏導數**（partial derivative) 的概念引出。在這裏，我們要以二變數函數為例來說明，而一般的多變數函數的對應概念之意義，則可仿這而擴充。設 f 為一二變數函數，(x_0, y_0) 為它定義域中的一個內點，如果極限

$$\lim_{\triangle x \to 0} \frac{f(x_0 + \triangle x, y_0) - f(x_0, y_0)}{\triangle x}$$

存在，就稱 f 在 (x_0, y_0) 處對 x 的**偏導數**存在，且其值為上面的極限值，並記為 $f_x(x_0, y_0)$，或 $f_1(x_0, y_0)$，或

$$\frac{\partial}{\partial x} f \Big|_{(x_0, y_0)}, \quad \frac{\partial f}{\partial x} \Big|_{(x_0, y_0)}, \quad D_x f(x, y) \Big|_{(x_0, y_0)},$$

$$D_1 f(x, y) \Big|_{(x_0, y_0)}$$

等，卽

$$f_1(x_0, y_0) = \lim_{\triangle x \to 0} \frac{f(x_0 + \triangle x, y_0) - f(x_0, y_0)}{\triangle x}。$$

同樣的，$f_y(x_0, y_0)$，或 $f_2(x_0, y_0)$，或

$$\frac{\partial}{\partial y} f \Big|_{(x_0, y_0)}, \quad \frac{\partial f}{\partial y} \Big|_{(x_0, y_0)}, \quad D_y f(x, y) \Big|_{(x_0, y_0)},$$

$$D_2 f(x, y) \Big|_{(x_0, y_0)}$$

等，都表 f 在 (x_0, y_0) 處對 y 的偏導數，即

$$f_2(x_0, y_0) = \lim_{\triangle y \to 0} \frac{f(x_0, y_0 + \triangle y) - f(x_0, y_0)}{\triangle y}。$$

根據一個二變數函數 $f(x, y)$ 在一點 (x_0, y_0) 處的偏導數的意義，我們很容易了解偏導函數的幾何意義。首先，因為

$$f_1(x_0, y_0) = \lim_{\triangle x \to 0} \frac{f(x_0 + \triangle x, y_0) - f(x_0, y_0)}{\triangle x},$$

故知 $f_1(x_0, y_0)$ 表切片函數 $f(x, y_0)$ 在點 $P(x_0, y_0, f(x_0, y_0))$ 處的切線的斜率，如下圖所示。同樣的，$f_2(x_0, y_0)$ 表切片函數 $f(x_0, y)$ 在點 $P(x_0, y_0, f(x_0, y_0))$ 處的切線的斜率。

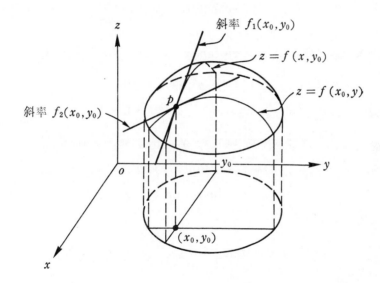

由偏導數定義偏導函數的方法，正如單變數函數之由在一點的導數而定義導函數的方法一樣，在此不再贅述。

例 1 設 $f(x, y) = xe^{xy} + x^2\sqrt{y}$，求 $f_1(x, y)$ 及 $f_2(x, y)$。

解 $f_1(x, y) = e^{xy} + xye^{xy} + 2x\sqrt{y}$，

$$f_2(x, y) = x^2 e^{xy} + \frac{x^2}{2\sqrt{y}}。$$

例2 設 $f(x,y)=\sin(x+y)\pi+x^2\ln(y+2x)$，求 $f_1(0,1)$ 及 $f_2(y,x+y)$。

解 因爲

$$f_1(x,y)=\pi\cos(x+y)\pi+2x\ln(y+2x)+x^2\left(\frac{2}{y+2x}\right),$$

$$f_2(x,y)=\pi\cos(x+y)\pi+x^2\left(\frac{1}{y+2x}\right),$$

故得

$$f_1(0,1)=\pi\cos\pi+2\cdot 0\cdot\ln(1+2\cdot 0)+0\cdot\frac{2}{1}=-\pi,$$

$$f_2(y,x+y)=\pi\cos(x+2y)\pi+\frac{y^2}{x+3y}。$$

例3 設 $f(x,y,z)=xy^z\tan(x+yz)$，求 $f_1(\frac{\pi}{3},1,0)$ 及 $f_2(y,x^2,y+z)$，$f_3(x,x^2,x^3)$。

解 因爲

$$f_1(x,y,z)=y^z\tan(x+yz)+xy^z\sec^2(x+yz),$$

$$f_2(x,y,z)=xzy^{z-1}\tan(x+yz)+xy^zz\sec^2(x+yz),$$

$$f_3(x,y,z)=xy^z(\ln y)\tan(x+yz)+xy^{z+1}\sec^2(x+yz),$$

故知

$$f_1(\frac{\pi}{3},1,0)=\tan\frac{\pi}{3}+\frac{\pi}{3}\sec^2\frac{\pi}{3}=\sqrt{3}+\frac{4\pi}{3},$$

$$f_2(y,x^2,y+z)=y(y+z)(x^2)^{y+z-1}\tan(y+x^2(y+z))$$
$$+y(x^2)^{y+z}(y+z)\sec^2(y+x^2(y+z))$$
$$=yx^{2y+2z-2}((y+z)\tan(y+x^2(y+z))$$
$$+x^2(y+z)\sec^2(y+x^2(y+z))),$$

$$f_3(x,x^2,x^3)=x(x^2)^{x^3}(\ln x^2)\tan(x+x^5)$$
$$+x(x^2)^{x^3+1}\sec^2(x+x^5)$$

$$= x^{2x^3+1}((2\ln\ x)\tan(x+x^5)$$
$$+ x^2\sec^2(x+x^5))。$$

多變數函數也有所謂的**高階偏導（函）數**（higher partial derivatives），也就是對函數多次偏微分而得者。下面二式相信可足以說明所用的符號和意義，餘則可類推。

$$\frac{\partial}{\partial y}\left(\frac{\partial}{\partial x}\ f\right)=f_{xy}=f_{12}=\left(\frac{\partial^2}{\partial y\partial x}\right)f,$$

$$\frac{\partial}{\partial y}\left(\frac{\partial}{\partial x}\right)\left(\frac{\partial^2}{\partial y^2}\ f\right)=f_{yyxy}=f_{2212}=\left(\frac{\partial^4}{\partial y\partial x\partial y^2}\right)f。$$

例4　設　$f(x,y,z)=x^2y\ln\ z+\sqrt{y}\ z^3e^x$，　求 f 的所有二階偏導函數，並求 f_{123}, f_{312}。

解　　$f_1=2xy\ln\ z+\sqrt{y}\ z^3e^x$,

$$f_2=x^2\ln\ z+\left(\frac{1}{2\sqrt{y}}\right)z^3e^x,$$

$$f_3=\frac{x^2y}{z}+3\sqrt{y}\ z^2e^x,$$

$$f_{11}=2y\ln\ z+yz^3e^x,$$

$$f_{22}=\left(\frac{-1}{4}\right)\frac{z^3e^x}{\sqrt{y^3}},$$

$$f_{33}=\frac{-x^2y}{z^2}+6\sqrt{y}\ ze^x,$$

$$f_{12}=2x\ln\ z+\left(\frac{1}{2\sqrt{y}}\right)z^3e^x,$$

$$f_{21}=2x\ln\ z+\left(\frac{1}{2\sqrt{y}}\right)z^3e^x,$$

$$f_{13}=\frac{2xy}{z}+3\sqrt{y}\ z^2e^x$$

$$f_{31}=\frac{2xy}{z}+3\sqrt{y}\ z^2e^x,$$

$$f_{23} = \frac{x^2}{z} + \left(\frac{3}{2\sqrt{y}}\right)z^2 e^x,$$

$$f_{32} = \frac{x^2}{z} + \left(\frac{3}{2\sqrt{y}}\right)z^2 e^x,$$

$$f_{123} = \frac{2x}{z} + \left(\frac{3}{2\sqrt{y}}\right)z^2 e^x,$$

$$f_{312} = \frac{2x}{z} + \left(\frac{3}{2\sqrt{y}}\right)z^2 e^x。$$

例 4 中，我們看到 $f_{ij} = f_{ji}$, i, $j = 1, 2, 3$。關於這，對一般函數並不都能成立，但若函數 f 的各一階和二階導函數都連續時，則必然成立，在這裏只提到而不予證明。同樣的，在上例中，我們也看到 $f_{123} = f_{312}$。此外，多變數函數也有隱函數的表法，而對應的偏導函數的求法，則可由下面二例看出一斑。

例 5   設 $x + yz = x^2 y^3 z^4$，求 $\dfrac{\partial z}{\partial x}$ 及 $\dfrac{\partial z}{\partial y}$。

解   因 z 為 x, y 的隱函數，故對表出隱函數的方程式兩邊分別就 x, y 偏微分，並解之。

$$x + yz = x^2 y^3 z^4$$

$$\Longrightarrow \frac{\partial}{\partial x}(x + yz) = \frac{\partial}{\partial x}x^2 y^3 z^4$$

$$\Longrightarrow 1 + y\left(\frac{\partial z}{\partial x}\right) = 2xy^3 z^4 + 4(x^2 y^3 z^3)\frac{\partial z}{\partial x}$$

$$\Longrightarrow \frac{\partial z}{\partial x} = \frac{2xy^3 z^4 - 1}{y - 4x^2 y^3 z^3},$$

$$x + yz = x^2 y^3 z^4$$

$$\Longrightarrow \frac{\partial}{\partial y}(x + yz) = \frac{\partial}{\partial y}x^2 y^3 z^4$$

$$\Longrightarrow z + y\left(\frac{\partial z}{\partial y}\right) = x^2\left(3y^2 z^4 + 4y^3 z^3\frac{\partial z}{\partial y}\right)$$

$$\Longrightarrow \frac{\partial z}{\partial y} = \frac{3x^2y^2z^4 - z}{y - 4x^2y^3z^3} \text{。}$$

例 6　設 u 和 v 都是 x, y 的隱函數，滿足下面的聯立方程組：

$$\begin{cases} u + \ln v = x - y, \\ \ln u + v = xy, \end{cases}$$

求 $\dfrac{\partial u}{\partial x}$ 及 $\dfrac{\partial v}{\partial x}$ 。

解　對方程組就 x 偏微分，得

$$\frac{\partial u}{\partial x} + \frac{1}{v} \cdot \frac{\partial v}{\partial x} = 1,$$

$$\frac{1}{u} \cdot \frac{\partial u}{\partial x} + \frac{\partial v}{\partial x} = y,$$

解 $\dfrac{\partial u}{\partial x}$ 及 $\dfrac{\partial v}{\partial x}$ ，得

$$\frac{\partial u}{\partial x} = \frac{u(v-y)}{uv-1}, \quad \frac{\partial v}{\partial x} = \frac{v(uy-1)}{uv-1} \text{。}$$

在第 3-9 節中，我們曾介紹可微分函數 $g(x)$ 的微分

$$dg(x, \triangle x) = g'(x) \cdot \triangle x,$$

並且知道，當 $|\triangle x|$ 很小時，$dg(x)$ 為 $\triangle g(x, \triangle x) = g(x + \triangle x) - g(x)$ 之很好的近似。此一概念亦可推廣至多變數函數，譬如設 $f(x, y)$ 之二個一階偏導函數皆存在，則

$$df(x, y; \triangle x, \triangle y) = f_1(x, y)\triangle x + f_2(x, y)\triangle y,$$

或簡記為

$$df(x, y) = f_1(x, y)dx + f_2(x, y)dy,$$

稱為 f 在 (x, y) 處，於增量為 $\triangle x, \triangle y$ 時之**全微分** (total differential)，此值當 $|\triangle x|$ 及 $|\triangle y|$ 甚小時為

$$\triangle f(x, y; \triangle x, \triangle y) = f(x + \triangle x, y + \triangle y) - f(x, y)$$

之極佳的近似，關於這點的說明，我們在此從略。對一般的多變數函數

$f(x_1, x_2, \ldots, x_n)$ 之全微分，則爲

$$df(x_1, x_2, \ldots, x_n) = (\frac{\partial f}{\partial x_1})dx_1 + (\frac{\partial f}{\partial x_2})dx_2 + \cdots + (\frac{\partial f}{\partial x_n})dx_n,$$

並且也有 $df \approx \triangle f$ 的性質。

例 7 設 $f(x, y) = x^y$，求 df。

解 因爲

$$f_1 = y x^{y-1}$$

$$f_2 = \frac{\partial}{\partial y} x^y = \frac{\partial}{\partial y} (\exp(y \ln x))$$

$$= (\exp(y \ln x)) \cdot \frac{\partial}{\partial y} (y \ln x)$$

$$= (\exp(y \ln x)) \cdot (\ln x)$$

$$= x^y \cdot (\ln x),$$

故得

$$df = y x^{y-1} dx + x^y \ln x \, dy。$$

例 8 利用 $df \approx \triangle f$ 之性質，求 $\sqrt{(3.12)(2.98)^3}$ 之近似值。

解 令 $f(x, y) = \sqrt{xy^3}$，$(a, b) = (3, 3)$，$(\triangle x, \triangle y) = (0.12, -0.02)$，則因爲

$$df = f_1 dx + f_2 dy = \frac{1}{2} x^{-\frac{1}{2}} y^{\frac{3}{2}} dx + \frac{3}{2} x^{\frac{1}{2}} y^{\frac{1}{2}} dy,$$

故得

$$\sqrt{(3.12)(2.98)^3} = f(a + \triangle x, b + \triangle y)$$

$$\approx f(a, b) + f_1(a, b) \triangle x + f_2(a, b) \triangle y$$

$$= 3^2 + (\frac{1}{2}) 3^{-\frac{1}{2}} 3^{\frac{3}{2}} (0.12)$$

$$+ (\frac{3}{2}) 3^{\frac{1}{2}} 3^{\frac{1}{2}} (-0.02)$$

$$= 9.09。$$

設 $f(x,y)$ 爲一生產函數，則 $f_1(a,b)$ 與 $f_2(a,b)$ 分別稱爲在 (a,b) 處第一與第二生產因素的**邊際生產性**(marginal productivity)。

例9　設某公司的生產函數爲 $f(x,y)=5\sqrt{xy}$。試求 $x=100$, $y=144$ 時之邊際生產性。又若生產因素 x 增加 2 單位，生產因素 y 增加 3 單位時，估計產量增加多少？

解　第一生產因素的邊際生產性爲

$$f_1(100,144)=\frac{\partial f}{\partial x}\bigg|_{(100,144)}=\frac{5}{2}x^{-\frac{1}{2}}y^{\frac{1}{2}}\bigg|_{(100,144)}=3,$$

第二生產因素的邊際生產性爲

$$f_2(100,144)=\frac{\partial f}{\partial y}\bigg|_{(100,144)}=\frac{5}{2}x^{\frac{1}{2}}y^{-\frac{1}{2}}\bigg|_{(100,144)}=\frac{25}{12}。$$

又生產因素 x 增加 2 單位，生產因素 y 增加 3 單位時，生產量增加 $\triangle f\bigg|_{\substack{\triangle x=2\\ \triangle y=3}}\approx df\bigg|_{\substack{\triangle x=2\\ \triangle y=3}}=3(2)+\frac{25}{12}(3)=12.25\approx 12$

（單位）。

習　　題

於下面各題中，求 f_1, f_2: (1~6)

1. $f(x,y)=\dfrac{y^3+xy^2+x^2}{\sqrt{xy}}$　　2. $f(x,y)=\dfrac{x^2}{y}+\dfrac{2\sqrt[3]{y}}{x}$

3. $f(x,y)=\text{Tan}^{-1}(\dfrac{x^2}{\sqrt{y}})$　　4. $f(x,y)=\cos(\ln\sqrt{x^2+y^2})$

5. $f(x,y)=\dfrac{xy-3}{x+2y}$　　6. $f(x,y)=x^2e^{\sqrt{xy}}$

7. 設 $f(x,y)=y^x+\ln(x+y^2)$，求 $f_1(-1,2)$, $f_2(x-y,x+y^2+1)$。

8. 設 $f(x,y,z)=x^2\ln yz+ze^{x+yz}-\sin xyz$，求 f_1, f_3, f_{13}, f_{312}。

9. 設 $xy+yz+zx=1$，求 $\dfrac{\partial z}{\partial x}$ 及 $\dfrac{\partial z}{\partial y}$。

10. 設 $u=x^u+u^y$, 求 $\dfrac{\partial u}{\partial x}$ 及 $\dfrac{\partial u}{\partial y}$。

11. 設 $u=x^2+4y^2$, 證明: $x(\dfrac{\partial u}{\partial x})+y(\dfrac{\partial u}{\partial y})=2u$。

12. 設 $z=\dfrac{x^2y^2}{x+y}$, 證明: $x(\dfrac{\partial z}{\partial x})+y(\dfrac{\partial z}{\partial y})=3z$。

13. 設 $u=\dfrac{xz+y^2}{yz}$, 證明: $x(\dfrac{\partial u}{\partial x})+y(\dfrac{\partial u}{\partial y})+z(\dfrac{\partial u}{\partial z})=0$。

14. 設 $z=\cos(x+y)+\cos(x-y)$, 證明: $\dfrac{\partial^2 z}{\partial x^2}-\dfrac{\partial^2 z}{\partial y^2}=0$。

15. 設 $u=\ln\sqrt{x^2+y^2}$, 證明: $\dfrac{\partial^2 u}{\partial x^2}+\dfrac{\partial^2 u}{\partial y^2}=0$。

16. 設 $u=\mathrm{Tan}^{-1}(\dfrac{y}{x})$, 證明: $\dfrac{\partial^2 u}{\partial x^2}+\dfrac{\partial^2 u}{\partial y^2}=0$。

17. 設 $f(x,y)=x^2y^5\sin(x+y)+3e^{xy}$, 求 df。

18. 設 $f(x,y)=y^x\cos xy+yz^x+x\ln x^y$, 求 df。

19. 利用 $df\approx\triangle f$ 之性質, 求下面二數之近似值:

   (i) $\sqrt[3]{(2.01)^2(1.99)^4}$　　　(ii) $\sqrt{(3.12)^2+(3.95)^2}$

20. 設某公司的生產函數為 $f(x,y)=3x^{\frac{2}{3}}y^{\frac{1}{3}}$, 求 $x=8, y=125$ 時之邊際生產性。又生產因素 x 增加 3 單位, 生產因素 y 減少10單位時, 估計生產量的變動情形。

21. 下面二題中, 生產函數為 $f(x,y)$, 試求在 (a,b) 處二生產因素的邊際替代率。

   (i) $f(x,y)=x^2+2y^2$, $(a,b)=(3,2)$。

   (ii) $f(x,y)=xy^3$, $(a,b)=(4,1)$。

22. 某公司發現, 若投入 x 元於產品發展研究, 投入 y 元於產品廣告, 則每年利益可增加

$$f(x,y)=2x+5y+\frac{xy}{100}-\frac{x^2}{50}-\frac{y^2}{200}。$$

今設此公司目前投入100元於產品發展研究, 200元於產品廣告。問是否有需要增加投入產品發展研究? 何故?

§10-4 連鎖律

相對應於單變數函數的連鎖律，多變數函數的合成函數的偏微分，也滿足所謂的**連鎖律**（chain rule）。下面僅就二變數函數的情形來說明，而一般的多變數函數中，關於偏微分公式的連鎖律，則可易由此而觸類旁通了。

定理 10-4 連鎖律

設函數 $f(x,y)$, $g(r,s)$, $h(r,s)$ 的一階偏導函數都存在且爲連續。若

$$F(r,s)=f(g(r,s),h(r,s)),$$

則 F 的一階偏導函數也都存在，且

$$(\frac{\partial}{\partial r})F(r,s)=f_1(g(r,s),h(r,s))g_1(r,s)$$
$$+f_2(g(r,s),h(r,s))h_1(r,s),$$
$$(\frac{\partial}{\partial s})F(r,s)=f_1(g(r,s),h(r,s))g_2(r,s)$$
$$+f_2(g(r,s),h(r,s))h_2(r,s),$$

證明 設 (r_0,s_0) 爲使本定理證明中的各式都有意義的一點，於下式中：

$$\triangle F=F(r_0+\triangle r,s_0)-F(r_0,s_0)$$
$$=f(g(r_0+\triangle r,s_0),h(r_0+\triangle r,s_0))-f(g(r_0,s_0),h(r_0,s_0)),$$

令

$$x_0=g(r_0,s_0),\ y_0=h(r_0,s_0),$$
$$x=g(r_0+\triangle r,s_0),\ y=h(r_0+\triangle r,s_0),$$

則由單數函數的均值定理知，存在 x 介於 x_0 和 x 之間，y 介於 y_0 和 y 之間，使

$$f(x,y)-f(x_0,y_0)=f(x,y)-f(x_0,y)+f(x_0,y)-f(x_0,y_0)$$

$$= f_1(x,y)(x-x_0)+f_2(x_0,y)(y-y_0),$$

故得

$$\frac{\triangle F}{\triangle r}=\frac{f(x,y)-f(x_0,y)}{\triangle r}$$

$$=f_1(x,y)\frac{x-x_0}{\triangle r}+f_2(x_0,y)\frac{y-y_0}{\triangle r}\ ,$$

由於 $g(r,s_0)$, $h(r,s_0)$ 都爲連續函數（何故？），故知

$$\lim_{\triangle r\to 0}x=\lim_{\triangle r\to 0}g(r_0+\triangle r,s_0)=g(r_0,s_0)=x_0,$$

$$\lim_{\triangle r\to 0}y=\lim_{\triangle r\to 0}h(r_0+\triangle r,s_0)=h(r_0,s_0)=y_0,$$

從而由 f_1, f_2 爲連續知

$$\lim_{\triangle r\to 0}f_1(x,y)=f_1(x_0,y_0),\ \lim_{\triangle r\to 0}f_2(x_0,y)=f_2(x_0,y_0),$$

並且由 $g(r,s)$ 和 $h(r,s)$ 的一階偏導函數皆存在的假設可知

$$\lim_{\triangle r\to 0}\frac{x-x_0}{\triangle r}=\lim_{\triangle r\to 0}\frac{g(r_0+\triangle r,s_0)-g(r_0,s_0)}{\triangle r}=g_1(r_0,s_0),$$

$$\lim_{\triangle r\to 0}\frac{y-y_0}{\triangle r}=\lim_{\triangle r\to 0}\frac{h(r_0+\triangle r,s_0)-h(r_0,s_0)}{\triangle r}=h_1(r_0,s_0)。$$

綜上可知

$$\lim_{\triangle r\to 0}\frac{\triangle F}{\triangle r}=f_1(x_0,y_0)g_1(r_0,s_0)+f_2(x_0,y_0)h_1(r_0,s_0)$$

$$=f_1(g(r_0,s_0),h(r_0,s_0))g_1(r_0,s_0)$$

$$+f_2(g(r_0,s_0),h(r_0,s_0))h_1(r_0,s_0),$$

因爲 (r_0,s_0) 爲任意點，故知

$$(\frac{\partial}{\partial r})F(r,s)=f_1(g(r,s),h(r,s))g_1(r,s)$$

$$+f_2(g(r,s),h(r,s))h_1(r,s),$$

同理可得，

$$(\frac{\partial}{\partial s})F(r,s)=f_1(g(r,s),h(r,s))g_2(r,s)$$

$$+f_2(g(r,s),h(r,s))h_2(r,s),$$

故本定理得證。

連鎖律如果以下面的形式來了解，則比較容易記憶。令

$$x=g(r,s),\ y=h(r,s),$$

而將 $f(x,y)$ 看作是 r, s 的函數，（卽定理10-4的證明中的 $F(r,s)$），則

$$\frac{\partial f}{\partial r}=f_1(g(r,s),h(r,s))g_1(r,s)$$

$$+f_2(g(r,s),h(r,s))h_1(r,s)$$

$$=f_1(x,y)(\frac{\partial g}{\partial r})+f_2(x,y)\ (\frac{\partial h}{\partial r}),$$

卽得

$$\frac{\partial f}{\partial r}=\frac{\partial f}{\partial x}\cdot\frac{\partial x}{\partial r}+\frac{\partial f}{\partial y}\cdot\frac{\partial y}{\partial r};$$

同理

$$\frac{\partial f}{\partial s}=\frac{\partial f}{\partial x}\cdot\frac{\partial x}{\partial s}+\frac{\partial f}{\partial y}\cdot\frac{\partial y}{\partial s}。$$

下面我們再簡述一些其他形式的連鎖律，餘則類推。

定理 10-5

設 $u=f(x,y,z)$, $x=g(r,s)$, $y=h(r,s)$, $z=k(r,s)$, 則

$$\frac{\partial u}{\partial r}=\frac{\partial u}{\partial x}\cdot\frac{\partial x}{\partial r}+\frac{\partial u}{\partial y}\cdot\frac{\partial y}{\partial r}+\frac{\partial u}{\partial z}\cdot\frac{\partial z}{\partial r},$$

$$\frac{\partial u}{\partial s}=\frac{\partial u}{\partial x}\cdot\frac{\partial x}{\partial s}+\frac{\partial u}{\partial y}\cdot\frac{\partial y}{\partial s}+\frac{\partial u}{\partial z}\cdot\frac{\partial z}{\partial s}。$$

定理 10-6

設 $u=f(x)$, $x=g(r,s)$, 則

$$\frac{\partial u}{\partial r}=\frac{du}{dx}\cdot\frac{\partial x}{\partial r}=f'(g(r,s))\cdot g_1(r,s),$$

$$\frac{\partial u}{\partial s}=\frac{du}{dx}\cdot\frac{\partial x}{\partial s}=f'(g(r,s))\cdot g_2(r,s)。$$

定理 10-7

設 $u=f(x,y,z)$, $x=g(t)$, $y=h(t)$, $z=k(t)$, 則

$$\frac{du}{dt}=\frac{\partial u}{\partial x}\cdot\frac{dx}{dt}+\frac{\partial u}{\partial y}\cdot\frac{dy}{dt}+\frac{\partial u}{\partial z}\cdot\frac{dz}{dt}\circ$$

例 1 設 $z=u^3v^2w$, $u=xe^y$, $v=x\ln y$, $w=\sqrt{xy}$, 求 $\frac{\partial z}{\partial x}$ 及 $\frac{\partial z}{\partial y}$。

證 由定理10-5知，

$$\frac{\partial z}{\partial x}=\frac{\partial z}{\partial u}\cdot\frac{\partial u}{\partial x}+\frac{\partial z}{\partial v}\cdot\frac{\partial v}{\partial x}+\frac{\partial z}{\partial w}\cdot\frac{\partial w}{\partial x}$$

$$=3u^2v^2we^y+2u^3vw(\ln y)+\frac{u^3v^2y}{2\sqrt{xy}}$$

$$=u^2v(3vwe^y+2uw(\ln y)+\frac{uvy}{2\sqrt{xy}})$$

$$=x^3e^{2y}(\ln y)(3x\sqrt{xy}(\ln y)e^y+2x\sqrt{xy}e^y(\ln y)$$

$$+\frac{x^2ye^y(\ln y)}{2\sqrt{xy}})$$

$$=x^4\sqrt{xy}e^{3y}\ln^2y(\frac{5+\sqrt{xy}}{2}),$$

$$\frac{\partial z}{\partial y}=\frac{\partial z}{\partial u}\cdot\frac{\partial u}{\partial y}+\frac{\partial z}{\partial v}\cdot\frac{\partial v}{\partial y}+\frac{\partial z}{\partial w}\cdot\frac{\partial w}{\partial y}$$

$$=3u^2v^2wxe^y+2u^3vw(\frac{x}{y})+\frac{u^3v^2x}{2\sqrt{xy}}$$

$$=u^2v(3vwxe^y+2uw(\frac{x}{y})+\frac{uvx}{2\sqrt{xy}})$$

$$=x^3e^{2y}(\ln y)(3x^2\sqrt{xy}(\ln y)e^y+2x^2e^y\sqrt{\frac{x}{y}}$$

$$+\frac{x^3e^y(\ln y)}{2\sqrt{xy}})$$

$$=x^5e^{3y}(\ln y)(3y\sqrt{\frac{x}{y}}(\ln y)+2\sqrt{\frac{x}{y}}+\frac{x(\ln y)}{2\sqrt{xy}})$$

$$=x^5e^{3y}\sqrt{\frac{x}{y}}(\ln y)(3y(\ln y)+2+\frac{\ln y}{2})\circ$$

例 2 設 $u = e^x \sin 2x$, $x = \mathrm{Tan}^{-1}(\dfrac{r}{s})$，求 $\dfrac{\partial u}{\partial r}$ 及 $\dfrac{\partial u}{\partial s}$。

證 由定理10-6知，

$$\frac{\partial u}{\partial r} = \frac{du}{dx} \cdot \frac{\partial x}{\partial r}$$

$$= (e^x \sin 2x + 2e^x \cos 2x) \cdot \frac{1}{1 + \left(\dfrac{r}{s}\right)^2} \cdot \frac{1}{s}$$

$$= \frac{s}{r^2 + s^2} \cdot e^x (2\tan x \cdot \frac{1}{\sec^2 x} + \frac{4}{\sec^2 x} - 2)$$

$$= \frac{s}{r^2 + s^2} \cdot \exp(\mathrm{Tan}^{-1}(\frac{r}{s}))(2(\frac{r}{s})\frac{1}{1 + \left(\dfrac{r}{s}\right)^2}$$

$$+ \frac{4}{1 + \left(\dfrac{r}{s}\right)^2} - 2)$$

$$= \frac{s}{r^2 + s^2} \cdot \exp(\mathrm{Tan}^{-1}(\frac{r}{s}))(\frac{2rs}{r^2 + s^2}$$

$$+ \frac{4s^2}{r^2 + s^2} - 2)$$

$$= \frac{2s}{(r^2 + s^2)^2} \cdot (rs + s^2 - r^2)\exp(\mathrm{Tan}^{-1}(\frac{r}{s})),$$

$$\frac{\partial u}{\partial s} = \frac{du}{dx} \cdot \frac{\partial x}{\partial s}$$

$$= (e^x \sin 2x + 2e^x \cos 2x) \cdot \frac{1}{1 + \left(\dfrac{r}{s}\right)^2} \cdot \left(-\frac{r}{s^2}\right)$$

$$= -\frac{r}{r^2 + s^2} \cdot \exp(\mathrm{Tan}^{-1}(\frac{r}{s}))(\frac{2rs}{r^2 + s^2}$$

$$+ \frac{4s^2}{r^2 + s^2} - 2)$$

$$= -\frac{2r}{(r^2 + s^2)^2} \cdot (rs + s^2 - r^2)\exp(\mathrm{Tan}^{-1}(\frac{r}{s}))。$$

例 3 設 $z = \sqrt{u}\, v^2 w$, $u = e^x$, $v = \sin 2x$, $w = \cos^3 x$，求 $\dfrac{dz}{dx}$。

證 由定理10-7知，

$$\frac{dz}{dx} = \frac{\partial z}{\partial u} \cdot \frac{du}{dx} + \frac{\partial z}{\partial v} \cdot \frac{dv}{dx} + \frac{\partial z}{\partial w} \cdot \frac{dw}{dx}$$

$$= \frac{v^2 w}{2\sqrt{u}} \cdot u + 4\sqrt{u}\, vw \cos 2x + \sqrt{u}\, v^2(-3\cos^2 x)\sin x$$

$$= \frac{v\sqrt{u}}{2}(vw + 8w\cos 2x - 3v(\sin 2x)(\cos x))$$

$$= (e^{\frac{x}{2}} \frac{\sin 2x}{2})((\sin 2x)(\cos^3 x)$$

$$+ 8(\cos^3 x)(\cos 2x) - 3(\sin^2 2x)(\cos x))。$$

例 4 設 $x^2 + xyz^2 + x\sin z^3 = 0$，求 $\dfrac{\partial z}{\partial x}$ 及 $\dfrac{\partial z}{\partial y}$。

解 因為 z 為 x 和 y 的隱函數，故

$$x^2 + xyz^2 + x\sin z^3 = 0$$

$$\Longrightarrow \frac{\partial}{\partial x} \cdot (x^2 + xyz^2 + x\sin z^3) = \frac{\partial z}{\partial x}(0)$$

$$\Longrightarrow 2x + yz^2 + 2xyz\frac{\partial z}{\partial x} + \sin z^3 + (x\cos z^3)\,3z^2\frac{\partial z}{\partial x} = 0$$

$$\Longrightarrow \frac{\partial z}{\partial x} = -\frac{2x + yz^2 + \sin z^3}{2xyz + 3xz^2\cos z^3} ,$$

$$x^2 + xyz^2 + x\sin z^3 = 0$$

$$\Longrightarrow \frac{\partial}{\partial y}(x^2 + xyz^2 + x\sin z^3) = \frac{\partial z}{\partial y}(0)$$

$$\Longrightarrow xz^2 + 2xyz\frac{\partial z}{\partial y} + (x\cos z^3)(3z^2)\frac{\partial z}{\partial y} = 0$$

$$\Longrightarrow \frac{\partial z}{\partial y} = -\frac{xz^2}{2xyz + 3xz^2\cos z^3}$$

$$\Longrightarrow \frac{\partial z}{\partial y} = -\frac{z}{2y + 3z\cos z^3} 。$$

第 10-1 節中所介紹的等產量線 $f(x,y)=c$ 在其上一點 (x,y) 處的切線斜率，亦可以二變數函數的連鎖律求出如下：

$$\frac{\partial}{\partial x} f(x,y) = \frac{\partial c}{\partial x},$$

$$f_1(x,y) + f_2(x,y) \cdot \frac{dy}{dx} = 0,$$

$$\frac{dy}{dx} = -\frac{f_1(x,y)}{f_2(x,y)},$$

而 x, y 二生產因素間的邊際替代率爲

$$-\frac{dy}{dx} = \frac{f_1(x,y)}{f_2(x,y)}。$$

由上面公式，而第 10-1 節例 6 的邊際替代率可求出如下：因 $f(x,y) = 3x^{\frac{2}{3}}y^{\frac{1}{3}}$，故得

$$f_1(x,y) = 2x^{-\frac{1}{3}}y^{\frac{1}{3}}, \ f_2(x,y) = x^{\frac{2}{3}}y^{-\frac{2}{3}}$$

而所求的邊際替代率爲

$$-\frac{dy}{dx} = \frac{f_1(x,y)}{f_2(x,y)} = \frac{2x^{-\frac{1}{3}}y^{\frac{1}{3}}}{x^{\frac{2}{3}}y^{-\frac{2}{3}}} = \frac{2y}{x},$$

$$-\frac{dy}{dx}\bigg|_{(20,20)} = \frac{2y}{x}\bigg|_{(20,20)} = 2。$$

習　　題

於下面各題中，求 $\dfrac{\partial z}{\partial x}$ 及 $\dfrac{\partial z}{\partial y}$：(1～4)

1. $z = e^u \sin uv$, $u = xy^2$, $v = \ln(xy)$

2. $z = \sqrt{s^2 + t^2}$, $s = e^{xy}$, $t = \sqrt{xy}$

3. $z = uv^2w$, $u = 3x + y^2$, $v = 5x - 2y$, $w = \sqrt{x + 2y}$

4. $z = u^2 + v^2 - w$, $u = e^{x+y}$, $v = xy$, $w = \dfrac{y}{x}$

於下面各題中，求 $\dfrac{dz}{dx}$：(5～6)

5. $z=u^3+v^2,\ u=xe^x,\ v=t^2e^{-3x}$　　6. $z=e^{u+v},\ u=x^4,\ v=\sqrt{x^3+1}$

於下面各題的隱函數中，求 $\dfrac{\partial z}{\partial x}$ 及 $\dfrac{\partial z}{\partial y}$：$(7\sim8)$

7. $x^2z+y^2z+x^3y-10z=0$　　　　8. $xe^{yz}+ye^{zx}+xyz=0$

9. 設 $u=f(x,y),\ x=r\cos\theta,\ y=r\sin\theta$，證明：

$$\left(\frac{\partial u}{\partial r}\right)^2+\frac{1}{r^2}\cdot\left(\frac{\partial u}{\partial\theta}\right)^2=\left(\frac{\partial u}{\partial x}\right)^2+\left(\frac{\partial u}{\partial y}\right)^2。$$

10. 設 $z=f(x,y),\ x=u\cos\theta-v\sin\theta,\ y=u\sin\theta+v\cos\theta$，其中 θ 為一常數，證明：

$$\left(\frac{\partial f}{\partial u}\right)^2+\left(\frac{\partial f}{\partial v}\right)^2=\left(\frac{\partial f}{\partial x}\right)^2+\left(\frac{\partial f}{\partial y}\right)^2。$$

11. 設 $u=x^2+y^2+z^2,\ x=r\sin\phi\cos\theta,\ y=r\sin\phi\sin\theta,\ z=r\cos\phi$，求
$\dfrac{\partial u}{\partial r}$，$\dfrac{\partial u}{\partial\theta}$，$\dfrac{\partial u}{\partial\phi}$。

12. 設 u,x,y,z 如上題，試將下面二式表為 r,θ,ϕ 的函數：

（i）$\left(\dfrac{\partial u}{\partial x}\right)^2+\left(\dfrac{\partial u}{\partial y}\right)^2+\left(\dfrac{\partial u}{\partial z}\right)^2$　　　　（ii）$\dfrac{\partial^2 u}{\partial x^2}+\dfrac{\partial^2 u}{\partial y^2}+\dfrac{\partial^2 u}{\partial z^2}$

13. 設 f 為一單變數可微分函數，並令 $z=x^2+xf(xy)$，證明：

$$x\cdot\frac{\partial z}{\partial x}-y\cdot\frac{\partial z}{\partial y}=z+x^2。$$

14. 設 $z=f(x-y,y-x)$，證明：$\dfrac{\partial z}{\partial x}+\dfrac{\partial z}{\partial y}=0$。

15. 設 $z=yf(x^2-y^2)$，證明：$y\cdot\dfrac{\partial z}{\partial x}+x\cdot\dfrac{\partial z}{\partial y}=\dfrac{xz}{y}$。

§10-5 極值問題

I. 一般極值問題

我們已經知道，在單變數函數中，導函數在求函數的極值上，有著重要的關係。本節的主要目的，即在對二變數函數引介類似的結果。只是所引用的定理，大部都將略而不證。

關於多變數函數之極值的諸觀念，如絕對極大、極小，相對極大、極小等，都和單變數函數的對應觀念相似。下面僅舉出一個作為說明，其餘則不贅述。設函數 $f(x,y)$ 定義在集合 $D \subset R^2$ 上，如果 $P_0(x_0,y_0) \in D$，且存在一個以 P_0 為圓心，δ 為半徑的圓區域 $A \subset D$，使得

$$(x,y) \in A \implies f(x,y) \leq f(x_0,y_0),$$

則稱 (x_0,y_0) 為 f 的一個**相對極大點** (relative maximum)，如下圖所示：

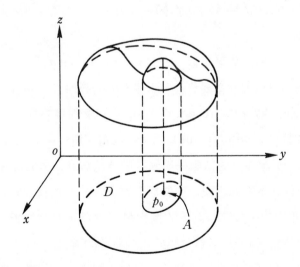

和單變數的連續函數在一閉區間上必有絕對極值存在的性質相當的，多變數函數也有對應的性質，這就是下述的定理。在這裏，多變數函數的連續及閉集合的概念，可易由二變數函數的對應概念擴充而得。

定理 10-8

設函數 f 定義在集合 $D \subset R^n$ 上，若 D 為有界閉集合，且 f 為連續，則 f 在 D 上有絕對極值。

定理 10-9

設二變數函數 $f(x,y)$ 定義在集合 $D \subset R^2$ 上，f 在 D 的內點 (a,b) 處的二個一階偏導數 $f_1(a,b)$ 及 $f_2(a,b)$ 都存在，且 f 在 (a,b) 處有相對極值，則

$$f_1(a,b)=0, \ f_2(a,b)=0。$$

證明 因為 f 在 (a,b) 處有相對極值，故顯然 f 的二切片函數 $f(x,b)$ 及 $f(a,y)$ 在 (a,b) 處也有相對極值，故由單變函數的相對性質易知

$$f_1(a,b)=0, \ f_2(a,b)=0,$$

而定理得證。

和單變數函數的情形相似，$f_1(a,b)=0$ 和 $f_2(a,b)=0$ 只是 f 在 (a,b) 處有相對極值的必要條件，而非充分的條件。這可從下頁圖所示的**雙曲拋物面** (hyperbolic paraboloid)——又稱**馬鞍面** (saddle surface) 在**鞍點** (saddle point) 的情形而得了解：顯然在鞍點 $(0,0)$ 處，曲面 $z=f(x,y)$ 的二個一階偏導數值均為 0，但曲面和 xz 平面交於一個開口向下的拋物線，而知原點為拋線的相對極大點，而曲面和 yz 平面則相交於一個開口向上的拋物線，而知原點為拋線的相對極小點，從而知鞍點 $(0,0)$ 不為曲面的相對極值的所在。

定理 10-9 可易擴充至三個及三個以上變數的多變數函數。譬如，若函數 $f(x,y,z)$ 在定義域的內點 (a,b,c) 處的三個一階偏導數皆存

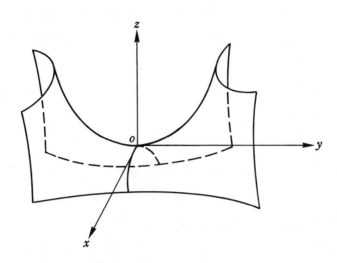

在，且 f 在 (a,b,c) 處有相對極值，則

$$f_1(a,b,c)=f_2(a,b,c)=f_3(a,b,c)=0。$$

例 1 函數 $f(x,y)=x^2+2xy+2y^2-4x$ 有相對極小點，試求出之。

解 因為

$$f_1(x,y)=2x+2y-4,$$
$$f_2(x,y)=2x+4y,$$

故得

$$f_1(x,y)=0,\ f_2(x,y)=0 \implies (x,y)=(4,-2),$$

由定理10-9知所求的相對極小點為 $(4,-2)$，其值為

$$f(4,-2)=-8。$$

例 2 設 $f(x,y)=3x-4y+5,\ x^2+y^2\leq1$，試證 f 的絕對極大與絕對極小均在單位圓的邊界上。

解 因為

$$f_1(x,y)=3,\ f_2(x,y)=-4,$$

故知 f 的二個一階偏導數在任意點皆存在，且皆不為 0。然

而因 f 爲連續函數，故 f 在閉集合 $D=\{(x,y)\,|\,x^2+y^2\leq1\}$ 上必有絕對極值，因而由定理10-9知，f 的極值所在必不爲 D 的內點，而必在 D 的邊界上。

下面提出的是，一函數 f 之定義域的內點 (a,b) 爲 f 之相對極值所在的充分條件。

定理 10-10

設函數 $f(x,y)$ 的二個一階偏導函數都存在且爲連續。若

(1) $f_1(a,b)=f_2(a,b)=0$,

(2) $f_{12}{}^2(a,b)-f_{11}(a,b)f_{22}(a,b)<0$,

則於 $f_{11}(a,b)>0$ 時，f 在(a,b)處有相對極小値; $f_{11}(a,b)<0$時，f 在 (a,b) 處有相對極大値。

讀者應可留意到，當 f 滿足定理 10-10 之 (1)，(2) 時，必然 $f_{11}(a,b)\neq0$ (何故?)。

定理 10-11

設函數 $f(x,y)$ 的二個一階偏導函數都存在且爲連續。若

(1) $f_1(a,b)=f_2(a,b)=0$,

(2) $f_{12}{}^2(a,b)-f_{11}(a,b)f_{22}(a,b)>0$,

則 (a,b) 爲 f 的一個鞍點 (非爲相對極大也非爲相對極小)。

設函數 $f(x,y)$ 的二個一階偏導函數都存在且爲連續。若 $f_1(a,b)=f_2(a,b)=0$ 且 $f_{12}{}^2(a,b)-f_{11}(a,b)f_{22}(a,b)=0$，則 (a,b) 可能爲 f 的相對極大點，可能爲 f 的相對極小點，也可能爲 f 的鞍點。譬如對函數

$$f(x,y)=y^2-x^3$$

來說，$f_1(0,0)=f_2(0,0)=0$，且 $f_{12}{}^2(0,0)-f_{11}(0,0)f_{22}(0,0)=0$，而 $(0,0)$ 爲 f 的一個鞍點 (這可由二切片函數 $f(0,y)$ 及 $f(x,0)$ 看出); 又對函數

$$g(x,y)=x^2+y^4 \text{ 及 } h(x,y)=-g(x,y)$$

來說，也有 $g_1(0,0)=g_2(0,0)=0$, 且 $g_{12}{}^2(0,0)-g_{11}(0,0)g_{22}(0,0)$ $=0$, 及 $h_1(0,0)=h_2(0,0)=0$, 且 $h_{12}{}^2(0,0)-h_{11}(0,0)h_{22}(0,0)=0$, 但 g 在 $(0,0)$ 處有相對極小值，而 h 在 $(0,0)$ 處有相對極大值。

例3 設 $f(x,y)=12xy-6x^2y-3xy^2$, 試求函數 f 的相對極值和鞍點的所在。

解 因爲

$$f_1(x,y)=12y-12xy-3y^2=3y(4-4x-y),$$
$$f_2(x,y)=12x-6x^2-6xy=6x(2-x-y),$$
$$f_{12}(x,y)=12-12x-6y,$$
$$f_{11}(x,y)=-12y,$$
$$f_{22}(x,y)=-6x,$$

故知

$$f_1(x,y)=f_2(x,y)=0 \implies (x,y)\in\{(0,0),(2,0),$$
$$(0,4),(\frac{2}{3},\frac{4}{3})\},$$

由上面資料可得下表:

(x,y)	f_{12}	f_{11}	f_{22}	$f_{12}{}^2-f_{11}f_{22}$
$(0,0)$	12	0	0	144
$(2,0)$	-12	0	-12	144
$(0,4)$	-12	-48	0	144
$(\frac{2}{3},\frac{4}{3})$	-4	-16	-4	-48

由表中資料及定理 10-10, 10-11 可知 $(0,0)$, $(2,0)$, $(0,4)$

三點均不爲極大或極小點，而點 $(\frac{2}{3}, \frac{4}{3})$ 則爲極大點。

例 4 某公司生產兩種產品 A,B。設 A 生產 x 單位，B 生產 y 單位時的總成本爲

$$TC(x,y) = 25x + 36y + \frac{400}{x} + \frac{144}{y},$$

爲使總成本爲最低，問兩種產品應如何生產？

解 因爲

$$\frac{\partial}{\partial x} TC(x,y) = 25 - \frac{400}{x^2},$$

$$\frac{\partial}{\partial y} TC(x,y) = 36 - \frac{144}{y^2},$$

而 $x,y \geq 0$，故知

$$\frac{\partial}{\partial x} TC(x,y) = 0, \frac{\partial}{\partial y} TC(x,y) = 0 \Longrightarrow x = 4,\ y = 2。$$

又因

$$\frac{\partial^2}{\partial y \partial x} TC(x,y) = 0,$$

$$\frac{\partial^2}{\partial x^2} TC(x,y) = \frac{800}{x^3},$$

$$\frac{\partial^2}{\partial y^2} TC(x,y) = \frac{288}{y^3},$$

由定理 10-10 知，在點 $(x,y) = (4,2)$ 處，$TC(x,y)$ 有最小值。

II. 最小平方廻歸直線

下面將利用求極值的方法，導出所謂廻歸分析 (regression analysis）中，最簡單的**線性廻歸**（linear regression），即所謂**最小平方廻歸直線**（least squares regression line）。在此以前，我們舉出一些商用及經濟學上的函數，諸如需求函數、供給函數、消費函數（為所得之函數）等，而對這些函數到底是如何導出的，則未加說明。這些函數的導出，實即廻歸分析的範圍。下面觀察一組函數關係的觀測數據，並將之描繪成散佈的圖形如下：

降雨量（吋）	12	15	20	24	31	38
收成量（噸）	4	9.5	12	13	13.1	13.5

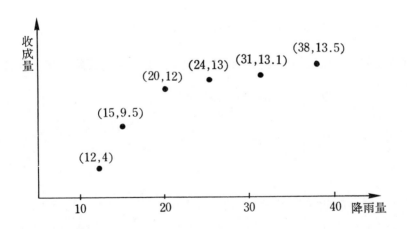

我們要找出圖形接近此組數據圖形的函數。從上圖知，收成量顯然不為降雨量的線性函數。然而，若數據的圖形如下圖，則我們可以找出接近此組數據的線性函數（應用上最為方便）。統計學家要尋求的「接近」，所採取的是，從垂直於 x 軸的立場看，使數據的點，到所取直線之距離平方和為最小的直線。即決定直線 $y=mx+b$ 中的 m 和 b，使得就數據的各點：

$$(x_1,y_1),(x_2,y_2),(x_3,y_3),\ldots,(x_n,y_n)$$

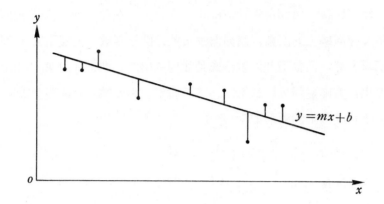

而言，函數

$$f(m,b)=\sum_{i=1}^{n}(mx_i+b-y_i)^2$$

之值爲最小。這樣的直線卽稱爲這組數據的**最小平方廻歸直線**。因爲

$$D_1\ f(m,b)=\sum_{i=1}^{n}2x_i(mx_i+b-y_i),$$

$$D_2\ f(m,b)=\sum_{i=1}^{n}2(mx_i+b-y_i),$$

卽知

$$D_1\ f(m,b)=0\ \Longrightarrow\ (\sum_{i=1}^{n}x_i{}^2)\ m+(\sum_{i=1}^{n}x_i)\ b=\sum_{i=1}^{n}x_iy_i,\quad(1)$$

$$D_2\ f(m,b)=0\ \Longrightarrow\ (\sum_{i=1}^{n}x_i)\ m+(\sum_{i=1}^{n}1)\ b=\sum_{i=1}^{n}y_i,\qquad(2)$$

解 (1), (2) 所成的方程組得

$$m_0=\begin{vmatrix}\sum_{i=1}^{n}x_iy_i & \sum_{i=1}^{n}x_i \\[2ex] \sum_{i=1}^{n}y_i & \sum_{i=1}^{n}1\end{vmatrix}\Bigg/\begin{vmatrix}\sum_{i=1}^{n}x_i{}^2 & \sum_{i=1}^{n}x_i \\[2ex] \sum_{i=1}^{n}x_i & \sum_{i=1}^{n}1\end{vmatrix},$$

$$b_0 = \begin{vmatrix} \sum_{i=1}^{n} x_i{}^2 & \sum_{i=1}^{n} x_i\,y_i \\ \sum_{i=1}^{n} x_i & \sum_{i=1}^{n} y_i \end{vmatrix} \Big/ \begin{vmatrix} \sum_{i=1}^{n} x_i{}^2 & \sum_{i=1}^{n} x_i \\ \sum_{i=1}^{n} x_i & \sum_{i=1}^{n} 1 \end{vmatrix} \circ$$

又因爲

$$D_{11}\ f(m,b) = 2\sum_{i=1}^{n} x_i{}^2, \quad D_{12}\ f(m,b) = 2\sum_{i=1}^{n} x_i,$$

$$D_{22}\ f(m,b) = 2\sum_{i=1}^{n} 1,$$

且由柯西不等式 (Cauchy inequality)：

$$(\sum_{i=1}^{n} a_i b_i)^2 \leq (\sum_{i=1}^{n} a_i{}^2)\ (\sum_{i=1}^{n} b_i{}^2),$$

知

$$(\sum_{i=1}^{n} x_i)^2 < (\sum_{i=1}^{n} 1)\ (\sum_{i=1}^{n} x_i{}^2), \qquad (\text{諸 } x_i \text{ 不等})$$

從而得

$$D_{12}^{2}\ f(m,b) - D_{11}\ f(m,b) \cdot D_{22}\ f(m,b)$$

$$= (\sum_{i=1}^{n} x_i)^2 - (\sum_{i=1}^{n} 1)\ (\sum_{i=1}^{n} x_i{}^2) < 0,$$

又由 $D_{11}\ f(m,b) = 2\sum_{i=1}^{n} x_i{}^2 > 0$，從而由定理10-10知 f 在 (m_0, b_0) 處

有極小。卽知所求最小平方廻歸直線爲 $y = m_0 x + b_0$，卽

$$y = \Big(\begin{vmatrix} \sum_{i=1}^{n} x_i\,y_i & \sum_{i=1}^{n} x_i \\ \sum_{i=1}^{n} y_i & \sum_{i=1}^{n} 1 \end{vmatrix} x + \begin{vmatrix} \sum_{i=1}^{n} x_i{}^2 & \sum_{i=1}^{n} x_i\,y_i \\ \sum_{i=1}^{n} x_i & \sum_{i=1}^{n} y_i \end{vmatrix} \Big) \Big/ \begin{vmatrix} \sum_{i=1}^{n} x_i{}^2 & \sum_{i=1}^{n} x_i \\ \sum_{i=1}^{n} x_i & \sum_{i=1}^{n} 1 \end{vmatrix},$$

$$- \begin{vmatrix} \sum_{i=1}^{n} x_i{}^2 & \sum_{i=1}^{n} x_i \\ \sum_{i=1}^{n} x_i & \sum_{i=1}^{n} 1 \end{vmatrix} y + \begin{vmatrix} \sum_{i=1}^{n} x_i\,y_i & \sum_{i=1}^{n} x_i \\ \sum_{i=1}^{n} y_i & \sum_{i=1}^{n} 1 \end{vmatrix} x + \begin{vmatrix} \sum_{i=1}^{n} x_i{}^2 & \sum_{i=1}^{n} x_i\,y_i \\ \sum_{i=1}^{n} x_i & \sum_{i=1}^{n} y_i \end{vmatrix} = 0,$$

亦卽
$$\begin{vmatrix} x & y & 1 \\ \sum_{i=1}^{n} x_i & \sum_{i=1}^{n} y_i & \sum_{i=1}^{n} 1 \\ \sum_{i=1}^{n} x_i^2 & \sum_{i=1}^{n} x_i y_i & \sum_{i=1}^{n} x_i \end{vmatrix} = 0,$$

此爲一型態甚易記憶的行列式。

例 5 求下面數據之最小平方廻歸直線：{(0,5), (1,3), (2,4), (3,3),(4,0)}。

解 設

$$\{(0,5),(1,3),(2,4),(3,3),(4,0)\}$$
$$=\{(x_i,y_i) \mid i=1,2,3,4,5\},$$

則所求的最小平方廻歸直線爲

$$\begin{vmatrix} x & y & 1 \\ \sum_{i=1}^{n} x_i & \sum_{i=1}^{n} y_i & \sum_{i=1}^{n} 1 \\ \sum_{i=1}^{n} x_i^2 & \sum_{i=1}^{n} x_i y_i & \sum_{i=1}^{n} x_i \end{vmatrix} = 0,$$

$$\begin{vmatrix} x & y & 1 \\ 10 & 15 & 5 \\ 30 & 20 & 10 \end{vmatrix} = 0,$$

$$x+y-5=0。$$

例 6 某公司依據以往的資料，得到下列產量與成本間的關係數據：

x （百個）	1	2	3	4
$C(x)$（萬元）	10	10.25	11	11.25

爲成本分析的目的，此公司希望得一近似線性成本函數 $C(x)=mx+b$，使得對任意產量均有意義，試求這些數據

的最小平方廻歸直線，以應所需。

解　因爲

$$\sum_{i=1}^{4} x_i = 10, \quad \sum_{i=1}^{4} y_i = 42.5, \quad \sum_{i=1}^{4} x_i^2 = 30, \quad \sum_{i=1}^{4} x_i y_i = 108,$$

故得所求的最小平方廻歸直線爲

$$\begin{vmatrix} x & y & 1 \\ 10 & 42.5 & 4 \\ 30 & 108.5 & 10 \end{vmatrix} = 0,$$

$$9x - 20y + 190 = 0,$$

$$y = \frac{9x}{20} + \frac{19}{2} \text{。}$$

III.　二元線性函數的極值，簡易線性規劃問題

　　所謂**二元線性函數** (bivariate linear function)，是指具下面形式的函數：

$$f(x, y) = \alpha x + \beta y + \gamma \quad \text{其中} \alpha, \beta \text{不同時爲} 0 \text{。}$$

此種函數的極值，均不在定義域的內點，而在其邊界上（參見例 2 ）。在應用上常須求這種二元線性函數，在某些條件的限制下之極大或極小值。譬如稍後要介紹的二變數的線性規劃問題，就是在二元一次不等式組的限制條件下，求一個二元線性函數的極大和極小值的問題。求一點的線性函數值，實在甚爲簡單，因爲只須把這點的坐標代入函數的引數即得。然而滿足限制條件的點往往很多，甚至無限多，使得我們無法將它們各點的值一一求出，來比較大小。在此，我們想藉著一點的二元線性函數值的幾何表法，來比較一些點的函數值的大小。

　　對於二元線性函數

$$f(x, y) = \alpha x + \beta y + \gamma$$

來說，若 α, β 中有一爲 0 ，則要比較兩點函數值的大小甚爲容易。譬

如對函數

$$g(x,y)=\alpha x+\gamma$$

來說，當 $\alpha>0$ 時，一點的橫坐標越大，它的函數值卽越大；而當 $\alpha<0$ 時，一點的橫坐標越大，它的函數值卽越小。因此可只討論 α, β 均不爲 0 的情形。又因函數中 γ 爲固定常數，在比較二點函數值的大小時，可假設它爲 0 而不影響二點函數值大小的次序。換句話說，我們可只考慮具下面形式的二元線性函數：

$$f(x,y)=\alpha x+\beta y，其中 \alpha, \beta 均不爲 0。$$

設 (a,b) 爲坐標平面上任意一點，而 f 在 (a,b) 的值爲 k，卽

$$f(a,b)=\alpha a+\beta b=k。$$

由上式知，點 (a,b) 在直線 $\alpha x+\beta y=k$ 上，而這直線的斜率爲 $-\dfrac{\alpha}{\beta}$，且這直線和 x 軸的交點坐標爲 $(\dfrac{k}{\alpha},0)$。也就是說，函數 $f(x,y)=\alpha x+\beta y$ 在點 (a,b) 處的函數值 k 爲過點 (a,b) 且斜率爲 $-\dfrac{\alpha}{\beta}$ 的直線（卽直線 $\alpha x+\beta y=k$）和 x 軸交點的橫坐標（卽 $\dfrac{k}{\alpha}$）與 α 的乘積。

由上面的探討可知，若點 (c,d) 爲過點 (a,b) 而斜率爲 $-\dfrac{\alpha}{\beta}$ 的直線 L 上的任意一點，則函數 $f(x,y)=\alpha x+\beta y$ 在 (a,b) 和 (c,d) 二點有相等的函數值；又若點 (h,k) 不在 L 上，而過 (h,k) 且斜率爲 $-\dfrac{\alpha}{\beta}$ 的直線 $L'\neq L$，並且 L' 與 x 軸的交點，在 L 與 x 軸的交點的右方（見下圖），則當 $\alpha>0$ 時，

$$f(a,b)< f(h,k);$$

而當 $\alpha<0$ 時，

$$f(a,b)> f(h,k)。$$

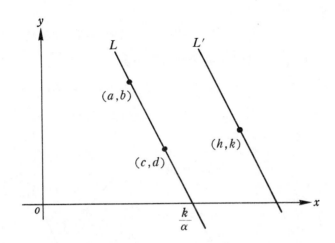

由斜率的意義易知，當斜率$-\dfrac{\alpha}{\beta} \neq 0$ 為一有理數時，欲作出過點

(a,b)，而斜率為$-\dfrac{\alpha}{\beta}$的直線的作法甚為簡單，下面二圖說明了簡單的

作法：

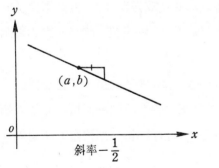

斜率$-\dfrac{1}{2}$

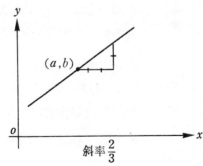

斜率$\dfrac{2}{3}$

利用以上所述的方法,我們卽可容易地求解二元線性函數的極值問題了。下面卽以例題示範求方法。

例 7　設 $f(x,y)=-2x+y-5$, 而 A 表下圖所示的區域, 求 $f(x,y)$ 在 A 上的極大和極小值。

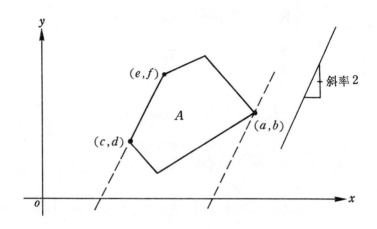

解　因為 $f(x,y)$ 中 x 之係數為負, 故知點 (a,b) 為函數 f 的極小點, 而點 (c,d) 與 (e,f) 二點連線上的每一點均為函數 f 的極大點。

例 8　設 $f(x,y)=3x+2y$, $x^2+y^2\leq1$, 求 f 的極大和極小值。

解　此函數的定義域為以原點為圓心的單位閉圓區域。易知, 過極大點 (x_0,y_0) 與極小點 (x_1,y_1) 處, 單位圓的切線斜率均為 $-\dfrac{3}{2}$。

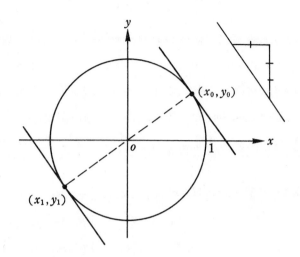

因為此單位圓的方程式為

$$x^2+y^2=1,$$

故由隱函數的微分法知

$$2x+2y \cdot \frac{dy}{dx}=0, \quad \frac{dy}{dx}=-\frac{x}{y},$$

即知過 (x_0,y_0) 的切線斜率 $-\dfrac{x_0}{y_0}=-\dfrac{3}{2}$，故 (x_0,y_0) 滿足方程式 $3y=2x$，又因 (x_0,y_0) 在圓 $x^2+y^2=1$ 上，故知 (x_0,y_0) 亦滿足此方程式。同樣的，(x_1,y_1) 亦滿足上述的二方程式。解此二方程式得

$$x=\pm\frac{3}{\sqrt{13}}, \quad y=\pm\frac{2}{\sqrt{13}},$$

即知 $(x_0,y_0)=\left(\dfrac{3}{\sqrt{13}}, \dfrac{2}{\sqrt{13}}\right), (x_1,y_1)=\left(-\dfrac{3}{\sqrt{13}}, -\dfrac{2}{\sqrt{13}}\right)$，

而得的極大和極小值為

$$f\left(\frac{3}{\sqrt{13}}, \frac{2}{\sqrt{13}}\right)=\sqrt{13},$$

$$f\left(-\frac{3}{\sqrt{13}}, -\frac{2}{\sqrt{13}}\right) = -\sqrt{13}。$$

下面利用上述求二元線性函數的極值之方法，以解二變數的**線性規劃問題** (linear programming problem)。所謂線性規劃問題，是一種以線性（一次）函數爲目標，並且以線性等式或不等式組成限制條件的數學模型。這種問題的目的，在於求得一組滿足限制條件的數，使得這組數的目標線性函數值爲極大或極小。一般來說，它的數學模型可表出如下：

Max（或 Min） $d+c_1x_1+c_2x_2+\cdots+c_nx_n$

$s.t.$ $\qquad a_{11}x_1+a_{12}x_2+\cdots+a_{1n}x_n(\leq,=,\geq)b_1,$

$\qquad\qquad a_{21}x_1+a_{22}x_2+\cdots+a_{2n}x_n(\leq,=,\geq)b_2,$

$$\vdots$$

$\qquad\qquad a_{m1}x_1+a_{m2}x_2+\cdots+a_{mn}x_n(\leq,=,\geq)b_m。$

模型中的符號「Max（或 Min）」表示這問題在求符號「Max（或Min）」後面的**目標函數** (objective function) 的極大（或極小）值，又符號「$s.t.$」則表示決策變數 $x_1,x_2,\ldots,x_n$ 須**受制於** (subject to) 後列的諸條件式——稱爲**制限式**（constraints），各制限式或爲等式或爲不等式，由取括號中那一符號而定。滿足制限式的一組數，稱爲這問題的一組**可行解** (feasible solution)。可行解中使目標函數值爲最佳的一組，稱爲這問題的**最佳解** (optimal solution)。

許多實際的應用問題，常可設立成一線性規劃問題。下面將舉例來說明如何設立問題的線性規劃模型，並對含二個決策變數的問題，藉上述的方法來求得最佳解。在求解之前，先要說明的是，滿足二元線性不等式

$$ax+by\leq c$$

之點所成的集合，乃是以直線 $ax+by=c$ 爲**稜線** (edge) 的一個**閉半平面** (closed half-plane)，至於以 $ax+by=c$ 爲稜線之二閉半平面

中，到底那一個才表此不等式呢？讀者只須從其任一半平面 *H* 上，任取一不在稜線上的點，代入此不等式，若其能滿足此不等式，則 *H* 卽爲此不等式所表的閉半平面，否則另一半平面才爲此不等式所表者。譬如，下圖斜線部分的閉半平面，卽表下面的不等式：

$$2x+3y \geqq 6。$$

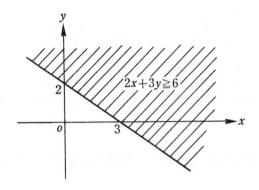

例9　某儀器製造公司生產 *A*、*B* 二種產品，其單位淨利分別爲 8,000元及5,000元。此二產品的製造均須經兩種機器，*A*產品須經第一、二兩種機器處理的時間同爲 4 小時，而 *B* 產品則須經第一、二兩種機器的處理時間分別爲 2 及 3 小時。又公司決定，*A* 產品的產量不能超過 *B* 產品產量的二倍。今此公司中每週二種機器的工作能量分別爲40及48小時。問此公司每週生產 *A*、*B* 二種產品各多少，可使總淨收益爲最大？

解　設每週製造 *A*、*B* 二產品的量分別爲 *x* 單位及 *y* 單位。則依題意，可得線性規劃的數學模型爲

Max $8000x+5000y$

s. t. $4x+2y \leqq 40,$

　　　$4x+3y \leqq 48,$

　　　$x-2y \leqq 0,$

$$x \geq 0, \quad y \geq 0 \text{。}$$

因為滿足諸不等式的點所成的集合，如下圖斜線部分所示：

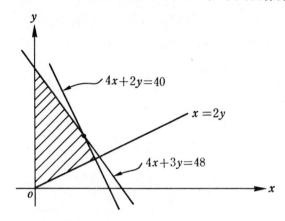

因為目標函數 $f(x,y)=8000x+5000y$ 之等高線的斜率為 $-\dfrac{8}{5}$，此數介於 $4x+2y=40$ 與 $4x+3y=48$ 二直線的斜率之間： $-2<-\dfrac{8}{5}<-\dfrac{4}{3}$，由圖知此二直線之交點 $(6,8)$ 為目標函數的極大點，即知每週生產 A 產品 6 單位，B 產品 8 單位，此公司有最大的淨利。

IV. 附帶條件的極值問題——拉格蘭吉乘子法

所謂附帶條件的極值問題，乃是求一函數 $f(x,y)$ 的極值，而其中 (x,y) 須滿足某一條件 $g(x,y)=0$。譬如我們考慮求一點 $(4,1)$ 到曲線 $2y=x^2$ 上距離為最小的點。

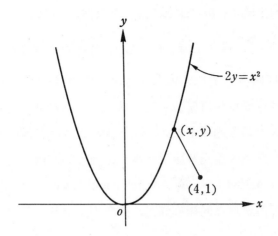

我們知道，這可求到固定點（4，1）距離平方爲最小， 且滿足方程式 $2y=x^2$ 的點 (x,y)。換句話說，就是可求滿足方程式 $2y=x^2$ 而使函數

$$f(x,y)=(x-4)^2+(y-1)^2$$

爲極小的問題。由於 (x,y) 須滿足方程式 $2y=x^2$，故可令 $y=\dfrac{x^2}{2}$ 代入 $f(x,y)$ 而得單變數函數

$$F(x)=(x-4)^2+(\frac{x^2}{2}-1)^2,$$

因爲

$$F'(x)=2(x-4)+2(\frac{x^2}{2}-1)(x)=x^3-8=(x-2)(x^2+2x+4),$$

故由下表

x	2	
$F'(x)$	$-$	$+$

即知 $F(x)$ 在 $x=2$ 處有極小值，即點 $(2,2)$ 爲曲線 $2y=x^2$ 最靠近點 $(4,1)$ 的點，它的距離爲 $\sqrt{5}$。

在上例的求解中，我們利用 (x,y) 須滿足的條件，將 y 表爲 x 的函數，卽令 $y=\dfrac{x^2}{2}$ 代入 $f(x,y)$ 中，而得單變數函數的極值問題來求解。但有些問題中，若想仿照這個作法，將問題改作單變數問題以求解，則函數往往變得相當繁複，又有些問題，則不可能將 y 表爲 x 的顯函數，或將 x 表爲 y 的顯函數。一般來說，對於附帶條件的極值問題，常不採用上文所舉，化爲單變數函數來求極值的作法，而採所謂的**拉格蘭吉乘子法** (method of Lagrange's multiplier) 來求解。以拉格蘭吉乘子法求解附帶條件的極值問題，實在相當方便，而它的理論依據則爲下面的定理。

定理 10-12

設函數 $f(x,y)$ 和 $g(x,y)$ 在開集合 $D \subset R^2$ 上的一階偏導函數都存在且爲連續。設點 (a,b) 爲受制於 $g(x,y)=0$ 的條件下，函數 $f(x,y)$ 的極值所在，且

$$(g_1(a,b))^2 + (g_2(a,b))^2 > 0,$$

則必存在一實數 λ，使得 (a,b,λ) 滿足下面的方程組：

$$\begin{cases} f_1(x,y) + \lambda g_1(x,y) = 0, \\ f_2(x,y) + \lambda g_2(x,y) = 0, \\ \qquad\qquad g(x,y) = 0。 \end{cases}$$

對於上面定理中的方程組，可以用下面的方式來記憶：令

$$F(x,y,\lambda) = f(x,y) + \lambda g(x,y),$$

其中 x, y, λ 看作是自變數，則上面的方程組乃指：

$$F_x = 0, \; F_y = 0, \; F_\lambda = 0。$$

定理中引入的輔助變數 λ，稱爲**拉格蘭吉乘子** (Lagrange's multiplier)。利用拉格蘭吉乘子法求解附帶條件的極值問題，可擴充到更多變數的函數。又若附帶條件的個數多於一個，則引入的拉格蘭吉乘子的個數應相對的增加。下面舉一個實例說明求解的方法。

例10 以拉格蘭吉乘子法求解上文中點 $(4,1)$ 到拋物線 $2y=x^2$ 上之點的最小距離。

解 依題意，可求函數

$$f(x,y)=(x-4)^2+(y-1)^2$$

在條件

$$g(x,y)=2y-x^2=0$$

下的極小值。令

$$F(x,y,\lambda)=(x-4)^2+(y-1)^2+\lambda(2y-x^2),$$

則得

$$\begin{cases} F_x=0 \implies 2(x-4)-2\lambda x=0, & (1) \\ F_y=0 \implies 2(y-1)+2\lambda=0, & (2) \\ F_\lambda=0 \implies 2y=x^2。 & (3) \end{cases}$$

因為由 (1), (2) 得

$$\lambda x=x-4=-x(y-1), \qquad (4)$$

把 (3) 代入 (4) 得

$$x-4=-x(\frac{x^2}{2}-1),$$

$$x^3=8, \ x=2,$$

從而知 $y=\dfrac{x^2}{2}=2$。卽知，拋物線 $2y=x^2$ 上之點 $(2,2)$ 到定點 $(4,1)$ 有最小距離 $\sqrt{5}$。

例11 設某工廠每天的生產能量為

$$P(x,y)=\sqrt{xy},$$

其中 x 表此廠每天所擁有的勞力數（人工小時），y 表投資於機器的資金。設一人工小時的成本為 3 單位，而此工廠每年分配於工資及機器的資金為500,000單位，一年以260工作天計，問 x,y 各為何時，可使生產能量為最大？

解 由題意的條件知

$$3 \times 260 x + y = 500000$$

$$780 x + y = 500000。$$

令

$$F(x, y, \lambda) = \sqrt{xy} + \lambda (780x + y - 500000),$$

$$\begin{cases} F_x = 0 \implies \dfrac{1}{2} x^{-\frac{1}{2}} y^{\frac{1}{2}} + 780\lambda = 0, & (1) \\[2mm] F_y = 0 \implies \dfrac{1}{2} x^{\frac{1}{2}} y^{-\frac{1}{2}} + \lambda = 0, & (2) \\[2mm] F_\lambda = 0 \implies 780x + y = 500,000。 & (3) \end{cases}$$

因爲由 (1), (2) 得

$$-\lambda = \frac{1}{2 \times 780} \ x^{-\frac{1}{2}} y^{\frac{1}{2}} = \frac{1}{2} x^{\frac{1}{2}} y^{-\frac{1}{2}},$$

$$780x = y \qquad\qquad (4)$$

將 (4) 代入 (3) 得

$$y = 250000,$$

從而得

$$x = \frac{250000}{780} \approx 320,$$

卽得所求。

例12 設三個正數 x, y, z 之和爲18，試求 xy^2z^3 的極大值。

解 依題意知，要求滿足條件 $g(x, y, z) = x + y + z - 18 = 0$ 下，

函數 $f(x, y, z) = xy^2z^3$ 的極大值。由拉格蘭吉乘子法，令

$$F(x, y, z, \lambda) = f(x, y, z) + \lambda g(x, y, z)$$

$$= xy^2z^3 + \lambda(x + y + z - 18),$$

則得

$$\begin{cases} F_x=0 \implies y^2z^3+\lambda=0, & (1) \\ F_y=0 \implies 2xyz^3+\lambda=0, & (2) \\ F_z=0 \implies 3xy^2z^2+\lambda=0, & (3) \\ F_\lambda=0 \implies x+y+z=18。 & (4) \end{cases}$$

由 (1), (2), (3) 知

$$-\lambda=y^2z^3=2xyz^3=3xy^2z^2,$$

$$y=2x, \; z=3x,$$

代入 (4) 而得

$$x=3, \; y=6, \; z=9,$$

故知所求極大值為 $f(3,6,9)=3 \cdot 6^2 \cdot 9^3=78732$。

習　　題

於下列各題中，求函數 f 的相對極值和鞍點的所在（若有的話）：
(1~8)

1. $f(x,y)=x^2+xy+y^2-6x$ 2. $f(x,y)=x^2+xy-2x-1$

3. $f(x,y)=x^3+2xy+y^2-4x-3y+1$

4. $f(x,y)=x^2-xy+y^4+2$ 5. $f(x,y)=x^3-3xy-y^3$

6. $f(x,y)=3y^3-x^2y+x$ 7. $f(x,y)=y^2-6y\cos x-3$

8. $f(x,y)=xye^{-(x+y)}$

9. 要製作一個容積為 500 立方公分的長方形無蓋盒子，為使製作材料最省，問這盒子的長寬高各為何？

10. 某公司生產 A、B 兩種產品，A 產品生產 x 單位時的售價為 $P_1=16-x^2$，B 產品生產 y 單位時的售價為 $P_2=8-2y$，而其聯合成本為 $C(x,y)=10+4x+2y$。問 A、B 各生產多少時可得最大的淨利？

11. 要製作一個容積爲12立方公尺的長方形無蓋盒子，若底部材料的單位成本爲側面材料的單位成本的 3 倍，爲使製作材料成本最省，問這盒子的長寬高各爲何？

12. 某汽車商行發現一至四月間， 每月在電視上的廣告時間 x 單位時間，與汽車銷售量 y 之間的關係，如下表所示：

月 份	一	二	三	四
x	3	4	6	3
y	21	27	36	23

（ⅰ）求上列數據之最小平方廻歸直線。

（ⅱ）若此商行決定五月中的廣告時間爲 4 單位，試估計其在五月中的銷售量。

13. 某商品在四至八月間的銷售量 y 與其售價 x 之間有下表的關係：

月 份	四	五	六	七	八
x	90	80	70	60	50
y	200	240	300	350	420

（ⅰ）求上列數據之最小平方廻歸直線。

（ⅱ）試估計銷售量爲 400 之價格。

14. 函數 $f(x,y)=-2x+3y$ 在下面不等式組的圖形上是否有極大和極小值？若有，則求出之：

$$1 \leq x+y \leq 6,$$
$$-2 \leq x-y \leq 3,$$
$$x-y+2 \geq 0,$$
$$0 \leq x \leq 4,$$
$$0 \leq y \leq 3。$$

15. 求雙曲線 $xy=4$ 上使一次函數 $f(x,y)=5x+2y-1$ 的值爲最小的點。

16. 求橢圓 $3x^2+y^2=9$ 上使一次函數 $f(x,y)=3x-2y+4$ 的值爲最大和最小的點。

17. 求橢圓 $x^2+2y^2=2$ 上使函數 $f(x,y)=xy$ 的值爲最大的點。

18. 某一紙業公司擁有兩家工廠，第一家工廠每日可產高級紙 2 噸，中級紙 1 噸，低級紙 8 噸，而其維持費用爲每日 4,000 元；第二家工廠每日可生產高級紙 7 噸，中級紙 1 噸，低級紙 2 噸，而其維持費爲每日 8,000 元。今這家公司接獲訂單須生產高級紙20噸，中級紙 5 噸，低級紙16噸，問這家公司的兩個工廠各須工作幾天，始可達成供應而成本最小？

19. 某化學公司要將 A, B, C 三種化學物品混合製成1000的磅的特種混合劑。由於品質的要求，混合劑中 A 不能超過 300 磅，B 不能少於150磅，而 C 則至少需要200磅。設 A, B, C 每磅價格分別爲200元、240元及280元。問 A, B, C 各用幾磅可使成本最低？

20. 求拋物線 $y=x^2$ 上和點 $(0,1)$ 爲最接近的點。

21. 設三正數的和爲 9，求乘積的最大值。

22. 設三正數 x, y, z 滿足下式：$2xy+3yz+zx=72$，求乘積的最大值。

23. 設球面 $x^2+y^2+z^2=1$ 上的一點 (x,y,z) 處的溫度爲 $T(x,y,z)=100x^2yz°C$，求這球上溫度最高和最低的所在。

24. 設曲線 C 爲曲面 $xyz=-1$ 和平面 $x+y+z=1$ 的交線，求 C 上和坐標系之原點相距最近和最遠的點。

25. 設曲線 C 爲曲面 $x^2+y^2=z^2$ 和平面 $x+y-z+1=0$ 的交線，求 C 上和坐標系之原點相距最近和最遠的點。

第十一章　重　積　分

§11-1 二重積分的定義和性質

　　和單變數函數的定積分相對應的，在二變數函數中有所謂的**二重積分** (double integral)，它的意義和性質，都可由單變數函數的定積分中對應概念的定義和性質推廣而得。

　　首先我們知道，定積分的積分範圍爲一閉區間 $[a,b]$，而相對的，二重積分的積分範圍則爲「有界閉集合」 D。所謂「有界」，指的是可用一個圓區域把 D 包含在裏面，所謂閉集合，如同前面所述，爲包含了所有界點的集合。我們稱有界閉集合爲一**平面區域** (region)。將平面區域 D 分割成 $\triangle = \{D_1, D_2, \ldots, D_n\}$ 等 n 個小區域（所謂「分割」意指各小區域的聯集爲 D，而彼此間或不相交，或僅交於彼此的界點上），設小區域 D_k 的面積爲 $\triangle s_k$。令

$$d_k = \max \{\overline{PQ} \mid P, Q \in D_k\},$$

卽 d_k 表 D_k 上任意二點的最大距離，並稱 d_k 爲 D_k 的**直徑** (diameter)。令

$$\|\triangle\| = \max\{d_k \mid k = 1, 2, \ldots, n\},$$

稱爲分割 $\triangle$ 的**範數**。又令 $P_k \in D_k$，表 D_k 上的任一點，稱爲分割 $\triangle$ 下的一組樣本。若 $f(x,y)$ 爲定義於 D 上的函數，則

$$\sum_{k=1}^{n} f(P_k) \triangle s_k$$

稱爲 f 在 D 上於分割爲△且樣本爲 $\{P_1, P_2, \ldots, P_n\}$ 時的**黎曼和**。如果當範數趨近於 0 時，不管樣本怎麼取，對應的黎曼和的極限都存在，則稱 f 在 D 上的二重積分存在，而上述黎曼和的極限值，卽爲這二重積分值，記作

$$\iint_D f(x,y)\ ds,$$

卽

$$\iint_D f(x,y)\ ds = \lim_{\|\triangle\| \to 0} \sum_{k=1}^{n} f(P_k) \triangle s_k,$$

其中極限

$$\lim_{\|\triangle\| \to 0} \sum_{k=1}^{n} f(P_k) \triangle s_k = A,$$

的意義，是指對任意 $\varepsilon > 0$ 來說，都存在 $\delta > 0$，使得對 D 上的任意分割△而言，只要 $\|\triangle\|$ 小於 δ，則不管 D_k 的樣本 P_k 怎麼取，下式恆能成立：

$$\left| \sum_{k=1}^{n} f(P_k)\ \triangle s_k - A \right| < \varepsilon \text{。}$$

在這個意義下的極限，要比過去介紹過的極限的意義來得複雜，但因基本的概念相似，故有關的極限的性質值也都能成立，因而對應於定積分的性質也都成立。如下面諸定理所述：

定理 11-1

設函數 $f(x,y)$ 在平面區域 D 上爲可積分，k 爲一常數，則

$$\iint_D k\,f(x,y)\ ds = k \iint_D f(x,y)\ ds \text{。}$$

定理 11-2

設函數 $f(x,y)$, $g(x,y)$ 在平面區域 D 上都爲可積分，則

$$\iint_D f(x,y) + g(x,y)\ ds = \iint_D f(x,y)\ ds + \iint_D g(x,y)\ ds \text{。}$$

定理 11-3

設函數 $f(x, y)$ 在平面區域 D 上爲可積分，而 $\{A, B\}$ 爲 D 上的一個分割，則

$$\iint_D f(x, y) \, ds = \iint_A f(x, y) \, ds + \iint_B f(x, y) \, ds。$$

定理 11-4

設函數 $f(x, y) \geqq 0$ 在平面區域 D 上爲可積分，則

$$\iint_D f(x, y) \, ds \geqq 0。$$

例 1　設 D 爲一平面區域且面積爲 A，而 $f(x, y) = 1$，爲 D 上的常數函數，證明 f 在 D 上爲可積分，且求這二重積分的值。

解　因爲 $f(x, y)$ 的值恆爲 1，故對 D 上的任意分割 $\triangle$ 及任意取的一組樣本而言，f 的對應黎曼和恆爲 A，即

$$\sum_{k=1}^{n} f(P_k) \triangle s_k = \sum_{k=1}^{n} \triangle s_k = A,$$

故知

$$\lim_{\|\triangle\| \to 0} \sum_{k=1}^{n} f(P_k) \triangle s_k = A,$$

即得

$$\iint_D f(x, y) \, ds = \iint_D ds = A。$$

將例 1 的結果列爲下面的定理。

定理 11-5

設 D 爲一有面積的平面區域，則它的面積爲

$$\iint_D ds。$$

例 2　設 D 爲一平面區域且面積爲 A，而

$$f(x, y) = \begin{cases} 0, & \text{當 } x, y \text{ 皆爲無理數}, \\ 1, & \text{當 } x, y \text{ 中有一爲有理數}。 \end{cases}$$

證明: $\iint_D f(x,y)\ ds$ 不存在。

證 因爲對 D 上的任意分割 $\triangle$ 來說， 小區域 D_k 上， 必有點 $P_k(x_k,y_k)$ 及點 $Q(x_k',y_k')$，其中 x_k, y_k, 皆爲無理數，而 x_k',y_k' 中有一爲有理數。由定義知

$$\sum_{k=1}^{n} f(P_k) \triangle s_k = 0,\ \sum_{k=1}^{n} f(Q_k) \triangle s_k = A,$$

故知黎曼和的極限

$$\lim_{\|\triangle\|\to 0} \sum_{k=1}^{n} f(P_k) \triangle s_k\ \text{不存在},$$

卽知 $\iint_D f(x,y)\ ds$ 不存在，而本題得證。

下面我們提出二個關於可積分性的基本而重要的定理，以作爲重要的依據。

定理 11-6

設函數 $f(x,y)$ 在平面區域 D 上爲連續，則二重積分

$$\iint_D f(x,y)\ ds\ \text{必存在}。$$

定理 11-7

設函數 $f(x,y)$, $g(x,y)$ 在平面區域 D 上都爲連續，若 $\triangle = \{D_1,D_2,\ldots,D_n\}$ 爲 D 上的一個分割，且 (x_k,y_k) 及 $(x_k',y_k') \in D_k$，則

$$\lim_{\|\triangle\|\to 0} \sum_{k=1}^{n} f(x_k,y_k) g(x_k',y_k') \triangle s_k = \iint_D f(x,y) g(x,y)\ ds.$$

習　　題

1. 利用極限的性質，證明定理11-1。
2. 利用極限的性質，證明定理11-2。

3. 設函數 $f(x,y)$, $g(x,y)$ 在平面區域 D 上都爲可積分, 且 $f(x,y)$ $\leqq g(x,y)$, $(x,y) \in D$, 證明:

$$\iint_D f(x,y)\ ds \leqq \iint_D g(x,y)\ ds。$$

4. 設函數 $f(x,y)$ 在平面區域 D 上爲連續, 則 $|f(x,y)|$ 在 D 上也爲連續, 利用定理 11-1, 11-2, 11-4, 證明:

$$\left| \iint_D f(x,y)\ ds \right| \leq \iint_D |f(x,y)|\ ds。$$

§11-2 重積分的計値法—迭次積分

　　上節已經對二重積分的意義介紹過了, 並且知道它和單變數函數的定積分一樣, 都是一和數的極限。 我們知道求單變數函數的定積分值時, 無須由定義求極限值, 而可藉微積分基本定理來求出。同樣的, 求二重積分值時, 如果從定義著手, 也將不切實際。本節首先提出一個定理, 說明二重積分可藉所謂的**迭次積分** (iterated integral) 來求值, 卽藉兩次單變數函數的定積分來求出, 它的證明則從略。

定理 11-8

　　設函數 $f(x,y)$ 在下式所表的平面區域 D 上爲連續:

$$D = \{(x,y) \mid \phi(x) \leqq y \leqq \varphi(x), x \in [a,b]\}$$
$$= \{(x,y) \mid k(y) \leqq x \leqq h(y), y \in [c,d]\},$$

(其中 ϕ, φ, k, h 均爲連續函數), 則二重積分

$$\iint_D f(x,y)\ ds$$

$$= \int_a^b \left(\int_{\phi(x)}^{\varphi(x)} f(x,y)\ dy \right) dx$$

$$= \int_c^d \left(\int_{k(y)}^{h(y)} f(x,y)\ dx \right) dy。$$

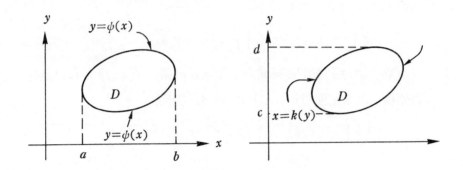

上面定理中後二式，即稱爲**迭次積分**，其中如

$$\int_a^b \left(\int_{\phi(x)}^{\phi(x)} f(x,y)\ dy \right)\ dx$$

的式子，乃是求二次定積分的意思。第一次求定積分時（內層的），是
將 $f(x,y)$ 看作是自變數 y 的函數（x 暫時看作是常數），而就 y 積
分，得到的結果是 x 的函數，然後作第二次的定積分（外層的）。通常
迭次積分的符號，常省去表明積分次序的括號，而表出如下：

$$\int_a^b \int_{\phi(x)}^{\phi(x)} f(x,y)\ dy\ dx,$$

因爲由 $dx,\ dy$ 的出現次序，即可表明積分的次序。雖然我們沒有給予
定理11-8一個證明，然而它的結果可以由幾何意義來說明。設連續函數
$f(x,y) \geqq 0$，對任一 $(x,y) \in D$ 都成立，則點集合

$$V = \{(x,y,z)\mid 0 \leq z \leq f(x,y),(x,y) \in D\}$$

爲一立體，如下頁圖所示。設 $\triangle = \{D_1, D_2, \dots, D_n\}$ 爲 D 的一個分割，
並令 M_k 和 m_k 分別表 f 在 D_k 上的絕對極大和極小值，則二黎曼和

$$\sum_{k=1}^{n} M_k \triangle s_k \ \text{和} \ \sum_{k=1}^{n} m_k \triangle s_k$$

乃分別大於及小於上述立體的體積。由於 f 爲連續函數，故它在 D 上的
二重積分必存在，而上面的二個黎曼和，於分割△的範數 $\|\triangle\|$ 趨近於

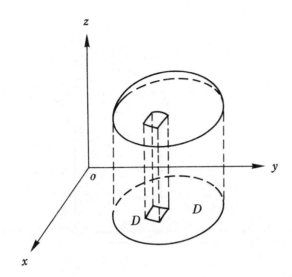

0時，必趨近於同一極限，即 f 在 D 上的二重積分值，從而知上述立體的體積爲

$$v = \iint_D f(x,y) \ ds。$$

但函數 $f(x,y)$ 的切片函數 $f(x_0,y)$, $x_0 \in [a,b]$ 之下，從 $\phi(x_0)$ 到 $\phi(x_0)$ 的截面區域的面積爲

$$\int_{\phi(x_0)}^{\phi(x_0)} f(x_0,y) \ dy,$$

而由截面法求立體的體積可知

$$v = \int_a^b \int_{\phi(x)}^{\phi(x)} f(x,y) \ dy \ dx,$$

同理可知

$$v = \int_c^d \int_{k(y)}^{h(y)} f(x,y) \ dx \ dy,$$

即得

$$v = \iint_D f(x,y) \ ds = \int_a^b \int_{\phi(x)}^{\phi(x)} f(x,y) \ dy \ dx$$
$$= \int_c^d \int_{k(y)}^{h(y)} f(x,y) \ dx \ dy。$$

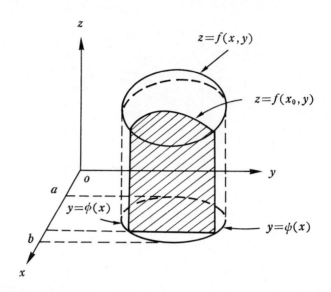

例 1   求下面迭次積分之值:

$$\int_0^1 \int_2^{x+1} (2x-1)y \ dy \ dx。$$

解 $\int_0^1 \int_2^{x+1} (2x-1)y \ dy \ dx$

$$= \int_0^1 (2x-1) \int_2^{x+1} y \ dy \ dx = \int_0^1 (2x-1)(\frac{y^2}{2}) \Big|_2^{x+1} dx$$

$$= \int_0^1 (2x-1) \frac{(x+1)^2-4}{2} \ dx = \frac{1}{2} \int_0^1 2x^3+3x^2-8x+3 \ dx$$

$$= \frac{1}{2} (\frac{x^4}{2} + x^3 - 4x^2 + 3x) \Big|_0^1 = \frac{1}{4}。$$

例 2   設 $f(x,y)=\sqrt{x} y$, $D=\{(x,y)| x^2 \leq y \leq \sqrt{x}, \ x \in [0,1]\}$,
以二個不同積分次序的迭次積分, 求下面二重積分之值:

$$\iint_D f(x,y) \ ds。$$

解   積分的區域 D 由二曲線: $y=x^2$ (或 $x=\sqrt{y}$) 及 $y=\sqrt{x}$
(或 $x=y^2$) 所圍, 圖形如下:

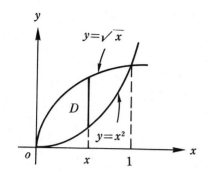 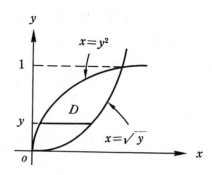

故知

$$\iint_D \sqrt{x}\, y\ ds = \int_0^1 \int_{x^2}^{\sqrt{x}} \sqrt{x}\, y\ dy\ dx$$

$$= \int_0^1 \sqrt{x} \int_{x^2}^{\sqrt{x}} y\ dy\ dx = \int_0^1 \sqrt{x}\, \left(\frac{y^2}{2}\Big|_{x^2}^{\sqrt{x}}\right) dx$$

$$= \int_0^1 \sqrt{x}\, \frac{(x-x^4)}{2}\, dx = \frac{1}{2}\int_0^1 x^{\frac{3}{2}} - x^{\frac{9}{2}} dx$$

$$= \frac{1}{5}\cdot x^{\frac{5}{2}} - \frac{1}{11}\cdot x^{\frac{11}{2}}\Big|_0^1 = \frac{6}{55}\text{。}$$

$$\iint_D \sqrt{x}\, y\ ds = \int_0^1 \int_{y^2}^{\sqrt{y}} \sqrt{x}\, y\ dx\ dy$$

$$= \int_0^1 y \int_{y^2}^{\sqrt{y}} \sqrt{x}\ dx\ dy = \int_0^1 y\left(\frac{2x^{\frac{3}{2}}}{3}\Big|_{y^2}^{\sqrt{y}}\right) dy$$

$$= \int_0^1 2y\, \frac{(y^{\frac{3}{4}} - y^3)}{3}\, dy = \int_0^1 \frac{2}{3}(y^{\frac{7}{4}} - y^4)\ dy$$

$$= \frac{8}{33} y^{\frac{11}{4}} - \frac{2}{15} y^5\Big|_0^1 = \frac{6}{55}\text{。}$$

例3 利用改變積分的次序，以求下面迭次積分之值：

$$\int_0^1 \int_x^1 \exp(y^2)\ dy\ dx\text{。}$$

解 我們可以看到所給的迭次積分中，內層定積分的被積分函數，

並無基本的反導函數，因而無法以所給的積分次序求出迭次
積分的值。但這迭次積分正表出函數

$$f(x,y)=\exp(y^2)$$

在平面區域

$$D=\{(x,y)\mid x\leq y\leq 1, x\in[0,1]\}$$

上的二重積分的值，卽

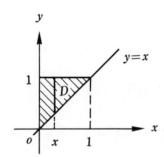
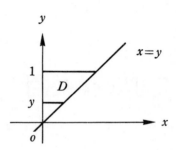

$$\int_0^1\int_x^1\exp(y^2)\ dy\ dx=\iint_D f(x,y)\ ds。$$

改變迭次積分的次序，卽得

$$\iint_D f(x,y)\ ds=\int_0^1\int_0^y\exp(y^2)\ dx\ dy$$

$$=\int_0^1\exp(y^2)\int_0^y dx\ dy=\int_0^1 y\ \exp(y^2)\ dy$$

$$=\frac{1}{2}\cdot\exp(y^2)\ \Big|_0^1=\frac{e-1}{2}。$$

習   題

求下面各題中迭次積分之值：（1～8）

1. $\int_0^1\int_0^x y\ dy\ dx$ 2. $\int_1^2\int_0^{y^2} xy^2\ dx\ dy$

3. $\int_0^1 \int_0^{\sqrt{1-x^2}} y \ dy \ dx$ 　　　4. $\int_4^9 \int_0^x \sqrt{x-y} \ dy \ dx$

5. $\int_0^1 \int_0^{3y} \sqrt{x+y} \ dx \ dy$ 　　6. $\int_0^{\frac{\pi}{6}} \int_{\frac{\pi}{3}}^y \sin x \ dx \ dy$

7. $\int_0^{\ln 3} \int_0^x e^{2x+3y} \ dy \ dx$ 　　8. $\int_{\frac{\pi}{4}}^{\frac{\pi}{2}} \int_1^{\cos\theta} r\sin\theta \ dr \ d\theta$

求下面各題中二重積分 $\iint_D f(x,y) \ ds$ 之值: (9~12)

9. $f(x,y)=x^3+2xy^2$, $D=\{(x,y) \mid x\in[1,2], y\in[0,3]\}$。

10. $f(x,y)=1+xy$, $D=\{(x,y) \mid 0\le y\le x^3, x\in[0,2]\}$。

11. $f(x,y)=\dfrac{x}{\sqrt{y}}$, $D=\{(x,y) \mid 0\le y\le 1-x^2, x\in[-1,1]\}$。

12. $f(x,y)=x+2xy$, D 爲直線 $x-y=1$ 和抛物線 $x+1=y^2$ 所圍的區域。

於下面二題中: (1) 求出迭次積分的值, (2) 將所給的迭次積分表爲二重積分, 並作出二重積分的積分區域D, (3) 將二重積分表爲迭次積分, 但積分的次序和所給的次序不同, 並據以求出它的值。

13. $\int_0^1 \int_y^{y^2} \sqrt{xy} \ dx \ dy$ 　　14. $\int_0^1 \int_x^{3x} x^2y+xy^2 \ dy \ dx$

改變下面二題中迭次積分的積分次序, 但不必積分。

15. $\int_0^{\frac{1}{\sqrt{2}}} \int_y^{\sqrt{1-y^2}} f(x,y) \ dx \ dy$ 　16. $\int_0^{2\sqrt[3]{2}} \int_{\frac{x^2}{4}}^{\sqrt{x}} f(x,y) \ dy \ dx$

求下面二題的值:

17. $\int_0^{\frac{1}{2}} \int_{2x}^1 \exp(y^2) \ dy \ dx$ 　　18. $\int_0^1 \int_y^1 \frac{\sin x}{x} \ dx \ dy$

§11-3 柱面坐標, 以極坐標求二重積分

在這裏以前, 我們對空間中的任一點 P, 都以有序的三元實數組 (x,y,z) 來表出, 其中三元序組的三分量 x, y, z 分別爲P點在 x, y, z

三坐標軸上的射影的直線坐標。 本節則要 介紹空間一點 的另外一種坐標, 稱爲**柱面坐標** (cylindrical coordinate), 這種坐標在某些方面的使用上有它方便之處。關於這點, 在我們接著要介紹的一些二重積分問題時卽可看出。

設直角坐標系中一點 $P(x,y,z)$ 在 xy 平面上的射影爲點 Q, 若於 xy 平面上, 以 x 軸的正向爲始邊的有向角 θ 的終邊經過點 Q, 且 O, Q 二點的距離爲 r, 則可以 (r,θ) 表出 Q 點, 稱爲 Q 點的一個**極坐標**(polar coordinate)。又, 對 $r<0$ 來說, (r,θ) 則表 $(-r, \pi+\theta)$。具極坐標的平面稱爲**極坐標平面**。我們更以 (r,θ,z) 來表出空間的點 P, 稱爲 P 的**柱面坐標**。

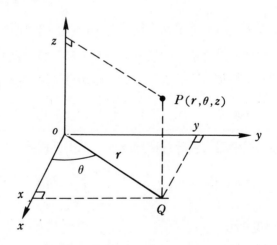

由柱面坐標的意義可知, 一點 P 的直角坐標 (x,y,z) 和它的柱面坐標 (r,θ,z) 之間有下述的關係:

$$x=r\cos\theta, \ y=r\sin\theta, \ z=z。$$

由於 xy 平面上, 過點 Q 的有向角有無限多, 因而 P 點的柱面坐標有無限多。不過, 通常的習慣來說, P 的柱面坐標 $P(r,\theta,z)$ 中, 常取

$\theta \in [0, 2\pi]$。於極坐標平面上，方程式 $r = k$（其中 k 爲常數）表平面上以原點（稱爲極坐標平面的**極**）O 爲圓心且半徑爲 $|k|$ 的圓，而於柱面坐標系中，方程式 $r = k$ 的圖形則表以 z 軸爲中心軸，半徑爲 $|k|$ 的直立柱面，如下圖所示：

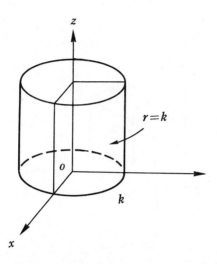

於極坐標平面上，$\theta = \theta_0$ 表過 O 點而和 x 軸正向成 θ_0 角之直線 L，故於柱面坐標系中，方程式 $\theta = \theta_0$ 表上述直線 L 和 z 軸所決定的平面。又，方程式 $z = z_0$ 則表過 z 軸上直線坐標爲 z_0 的點且和 z 軸垂直的平面，如下二圖所示：

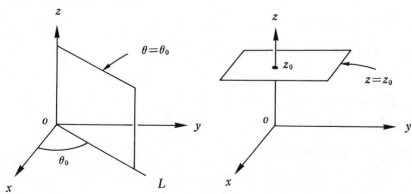

例 1   於柱面坐標系中，試作下面集合所表的圖形：

$$S=\{(r,\theta,z)\mid r\in[r_1,r_2],\theta\in[\theta_1,\theta_2],z\in[z_1,z_2]\},$$

其中 r_1, $z_1>0$, $0<\theta_1$, $\theta_2<\dfrac{\pi}{2}$。

解   易知 S 之圖形如下所示：

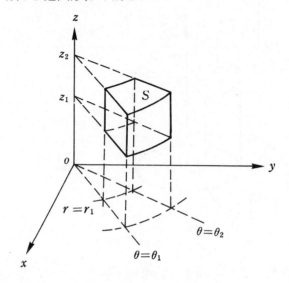

下面將考慮在柱面坐標中，連續曲面 $z=f(r,\theta)$ 的二重積分問題。為使問題簡化起見，我們在這裏打算只考慮在下面形式的極坐標平面區域：

$$D=\{(r,\theta)\mid r\in[a,b],\theta\in[\alpha,\beta]\}$$

上的二重積分的問題。設分割 $\triangle$ 將 D 同心圓

$$r=r_0=a,\ r=r_1,...,r=r_n=b,$$

及過極 O 的直線

$$\theta=\theta_0=\alpha,\ \theta=\theta_1,...,\theta=\theta_n=\beta$$

分割成 n^2 個小區域 D_{ij} 使

$$\triangle r_i=r_i-r_{i-1}=\frac{b-a}{n},$$

$$\triangle \theta_i = \theta_i - \theta_{i-1} = \frac{\beta - \alpha}{n},$$

如下圖所示:

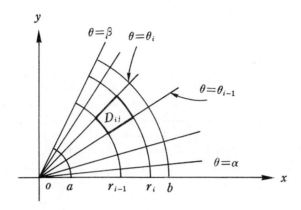

易知小區間 D_{ij} 的面積為

$$\triangle s_{ij} = \frac{1}{2} \triangle \theta_j (r_i{}^2 - r_{i-1}{}^2)$$

$$= \frac{1}{2} \triangle \theta_j \left(2 \cdot \frac{r_i + r_{i-1}}{2} \right)(r_i - r_{i-1})$$

$$= \bar{r}_i \triangle r_i \triangle \theta_j,$$

其中 $\bar{r}_i = \dfrac{r_i + r_{i-1}}{2}$。令 $(r_i{}', \theta_j{}') \in D_{ij}$，則對上述的分割 $\triangle$ 及樣本

$$\{ (r_i{}', \theta_j{}') \mid i, j = 1, 2, \dots, n \}$$

可得 $f(r, \theta)$ 在 D 上的一個黎曼和:

$$\sum_{j=1}^{n} \sum_{i=1}^{n} f(r_i{}', \theta_j{}') \triangle s_{ij}$$

$$= \sum_{j=1}^{n} \sum_{i=1}^{n} f(r_i{}', \theta_j{}') \bar{r}_i \triangle r_i \triangle \theta_j,$$

上一式中 $r_i{}'$ 和 $\bar{r}_i$ 通常都不相等，因此上面的和數，不可看作是連續函數 $f(r, \theta) r$ 在下面的分割 $\triangle'$ 下所對應的一個黎曼和。在這裏要提醒讀者的是，分割 $\triangle'$ 是指對下式所表的直角坐標平面區域:

$$D' = \{(r, \theta) \mid r \in [a, b], \ \theta \in [\alpha, \beta]\}$$

以平行於直角坐標系的 $r\theta$ 平面的坐標軸之直線，分別將 $[a, b]$, $[\alpha, \beta]$ 分割爲 n 等分而得者，如下圖所示：

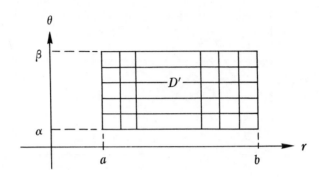

但由定理11-7可知

$$\lim_{\|\triangle\| \to 0} \sum_{j=1}^{n} \sum_{i=1}^{n} f(r_i', \theta_j') \bar{r}_i \triangle r_i \triangle \theta_j = \iint_{D'} f(r, \theta) r \ ds,$$

又將上面的二重積分表爲迭次積分，則得

$$\int_{\alpha}^{\beta} \int_{a}^{b} f(r, \theta) r \ dr \ d\theta。$$

又易知當 $\|\triangle\| \longrightarrow 0$ 時，必然 $\|\triangle'\| \longrightarrow 0$，從而知柱面坐標系中曲面 $z = f(r, \theta)$ 在極坐標平面區域 D 上的二重積分，等於直角坐標系中 $z = f(r, \theta) r$ 在直角坐標平面區域 D' 上的二重積分值，卽

$$\iint_{D} f(r, \theta) r \ ds = \iint_{D'} f(r, \theta) r \ ds = \int_{\beta}^{\alpha} \int_{a}^{b} f(r, \theta) r \ dr \ d\theta。$$

雖然上面的公式，是就特別極坐標區域（扇形的一部分）：

$$D = \{(r, \theta) \mid r \in [a, b], \ \theta \in [\alpha, \beta]\}$$

導出而得，但事實上對一般的極坐標平面區域

$$D_1 = \{(r, \theta) \mid \phi(\theta) \leq r \leq \phi(\theta), \ \theta \in [\alpha, \beta]\},$$

也有類似的公式，證明則從略：

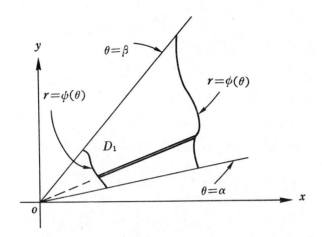

$$\iint_{D_1} f(r,\theta) \ ds = \int_\alpha^\beta \int_{\phi(\theta)}^{\phi(\theta)} f(r,\theta) r \ dr \ d\theta 。$$

同樣的對極坐標平面區域

$$D_2 = \{(r,\theta) \mid r \in [a,b], \ \theta_1(r) \leq \theta \leq \theta_2(r)\},$$

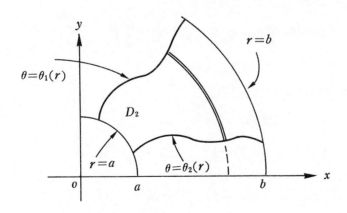

$$\iint_{D_2} f(r,\theta) \ ds = \int_a^b \int_{\theta_1(r)}^{\theta_2(r)} f(r,\theta) r \ dr \ d\theta 。$$

例 2　設 $f(x,y) = x\sqrt{x^2+y^2}$, $D = \{(x,y) \mid x^2+y^2 \leq 1\}$, 求

$$\iint_D f(x,y)\ ds\ \text{之值。}$$

解　將 D 表爲極坐標平面區域，則

$$D=\{(r,\theta)\,|\,r\in[0,1],\ \theta\in[0,2\pi]\},$$

而且 f 的極坐標方程式爲

$$f(r,\theta)=r\cos\theta\cdot r=r^2\cos\theta,$$

故所求的二重積分之值爲

$$\iint_D f(x,y)\ ds=\int_0^{2\pi}\int_0^1 r^2\cos\theta\cdot r\ dr\ d\theta$$

$$=\int_0^{2\pi}\cos\theta\int_0^1 r^3 dr\ d\theta$$

$$=\frac{1}{4}\int_0^{2\pi}\cos\theta\ d\theta=0。$$

例3　設 $f(x,y)=\exp(x^2+y^2)$, $D=\{(x,y)\mid x^2+y^2\le1,\ x,y\ge 0\}$，求 $\iint_D f(x,y)\ ds$ 之值。

解　將 D 表爲極坐標平面區域，則

$$D=\{(r,\theta)\mid r\in[0,1],\ \theta\in[0,\frac{\pi}{2}]\},$$

而且 f 的極坐標方程式爲

$$f(r,\theta)=\exp(r^2),$$

故所求的二重積分之值爲

$$\iint_D f(x,y)\ ds=\int_0^{\frac{\pi}{2}}\int_0^1\exp(r^2)\cdot r\ dr\ d\theta$$

$$=\int_0^{\frac{\pi}{2}}\frac{1}{2}\exp(r^2)\Big|_0^1 d\theta$$

$$=\frac{1}{2}(e-1)\int_0^{\frac{\pi}{2}}d\theta=\frac{\pi(e-1)}{4}。$$

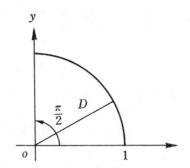

習　　　題

利用轉換爲極坐標，求下面各迭次積分之值：（1～4）

1. $\int_0^3 \int_0^y \sqrt{x^2+y^2}\ dx\ dy$　　　　　2. $\int_0^2 \int_0^{\sqrt{4-x^2}} \sqrt{4-x^2-y^2}\ dy\ dx$

3. $\int_0^1 \int_0^{\sqrt{1-x^2}} \cos(x^2+y^2)\ dy\ dx$　　4. $\int_0^1 \int_0^{\sqrt{1-y^2}} \exp\sqrt{x^2+y^2}\ dx\ dy$

於下面各題中求重積分 $\iint_D f(x,y)\ ds$ 之值：（5～11）

5. $f(x,y)=\dfrac{1}{\sqrt{1-x^2-y^2}}$, $D=\{(x,y)\mid x^2+y^2\leq a^2,\ 0<a<1\}$

6. $f(x,y)=\exp(-(x^2+y^2))$, $D=\{(x,y)\mid 1\leq x^2+y^2\leq 4\}$

7. $f(x,y)=x$, $D=\{(x,y)\mid x^2+y^2\leq x\}$

8. $f(x,y)=y^2$, $D=\{(x,y)\mid x^2+y^2\leq 2y\}$

9. $f(x,y)=\dfrac{x}{\sqrt{x^2+y^2}}$, $D=\{(x,y)\mid x^2+y^2\leq 2y\}$

10. $f(x,y)=\sqrt{x^2+y^2}$, D 爲極坐標方程式 $r=3+\cos\theta$ 所圍的區域。

11. $f(x,y)=x^2+y^2$, D 爲極坐標方程式 $r=2(1+\sin\theta)$ 所圍的區域。

§11-4 重積分在幾何上的應用

　　本章的最後一節，想利用二重積分示範求算平面區域面積或立體的體積。由二重積分的意義, 顯知, 對連續函數 $z=f(x,y)\geqq 0,\ (x,y)\in D$ 來說, 曲面 $z=f(x,y)$ 以下, 區域 D 以上的立體體積爲 $\iint_D f(x,y)ds$, 而由定理 11-5 知, $\iint_D ds$ 爲區域 D 的面積。下面以例子示範求算方法。

　　例 1　求下面六平面所圍立體的體積:

$$x=0,\ y=0,\ z=0,\ x=1,\ y=2, \frac{x}{3}+\frac{y}{4}+\frac{z}{5}=1。$$

　　解　六平面所圍的立體如下左圖所示, 以二重積分求體積的積分區域則如下右圖的矩形區域 D:

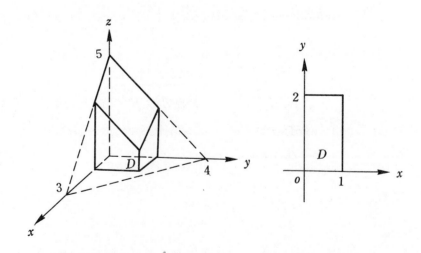

　　故知所求的體積爲

$$v=\iint_D 5\,(1-\frac{x}{3}-\frac{y}{4})ds=5\int_0^2\int_0^1 (1-\frac{x}{3}-\frac{y}{4})\ dx\ dy$$

$$= 5 \int_0^2 (x - \frac{x^2}{6} - \frac{xy}{4}) \Big|_0^1 dy = 5 \int_0^2 (\frac{5}{6} - \frac{y}{4}) \ dy$$

$$= 5 (\frac{5y}{6} - \frac{y^2}{8}) \Big|_0^2 = \frac{35}{6} \circ$$

例 2　求三平面 $y=0$, $x+2y=3, \frac{x}{3}+\frac{y}{4}+\frac{z}{5}=1$ 和拋物柱面 $x=y^2$

所圍的立體的體積。

解　所圍的立體如下左圖所示，以二重積分求體積的積分區域則

如下右圖的區域：

$$D= \{ (x,y) \mid y^2 \leq x \leq 3-2y, \ y \in [0,1] \} \circ$$

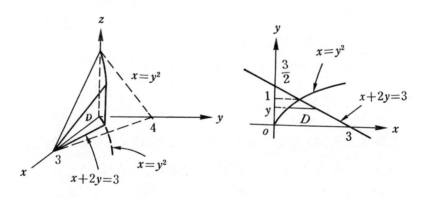

故知所求的體積爲

$$v = \iint_D 5 (1 - \frac{x}{3} - \frac{y}{4}) ds = 5 \int_0^1 \int_{y^2}^{3-2y} (1 - \frac{x}{3} - \frac{y}{4}) \ dx \ dy$$

$$= 5 \int_0^1 (x - \frac{x^2}{6} - \frac{xy}{4}) \Big|_{y^2}^{3-2y} dy$$

$$= 5 \int_0^1 (3-2y-y^2) - \frac{(3-2y)^2 - y^4}{6} - \frac{y(3-2y-y^2)}{4} \ dy$$

$$= \frac{597}{144} \circ$$

例 3　求柱面 $x^2+y^2=1$ 和 $x^2+z^2=1$ 所圍的立體之體積。

解　所圍的立體在第一卦限的部分如下左圖所示，以二重積分求

體積的積分區域則如下右圖的區域:

$$D= \{(x,y) \mid x^2+y^2 \leqq 1, \ x,y \geqq 0\}$$

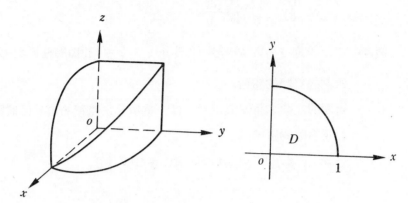

故知所求的立體體積為

$$v=8 \iint_D \sqrt{1-x^2} \ ds = 8\int_0^1 \int_0^{\sqrt{1-x^2}} \sqrt{1-x^2} \ dy \ dx$$

$$=8\int_0^1 \sqrt{1-x^2} \ (y) \ \Big|_0^{\sqrt{1-x^2}} dx = 8 \int_0^1 (1-x^2) \ dx = \frac{16}{3}。$$

例 4 利用重積分，求**心臟線** (cardioid) (極坐標方程式為):
$r=2(1-\cos\theta)$ 所圍區域的面積。

解 所求區域 D 的圖形如下:

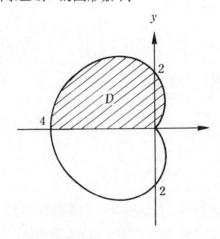

由定理 5-5 知所求區域面積為

$$v = 2\iint_D ds = 2\int_0^\pi \int_0^{2(1-\cos\theta)} r\ dr\ d\theta$$

$$= 2\int_0^\pi \frac{r^2}{2}\ \Big|_0^{2(1-\cos\theta)}\ d\theta$$

$$= 4\int_0^\pi (1-\cos\theta)^2\ d\theta$$

$$= 4\int_0^\pi 1 - 2\cos\theta + \cos^2\theta\ d\theta$$

$$= 4(\theta - 2\sin\theta)\ \Big|_0^\pi + 4\int_0^\pi \frac{\cos\theta+1}{2}\ d\theta$$

$$= 6\pi。$$

例 5 求圓柱面 $x^2+(y-1)^2=1$，平面 $z=0$，和拋物面 $z=x^2+y^2$ 所圍立體的體積。

解 所圍的立體為如下左圖所示，以二重積分求體積的積分區域則如下右圖的區域:

$$D = \{(x,y) \mid x^2+(y-1)^2\leqq1\}。$$

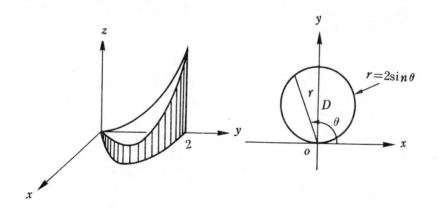

故知所求的立體體積為

$$v = \iint_D x^2+y^2\ ds = \int_0^\pi \int_0^{2\sin\theta} r^3 dr\ d\theta = 4\int_0^\pi \sin^4\theta\ d\theta = \frac{3\pi}{2}。$$

習　　題

1. 求曲面 $z = x^3 y^3$ 之下，平面 $z = 0$ 以上在區域
   $D = \{(x, y) \mid 0 \leq x \leq y \leq 1\}$ 上之部分的立體的體積。

2. 求平面 $\dfrac{x}{4} + \dfrac{y}{3} + \dfrac{z}{5} = 1$ 以下，xy 平面上：x 軸，$x = y$ 及 $x + y = 2$
   三直線所圍的區域 D 以上的立體之體積。

3. 求橢圓拋物面 $z = 8 - 2x^2 - y^2$ 之下，平面 $z = 0$ 以上之部分的立
   體的體積。

4. 求圓柱 $x^2 + y^2 = 1$ 和球 $x^2 + y^2 + z^2 = 4$ 所圍立體的體積。

5. 求旋轉拋物面 $z = x^2 + y^2$ 以下，平面 $z = 0$ 以上，在圓柱
   $x^2 + y^2 = 2y$ 之內部的立體體積。

6. 利用二重積分，求極坐標方程式所表的圓：$r = 4\cos\theta$ 以內，而在
   圓：$r = \cos\theta$ 以外的區域的面積。

7. 利用二重積分，求心臟線 $r = 1 + \cos\theta$ 以內，而在圓：$r = \dfrac{1}{2}$ 以外
   的區域的面積。

第十二章　級　數

§12-1 有限數列與級數

　　藉着數字來表達日常現象，是一種簡明易懂而爲人們常用的方法。譬如，要了解一地方的氣溫變化情形，可將這地方每個月的平均氣溫，依序排列出來，例如下面十二個數表示各月份的平均攝氏氣溫：

　　　　10.5, 13.2, 18, 23.4, 24, 26, 30, 34.2, 35, 30, 24, 13。

像上面所示的，把有限個數定出前後次序而得的一列數，稱爲**有限數列** (finite sequence)，構成數列的各數，稱爲這數列的**項** (term)，位於數列的第一個數，稱爲這數列的**第一項**，第二個數稱爲**第二項**，……，第 k 個數稱爲**第 k 項** (the k-th term)。一般的習慣，常以一個附有右下指標的文字來表出一個數列的項，譬如以 a_k 來表一數列的第 k 項，而下面就是一個 n 項的數列：

　　　　$a_1,\ a_2,\ldots,a_k,\ldots,a_n$。

這個 n 項的數列，可以符號

　　　　$\{a_k\}_{k=1}^{n}$

來表出，或更簡略的表爲 $\{a_k\}$。尤其數列的第 k 項可以用 k 的式子表出時，這種表示方法甚爲方便，譬如，若

　　　　$a_k=(-1)^k 3+5k,$

則 $\{a_k\}_{k=1}^{5}=\{2,13,12,23,22\}$。若數列中後項減去前項的值都相等，則這數列稱爲**等差數列**或**算數數列** (arithmetic sequence)，亦卽

$$\{a_k\} \ 為等差數列 \iff a_{k+1}-a_k=d, \ k=1, \ 2,...,n-1,$$

其中 d 稱爲這等差數列的**公差** (common difference)；若數列中後項與前項的比值都相等，則這數列稱爲**等比數列**或**幾何數列** (geometric sequence)，亦卽

$$\{a_k\} \ 爲等比數列 \iff a_{k+1}=a_k r, \ k=1, \ 2,...,n-1,$$

其中 r 稱爲這等比數列的**公比** (common ratio)。又，若 $\{\dfrac{1}{a_k}\}$ 成等差數列，則稱 $\{a_k\}$ 爲**調和數列** (harmonic sequence)。

把有限數列 $\{a_k\}$ 的各項用加號連結起來，卽得一式：

$$\sum_{k=1}^{n} a_k=a_1+a_2+\cdots+a_n,$$

稱爲由有限數列 $\{a_k\}$ 而成的**有限級數** (finite series)，數列的第 k 項稱爲其所成的級數的第 k 項。有限級數可以很自然表示它各項的總和，它各項總和而得的數，就稱爲這級數的**和**(sum)。由實數的運算性質，易得下面的定理：

定理 12-1

設 c 爲一常數，n 爲正整數，則

（ i ）$\displaystyle\sum_{k=1}^{n} c=nc,$　　　　（ii）$\displaystyle\sum_{k=1}^{n} ca_k=c \sum_{k=1}^{n} a_k,$

（iii）$\displaystyle\sum_{k=1}^{n} (a_k+b_k)=\sum_{k=1}^{n} a_k+\sum_{k=1}^{n} b_k。$

設有 m 個項數爲 n 的數列，這 m 個數列在須作整體考慮時，全體可看作是一個二維數陣。可以文字 a 附以二個右下指標來表示各項，譬如以 a_{ij} 來表示第 i 個數列的第 j 項，並常把這些數排列成矩形陣列，如下：

$$\begin{matrix} a_{11} & a_{12} & a_{13} & \cdots & a_{1n} \\ a_{21} & a_{22} & a_{23} & \cdots & a_{2n} \\ \vdots & \vdots & \vdots & & \vdots \\ a_{m1} & a_{m2} & a_{m3} & \cdots & a_{mn} \end{matrix}$$

我們可用下面的符號，來表明數陣中的 mn 個數的總和：

$$\sum_{i=1}^{m} \sum_{j=1}^{n} a_{ij}。$$

這個符號的意義是，於 i 爲 1, 2,..., m 中的各數時，先分別求各級數 $\sum_{j=1}^{n} a_{ij}$ 的和，然後再求各和數的總和，也就是於數陣中，先依橫向求各列的和，然後再把各和數相加。同樣的，符號 $\sum_{j=1}^{n} \sum_{i=1}^{m} a_{ij}$ 則是於數陣中，先依縱向求各行的和，然後再把各和數相加。顯然知

$$\sum_{i=1}^{m} \sum_{j=1}^{n} a_{ij}=\sum_{j=1}^{n} \sum_{i=1}^{m} a_{ij}。$$

爲了便於演練上述的級數求和，我們引進一些符號於下:

（數陣各項總和） $\quad T=\sum_{i=1}^{m} \sum_{j=1}^{n} a_{ij}=\sum_{j=1}^{n} \sum_{i=1}^{m} a_{ij},$

（數陣 i 列總和） $\quad T_i=\sum_{j=1}^{n} a_{ij},$

（數陣各項均數） $\quad \bar{x}=\dfrac{T}{mn}=\dfrac{1}{mn} \sum_{i=1}^{m} \sum_{j=1}^{n} a_{ij},$

（數陣 i 列均數） $\quad \bar{x}_i=\dfrac{T_i}{n}=\dfrac{1}{n} \sum_{j=1}^{n} a_{ij}。$

例 1 證明下式:

$$\sum_{i=1}^{m} n\,(\bar{x}_i-\bar{x})^2=\frac{1}{n} \sum_{i=1}^{m} T_i{}^2-\frac{T^2}{mn}。$$

證 由定義知

$$\sum_{i=1}^{m} n\,(\bar{x}_i-\bar{x})^2=n \sum_{i=1}^{m} \left(\frac{T_i}{n}-\frac{T}{mn}\right)^2$$

$$=n \sum_{i=1}^{m} \left(\frac{T_i{}^2}{n^2}-\frac{2T_iT}{mn^2}+\frac{T^2}{m^2n^2}\right)$$

$$=n\left(\frac{1}{n^2} \sum_{i=1}^{m} T_i{}^2-\frac{2T}{mn^2} \sum_{i=1}^{m} T_i+\frac{T^2}{m^2n^2} \sum_{i=1}^{m} 1\right)$$

$$= \frac{1}{n} \sum_{i=1}^{m} T_i{}^2 - \frac{2T}{mn} \cdot T + \frac{T^2}{m^2 n} \cdot m$$

$$= \frac{1}{n} \sum_{i=1}^{m} T_i{}^2 - \frac{T^2}{mn} \; ,$$

即本題得證。

對於有限級數的求和技巧，我們要介紹一種對應於利用微分藉微積分基本定理求定積分的方法，這種方法在理論上甚爲簡單，但首先得介紹二個對應於微分和積分的概念。對有限數列 $\{a_k\}_{k=1}^{n}$ 而言，其在第 k 項 $(k \leq n-1)$ 的**差分** (difference)，乃其從第 k 項到第 $k+1$ 項的增量，記爲 $\triangle a_k$ ，卽

$$\triangle a_k = a_{k+1} - a_{k \circ}$$

譬如，當 $a_k = 3k^2 - 2k$ 時，

$$\triangle a_k = 3(k+1)^2 - 2(k+1) - (3k^2 - 2k) = 6k + 1;$$

當 $a_k = 3^k$ 時，

$$\triangle a_k = 3^{k+1} - 3^k = 2 \cdot 3^k$$

等。

由差分的定義，易得下面的定理，其證從略：

定理 12-2

（ⅰ）$\triangle \alpha = 0$（卽每項均爲常數 α 之數列的差分爲常數數列 0 ），

（ⅱ）$\triangle \alpha a_k = \alpha \triangle a_k$，

（ⅲ）$\triangle (a_k + b_k) = \triangle a_k + \triangle b_{k \circ}$

若對數列 $\{b_k\}_{k=1}^{n}$ 而言，其差分 $\triangle b_k = a_k$，則稱數列 $\{b_k\}_{k=1}^{n}$ 爲數列 $\{a_k\}_{k=1}^{n}$ 的一個**和分** (integration)。記爲

$$b_k = \triangle^{-1} a_{k \circ}$$

由差分與和分的意義，易得下面對應於微積分基本定理的性質：

定理 12-3

設 $\triangle b_k = a_k$, 則

$$\sum_{k=i}^{n} a_k = b_{n+1} - b_i \text{。}$$

證明 因為 $\triangle b_k = a_k$, 故知

$$b_{k+1} - b_k = a_k \text{。}$$

分別就 $k = i, i+1, ..., n$ 的情形列式於下:

$$b_{i+1} - b_i = a_i,$$
$$b_{i+2} - b_{i+1} = a_{i+1},$$
$$\cdots\cdots\cdots\cdots$$
$$b_{n+1} - b_n = a_n \text{。}$$

將上面各式之等號兩邊分別相加求和, 由於左邊有可消去的項, 而可得

$$b_{n+1} - b_i = a_i + a_{i+1} + \cdots + a_n = \sum_{k=i}^{n} a_k,$$

卽定理得證。

定理中 $b_{n+1} - b_i$ 可仿如求定積分之符號, 記為 $b_k \Big]_i^{n+1}$, 從而知

$$\sum_{k=i}^{n} a_k = \triangle^{-1} a_k \Big]_i^{n+1}$$

換言之, 求有限級數 $\sum_{k=i}^{n} a_k$ 之和時, 若能求得 a_k 的和分 $b_k = \triangle^{-1} a_k$,

則所求之和為 $b_k \Big]_i^{n+1}$。譬如, 求等比級數 $\sum_{k=0}^{n} r^k$ $(r \neq 1)$ 之和時, 由於

$$\triangle \frac{r^k}{r-1} = \frac{1}{r-1} (r^{k+1} - r^k) = r^k,$$

故知 $\triangle^{-1} r^k = \dfrac{r^k}{r-1}$, 從而由定理 12-3 得

$$\sum_{k=0}^{n} r^k = \frac{r^k}{r-1} \Big]_0^{n+1} = \frac{r^{n+1} - r^0}{r-1} = \frac{r^{n+1} - 1}{r-1} \text{。}$$

由上知, 若一有限級數的一般項 a_k 的和分可求得, 則有限級數求和的
問題卽得解決。因此下面將介紹一些由常見的函數所定的數列之一般項
的和分之求法在此先介紹幾個符號:

$$(ak+b)^{[n]}=(ak+b)(a(k+1)+b)(a(k+2)+b)\cdots(a(k+n-1)+b),$$

$$(ak+b)^{(n)}=(ak+b)(a(k-1)+b)(a(k-2)+b)\cdots(a(k-n+1)+b),$$

$$(ak+b)^{[0]}=1,\ (ak+b)^{(0)}=1。$$

也就是說，$(ak+b)^{[n]}$ 表 n 個因數的連乘積，此 n 個因數乃從 $(ak+b)$ 起，依序每個因數均將 k 之值加 1；而 $(ak+b)^{(n)}$ 表 n 個因數的連乘積，此 n 個因數乃從 $(ak+b)$ 起，依序每個因數均將 k 之值減 1。譬如，

$$(2k+3)^{[3]}=(2k+3)(2k+5)(2k+7),$$

$$(3k-5)^{(4)}=(3k-5)(3k-2)(3k+1)(3k-4)。$$

同時可知，

$$k^{[n]}=k(k+1)(k+2)\cdots(k+n-1),$$

$$k^{(n)}=k(k-1)(k-2)\cdots(k-n+1),\ k^{[0]}=1,\ k^{(0)}=1。$$

上面型式的連乘式，稱爲**階乘式** (factorial expression)。讀者應可注意到，$n^{(n)}=n!$。下面定理提到的差分公式，是與下二微分公式相對應的公式：

$$D(ax+b)^n=an(ax+b)^{n-1},$$

$$D\frac{1}{(ax+b)^n}=D(ax+b)^{-n}=-an(ax+b)^{-n-1}=-\frac{an}{(ax+b)^{n+1}}。$$

定理 12-4

$$\triangle(ak+b)^{(n)}=an(ak+b)^{(n-1)}, \qquad \triangle k^{(n)}=nk^{(n-1)};$$

$$\triangle\frac{1}{(ak+b)^{[n]}}=-\frac{an}{(ak+b)^{[n+1]}}, \qquad \triangle\frac{1}{k^{[n]}}=-\frac{n}{k^{[n+1]}}。$$

證明 在此我們僅證定理的前半部，而後半部的證明留作讀者的練習。

由定義知

$$\triangle(ak+b)^{(n)}=(a(k+1)+b)^{(n)}-(ak+b)^{(n)}$$

$$=(a(k+1)+b)(ak+b)^{(n-1)}$$

$$\quad-(ak+b)^{(n-1)}(a(k-n+1)+b)$$

$$=(ak+b)^{(n-1)}((a(k+1)+b)-(a(k-n+1)+b))$$
$$=an(ak+b)^{(n-1)},$$

於 $a=1$, $b=0$ 時，由上卽得 $\triangle k^{(n)}=nk^{(n-1)}$，而得證。

由定理12-4及12-2的結果可知，階乘式的和分，就仿如二項式的積分一樣：

$$\int (ax+b)^n \, dx = \frac{1}{(n+1)a} \cdot (ax+b)^{n+1}+c,$$

$$\triangle^{-1}(ak+b)^{(n)}=\frac{1}{(n+1)a} \cdot (ak+b)^{(n+1)};$$

$$\int \frac{1}{(ax+b)^n} \, dx = \frac{-1}{((n-1)a)(ax+b)^{n-1}}+c,$$

$$\triangle^{-1} \cdot \frac{1}{(ak+b)^{[n]}} = -\frac{1}{((n-1)a)(ak+b)^{[n-1]}}。$$

例2　求級數 $2 \cdot 5 \cdot 8 + 5 \cdot 8 \cdot 11 + \cdots + 44 \cdot 47 \cdot 50$ 之和。

解　此級數卽

$$\sum_{k=1}^{15} (3k-1)(3k+2)(3k+5)。$$

由於一般項 $a_k = (3k-1)(3k+2)(3k+5) = (3k+5)^{(3)}$，故知

$$\sum_{k=1}^{15} (3k-1)(3k+2)(3k+5)$$

$$=\triangle^{-1}(3k+5)^{(3)} \Big]_1^{16}$$

$$=\frac{1}{12} \cdot (3k+5)^{(4)} \Big]_1^{16}$$

$$=\frac{1}{12} \cdot (3k+5)(3k+2)(3k-1)(3k-4) \Big]_1^{16}$$

$$=\frac{1}{12} \cdot (53 \cdot 50 \cdot 47 \cdot 44 - 8 \cdot 5 \cdot 2 \cdot (-1))$$

$$=456690。$$

例3　求級數 $\dfrac{1}{(1 \cdot 5 \cdot 7)} + \dfrac{1}{(3 \cdot 7 \cdot 9)} + \cdots +$

$$\frac{1}{(2n-1)(2n+3)(2n+5)} 之和。$$

解 此級數卽

$$\sum_{k=1}^{n} \frac{1}{(2k-1)(2k+3)(2k+5)}。$$

由於一般項

$$a_k = \frac{1}{(2k-1)(2k+3)(2k+5)}$$

$$= \frac{2k+1}{(2k-1)(2k+1)(2k+3)(2k+5)}$$

$$= \frac{(2k-1)+2}{(2k-1)(2k+1)(2k+3)(2k+5)}$$

$$= \frac{1}{(2k+1)(2k+3)(2k+5)}$$

$$\quad + \frac{2}{(2k-1)(2k+1)(2k+3)(2k+5)}$$

$$= \frac{1}{(2k+1)^{[3]}} + \frac{2}{(2k-1)^{[4]}},$$

故知

$$\sum_{k=1}^{n} \frac{1}{(2k-1)(2k+3)(2k+5)}$$

$$= \triangle^{-1} \left(\frac{1}{(2k+1)^{[3]}} \right) \Big]_{1}^{n+1} + 2 \triangle^{-1} \left(\frac{1}{(2k-1)^{[4]}} \right) \Big]_{1}^{n+1}$$

$$= -\frac{1}{4} \left(\frac{1}{(2k+1)^{[2]}} \right) \Big]_{1}^{n+1} + \left(-\frac{1}{3} \right) \left(\frac{1}{(2k-1)^{[3]}} \right) \Big]_{1}^{n+1}$$

$$= \frac{7}{180} - \frac{6n+7}{12(2n+1)(2n+3)(2n+5)}。$$

如果有限級數的一般項 a_k 爲 k 的多項式 $p(k)$，但不爲階乘式，則可利用綜合除法，把 $p(k)$ 表爲階乘式，如下例所示：

例4 設 $p(k)=2k^4-12k^3+3k^2-7k+1$，求 $\triangle^{-1}p(k)$，並求 $\sum_{k=1}^{n} p(k)$。

解 利用綜合除法，將 $p(k)$ 依次除以 $k,\ k-1,\ k-2,\ k-3$，如下：

$$2k^4-12k^3+17k^2-7k+1$$
$$=k(2k^3-12k^2+17k-7)+1$$
$$=k((k-1)(2k^2-10k+7))+1$$
$$=k(k-1)((k-2)(2k-6)-5)+1$$
$$=k(k-1)(k-2)(2(k-3))-5k(k-1)+1$$
$$=2k^{(4)}-5k^{(2)}+1,$$

$$
\begin{array}{rrrrr|l}
2 & -12 & 17 & -7 & 1 & \underline{0} \\
 & 0 & 0 & 0 & 0 & \\
\hline
2 & -12 & 17 & -7, & 1 & \underline{1} \\
 & 2 & -10 & 7 & & \\
\hline
2 & -10 & 7, & 0 & & \underline{2} \\
 & 4 & -12 & & & \\
\hline
2 & -6, & -5 & & & \underline{3} \\
 & 6 & & & & \\
\hline
2, & 0 & & & & \\
\end{array}
$$

從而知

$$p(k)=2k^{(4)}-5k^{(2)}+1,$$

故得

$$\triangle^{-1}p(k)=\triangle^{-1}(2k^{(4)}-5k^{(2)}+1)=\frac{2}{5}k^{(5)}-\frac{5}{3}k^{(3)}+k,$$

且得

$$\sum_{k=1}^{n}p(k)=\sum_{k=1}^{n}2k^4-12k^3+17k^2-7k+1$$

$$=\frac{2}{5}k^{(5)}-\frac{5}{3}k^{(3)}+k\Big]_{1}^{n+1}$$

$$=\frac{2}{5}(n+1)n(n-1)(n-2)(n-3)-$$

$$\frac{5}{3}\,(n+1)\,n\,(n-1)+n\text{。}$$

例 5　利用和分求級數和的方法，導出下面各級數之和的公式：

$$\sum_{k=1}^{n}k,\qquad\sum_{k=1}^{n}k^2,\qquad\sum_{k=1}^{n}k^3\text{。}$$

解　因爲

$$k=k^{(1)},\ \ k^2=k^{(2)}+k^{(1)},\ \ k^3=k^{(3)}+3k^{(2)}+k^{(1)},$$

故得

$$\sum_{k=1}^{n}k=\triangle^{-1}\,k^{(1)}=\frac{k^{(2)}}{2}\bigg]_1^{n+1}=\frac{(n+1)n}{2}\ ;$$

$$\sum_{k=1}^{n}k^2=\triangle^{-1}(k^{(2)}+k^{(1)})\bigg]_1^{n+1}=\frac{k^{(3)}}{3}+\frac{k^{(2)}}{2}\bigg]_1^{n+1}$$

$$=\frac{(n+1)\,n\,(n-1)}{3}+\frac{(n+1)n}{2}$$

$$=\frac{(n+1)n}{6}\,(2(n-1)+3)$$

$$=\frac{n(n+1)(2n+1)}{6}\ ;$$

$$\sum_{k=1}^{n}k^3=\triangle^{-1}(k^{(3)}+3k^{(2)}+k^{(1)})\bigg]_1^{n+1}=\frac{k^{(4)}}{4}+k^{(3)}+\frac{k^{(2)}}{2}\bigg]_1^{n+1}$$

$$=\frac{(n+1)\,n\,(n-1)(n-2)}{4}+(n+1)\,n(n-1)+\frac{(n+1)n}{2}$$

$$=\frac{(n+1)n}{4}\,((n-1)(n-2)+4(n-1)+2)$$

$$=\frac{(n+1)n}{4}\,(n^2-3n+2+4n-4+2)$$

$$=\frac{(n+1)n}{4}\,((n+1)n)$$

$$=\left(\frac{(n+1)n}{2}\right)^2\text{。}$$

對有限級數的求和，利用現代的電子計算機，藉簡單的程式（pro-gram），卽可有效的求算。但要導出一有限級數之和的公式，如例 4 例 5 所示，則本節利用和分的解法，乃是相當方便的。

習　　題

1. 利用本節例 1 前之符號，證明下面二式:

（i）$\sum\limits_{i=1}^{m} \sum\limits_{j=1}^{n} (a_{ij}-\bar{x}_i)^2 = \sum\limits_{i=1}^{m} \sum\limits_{j=1}^{n} a_{ij}^2 - \frac{1}{n} \sum\limits_{i=1}^{m} T_i^2$。

（ii）$\sum\limits_{i=1}^{m} \sum\limits_{j=1}^{n} (a_{ij}-\bar{x})^2 = \sum\limits_{i=1}^{m} n(\bar{x}_i-\bar{x})^2 + \sum\limits_{i=1}^{m} \sum\limits_{j=1}^{n} (a_{ij}-\bar{x}_i)^2$。

於下面各題中，求 $\triangle a_k$ 及 $\triangle^{-1} a_k$: (2~7)

2. $a_k = (4k-3)(4k+1)(4k+5)$　　3. $a_k = (3k-5)(3k+1)(3k+4)$

4. $a_k = k^4$　　　　　　　　　　　5. $a_k = k^5 - 3k^3 + k - 7$

6. $a_k = \dfrac{1}{(4k-3)(4k+1)(4k+5)}$　　7. $a_k = \dfrac{1}{k^2-1}$

求下面各題中級數之和: (8~16)

8. $1 \cdot 3 + 2 \cdot 5 + 3 \cdot 7 + \cdots + 115 \cdot 231$

9. $1 \cdot 5 + 3 \cdot 8 + 5 \cdot 11 + \cdots + 21 \cdot 35$

10. $1^2 \cdot 2 + 2^2 \cdot 3 + 3^2 \cdot 4 + \cdots + 20^2 \cdot 21$

11. $1 + 2x + 3x^2 + 4x^3 + \cdots + (n+1)x^n$

12. $1 + 3x + 5x^2 + 7x^3 + \cdots + (2n+1)x^n$

13. $\dfrac{1}{1 \cdot 3} + \dfrac{1}{3 \cdot 5} + \cdots + \dfrac{1}{(2n-1) \cdot (2n+1)}$

14. $\dfrac{1}{1 \cdot 3 \cdot 5} + \dfrac{1}{3 \cdot 5 \cdot 7} + \cdots + \dfrac{1}{(2n-1) \cdot (2n+1) \cdot (2n+3)}$

15. $\dfrac{1}{1 \cdot 2 \cdot 4} + \dfrac{1}{2 \cdot 3 \cdot 5} + \cdots + \dfrac{1}{n \cdot (n+1) \cdot (n+3)}$

16. $\dfrac{1}{1} + \dfrac{1}{1+2} + \dfrac{1}{1+2+3} + \cdots + \dfrac{1}{1+2+3+\cdots+n}$

§12-2 無窮數列及其極限

對有限數列

$$a_1,\ a_2,\ldots,a_k,\ldots,a_n,$$

而言，若將其第 k 項 a_k 與自然數 k 相對應，即得一定義於集合 $\{1,2,3,\ldots,n\}$ 上的函數：

$$a:k \longrightarrow a_k,\ k\in\{1,2,3,\ldots,n\},$$

其中 $a(k)=a_k$。反之，對任一定義於 $\{1,2,3,\ldots,n\}$ 上的實值函數 a，若以 a_k 表 $a(k)$，則得有限數列

$$a_1,\ a_2,\ldots,a_k,\ldots,a_{n。}$$

換句話說，有限數列可看作是定義於 $\{1,2,3,\ldots,n\}$ 上的實值函數。今將這個概念擴充，而稱定義於 $N=\{1,2,3,\ldots,n,\ldots\}$ 上的實值函數為**無窮數列** (infinite sequence)，並以

$$a_1,\ a_2,\ldots,a_k,\ldots,a_n,\ldots$$

來表這數列，更簡記為 $\{a_k\}_{k=1}^{\infty}$ 或 $\{a_k\}$。

對於無窮數列，我們常須考慮，於項數趨大時，各項的「趨勢」問題，亦即各項值的變化情形。由於無窮數列實即定義於 N 上的函數，它的圖形如下所示：

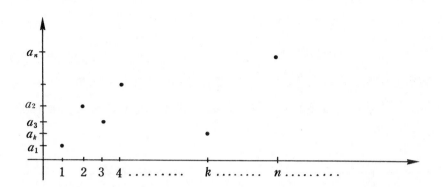

若把圖形投射到縱軸上，則可在直線上看到數列各項值（函數值）的變化情形：譬如數列 $\{a_n\} = \{\dfrac{1}{n}\}$ 的各項於項數增大時，各項值的圖形卽從原點 0 的右邊逐漸向 0 靠近，並且只要項數足夠大，則其圖形卽可任意接近 0，如下圖所示：

這可從函數 $a(x) = \dfrac{1}{x}$ 的極限

$$\lim_{x \to \infty} a(x) = \lim_{x \to \infty} \frac{1}{x} = 0$$

而得了解；又如數列 $\{b_n\} = \{n\}$ 的各項於項數增大時，各項值的圖形卽從原點 0 的右邊逐漸向右等距散開，如下圖：

這也和函數 $b(x) = x$ 的極限

$$\lim_{x \to \infty} b(x) = \lim_{x \to \infty} x = \infty,$$

的結果相配合。一般而言，若實值函數 $a(x)$ 於 x 趨於無限大時的極限：

$$\lim_{x \to \infty} a(x) = L,$$

且 $a_n = a(n)$，則數列 $\{a_n\}$ 的各項於項數增大時，各項值的圖形卽向實數 L 靠近，且可任意靠近，亦卽對以 L 爲中心，任意正數 ε 爲半徑的開區間而言，只要項數 n 足夠大，a_n 卽會落入這個區間內，如下圖所示：

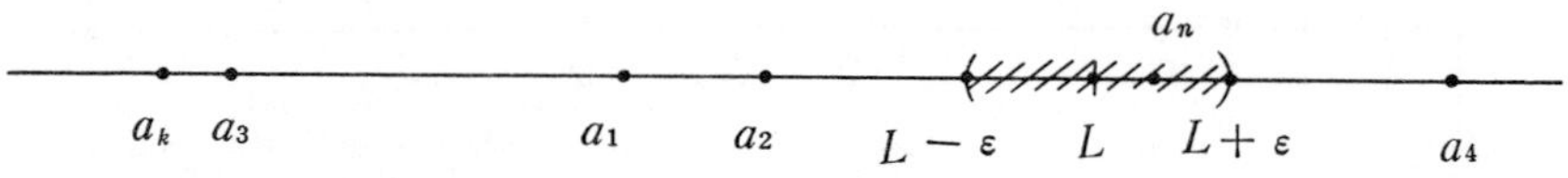

數列值的這種趨勢，我們卽記作

$$\lim_{n \to \infty} a_n = L,$$

意卽

$$\lim_{n \to \infty} a_n = L \Longleftrightarrow \text{（對任意正數 } \varepsilon \text{，均存在 } n_0 \text{ 使得}$$

$$n \geq n_0 \Longrightarrow |a_n - L| < \varepsilon \text{）。}$$

極限存在的數列稱爲**收斂數列**（convergent sequence），否則稱爲**發散數列**（divergent sequence）。數列的極限，在上式所定的意義下，易知具有與一般函數的極限相同的性質，如下各定理所述，證明則都從略。

定理 12-5

數列的極限有唯一性。

定理 12-6

$$\lim_{k \to \infty} a_k = 0 \Longleftrightarrow \lim_{k \to \infty} |a_k| = 0 \text{。}$$

定理 12-7　挾擠原理

設 $a_k \leq b_k \leq c_k$，對任一 $k \in N$ 均成立，且

$$\lim_{k \to \infty} a_k = L = \lim_{k \to \infty} c_k \text{。}$$

則 $\{b_k\}$ 亦收歛，且

$$\lim_{k\to\infty} b_k = L。$$

定理 12-8

設 $\lim_{k\to\infty} a_k = A$, $\lim_{k\to\infty} b_k = B$, 則

（ i ）$\lim_{k\to\infty} (a_k + b_k) = A + B,$　　　　（ ii ）$\lim_{k\to\infty} a_k b_k = AB,$

（iii）於 $B \neq 0$ 時，$\lim_{k\to\infty} \dfrac{a_k}{b_k} = \dfrac{A}{B}。$

關於上面的定理 12-8，讀者仍該注意的是，須先有二數列均收歛的假設，才可以有二數列之和與積的極限為二數列之極限的和與積的結論，否則不可逕行將和與積的極限式子拆成二極限式子的和與積，因為有可能和與積的極限存在，但個別的極限卻有可能不存在的情形。譬如，下面二式均為**錯誤**：

$$\lim_{k\to\infty} ((-1)^k + (-1)^{k+1}) = \lim_{k\to\infty} (-1)^k + \lim_{k\to\infty} (-1)^{k+1},$$

$$\lim_{k\to\infty} (((-1)^k + (-1)^{k+1})k) = (\lim_{k\to\infty} ((-1)^k + (-1)^{k+1}))(\lim_{k\to\infty} k)。$$

二數列之商的情形也是一樣，譬如下式也是**錯誤**：

$$\lim_{k\to\infty} \frac{\dfrac{1}{k+2}}{\dfrac{2}{2k+1}} = \frac{\lim_{k\to\infty} \dfrac{1}{k+2}}{\lim_{k\to\infty} \dfrac{2}{2k+1}}。$$

下面的定理在求數列之極限時甚為有用，其證明則從略。

定理 12-9

設 $f(x)$ 為一實值函數，且 $a_n = f(n)$，則

$$\lim_{x\to\infty} a(x) = L \text{ （或} \pm\infty\text{）} \implies \lim_{n\to\infty} a_n = L \text{ （或} \pm\infty\text{）}。$$

讀者應該注意，上面定理12-9的逆命題並不成立。譬如，

$$\lim_{n\to\infty} \sin n\pi = 0,$$

但是 $\lim_{x \to \infty} \sin x\pi$ 卻不存在。

例 1　設 $a_k = \dfrac{(-1)^k}{k}$, 求 $\lim_{k \to \infty} a_k$。

解　因爲 $\lim_{x \to \infty} \dfrac{1}{x} = 0$, 故 $\lim_{k \to \infty} |a_k| = \lim_{k \to \infty} \dfrac{1}{k} = 0$, 故由定理12-6知

$$\lim_{k \to \infty} a_k = \lim_{k \to \infty} \dfrac{(-1)^k}{k} = 0。$$

例 2　設 $a_k = \dfrac{(-1)^{k+1}}{k \sqrt[3]{k^2+1}}$　求 $\lim_{k \to \infty} a_k$。

解　因爲

$$|a_k| = \left| \dfrac{(-1)^{k+1}}{k \sqrt[3]{k^2+1}} \right| = \left| \dfrac{1}{k} \right| \left| \dfrac{(-1)^{k+1}}{\sqrt[3]{k^2+1}} \right| \leq \dfrac{1}{k},$$

且 $\lim_{k \to \infty} \dfrac{1}{k} = 0$, 故由挾擠原理知

$$\lim_{k \to \infty} |a_k| = 0,$$

而由定理12-6知

$$\lim_{k \to \infty} a_k = 0。$$

例 3　求下面各數列的極限。

$$(\,i\,)\ \dfrac{3k^2}{4k^2+2k-1} \qquad (\,ii\,)\ \dfrac{k^2}{2k-1} - \dfrac{k^2}{2k+1}$$

（i）易知, 可對此數列之一般項的分子及分母同除以 k^2 如下：

$$\lim_{k \to \infty} \dfrac{3k^2}{4k^2+2k-1} = \lim_{k \to \infty} \dfrac{3}{4 + \dfrac{2}{k} - \dfrac{1}{k^2}} = \dfrac{3}{4}。$$

（ii）易知

$$\lim_{k \to \infty} \dfrac{k^2}{2k-1} = \lim_{k \to \infty} \dfrac{k}{2 - \dfrac{1}{k}},$$

由於上面右式分母之極限為 2，而分子則趨向於任意大，故
其商亦趨向於任意大，卽

$$\lim_{k \to \infty} \frac{k}{2 - \frac{1}{k}} = \infty;$$

同樣的

$$\lim_{k \to \infty} \frac{k^2}{2k+1} = \lim_{k \to \infty} \frac{k}{2 + \frac{1}{k}} = \infty。$$

由於數列 $\left\{ \frac{k^2}{2k-1} - \frac{k^2}{2k+1} \right\}$ 的一般項之兩項，均為發
散，故**不可**寫為下式：

$$\lim_{k \to \infty} \frac{k^2}{2k-1} - \frac{k^2}{2k+1} = \lim_{k \to \infty} \frac{k^2}{2k-1} - \lim_{k \to \infty} \frac{k^2}{2k+1}$$

但由

$$\lim_{k \to \infty} \left(\frac{k^2}{2k-1} - \frac{k^2}{2k+1} \right)$$

$$= \lim_{k \to \infty} \frac{k^2(2k+1) - k^2(2k-1)}{(2k+1)(2k-1)}$$

$$= \lim_{k \to \infty} \frac{2k^2}{(2k+1)(2k-1)}$$

$$= \lim_{k \to \infty} \frac{2}{\left(2 + \frac{1}{k} \right)\left(2 - \frac{1}{k} \right)}$$

$$= \frac{1}{2}。$$

例 4　求下面各數列的極限。

（i）$\left\{ \dfrac{\ln k}{k} \right\}$　　　　（ii）$\{ \sqrt[k]{3} \}$　　　　（iii）$\{ \sqrt[k]{k} \}$

解　（i）因為

$$\lim_{x \to \infty} \frac{\ln x}{x} = \lim_{x \to \infty} \frac{\frac{1}{x}}{1} \qquad\qquad （羅比達法則）$$

$$=\frac{0}{1}=0,$$

故得 $\lim_{k \to \infty} \dfrac{\ln k}{k}=0$。

（ii）因為

$$\lim_{x \to \infty} 3^{\frac{1}{x}}=\lim_{x \to \infty}\exp\frac{\ln 3}{x}=\exp\,(\lim_{x \to \infty}\,\frac{\ln 3}{x})=\exp\,0=1,$$

故得 $\lim_{k \to \infty} \sqrt[k]{3}=1$。

（iii）因為

$$\lim_{x \to \infty} x^{\frac{1}{x}}=\lim_{x \to \infty}\exp\frac{\ln x}{x}=\exp\,(\lim_{x \to \infty}\,\frac{\ln x}{x})=\exp\,0=1,$$

故得 $\lim_{k \to \infty} \sqrt[k]{k}=1$。

下面要介紹的，關於**有界單調數列**(bounded monotonic sequence) 的收斂性，是數列極限的一個很重要的性質，由於其證明須用及**實數的 完全性** (completeness of reals)，故而從略。在提出有界單調數列之 收斂性之前，先把有關的名詞之意義說明於下。所謂單調數列，是**遞增 數列** (increasing sequence) 和**遞減數列** (decreasing sequence) 的 統稱，而後二者的意義如下：

$$\{a_k\} \text{ 爲遞增數列} \Longleftrightarrow a_k \leqq a_{k+1},\ k \in N,$$

$$\{a_k\} \text{ 爲遞減數列} \Longleftrightarrow a_k \geqq a_{k+1},\ k \in N。$$

又有界數列的意義則如下所述：

$$\{a_k\} \text{ 爲有界數列} \Longleftrightarrow \text{存在某實數 } M, K, \text{ 使 } K < a_k < M,\ k \in N。$$

其中 K, M 分別稱爲數列 $\{a_k\}$ 的**下界** (lower bound) 和**上界** (upper bound)。

定理 12-10

若遞增數列有上界，則必爲收斂；若遞減數列有下界，則必爲收 斂。

例 5　證明數列 $\{a_k\} = \{\frac{1}{2^k}\}$ 爲遞減數列，且有下界，並求其極限。

解　因爲 $\frac{1}{2} < 1$，故

$$\frac{1}{2^{k+1}} = (\frac{1}{2})(\frac{1}{2^k}) < 1(\frac{1}{2^k}) = \frac{1}{2^k},$$

即知 $\{a_k\} = \{\frac{1}{2^k}\}$ 爲遞減數列。又 $a_k = \frac{1}{2^k} > 0$，故知 0 爲 $\{a_k\}$ 的一個下界，從而知 $\{a_k\} = \{\frac{1}{2^k}\}$ 爲收斂數列。

設 $\lim_{k \to \infty} a_k = \lim_{k \to \infty} (\frac{1}{2^k}) = L$，則由

$$L = \lim_{k \to \infty} a_{k+1} = \lim_{k \to \infty}(\frac{1}{2^{k+1}}) = \frac{1}{2} \lim_{k \to \infty}(\frac{1}{2^k}) = (\frac{1}{2})L,\ L = 0,$$

故知

$$\lim_{k \to \infty} a_k = \lim_{k \to \infty} (\frac{1}{2^k}) = 0 \text{。}$$

仿例 5 可得下面之定理。

定理 12-11

設 r 爲一實數，且 $|r| < 1$，則 $\lim_{k \to \infty} r^k = 0$。

證明　因爲 $|r| < 1$，故

$$0 \le |r|^{k+1} < |r|^k,$$

即知數列 $\{|r|^k\}$ 爲一遞減數列，且有下界 0，從而知其極限存在。今設其極限爲 L，則知

$$L = \lim_{k \to \infty} |r|^k = \lim_{k \to \infty} |r||r|^{k-1} = |r| \lim_{k \to \infty} |r|^{k-1} = |r|L,$$

$$(1 - |r|)L = 0,$$

因爲 $|r| \ne 1$，故 $L = 0$，即

$$\lim_{k \to \infty} |r|^k = \lim_{k \to \infty} |r^k| = 0 \text{。}$$

故知

$$\lim_{k \to \infty} r^k = 0。$$

若一增數列 $\{a_k\}$ 無上界，則其各項之值因項數增大而增大，且無限制的增大；若一減數列 $\{b_k\}$ 無下界，則其各項之值因項數增大而減小，且無限制的減小，卽

$$\lim_{k \to \infty} a_k = \infty, \ \lim_{k \to \infty} b_k = -\infty。$$

對絕對值大於 1 的實數 r 而言，若數列 $\{r^k\}$ 爲收斂，則仿定理 12-11 的證明可知，其極限仍爲 0，關於這點，由收斂數列的幾何意義，顯知此爲不可能，故得下面之定理：

定理 12-12

設 r 爲一實數，且 $|r| > 1$，則數列 $\{r^k\}$ 爲發散。

例 6 求 $\lim\limits_{n \to \infty} \dfrac{3^n + 2^n}{3^n}$。

解 $\quad \lim\limits_{n \to \infty} \dfrac{3^n + 2^n}{3^n} = \lim\limits_{n \to \infty} \left(1 + \left(\dfrac{2}{3} \right)^n \right) = 1 + 0 = 1。$

習　　題

於下面各題中，求 $\lim\limits_{k \to \infty} a_k$: (1~23)

1. $a_k = 3 - \dfrac{2}{k^2}$

2. $a_k = k + \dfrac{1}{k}$

3. $a_k = \dfrac{2 - 3k}{4k + 5}$

4. $a_k = \dfrac{k + (-1)^k}{k}$

5. $a_k = 3^k + (-3)^k$

6. $a_k = \dfrac{2k^2 - 5k + 1}{(3k - 1)^2}$

7. $a_k = \dfrac{1 - k^3}{(2 + k + k^2)^2}$

8. $a_k = \dfrac{(1 + k + k^2)^3}{(5 - k)^5}$

9. $a_k = (\sin^2 30° + \cos^2 30°)^k$

10. $a_k = \dfrac{\sqrt{4k^3 + k + 1}}{k^2}$

11. $a_k = \dfrac{k}{\sqrt{k^2 + k} - k}$

12. $a_k = (2\sin 45° \cos 45°)^k$

13. $a_k = \dfrac{1 + (-1)^k}{k}$

14. $a_k = \dfrac{4^k}{1 + 4^k}$

15. $a_k = \dfrac{k(\cos 60°)^k}{k^2 + 1}$

16. $a_k = \dfrac{2^k}{3^k}$

17. $a_k = \dfrac{3^k}{(-2)^{2k}}$

18. $a_k = 3^k + 3^{-k}$

19. $a_k = \sqrt{3}^k \, 2^{-k}$

20. $a_k = \dfrac{5^{1-k}}{6^{1-k}}$

21. $a_k = (1 - \sin 20°)^k$

22. $a_k = \dfrac{k^3}{(k+1)(k-2)} - \dfrac{k^3}{k(k+1)}$

23. $a_k = \dfrac{4^k + 2^k}{3^k}$

24. 設 $a_1 = \sqrt{2}$, $a_{k+1} = \sqrt{2 + a_k}$, $k \in N$, 證明 $\{a_k\}$ 爲一遞增數列, 且 2 爲其上界 (卽知其爲一收斂數列), 求 $\lim\limits_{k \to \infty} a_k$ 之值。

§12-3 無窮級數之意義及性質

在第一節中, 我們將有限數列的各項用加號 "+" 連起來而得有限級數。有限級數

$$\sum_{k=1}^{n} a_k = a_1 + a_2 + \cdots + a_n,$$

除了表連加的式子外, 也表它各項的和 (爲一數)。今將這種概念予以擴充, 仍以加號將無窮數列的各項連結起來, 而得一**無窮級數**(infinite series)。譬如對應於數列 $\{a_k\}_{k=1}^{n}$ 可得無窮級數

$$a_1+a_2+\cdots+a_n+\cdots,$$

並簡記爲 $\sum\limits_{k=1}^{\infty} a_k$ (或 $\sum a_k$),卽

$$\sum_{k=1}^{\infty} a_k=a_1+a_2+\cdots+a_n+\cdots 。$$

無窮級數和有限級數的一個 顯然的差異在於, 有限級數恆表一數(其和),但對無窮級數而言,由於不曾對無限多個數的求和定義過,所以不能像有限級數一樣,自然的有一數代表其和。在此,我們可以看到,數學上對無窮級數,卽考查其逐次增多項數之和的趨勢。也就是說,對無窮級數 $\sum a_k$ 而言,令

$$S_n=\sum_{k=1}^{n} a_k,$$

稱爲這無窮級數的**第** n **個部分和**(the n-th partial sum),而得一個無窮數列 $\{S_n\}$,若此數列爲收斂且其極限值爲 L,則稱這無窮級數爲**收斂**,且其和爲 L,卽

$$\sum_{k=1}^{\infty} a_k=L \iff \lim_{n\to\infty} S_n=L,$$

而若數列 $\{S_n\}$ 爲發散,則稱這無窮級數爲**發散**。當

$$\lim_{n\to\infty} S_n=\infty \ (\text{或}-\infty)$$

我們亦稱 $\sum a_k$ 發散到 ∞ (或 $-\infty$),且記爲

$$\sum_{k=1}^{\infty} a_k=\infty \ (\text{或}-\infty)。$$

譬如對級數 $\sum (-1)^k$ 而言,因

$$\{S_n\}=\{1,0,1,0,1,\dots\},$$

故 $\lim\limits_{n\to\infty} S_n$ 不存在,從而知 $\sum (-1)^k$ 爲一發散級數,而無法求和;對無窮級數

$$\frac{1}{1\cdot 2}+\frac{1}{2\cdot 3}+\cdots+\frac{1}{n(n+1)}+\cdots$$

而言，因

$$S_n = \sum_{k=1}^{n} \frac{1}{k(k+1)} = \sum_{k=1}^{n} \left(\frac{1}{k} - \frac{1}{k+1} \right) = 1 - \frac{1}{n+1} ,$$

$$\lim_{n \to \infty} S_n = \lim_{n \to \infty} \left(1 - \frac{1}{n+1} \right) = 1,$$

故知

$$\sum_{k=1}^{\infty} \frac{1}{k(k+1)} = 1;$$

而對級數 $\sum\limits_{k=1}^{\infty} k$ 而言，因

$$S_n = \sum_{k=1}^{n} k = \frac{n(n+1)}{2} ,$$

且 $\lim\limits_{n \to \infty} S_n = \infty$，故得 $\sum\limits_{k=1}^{\infty} k = \infty$，爲一發散到∞的級數。

　　與上面無窮等差級數 $\sum k$ 爲發散的情形相同，可易證明任意無窮等差級數均爲發散。無窮等比級數則因公比的不同，而有斂散的情形。

定理 12-13

　　設 $|r| < 1$，則無窮等比級數

$$\sum_{k=0}^{\infty} ar^k = a + ar + ar^2 + \cdots + ar^n + \cdots$$

爲收斂，且其和爲 $\dfrac{a}{1-r}$。

證明　此級數的第 n 個部分和爲

$$S_n = \sum_{k=0}^{n-1} ar^k = \frac{a(1-r^n)}{1-r}$$

故得

$$\lim_{n \to \infty} S_n = \frac{a}{1-r} ,$$

而定理得證。

　　下面收斂級數的必要條件，在判定一級數的發散性上很有幫助。

定理 12-14

若級數 $\sum a_k$ 為收斂，則 $\lim_{n \to \infty} a_n = 0$。

證明   令 S_n 表這級數的第 n 個部分和，且 $\lim_{n \to \infty} S_n = A$，則

$$\lim_{n \to \infty} a_n = \lim_{n \to \infty} (S_n - S_{n-1}) = \lim_{n \to \infty} S_n - \lim_{n \to \infty} S_{n-1} = A - A = 0。$$

設 $a \neq 0$，則當 $|r| \geqq 1$ 時，因 $|ar^n| = |a||r^n| \geqq |a|$，故

$$\lim_{n \to \infty} |ar^n| \neq 0,$$

$$\lim_{n \to \infty} ar^n \neq 0,$$

故由定理12-14知，無窮等比級數 $\sum_{k=0}^{\infty} ar^k$ 為發散。

例 1   下面級數是否收斂？何故？

$$\sum_{k=1}^{\infty} \frac{3k+1}{5k-2}$$

解   因為 $\lim_{k \to \infty} \frac{3k+1}{5k-2} = \frac{3}{5} \neq 0$，故由定理 12-14 知，此級數為

發散。

由無窮級數之和的定義及數列極限的定理（定理 12-8），可得下面
的定理：

定理 12-15

設 $\sum a_k$，$\sum b_k$ 均為收斂，c 為一常數，則 $\sum ca_k$ 與
$\sum (a_k + b_k)$ 均為收斂，且

(i) $\sum ca_k = c \sum a_k$,

(ii) $\sum (a_k + b_k) = \sum a_k + \sum b_k$。

證明   留作練習。

例 2   下面級數是否收斂？若為收斂，則求其和：

$$\sum_{k=2}^{\infty} \frac{3^k + 4^k}{7^k}。$$

解　因爲

$$\sum_{k=2}^{\infty} \frac{3^k}{7^k} = \sum_{k=0}^{\infty} \left(\frac{3}{7}\right)^2 \cdot \frac{3^k}{7^k}$$

其中 $\sum_{k=0}^{\infty} \frac{3^k}{7^k}$ 爲一公比爲 $\frac{3}{7}$ 的無窮等比級數，故爲收斂

（定理 12-13），從而由定理 12-15 (i) 知 $\sum_{k=2}^{\infty} \frac{3^k}{7^k}$ 爲收斂，

同理知 $\sum_{k=2}^{\infty} \frac{4^k}{7^k}$ 爲收斂，而由定理12-15 (ii) 知 $\sum_{k=2}^{\infty} \frac{3^k+4^k}{7^k}$

爲收斂，且由定理 12-13 得

$$\sum_{k=2}^{\infty} \frac{3^k+4^k}{7^k} = \sum_{k=2}^{\infty} \frac{3^k}{7^k} + \sum_{k=2}^{\infty} \frac{4^k}{7^k}$$

$$= \left(\frac{3}{7}\right)^2 \sum_{k=0}^{\infty} \frac{3^k}{7^k} + \left(\frac{4}{7}\right)^2 \sum_{k=0}^{\infty} \frac{4^k}{7^k}$$

$$= \frac{9}{49} \cdot \frac{1}{1-\frac{3}{7}} + \frac{16}{49} \cdot \frac{1}{1-\frac{4}{7}}$$

$$= \frac{9}{28} + \frac{16}{21}$$

$$= \frac{13}{12}。$$

例3　下面級數是否收斂？若爲收斂，則求其和：

$$\sum_{k=2}^{\infty} \frac{3^k+8^k}{7^k}。$$

解　因爲 $\sum_{k=2}^{\infty} \frac{3^k}{7^k}$ 爲收斂，而若 $\sum_{k=2}^{\infty} \frac{3^k+8^k}{7^k}$ 亦爲收斂，則

$$\sum_{k=2}^{\infty} \frac{8^k}{7^k} = \sum_{k=2}^{\infty} \frac{3^k+8^k}{7^k} - \sum_{k=2}^{\infty} \frac{3^k}{7^k}$$

爲收斂。此與前面討論過的，公比的絕對值大於 1 的無窮等

比級數爲發散的事實不符，故知 $\sum_{k=2}^{\infty} \frac{3^k+8^k}{7^k}$ 爲發散。

例 4 下面級數是否收斂？若為收斂，則求其和:

$$\sum_{k=1}^{\infty} \frac{1}{(3k-1)(3k+2)(3k+5)}。$$

解 此級數的第 n 個部分和為

$$S_n = \sum_{k=1}^{n} \frac{1}{(3k-1)(3k+2)(3k+5)}$$

$$= \triangle^{-1} \frac{1}{(3k-1)^{[3]}} \Big]_1^{n+1}$$

$$= -\frac{1}{6} \cdot \frac{1}{(3k-1)^{[2]}} \Big]_1^{n+1}$$

$$= \frac{1}{60} - \frac{1}{6(3n+2)(3n+5)},$$

故知此級數為收斂，且其和為

$$\sum_{k=1}^{\infty} \frac{1}{(3k-1)(3k+2)(3k+5)} = \lim_{n \to \infty} S_n$$

$$= \lim_{n \to \infty} \left(\frac{1}{60} - \frac{1}{6(3n+2)(3n+5)} \right) = \frac{1}{60}。$$

雖然定理12-14提供一個收斂級數的必要條件，然而 $\lim_{n \to \infty} a_n = 0$ 不為級數 $\sum a_k$ 收斂的充分條件。這可由下面的例子看出。

例 5 證明**調和級數** $\sum \frac{1}{k}$ 為發散級數。

證 令 S_n 表此級數的第 n 個部分和，則當 $n = 2^m$ 時，

$$S_n = 1 + \frac{1}{2} + \left(\frac{1}{3} + \frac{1}{4} \right) + \left(\frac{1}{5} + \frac{1}{6} + \frac{1}{7} + \frac{1}{8} \right) + \cdots + \left(\frac{1}{2^{m-1}+1} \right.$$

$$\left. + \cdots + \frac{1}{2^m} \right)$$

$$> 1 + \frac{1}{2} + \left(\frac{1}{4} + \frac{1}{4} \right) + \left(\frac{1}{8} + \frac{1}{8} + \frac{1}{8} + \frac{1}{8} \right) + \cdots + \left(\frac{1}{2^m} + \cdots + \frac{1}{2^m} \right)$$

$$= 1 + \frac{1}{2} + \frac{1}{2} + \cdots + \frac{1}{2} \qquad (m個\frac{1}{2})$$

$$=1+\frac{m}{2},$$

故知 $\lim\limits_{m\to\infty} S_{2^m}=\infty$，即知 $\sum\frac{1}{k}=\infty$，爲一發散到無限大的級數。

例 5 中，級數的一般項 $a_n=\frac{1}{n}$ 的極限 $\lim\limits_{n\to\infty} a_n=0$，但級數 $\sum\frac{1}{n}$ 則爲發散。

例 6　證明級數 $\sum\frac{1}{k^2}$ 爲收斂級數。

證　令 S_n 表此級數的第 n 個部分和，即

$$S_n=1+\frac{1}{2^2}+\frac{1}{3^2}+\cdots+\frac{1}{n^2},$$

顯然，數列 $\{S_n\}$ 爲遞增數列。由數學歸納法可證

$$1+\frac{1}{2^2}+\frac{1}{3^2}+\cdots+\frac{1}{n^2}\leqq 2-\frac{1}{n}<2,$$

對自然數 n 均成立，即知 2 爲數列 $\{S_n\}$ 的一個上界。由定理12-10知，$\{S_n\}$ 必爲收斂，而知級數 $\sum\frac{1}{k^2}$ 爲收斂。

例 6 中，只證明了 $\sum\frac{1}{k^2}$ 爲收斂級數，並未求出其和。事實上，除了一些特殊的無窮級數能求出其和外，一般的收斂級數在應用上均只取適當的部分和作近似值。通常對一無窮級數，常常要先須知其斂散性。下一節中，我們將要介紹一些不須藉部分和的極限而能判斷一級數之斂散性的方法。

習　　題

1. 證明定理 12-15。
2. 證明公差不爲 0 的無窮等差級數必爲發散。

下面各題中的級數是否收斂？若爲收斂，則求其和：(3～13)

3. $\dfrac{1}{\sqrt{2}+1}+\dfrac{1}{\sqrt{3}+\sqrt{2}}+\cdots+\dfrac{1}{\sqrt{n+1}+\sqrt{n}}+\cdots$

4. $\sin\pi+\sin2\pi+\sin3\pi+\cdots+\sin n\pi+\cdots$

5. $\cos\pi+\cos2\pi+\cos3\pi+\cdots+\cos n\pi+\cdots$

6. $\log\dfrac{1}{2}+\log\dfrac{2}{3}+\cdots+\log\dfrac{n}{n+1}+\cdots$

7. $\dfrac{1}{1\cdot2\cdot3}+\dfrac{1}{2\cdot3\cdot4}+\cdots+\dfrac{1}{n(n+1)(n+2)}+\cdots$

8. $\dfrac{1}{1\cdot3}+\dfrac{1}{2\cdot4}+\cdots+\dfrac{1}{n(n+2)}+\cdots$

9. $\dfrac{1}{1\cdot3\cdot5}+\dfrac{1}{3\cdot5\cdot7}+\cdots+\dfrac{1}{(2n-1)(2n+1)(2n+3)}+\cdots$

10. $\dfrac{1}{3}+\dfrac{1}{8}+\dfrac{1}{15}+\cdots+\dfrac{1}{n^2-1}+\cdots$

11. $1+\dfrac{1}{3}+\dfrac{1}{6}+\dfrac{1}{10}+\cdots+\dfrac{1}{1+2+\cdots+n}+\cdots$

12. $\dfrac{2+3}{6}+\dfrac{2^2+3^2}{6^2}+\dfrac{2^3+3^3}{6^3}+\cdots+\dfrac{2^n+3^n}{6^n}+\cdots$

13. $\dfrac{5+3}{4}+\dfrac{5^2+3^2}{4^2}+\dfrac{5^3+3^3}{4^3}+\cdots+\dfrac{5^n+3^n}{4^n}+\cdots$

　　於下列各題的無窮等比級數中，決定使級數收斂的 x 之範圍，並求級數的和：(14～17)

14. $1-\dfrac{x}{3}+\dfrac{x^2}{9}-\dfrac{x^3}{27}+\cdots+\left(-\dfrac{x}{3}\right)^{n-1}+\cdots$

15. $2+\dfrac{4}{x}+\dfrac{8}{x^2}+\dfrac{16}{x^3}+\cdots+\dfrac{2^n}{x^{n-1}}+\cdots$

16. $x+x(3-x)+x^2(3-x)^2+\cdots+x^n(3-x)^n+\cdots$

17. $x^2+\dfrac{x^2}{1+x^2}+\dfrac{x^2}{(1+x^2)^2}+\cdots+\dfrac{x^2}{(1+x^2)^{n-1}}+\cdots$

§12-4 正項級數的審斂法

所謂**正項級數**（positive term series），是指各項均爲正數的級數，這種級數的第 n 個部分和所成的數列 $\{S_n\}$，爲遞增數列，從而由定理 12-10 知，若這數列有上界，則必爲收斂，否則必發散到無限大。由這些考量，可易導出下面的定理。

定理 12-16

設嚴格遞減函數 $f(x)$ 爲連續，且 $f(x)>0$。令 $f(k)=a_k$，則

$$\sum_{k=1}^{\infty} a_k \text{ 爲收斂} \iff \int_1^{\infty} f(x)\ dx \text{ 爲收斂}。$$

證明 $(\Longleftarrow)$ 設 S_n 表級數 $\sum a_k$ 的第 n 個部分和。由下圖知

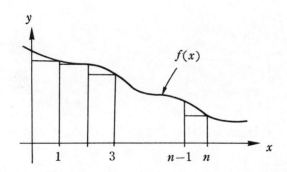

$$S_n \leq f(1)+\int_1^n f(x)\ dx \leq f(1)+\int_1^{\infty} f(x)\ dx,$$

上式對任意 n 均成立，故知 $\{S_n\}$ 有上界，從而知 $\{S_n\}$ 爲收斂，亦即級數 $\sum_{k=1}^{\infty} a_k$ 爲收斂。定理另一半的證明則從略。

由定理 12-16 及上面的定理，即得下面 **p-級數**（p-series）的審斂法。

定理 12-17

設 p 為一常數，則級數 $\sum \dfrac{1}{k^p}$ 於 $p>1$ 時為收斂，於 $p\leq1$ 時為發散。

讀者應可看到，利用 p-級數審斂法，即可看出上節例5及例6的斂散性。

例 1　判斷級數

$$\sum_{k=2}^{\infty} \frac{1}{k(\ln k)^p}$$

的斂散性。

解　考慮廣義積分

$$\int_2^{\infty} \frac{1}{x(\ln x)^p}\ dx。$$

因為

$$\int_2^a \frac{1}{x(\ln x)^p}\ dx$$

$$=\int_2^a \frac{1}{(\ln x)^p}\ d(\ln x)$$

$$=\begin{cases} \dfrac{(\ln a)^{1-p}-(\ln 2)^{1-p}}{1-p},\ 當\ p\neq1\ 時; \\ \ln(\ln a)-\ln(\ln 2),\qquad 當\ p=1\ 時, \end{cases}$$

故得

$$\int_2^{\infty} \frac{1}{x(\ln x)^p}\ dx=\begin{cases} -\dfrac{(\ln 2)^{1-p}}{(1-p)},\ 當\ p>1\ 時; \\ \infty,\ 當\ p\leq1\ 時, \end{cases}$$

從而由定理 12-16 知

$$\sum_{k=2}^{\infty} \frac{1}{k(\ln k)^p}\ 為收斂 \iff p>1。$$

定理 12-18 比較審斂法 (comparison test)

設 $0\leq a_k\leq b_k$，將任意自然數 k 均成立，則

（i）$\sum b_k$ 爲收斂 $\Longrightarrow$ $\sum a_k$ 爲收斂;

（ii）$\sum a_k$ 爲發散 $\Longrightarrow$ $\sum b_k$ 爲發散。

證明 (i) 設 S_n 表級數 $\sum a_k$ 的第 n 個部分和。因爲 $\{S_n\}$ 爲遞增數列，且由 $a_k \leqq b_k$ 知

$$S_n = \sum_{k=1}^{n} a_k \leqq \sum_{k=1}^{n} b_k \leqq \sum_{k=1}^{\infty} b_k,$$

故知 $\{S_n\}$ 有上界，從而 $\{S_n\}$ 爲收斂，亦卽 $\sum a_k$ 爲收斂。

(ii) 若 $\sum b_k$ 爲收斂，則由 (i) 知 $\sum a_k$ 爲收斂，而與假設不合，故知 $\sum b_k$ 爲發散。

例 2 判斷級數 $\sum \dfrac{\cos^2 k}{k^2}$ 的斂散性。

解 因爲 $\dfrac{\cos^2 k}{k^2} \leqq \dfrac{1}{k^2}$，又由於 $\sum \dfrac{1}{k^2}$ 爲收斂，故由比較審斂法知 $\sum \dfrac{\cos^2 k}{k^2}$ 爲收斂。

例 3 判斷級數 $\sum \dfrac{1}{k!}$ 的斂散性。

解 由數學歸納法可證 $\dfrac{1}{k!} \leqq \dfrac{1}{2^{k-1}}$，又由於 $\sum \dfrac{1}{2^{k-1}}$ 爲收斂的等比級數，故由比較審斂法知 $\sum \dfrac{1}{k!}$ 爲收斂。

下面的審斂法，使用起來較比較審斂法方便。

定理 12-19 極限比較審斂法 (limit comparison test)

設 $\sum a_k$ 與 $\sum b_k$ 爲二正項級數，且

$$\lim_{k \to \infty} \frac{a_k}{b_k} = L,$$

則當 $L \neq 0$ 時，

$$\sum a_k \text{ 爲收斂} \Longleftrightarrow \sum b_k \text{ 爲收斂,}$$

當 $L=0$ 時,

$$\sum b_k \text{ 爲收斂} \implies \sum a_k \text{ 爲收斂};$$

$$\sum a_k \text{ 爲發散} \implies \sum b_k \text{ 爲發散}。$$

證明　當 $L \neq 0$ 時,　因爲 $\lim\limits_{k \to \infty} \dfrac{a_k}{b_k} = L$,　故知存在一正整數 k_0,　使

$$k \geq k_0 \implies \left| \frac{a_k}{b_k} - L \right| < \frac{L}{2}$$

$$\implies -\frac{L}{2} < \frac{a_k}{b_k} - L < \frac{L}{2}$$

$$\implies \frac{L}{2} < \frac{a_k}{b_k} < \frac{3L}{2}$$

$$\implies \frac{L}{2} b_k < a_k < \frac{3L}{2} b_k,$$

易知

$$\sum_{k=1}^{\infty} a_k \text{ 爲收斂} \implies \sum_{k=k_0}^{\infty} a_k \text{ 爲收斂} \implies \sum_{k=k_0}^{\infty} \frac{L}{2} b_k \text{ 爲收斂}$$

$$\implies \sum_{k=k_0}^{\infty} b_k \text{ 爲收斂} \implies \sum_{k=1}^{\infty} b_k \text{ 爲收斂},$$

$$\sum_{k=1}^{\infty} b_k \text{ 爲收斂} \implies \sum_{k=k_0}^{\infty} b_k \text{ 爲收斂} \implies \sum_{k=k_0}^{\infty} \frac{3L}{2} b_k \text{ 爲收斂}$$

$$\implies \sum_{k=k_0}^{\infty} a_k \text{ 爲收斂} \implies \sum_{k=1}^{\infty} a_k \text{ 爲收斂},$$

即知

$$\sum a_k \text{ 爲收斂} \iff \sum b_k \text{ 爲收斂};$$

當 $L=0$ 時,　因爲 $\lim\limits_{k \to \infty} \dfrac{a_k}{b_k} = 0$,　故知存在一正整數 k_1,　使

$$k \geq k_1 \implies \left| \frac{a_k}{b_k} \right| < 1$$

$$\implies a_k < b_k,$$

由比較審斂法知

$$\sum_{k=k_1}^{\infty} b_k \text{ 爲收斂} \implies \sum_{k=k_1}^{\infty} a_k \text{ 爲收斂;}$$

$$\sum_{k=k_1}^{\infty} a_k \text{ 爲發散} \implies \sum_{k=k_1}^{\infty} b_k \text{ 爲發散。}$$

從而知

$$\sum_{k=1}^{\infty} b_k \text{ 爲收斂} \implies \sum_{k=1}^{\infty} a_k \text{ 爲收斂;}$$

$$\sum_{k=1}^{\infty} a_k \text{ 爲發散} \implies \sum_{k=1}^{\infty} b_k \text{ 爲發散。}$$

例 4 判斷下面各級數的斂散性:

$$(\,\mathrm{i}\,)\ \sum_{k=1}^{\infty} \frac{\sqrt{k+1}}{2k^2-k+3} \qquad (\mathrm{ii})\ \sum_{k=1}^{\infty} \sin\frac{1}{k}$$

解 （i）此級數的一般項的分母爲 k 的二次式，而分子可看作是 k 的 $\dfrac{1}{2}$ 次式，因此以級數 $\sum \dfrac{1}{k^{\frac{3}{2}}}$ 來作比較。因

$$\lim_{k\to\infty} \frac{\dfrac{\sqrt{k+1}}{2k^2-k+3}}{\dfrac{1}{k^{\frac{3}{2}}}} = \frac{1}{2},$$

故由定理12-19知所予級數與級數 $\sum\dfrac{1}{k^{\frac{3}{2}}}$ 同爲斂散，由 p-級數的審法知後者爲收斂級數，從而知 $\sum\dfrac{\sqrt{k+1}}{2k^2-k+3}$ 爲收斂。

（ii）因爲 $\lim\limits_{x\to\infty} x\sin\dfrac{1}{x}=1$ （何故？），故知

$$\lim_{k\to\infty} k\sin\frac{1}{k} = \lim_{k\to\infty} \frac{\sin\dfrac{1}{k}}{\dfrac{1}{k}} = 1,$$

其中 $\sin\dfrac{1}{k}>0$ （何故？）。因爲 $\sum\dfrac{1}{k}$ 爲發散，故知 $\sum\sin\dfrac{1}{k}$ 爲發散。

上面兩個比較性的審斂法，都須有一適當的，已知斂散性的級數來

作比較，下面提出的審斂法，則無需如此，可以從級數本身的資訊，而得以判定。

定理 12-20 比值審斂法（ratio test）

設 $\sum a_k$ 為正項級數，且

$$\lim_{k \to \infty} \frac{a_{k+1}}{a_k} = L。$$

若 $L < 1$, 則 $\sum a_k$ 為收斂，若 $L > 1$ 或 $L = \infty$，則 $\sum a_k$ 為發散。

證明   顯知 $L \geq 0$。若 $L < 1$，則必有一正數 $r \in (L, 1)$ 存在。因為

$$\lim_{k \to \infty} \frac{a_{k+1}}{a_k} = L < r，故知存在一正整數 k_0，使$$

$$k \geq k_0 \implies \frac{a_{k+1}}{a_k} < r,$$

$$\implies a_{k+1} < a_k r,$$

卽知，

$$a_{k_0+1} < a_{k_0} r,$$

$$a_{k_0+2} < a_{k_0+1} r < a_{k_0} r^2,$$

$$\cdots\cdots\cdots\cdots\cdots,$$

$$a_{k_0+k} < a_{k_0} r^k,$$

$$\cdots\cdots\cdots\cdots\cdots,$$

因為 $\sum_{k=1}^{\infty} a_{k_0} r^k = a_{k_0} \sum_{k=1}^{\infty} r^k = \frac{a_{k_0} r}{1-r}$ （因 $r < 1$）為收斂等比級數，故

由比較審斂法知 $\sum_{k=1}^{\infty} a_{k_0+k}$ 為收斂，從而知 $\sum_{k=1}^{\infty} a_k$ 為收斂。

若 $L > 1$ 或 $L = \infty$，則存在一正整數 k_1，使

$$a_{k_1} < a_{k_1+1} < a_{k_1+2} < \cdots,$$

從而知 $\lim_{k \to \infty} a_k \neq 0$，而知 $\sum a_k$ 為發散。

例 5   利用比值審斂法判斷下面各級數的斂性：

（i）$\displaystyle\sum_{k=1}^{\infty} \frac{1}{k!}$　　　（ii）$\displaystyle\sum_{k=1}^{\infty} \frac{4^k}{k!}$　　　（iii）$\displaystyle\sum_{k=1}^{\infty} \frac{k^k}{k!}$

解　（i）因爲

$$\lim_{k\to\infty} \frac{\dfrac{1}{(k+1)!}}{\dfrac{1}{k!}} = \lim_{k\to\infty} \frac{1}{k+1} = 0 < 1,$$

故知 $\displaystyle\sum \frac{1}{k!}$ 爲收斂。

（ii）因爲

$$\lim_{k\to\infty} \frac{\dfrac{4^{k+1}}{(k+1)!}}{\dfrac{4^k}{k!}} = \lim_{k\to\infty} \frac{4}{k+1} = 0 < 1,$$

故知 $\displaystyle\sum \frac{4^k}{k!}$ 爲收斂。

（iii）因爲

$$\lim_{k\to\infty} \frac{\dfrac{(k+1)^{k+1}}{(k+1)!}}{\dfrac{k^k}{k!}}$$

$$= \lim_{k\to\infty} \left(\frac{k+1}{k}\right)^k = \lim_{k\to\infty} \left(1+\frac{1}{k}\right)^k = e > 1,$$

故知 $\displaystyle\sum \frac{k^k}{k!}$ 爲發散。

由上例可知， 利用比值審法判斷級數的斂散性， 有其相當方便之處， 尤其是一般項中有階乘及乘冪的時候。 但是這個方法有時就「失效」了，譬如當 $\displaystyle\lim \frac{a_{k+1}}{a_k} = 1$ 時， 就無法判斷 $\displaystyle\sum a_k$ 的斂散性了，這可從 $\displaystyle\sum \frac{1}{k^2}$ 爲收斂及 $\displaystyle\sum \frac{1}{k}$ 爲發散的情形得到了解。因爲以比值審斂法來處理這二級數的斂散性時，審斂所求的極限值均爲1。在此要提醒讀者的是,比值審斂法中的數值 L,爲級數之中， 後項與前項比值的極限

而非比值。就調和級數 $\sum \dfrac{1}{k}$ 而言，後項與前項之比值爲 $\dfrac{\dfrac{1}{k+1}}{\dfrac{1}{k}}=$

$\dfrac{k}{k+1}<1$，但此值的極限則爲 $L=1$，而不小於 1。

　　下面要提到的審斂法，其證明與比值審斂法的證明相似，故而從略。

定理 12-21 根值審斂法（root test）

　　設 $\sum a_k$ 爲正項級數，且

$$\lim_{k\to\infty} \sqrt[k]{a_k}=L。$$

若 $L<1$，則 $\sum a_k$ 爲收斂，若 $L>1$ 或 $L=\infty$，則 $\sum a_k$ 爲發散。

　　例 6　判斷下面各級數的斂性：

　　　　（ⅰ）$\displaystyle\sum_{k=2} (\sqrt[k]{k}-1)^k$　　　　　（ⅱ）$\displaystyle\sum_{k=1} \dfrac{4^k}{k^k}$

　　　　（ⅲ）$\displaystyle\sum_{k=2} (\ln k)^{-k}$

　　解　（ⅰ）因爲

$$\lim_{k\to\infty} ((\sqrt[k]{k}-1))^{\frac{1}{k}}=\lim_{k\to\infty} (\sqrt[k]{k}-1)=1-1=0<1,$$

　　故知 $\sum (\sqrt[k]{k}-1)^k$ 爲收斂。

　　（ⅱ）因爲

$$\lim_{k\to\infty} \left(\dfrac{4^k}{k^k}\right)^{\frac{1}{k}}=\lim_{k\to\infty} \dfrac{4}{k}=0<1,$$

　　故知 $\sum \dfrac{4^k}{k^k}$ 爲收斂。

　　（ⅲ）因爲

$$\lim_{k\to\infty} ((\ln k)^{-k})^{\frac{1}{k}}=\lim_{k\to\infty} (\ln k)^{-1}=0<1,$$

　　故知 $\sum (\ln k)^{-k}$ 爲收斂。

習　　題

於下列各題中，判斷級數的斂散性。

1. $\sum \dfrac{1}{\sqrt{3k+2}}$

2. $\sum \dfrac{2k-1}{3k^3+k^2+2}$

3. $\sum \dfrac{2k+3}{k^2+2}$

4. $\sum \sin \dfrac{k\pi}{2}$

5. $\sum \dfrac{k}{3^k}$

6. $\sum \dfrac{\ln k}{\ln(k+2)}$

7. $\sum \dfrac{k}{e^k}$

8. $\sum \dfrac{2k+\sin^2 k}{3k^3}$

9. $\sum \dfrac{1}{2^k k!}$

10. $\sum \dfrac{\cos^2 k}{k^{\frac{3}{2}}}$

11. $\sum \dfrac{\ln k}{k2^k}$

12. $\sum \dfrac{(2k)!}{(k!)^2}$

13. $\sum \dfrac{k^k}{(k+2)^k}$

14. $\sum \dfrac{k!}{k!+k}$

15. $\sum \dfrac{k!}{e^k}$

16. $\sum \dfrac{1 \cdot 3 \cdot \cdots \cdot (2k-1)}{4 \cdot 7 \cdot \cdots \cdot (3k+1)}$

§12-5　交錯級數，絕對收斂，條件收斂

上一節中，我們提出了判斷正項級數之斂散性的一些方法。事實上，若一級數只有有限個負項，則可視同正項級數來處理。因爲一級數中的有限個項，並不影響這級數的斂散性。而若一級數只有有限個正項，則將級數的各項變號而得的級數，即爲上面所述的只有有限個負項的級

數。然而對於具有無限多正項和負項的級數，其斂散性的判斷則須另覓他法了。在此，首先要探討的，是最簡單的情況，卽是其正負項相間的級數，稱爲**交錯級數** (alternating series)。譬如下面二者卽均爲交錯級數：

$$\sum \frac{(-1)^{n+1}}{n} = 1 - \frac{1}{2} + \frac{1}{3} - \frac{1}{4} + \frac{1}{5} - \cdots + \frac{(-1)^{n+1}}{n} - \cdots$$

$$\sum (-1)^n \sin \frac{1}{n} = -\sin 1 + \sin \frac{1}{2} - \sin \frac{1}{3} + \sin \frac{1}{4} - \cdots$$

定理 12-22 交錯級數審斂法 (alternating series test)

設數列 $\{a_k\}$ 爲遞減數列，且收斂於 0，則 $\sum\limits_{k=1}^{\infty} (-1)^{k+1} a_k$ 爲收斂。若 $\sum (-1)^{k+1} a_k = A$，且 $S_n = \sum\limits_{k=1}^{n} (-1)^{k+1} a_k$，則

$$|S_n - A| \leq a_{n+1}。$$

證明　從略。

事實上，交錯級數 $\sum \frac{(-1)^{n+1}}{n}$ 的第 n 個部分和

$$S_{2n} = 1 - \frac{1}{2} + \frac{1}{3} - \frac{1}{4} + \cdots + \frac{1}{2n-1} - \frac{1}{2n}$$

$$= \left(1 + \frac{1}{2} + \frac{1}{3} + \cdots + \frac{1}{2n}\right) - 2\left(\frac{1}{2} + \frac{1}{4} + \frac{1}{6} + \cdots + \frac{1}{2n}\right)$$

$$= \left(1 + \frac{1}{2} + \frac{1}{3} + \cdots + \frac{1}{2n}\right) - \left(1 + \frac{1}{2} + \frac{1}{3} + \cdots + \frac{1}{n}\right)$$

$$= \frac{1}{n+1} + \frac{1}{n+2} + \cdots + \frac{1}{2n}$$

$$= \frac{1}{n} \cdot \left(\frac{1}{1+\frac{1}{n}} + \frac{1}{1+\frac{2}{n}} + \cdots + \frac{1}{1+\frac{n}{n}}\right),$$

此數爲函數 $f(x) = \frac{1}{1+x}$ 在區間 $[0,1]$ 上，將區間 n 等分時的一個黎曼和：

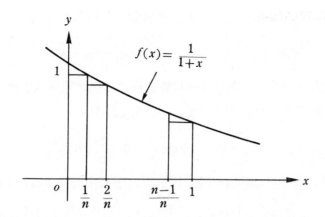

故知

$$\lim_{n \to \infty} S_{2n} = \int_0^1 \frac{1}{1+x} \, dx = \ln |1+x| \,\Big|_0^1 = \ln 2,$$

即知

$$\ln 2 = \sum \frac{(-1)^{n+1}}{n} = 1 - \frac{1}{2} + \frac{1}{3} - \frac{1}{4} + \frac{1}{5} - \cdots + \frac{(-1)^{n+1}}{n} - \cdots 。$$

例 1　證明下面的級數為收斂，並求其近似值，使誤差小於 $\dfrac{1}{5000}$：

$$1 - \frac{1}{3!} + \frac{1}{5!} - \frac{1}{7!} + \cdots$$

解　由交錯級數審斂法知，此級數為收斂。因為

$$\frac{1}{7!} \approx 0.0001984126984 < \frac{1}{5000}，\text{故取前三項}$$

$$1 - \frac{1}{3!} + \frac{1}{5!} = 1 - \frac{1}{6} + \frac{1}{120} \approx 0.8416666666667$$

為近似值時，誤差小於 $\dfrac{1}{5000}$。

由於

$$\ln 2 = 1 - \frac{1}{2} + \frac{1}{3} - \frac{1}{4} + \frac{1}{5} - \cdots + \frac{(-1)^{n+1}}{n} - \cdots, \qquad (1)$$

故由定理 12-15 (i) 知

$$\frac{1}{2}(\ln 2) = \frac{1}{2} - \frac{1}{4} + \frac{1}{6} - \frac{1}{8} + \frac{1}{10} - \cdots, \qquad (2)$$

由收斂級數之意義易知，若於收斂級數之任意二項之間挿入有限個 0，則不影響其收斂性，且其和亦不變，因此由 (2) 知

$$\frac{1}{2}(\ln 2) = 0 + \frac{1}{2} + 0 - \frac{1}{4} + 0 + \frac{1}{6} + 0 - \frac{1}{8} + 0 + \frac{1}{10} + 0 - \cdots, \quad (3)$$

再由定理 12-15 (ii) 知可將 (1), (3) 兩式等號兩邊逐項相加，卽得

$$\frac{3}{2}(\ln 2) = (1+0) + \left(-\frac{1}{2} + \frac{1}{2}\right) + \left(\frac{1}{3} + 0\right) + \left(-\frac{1}{4} + \frac{1}{4}\right) + \left(\frac{1}{5} + 0\right) + \cdots$$

$$= 1 + \frac{1}{3} - \frac{1}{2} + \frac{1}{5} + \frac{1}{7} - \frac{1}{4} + \frac{1}{9} + \frac{1}{11} - \frac{1}{6} + \cdots \qquad (4)$$

(4) 式等號右邊之級數，乃於 (1) 式等號右邊之級數中，由前而後先取二奇數項再取一偶數項而得級數。讀者可以看到這二級數之和不相等。換句話說，無窮級數的各項不可隨便「交換」。上面(4)式所表之級數，稱爲(1)式所表之級數的一個**重排**（rearrangement）。一般而言，若級數 $\sum b_k$ 爲將級數 $\sum a_k$ 之各項的次序加以變換而得者，則稱 $\sum b_k$ 爲 $\sum a_k$ 的一個重排。下面要提出的**絕對收斂級數**（absolutely convergent series），其任一重排亦皆收斂於相同的和。所謂級數 $\sum a_k$ 爲絕對收斂，意指其各項之絕對值所成的級數 $\sum |a_k|$ 亦爲收斂的意思。譬如 $\sum \frac{(-1)^{n+1}}{n^2}$ 卽爲一絕對收斂級數，因當其各項取絕對值後卽得 $\sum \frac{1}{n^2}$，爲一收斂級數。事實上，$\sum \frac{(-1)^{n+1}}{n^2}$ 確爲一收斂級數（由交錯級數審斂法可知）。然而絕對收斂級數本身必爲收斂，實非偶然，而如下面的定理所述。

定理 12-23

$$\sum |a_k| \ 爲收斂 \implies \sum a_k \ 爲收斂。$$

證明 易知，

$$-|a_k| \leq a_k \leq |a_k| ,$$

$$0 \leq |a_k| + a_k \leq 2|a_k| ,$$

由級數收斂的意義及比較審斂法以及上式知

$$\sum |a_k| \text{ 爲收斂} \Longrightarrow \sum 2|a_k| \text{ 爲收斂} \Longrightarrow \sum (|a_k| + a_k) \text{爲收斂}$$

$$\Longrightarrow \sum ((|a_k| + a_k) - |a_k|) \text{ 爲收斂} \Longrightarrow \sum a_k \text{ 爲收斂,}$$

即定理得證。

例 2 證明下面級數爲收斂： $\sum \dfrac{\cos k}{k^2}$ 。

證 因爲 $0 \leq \left| \dfrac{\cos k}{k^2} \right| \leq \dfrac{1}{k^2}$ 且 $\sum \dfrac{1}{k^2}$ 爲收斂，故由比較審斂法知

$$\sum \left| \frac{\cos k}{k^2} \right| \text{爲收斂，} 即 \sum \frac{\cos k}{k^2} \text{爲絕對收斂，故爲收斂。}$$

就交錯級數 $\sum \dfrac{(-1)^{n+1}}{n}$ 而言，它本身爲收斂，但各項的絕對值而

成的級數 $\sum \dfrac{1}{n}$ 爲發散。我們稱這種不爲絕對收斂的收斂級數爲**條件收**

斂級數 (conditionally convergent series)。絕對收斂和條件收斂級

數有下面二定理所述的迥然不同的性質，其證明則從略。

定理 12-24

絕對收斂級數的任一重排亦爲絕對收斂，且其和均相等。

定理 12-25

對任意實數 r 而言，一條件收斂級數均有一重排收斂於 r 。

例 3 判斷下面級數的斂散性：

$$1 - \frac{1}{2} - \frac{1}{2^3} + \frac{1}{2^2} - \frac{1}{2^5} - \frac{1}{2^7} + \frac{1}{2^4} - \frac{1}{2^9} - \frac{1}{2^{11}} + \frac{1}{2^6} - \cdots$$

若其爲一收斂級數，則求其和。

解　所予級數爲無窮等比級數

$$1-\frac{1}{2}+\frac{1}{2^2}-\frac{1}{2^3}+\frac{1}{2^4}-\frac{1}{2^5}+\frac{1}{2^6}-\frac{1}{2^7}+\cdots$$

的一個重排。由於此等比級數爲一絕對收斂級數(何故?)，故知所予級數亦爲收斂，且其和與上述等比級數相等，爲

$$\frac{1}{1-\left(-\frac{1}{2}\right)}=\frac{2}{3}。$$

習　　　題

判斷下面各題中的級數之斂散性。若爲收斂，則是否爲絕對收斂：
(1~10)

1. $\sum \dfrac{(-1)^{n+1}}{\sqrt{3n+1}}$

2. $\sum \dfrac{(-1)^{n+1}}{n3^n}$

3. $\sum \dfrac{(-1)^{n+1}n}{n^3+2}$

4. $\sum \dfrac{(-1)^{n+1}(\ln n)}{n}$

5. $\sum \dfrac{(-1)^{n+1}}{n\ln n}$

6. $\sum \dfrac{(-1)^{n+1}4^n}{3^n}$

7. $\sum \dfrac{\cos n\pi}{n+2}$

8. $\sum \dfrac{(-1)^n n^3}{e^n}$

9. $\sum \dfrac{(-1)^{n+1}}{\sqrt[n]{n}}$

10. $\sum \dfrac{n!}{(-n)^n}$

計算下面各題中之級數和的近似值，使誤差小於 0.01。

11. $\sum\limits_{n=1}^{\infty} \dfrac{(-1)^{n+1}}{n5^n}$

12. $\sum\limits_{n=1}^{\infty} \dfrac{(-1)^{n+1}}{10n}$

13. $\sum\limits_{n=1}^{\infty} \dfrac{(-1)^{n+1}}{n^3}$

14. $\sum\limits_{n=1}^{\infty} \dfrac{(-1)^{n+1}n}{(2n+1)!}$

§12-6 冪級數，收斂區間

以二項式 $(x-a)$ 的**冪數** (power) 構成的級數

$$\sum_{k=0}^{\infty} c_k(x-a)^k = c_0 + c_1(x-a) + c_2(x-a)^2 + \cdots + c_n(x-a)^n + \cdots$$

稱爲 $(x-a)$ 的**冪級數** (power series)。其中文字 c_k 和 a 表常數，c_k 稱爲這冪級數 k 次項的**係數** (coefficient)。於上述的冪級數中，對文字 x 付予一數，卽對應得一級數，譬如，令 $x=a$，則對應的級數爲 $c_0+0+0+0+...$，爲一收斂於 c_0 的級數。若付予 x 的數值不同，則對應的級數有的可能爲收斂，有的可能爲發散。下面定理告訴我們，使一冪級數收斂的數的全體形成一個區間，稱爲這冪級數的**收斂區間** (interval of convergence)，其證明用及實數的完全性，在此從略。

定理 12-26

對一冪級數 $\sum c_k(x-a)^k$ 而言，或僅於 $x=a$ 處爲收斂；或對任意實數 x 均爲收斂；或存在一實數 $r>0$，使得 $|x-a|<r$ 時，$\sum c_k(x-a)^k$ 爲絕對收斂，而 $|x-a|>r$ 時，$\sum c_k(x-a)^k$ 爲發散。

上面定理中，當爲有一實數 $r>0$ 存在的情形，可用下圖表明：

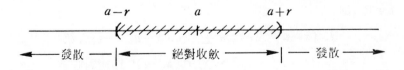

正數 r 稱爲這冪級數的**收斂半徑** (radius of convergence)。這冪級數在區間 $(a-r, a+r)$ 的兩個端點 $a-r$, $a+r$ 來說，或可能兩者皆收斂或皆發散，或可能在其中之一爲收斂，而在另一爲發散，這要由級數

本身來決定。換句話說，這冪級數的收斂區間可能爲下面數種之一：

$$(a-r, a+r), \ [a-r, a+r], \ [a-r, a+r), \ (a-r, a+r];$$

而當爲僅於 $x=a$ 處收斂的情形，則可看作收斂區間爲一退化的一點，其收斂半徑爲 0；當爲對任意實數 x 均收斂的情形，則收斂區間爲無窮區間 $(-\infty, \infty)$，其收斂半徑爲 ∞。

當冪級數之後項係數與前項係數之比值的極限存在時，則容易看出定理 12-26 的內容，如下面定理所述。

定理 12-27

設冪級數 $\sum c_k(x-a)^k$ 的係數均不爲 0，且

$$\lim_{k \to \infty} \left| \frac{c_{k+1}}{c_k} \right| = L。$$

若 $L \neq 0$，則收斂半徑爲 $r = \dfrac{1}{L}$；若 $L = 0$，則收斂半徑爲 $r = \infty$；若 $L = \infty$，則收斂半徑爲 $r = 0$。

證明 設 x 爲一實數，考慮級數 $\sum |c_k(x-a)^k|$，其後項與前項比值的極限爲

$$\lim_{k \to \infty} \frac{|c_{k+1}(x-a)^{k+1}|}{|c_k(x-a)^k|}$$

$$= \lim_{k \to \infty} \left| \frac{c_{k+1}}{c_k} \right| |x-a|$$

$$= L \, |x-a|,$$

若 $L \neq 0$，則

$$L \, |x-a| < 1 \implies \sum |c_k(x-a)^k| \ 爲收斂$$

$$\implies \sum c_k(x-a)^k \ 爲絕對收斂,$$

$$|x-a| < \frac{1}{L} \implies \sum c_k(x-a)^k \ 爲絕對收斂;$$

若 $L \, |x-a| > 1$，則當 k 足夠大時，$\{|c_k(x-a)^k|\}$ 爲遞增，即知

$$\lim_{k\to\infty} |c_k(x-a)^k| \neq 0,$$

$$\lim_{k\to\infty} c_k(x-a)^k \neq 0,$$

從而知 $\sum c_k(x-a)^k$ 爲發散（何故？），卽知收斂半徑 $r=\dfrac{1}{L}$。若 $L=0$，則 $L|x-a|=0$，故知 $\sum |c_k(x-a)^k|$ 爲收斂，卽對任意 x 而言，$\sum c_k(x-a)^k$ 均爲絕對收斂，卽知收斂半徑 $r=\infty$。若 $L=\infty$，則對任意 $x\neq a$ 而言，$L|x-a|=\infty$，仿上段說明知 $\sum c_k(x-a)^k$ 恆爲發散，故知收斂半徑 $r=0$，而定理得證。

例 1　下列各冪級數的收斂區間:

（i）$\sum (x+2)^k$ 　　　（ii）$\sum \dfrac{(x-1)^k}{2k+3}$

（iii）$\sum \dfrac{(x+1)^k}{(k-1)(2k+1)}$

解　（i）在此，$a=-2, c_k=1$, 對所有 k 均成立。因爲 $\lim \left| \dfrac{c_{k+1}}{c_k} \right|=1$, 故收斂半徑爲 1。卽知級數在區間 $(-3, -1)$ 上爲絕對收斂。又 $x=-3$ 時，$\sum (x+2)^k=\sum(-1)^k$; $x=-1$ 時，$\sum (x+2)^k=\sum 1^k$, 二者均爲發散, 從而知所求收斂區間爲 $(-3,-1)$。

（ii）在此，$a=1, c_k=\dfrac{1}{2k+3}$。因爲 $\lim \left| \dfrac{c_{k+1}}{c_k} \right|=1$, 故收斂半徑爲 1。卽知級數在區間 $(0,2)$ 上爲絕對收斂。又 $x=0$ 時，$\sum \dfrac{(x-1)^k}{2k+3}=\sum \dfrac{(-1)^k}{2k+3}$ 爲收斂交錯級數,

$x=2$ 時，$\sum \dfrac{(x-1)^k}{2k+3}=\sum \dfrac{1}{2k+3}$ 爲發散, 從而知所求收斂區間爲 $[0,2)$。

(iii) 在此，$a=-1$，$c_k=\dfrac{1}{(k-1)(2k+1)}$。因為

$\lim\left|\dfrac{c_{k+1}}{c_k}\right|=1$，故收斂半徑為 1。即知級數在區間 $(-2,0)$

上為絕對收斂。又 $x=-2$ 時，級數為

$$\sum \dfrac{(-1)^k}{(k-1)(2k+1)};$$

為收斂交錯級數，$x=0$ 時，級數為

$$\sum \dfrac{1}{(k-1)(2k+1)};$$

亦為收斂，從而知所求收斂區間為 $[-2,0]$。

例2　下列各冪級數的收斂區間：

$\quad$（i）$\sum \dfrac{2^k x^k}{\sqrt{k}}$ $\qquad\qquad$（ii）$\sum \dfrac{(x-3)^k}{k!}$

$\quad$（iii）$\sum (x-2)^k k!$

解　（i）在此，$a=0$，$c_k=\dfrac{2^k}{\sqrt{k}}$。因為 $\lim\left|\dfrac{c_{k+1}}{c_k}\right|=2$，故收斂

半徑為 $\dfrac{1}{2}$。即知級數在區間 $\left(-\dfrac{1}{2},\dfrac{1}{2}\right)$ 上為絕對收斂。又

$x=-\dfrac{1}{2}$ 時，級數為 $\sum \dfrac{(-1)^k}{\sqrt{k}}$ 為收斂交錯級數，$x=\dfrac{1}{2}$ 時，

級數為 $\sum \dfrac{1}{\sqrt{k}}$，為一發散級數，從而知所求收斂區間為

$\left[-\dfrac{1}{2},\dfrac{1}{2}\right)$。

（ii）在此，$a=3$，$c_k=\dfrac{1}{k!}$。因為 $\lim\left|\dfrac{c_{k+1}}{c_k}\right|=0$，故收斂半

徑為 ∞，即知收斂區間為 $(-\infty,\infty)$。

（iii）在此，$a=2$，$c_k=k!$。因為 $\lim\left|\dfrac{c_{k+1}}{c_k}\right|=\infty$，故收斂

半徑為 0，從而知級數僅在點 $x=2$ 為收斂。

習 題

求下面各題的冪級數之收斂區間：

1. $\sum k^2(x-1)^k$

2. $\sum \dfrac{(-1)^{k+1}(x+1)^k}{3k+2}$

3. $\sum \dfrac{kx^k}{k^3+1}$

4. $\sum \dfrac{(-1)^{k+1}x^k}{\ln(k+1)}$

5. $\sum \dfrac{(-1)^{k+1}x^k}{k\ln k}$

6. $\sum \dfrac{4^k(x+3)^k}{3^{k+1}}$

7. $\sum \dfrac{(k+1)(x-2)^k}{5^k}$

8. $\sum \dfrac{\ln k}{e^k}\cdot(x-e)^k$

9. $\sum (k+1)!\,\dfrac{(x-5)^k}{10^k}$

10. $\sum \dfrac{k!\,x^k}{(-k)^k}$

11. $\sum \dfrac{(x-1)^k}{(k!)^2}$

12. $\sum \dfrac{(x+3)^k}{5^k(2k+1)}$

13. $\sum (\mathrm{Tan}^{-1}k)x^k$

14. $\sum \dfrac{(-1)^k(2k-1)^{(k)}x^k}{(3k)^{(k)}}$

§12-7 冪級數所表的函數，泰勒級數

對一冪級數 $\sum c_k(x-a)^k$ 的收斂區間 $(a-r,a+r)$ 上的任一點 x 而言，這級數恆表一和數，令這數對應於 x，則得一函數 f，卽：

$$f:x\longrightarrow \sum c_k(x-a)^k,\ x\in(a-r,a+r)。$$

我們稱函數 f 為**冪級數** $\sum c_k(x-a)^k$ **所表的函數** (the function represented by the power series)。譬如冪級數 $\sum (-1)^{k-1}x^{k-1}$ 所表的函數為 $\dfrac{1}{1+x}$，卽

$$\frac{1}{1+x} = 1 - x + x^2 - x^3 + \cdots + (-1)^k x^k + \cdots, \quad -1 < x < 1。 \quad (1)$$

由冪級數所表的函數，有著和多項函數相似的微分和積分的性質，如下面定理所述，其證明則從略。

定理 12-28

設冪級數 $\sum c_k(x-a)^k$ 的收斂半徑 $r > 0$，而函數 f 為此冪級數所表的函數，則

$$f'(x) = D(\sum_{k=0}^{\infty} c_k(x-a)^k) = \sum_{k=0}^{\infty} (D \ c_k(x-a)^k)$$

$$= \sum_{k=1}^{\infty} k c_k(x-a)^{k-1}, \ x \in (a-r, a+r);$$

$$\int_a^x f(t) \ dt = \int_a^x (\sum_{k=0}^{\infty} c_k(t-a)^k) \ dt = \sum_{k=0}^{\infty} \int_a^x c_k(t-a)^k dt$$

$$= \sum_{k=0}^{\infty} \frac{c_k}{k+1}(x-a)^{k+1}。$$

利用上述定理，我們可易導出一些公式，譬如就上面公式 (1)：

$$\frac{1}{1+x} = 1 - x + x^2 - x^3 + \cdots + (-1)^k x^k + \cdots, \quad -1 < x < 1。$$

分別微分和積分卽得

$$\frac{-1}{(1+x)^2} = -1 + 2x - 3x^2 + 4x^3 - \cdots + (-1)^k k x^{k-1} + \cdots, \quad -1 < x < 1,$$

$$\frac{1}{(1+x)^2} = 1 - 2x + 3x^2 - 4x^3 + \cdots + (-1)^{k-1} k x^{k-1} + \cdots, \quad -1 < x < 1;$$

以及

$$\ln(1+x) = x - \frac{x^2}{2} + \frac{x^3}{3} - \frac{x^4}{4} + \cdots + \frac{(-1)^{k-1} x^k}{k} + \cdots, \quad -1 < x < 1,$$

上面最後式中，若 $x = 1$ 代入亦成立，如第12-5節例 1 前之本文所述，故知上述可以修訂為

$$\ln(1+x) = x - \frac{x^2}{2} + \frac{x^3}{3} - \frac{x^4}{4} + \cdots + \frac{(-1)^{k-1} x^k}{k} + \cdots, \quad -1 < x \leq 1。$$

例 1　利用上面公式，求 ln 1.2 的近似值，並估計其誤差。

解　由上面公式知

$$\ln 1.2 = (0.2) - \frac{(0.2)^2}{2} + \frac{(0.2)^3}{3} - \frac{(0.2)^4}{4} + \frac{(0.2)^5}{5} + \cdots$$

$$\approx (0.2) - \frac{(0.2)^2}{2} + \frac{(0.2)^3}{3} - \frac{(0.2)^4}{4}$$

$$\approx 0.182267,$$

由交錯級數審斂法知誤差

$$|E| \leq \frac{(0.2)^5}{5} = \frac{1}{15625} = 0.000064 \text{。}$$

例 2　利用對公式

$$\frac{1}{1+x^2} = 1 - x^2 + x^4 - x^6 + x^8 - x^{10} + \cdots, \quad -1 < x < 1,$$

的微分和積分，導出一些函數的冪級數展式。

證　易知

$$D\frac{1}{1+x^2} = D(1 - x^2 + x^4 - x^6 + x^8 - x^{10} + \cdots), \quad -1 < x < 1,$$

$$-\frac{2x}{(1+x^2)^2} = -2x + 4x^3 - 6x^5 + 8x^7 - 10x^9 + \cdots, \quad -1 < x < 1;$$

$$\int_0^x \frac{1}{1+t^2}\,dx = \int_0^x (1 - t^2 + t^4 - t^6 + t^8 - t^{10} + \cdots)dt, \quad -1 < t < 1,$$

$$\mathrm{Tan}^{-1}x = x - \frac{x^3}{3} + \frac{x^5}{5} - \frac{x^7}{7} + \frac{x^9}{9} - \frac{x^{11}}{11} + \cdots, \quad -1 < x < 1 \text{。}$$

例 2　$\mathrm{Tan}^{-1}x$ 的公式中，x 並不為 -1 和 1，但藉稍加深入的理論可以導出，-1 和 1 二數亦滿足此式，換句話說，此式可以推廣而得

$$\mathrm{Tan}^{-1}x = x - \frac{x^3}{3} + \frac{x^5}{5} - \frac{x^7}{7} + \frac{x^9}{9} - \frac{x^{11}}{11} + \cdots, \quad -1 \leq x \leq 1 \text{。}$$

譬如，

$$\frac{\pi}{4} = \mathrm{Tan}^{-1} 1 = 1 - \frac{1}{3} + \frac{1}{5} - \frac{1}{7} + \frac{1}{9} - \frac{1}{11} + \cdots,$$

$$\pi=4(1-\frac{1}{3}+\frac{1}{5}-\frac{1}{7}+\frac{1}{9}-\frac{1}{11}+\cdots)。$$

例 3 對冪級數 $\sum\limits_{k=0}^{\infty}\frac{x^k}{k!}$，證明：此級數的收斂半徑為無限大。令

$$f(x)=\sum_{k=0}^{\infty}\frac{x^k}{k!},\ x\in R,$$

求 $f'(x)$。

解 因為

$$\lim_{k\to\infty}\frac{\frac{1}{(k+1)!}}{\frac{1}{k!}}=\lim_{k\to\infty}\frac{1}{k+1}=0,$$

故知此級數的收斂半徑為無限大。易知

$$f'(x)=D(\sum_{k=0}^{\infty}\frac{x^k}{k!})$$

$$=D(1+x+\frac{x^2}{2!}+\frac{x^3}{3!}+\frac{x^4}{4!}+\cdots)$$

$$=1+x+\frac{x^2}{2!}+\frac{x^3}{3!}+\frac{x^4}{4!}+\cdots$$

$$=f(x)。$$

例 3 中的函數 f 的導函數為這函數本身，同時 $f(0)=1$。而我們也知道，函數 $g(x)=e^x$ 也具有這二性質。由第 4-2 節例 8 知，具有這樣性質的函數有唯一性，從而得知下面的公式：

$$e^x=1+x+\frac{x^2}{2!}+\frac{x^3}{3!}+\frac{x^4}{4!}+\cdots,\ x\in R。$$

下面我們從另一角度來看，把一函數表為冪級數的公式問題。設函數 f 在 a 處的各階導數都存在，則稱下面的冪級數：

$$\sum_{k=0}^{\infty}\frac{f^{(k)}(a)}{k!}(x-a)^k$$

為 f 在 $x=a$ 處的**泰勒級數**（Taylor series）。於 $a=0$ 時，則稱為 f 的**馬克勞林級數**（Maclaurin series）。一函數 f 的泰勒級數所表的函

數 g 是否就是 f 呢？一般來說，並不盡然。譬如對函數

$$f(x) = \begin{cases} e^{-\frac{1}{x^2}} \\ \\ 0 \end{cases}$$

而言，因 $f^{(n)}(0)=0$，對任意 $n \in N$ 均成立（關於這點的證明從略），故其的馬克勞林級數爲

$$g(x) = 0 + 0x + \frac{0x^2}{2!} + \frac{0x^3}{3!} + \cdots = 0,$$

顯然 $g \neq f$。下面定理則提出 $f = g$ 的充分條件。

定理 12-29

設 f 的泰勒級數之收斂半徑爲 r，若存在一正數 $M > 0$，使 $|f^{(n)}(c)| \leqq M$，對任意 $c(a-r, a+r)$，及 $n \in N$ 均成立，則

$$f(x) = \sum_{k=0}^{\infty} \frac{f^{(k)}(a)}{k!}(x-a)^k, \ x \in (a-r, a+r)。$$

證明 對任意 $x \in (a-r, a+r)$ 而言，由泰勒公式知，存在 c 介於 x 和 a 之間，使

$$f(x) = \sum_{k=0}^{n} \frac{f^{(k)}(a)}{k!}(x-a)^k + \frac{f^{(n+1)}(c)}{(n+1)!}(x-a)^{n+1},$$

由於

$$\left| \frac{f^{(n+1)}(c)}{(n+1)!}(x-a)^{n+1} \right| \leqq M \left| \frac{(x-a)^{n+1}}{(n+1)!} \right|,$$

且由上式及

$$\lim_{n \to \infty} \frac{(x-a)^{n+1}}{(n+1)!} = 0$$

（因由 $\sum \frac{b^k}{k!}$ 爲收斂知 $\lim_{k \to \infty} \frac{b^k}{k!} = 0$），知

$$\lim_{n \to \infty} \frac{f^{(n+1)}(c)}{(n+1)!}(x-a)^{n+1} = 0,$$

故由上式及上面的泰勒公式可知

$$\lim_{n \to \infty} f(x) = \lim_{n \to \infty} \left(\sum_{k=0}^{n} \frac{f^{(k)}(a)}{k!}(x-a)^k + \frac{f^{(n+1)}(c)}{(n+1)!}(x-a)^{n+1} \right),$$

$$f(x) = \sum_{k=0}^{\infty} \frac{f^{(k)}(a)}{k!}(x-a)^k,$$

而定理得證。

由於正弦和餘弦的各階導函數皆為正負正弦或餘弦，皆為有界函數，故由定理 12-29 知，其泰勒級數所表的函數即為其本身，亦即

$$\sin x = x - \frac{x^3}{3!} + \frac{x^5}{5!} - \frac{x^7}{7!} + \cdots + \frac{(-1)^n x^{2n+1}}{(2n+1)!} + \cdots, \ x \in R。$$

$$\cos x = 1 - \frac{x^2}{2!} + \frac{x^4}{4!} - \frac{x^6}{6!} + \cdots + \frac{(-1) x^{2n}}{(2n)!} + \cdots, \ x \in R。$$

例 4   利用公式 $e^x = \sum\limits_{k=0}^{\infty} \dfrac{x^k}{k!}$，證明：$2 < e < 3$。

證   由公式知

$$e = \sum_{k=0}^{\infty} \frac{1}{k!} = 1 + 1 + \frac{1}{2!} + \frac{1}{3!} + \frac{1}{4!} + \cdots,$$

但是

$$\frac{1}{2!} + \frac{1}{3!} + \frac{1}{4!} + \cdots < \frac{1}{2} + \frac{1}{2^2} + \frac{1}{2^3} + \cdots = \frac{\frac{1}{2}}{1 - \frac{1}{2}} = 1,$$

故知 $2 < e < 3$，而得證。

例 5   求下面定積分的近似值，並估算其誤差：

$$\int_0^1 \sin x^2 \, dx。$$

解   由公式知

$$\sin x^2 = x^2 - \frac{x^6}{3!} + \frac{x^{10}}{5!} - \frac{x^{14}}{7!} + \cdots$$

故知

$$\int_0^1 \sin x^2 \, dx = \int_0^1 \left(x^2 - \frac{x^6}{3!} + \frac{x^{10}}{5!} - \frac{x^{14}}{7!} + \cdots \right) dx$$

$$=\frac{1}{3}-\frac{1}{42}+\frac{1}{1320}-\frac{1}{75600}+\cdots$$

取前三項為近似值，則知

$$\int_0^1 \sin x^2 \, dx \approx 0.3010,$$

其誤差為 $|E| \leqq \dfrac{1}{75600} \approx 0.000013$。

習　　　題

1. 設冪級數 $\sum c_k(x-a)^k$ 的收斂半徑 $r>0$，而函數 f 為此冪級數所表的函數，證明：

$$c_k = \frac{f^{(k)}(a)}{k!} 。$$

2. 令

$$f(x)=\sum_{k=0}^{\infty} \frac{(-1)^k x^{2k+1}}{(2k+1)!}, g(x)=\sum_{k=0}^{\infty} \frac{(-1)^k x^{2k}}{(2k)!},$$

直接對冪級數微分，證明：$f'(x)=g(x)$，$g'(x)=-f(x)$。

求下列各題的函數 f 在 $x=a$ 處的泰勒級數：$(3\sim5)$

3. $f(x)=e^x$，$a=-1$ 　　　　　4. $f(x)=\sin x$，$a=\dfrac{\pi}{2}$

5. $f(x)=\sin (2x+\dfrac{\pi}{3})$，$a=0$

6. 求下面定積分的近似值，並估算其誤差：$\displaystyle\int_0^1 e^{-x^2} dx$。

7. 求下面定積分的近似值，並估算其誤差：$\displaystyle\int_0^{\frac{1}{3}} \frac{1}{1+x^6} \, dx$。

8. 求下面定積分的近似值，並估算其誤差：$\displaystyle\int_0^{\frac{1}{2}} \mathrm{Tan}^{-1} x^2 \, dx$。

附錄一　積 分 表

1. $\int x^n \, dx = \dfrac{x^{n+1}}{n+1} + c, \ (n \neq 1)$

2. $\int \cos x \, dx = \sin x + c$

3. $\int \sin x \, dx = -\cos x + c$

4. $\int \sec^2 x \, dx = \tan x + c$

5. $\int \csc^2 x \, dx = -\cot x + c$

6. $\int \sec x \tan x \, dx = \sec x + c$

7. $\int \csc x \cot x \, dx = -\csc x + c$

8. $\int \tan x \, dx = \ln|\sec x| + c$

9. $\int \cot x \, dx = \ln|\sin x| + c$

10. $\int \sec x \, dx = \ln|\sec x + \tan x| + c$

11. $\int \csc x \, dx = \ln|\csc x - \cot x| + c$

12. $\int e^x \, dx = e^x + c$

13. $\int a^x \, dx = \dfrac{1}{\ln a} \cdot a^x + c, \ (1 \neq a > 0)$

14. $\int \dfrac{1}{x} dx = \ln |x| + c$

15. $\int \dfrac{dx}{\sqrt{a^2 - x^2}} = \text{Sin}^{-1} \dfrac{x}{a} + c$

16. $\int \dfrac{dx}{a^2 + x^2} dx = \dfrac{1}{a} \text{Tan}^{-1} \dfrac{x}{a} + c$

17. $\int \dfrac{dx}{x\sqrt{x^2 - a^2}} = \dfrac{1}{a} \text{Sec}^{-1} \left| \dfrac{x}{a} \right| + c$

18. $\int \dfrac{dx}{x\sqrt{ax+b}} = \dfrac{1}{\sqrt{b}} \ln \left| \dfrac{\sqrt{ax+b} - \sqrt{b}}{\sqrt{ax+b} + \sqrt{b}} \right| + c, \ (b>0)$

19. $\int \dfrac{dx}{x\sqrt{ax+b}} = \dfrac{2}{\sqrt{-b}} \text{Tan}^{-1} \dfrac{\sqrt{ax+b}}{\sqrt{-b}} + c, \ (b<0)$

20. $\int \dfrac{dx}{x^n \sqrt{ax+b}} = \dfrac{-1}{b(n-1)} \dfrac{\sqrt{ax+b}}{x^{n-1}}$
$$- \dfrac{(2n-3)a}{(2n-2)b} \int \dfrac{dx}{x^{n-1}\sqrt{ax+b}}, \ (n \neq 1)$$

21. $\int \dfrac{\sqrt{ax+b}}{x} dx = 2\sqrt{ax+b} + b\int \dfrac{dx}{x\sqrt{ax+b}}$

22. $\int \dfrac{dx}{x^2 - a^2} = \dfrac{1}{2a} \ln \left| \dfrac{x-a}{x+a} \right| + c$

23. $\int \dfrac{dx}{(ax+b)(cx+d)} = \dfrac{1}{bc-ad} \ln \left| \dfrac{cx+d}{ax+b} \right| + c_1, \ (bc \neq ad)$

24. $\int \dfrac{xdx}{(ax+b)(cx+d)} = \dfrac{1}{bc-ad} \left\{ \dfrac{b}{a} \ln |ax+b| - \dfrac{d}{c} \ln |cx+d| \right\}$
$$+ c_1, \ (bc \neq ad)$$

25. $\int \dfrac{dx}{(ax+b)^2(cx+d)} = \dfrac{1}{bc-ad} \left\{ \dfrac{1}{ax+b} + \dfrac{c}{bc-ad} \ln \left| \dfrac{cx+d}{ax+b} \right| \right\}$
$$+ c_1, \ (bc \neq ad)$$

26. $\int \dfrac{xdx}{(ax+b)^2(cx+d)} = \dfrac{-1}{bc-ad} \left\{ \dfrac{b}{a(ax+b)} + \dfrac{d}{bc-ad} \ln \left| \dfrac{cx+d}{ax+b} \right| \right\}$

$$+c_1, \ (bc \neq ad)$$

27. $\displaystyle\int \sqrt{x^2 \pm a^2}\,dx = \frac{x}{2}\sqrt{x^2 \pm a^2} \pm \frac{a^2}{2}\ln|x + \sqrt{x^2 \pm a^2}| + c$

28. $\displaystyle\int \frac{dx}{\sqrt{x^2 \pm a^2}} = \ln|x + \sqrt{x^2 \pm a^2}| + c$

29. $\displaystyle\int x^2 \sqrt{x^2 \pm a^2}\,dx = \frac{x}{8}(2x^2 \pm a^2)\sqrt{x^2 \pm a^2} - \frac{a^4}{8}\ln|x + \sqrt{x^2 \pm a^2}| + c$

30. $\displaystyle\int \frac{x^2\,dx}{\sqrt{x^2 \pm a^2}} = \frac{x}{2}\sqrt{x^2 \pm a^2} \mp \frac{a^2}{2}\ln|x + \sqrt{x^2 \pm a^2}| + c$

31. $\displaystyle\int (x^2 \pm a^2)^{\frac{3}{2}}\,dx = x(x^2 \pm a^2)^{\frac{3}{2}} - 3\int x^2 \sqrt{x^2 \pm a^2}\,dx$

32. $\displaystyle\int \frac{dx}{(x^2 \pm a^2)^{\frac{3}{2}}} = \frac{\pm x}{a^2 \sqrt{x^2 \pm a^2}} + c$

33. $\displaystyle\int \frac{x^2\,dx}{(x^2 \pm a^2)^{\frac{3}{2}}} = \frac{-x}{\sqrt{x^2 \pm a^2}} + \ln|x + \sqrt{x^2 \pm a^2}| + c$

34. $\displaystyle\int \frac{dx}{x^2 \sqrt{x^2 \pm a^2}} = \frac{\mp \sqrt{x^2 \pm a^2}}{a^2 x} + c$

35. $\displaystyle\int \frac{\sqrt{x^2 \pm a^2}}{x^2}\,dx = -\frac{\sqrt{x^2 \pm a^2}}{x} + \ln|x + \sqrt{x^2 \pm a^2}| + c$

36. $\displaystyle\int \frac{\sqrt{x^2 \pm a^2}}{x}\,dx = \sqrt{x^2 \pm a^2} \pm a^2 \int \frac{dx}{x\sqrt{x^2 \pm a^2}}$

37. $\displaystyle\int \frac{dx}{x\sqrt{x^2 + a^2}} = \frac{-1}{a}\ln\left|\frac{a + \sqrt{x^2 + a^2}}{x}\right| + c$

38. $\displaystyle\int \frac{dx}{x\sqrt{x^2 - a^2}} = \frac{1}{a}\mathrm{Sec}^{-1}\left|\frac{x}{a}\right| + c$

39. $\displaystyle\int \sqrt{a^2 - x^2}\,dx = \frac{x}{2}\sqrt{a^2 - x^2} + \frac{a^2}{2}\mathrm{Sin}^{-1}\frac{x}{a} + c$

40. $\displaystyle\int x^2 \sqrt{a^2 - x^2}\,dx = \frac{-x}{4}(a^2 - x^2)^{\frac{3}{2}} + \frac{a^2}{4}\int \sqrt{a^2 - x^2}\,dx$

41. $\displaystyle\int \frac{x^2}{\sqrt{a^2 - x^2}}\,dx = \frac{-x}{2}\sqrt{a^2 - x^2} + \frac{a^2}{2}\mathrm{Sin}^{-1}\frac{x}{a} + c$

42. $\displaystyle\int \frac{dx}{(a^2-x^2)^{\frac{3}{2}}} = \frac{x}{a^2\sqrt{a^2-x^2}} + c$

43. $\displaystyle\int (a^2-x^2)^{\frac{3}{2}} dx = \frac{x}{4}(a^2-x^2)^{\frac{3}{2}} + \frac{3a^2}{4}\int\sqrt{a^2-x^2}\,dx$

44. $\displaystyle\int \frac{x^2}{(a^2-x^2)^{\frac{3}{2}}} dx = \frac{x}{\sqrt{a^2-x^2}} - \mathrm{Sin}^{-1}\frac{x}{a} + c$

45. $\displaystyle\int \frac{dx}{x\sqrt{a^2-x^2}} = \frac{-1}{a}\ln\left|\frac{a+\sqrt{a^2-x^2}}{x}\right| + c$

46. $\displaystyle\int \frac{dx}{x^2\sqrt{a^2-x^2}} = -\frac{\sqrt{a^2-x^2}}{a^2x} + c$

47. $\displaystyle\int \frac{\sqrt{a^2-x^2}}{x} dx = \sqrt{a^2-x^2} - a\ln\left|\frac{a+\sqrt{a^2-x^2}}{x}\right| + c$

48. $\displaystyle\int \frac{\sqrt{a^2-x^2}}{x^2} dx = -\frac{\sqrt{a^2-x^2}}{x}\,\mathrm{Sin}^{-1}\frac{x}{a} + c$

49. $\displaystyle\int \frac{dx}{(x^2+a^2)^n} = \frac{1}{2(n-1)a^2}\left\{\frac{x}{(x^2+a^2)^{n-1}}\right.$

$\left. + (2n-3)\int\frac{dx}{(x^2+a^2)^{n-1}}\right\}, \quad (n\neq 1)$

50. $\displaystyle\int x\,\sin\,x\,dx = \sin\,x - x\,\cos\,x + c$

51. $\displaystyle\int x^n\sin\,x\,dx = -x^n\cos\,x + nx^{n-1}\sin\,x - n(n-1)\int x^{n-2}\sin\,x\,dx$

52. $\displaystyle\int x\,\cos\,x\,dx = \cos\,x + x\,\sin\,x + c$

53. $\displaystyle\int x^n\cos\,x\,dx = x^n\sin\,x + nx^{n-1}\,\cos\,x - n(n-1)\int x^{n-2}\cos\,x\,dx$

54. $\displaystyle\int \sin^m x\,\cos^n x\,dx = \begin{cases} \dfrac{1}{m+n}\{-\sin^{m-1}x\,\cos^{n+1}x \\ \quad + (m-1)\int\sin^{m-2}x\,\cos^n x\,dx\}, \\ \dfrac{1}{m+n}\{\sin^{m+1}x\,\cos^{n-1}x \\ \quad + (n-1)\int\sin^m x\,\cos^{n-2}x\,dx\} \end{cases}$ $(m+n\neq 0)$

55. $\int \sin^n x\ dx = \dfrac{-1}{n} \sin^{n-1}x\ \cos x + \dfrac{n-1}{n} \int \sin^{n-2}x\ dx,\ (n \geq 2)$

56. $\int \cos^n x\ dx = \dfrac{1}{n} \cos^{n-1}x\ \sin x + \dfrac{n-1}{n} \int \cos^{n-2}x\ dx,\ (n \geq 2)$

57. $\int \tan^n x\ dx = \dfrac{1}{n-1} \tan^{n-1}x - \int \tan^{n-2}x\ dx,\ (n \geq 2)$

58. $\int \cot^n x\ dx = \dfrac{-1}{n-1} \cot^{n-1}x - \int \cot^{n-2}x\ dx,\ (n \geq 2)$

59. $\int \sec^n x\ dx = \dfrac{1}{n-1} \sec^{n-2}x \tan x + \dfrac{n-2}{n-1} \int \sec^{n-2}x\ dx, (n \geq 2)$

60. $\int \csc^n x\ dx = \dfrac{-1}{n-1} \csc^{n-2}x \cot x + \dfrac{n-2}{n-1} \int \csc^{n-2}x\ dx, (n \geq 2)$

61. $\int x e^{ax}\ dx = \dfrac{1}{a^2}(ax-1)e^{ax} + c$

62. $\int x^n e^{ax}\ dx = \dfrac{x^n}{a} e^{ax} - \dfrac{n}{a} \int x^{n-1} e^{ax} dx + c$

63. $\int e^{ax} \sin bx\ dx = \dfrac{1}{a^2+b^2}(a \sin bx - b \cos bx)e^{ax} + c$

64. $\int e^{ax} \cos bx\ dx = \dfrac{1}{a^2+b^2}(a \cos bx + b \sin bx)e^{ax} + c$

65. $\int \ln x\ dx = x\ln x - x + c$

66. $\int x^m \ln^n x\ dx = \dfrac{1}{m+1} (x^{m+1} \ln^n x - n \int x^m \ln^{n-1} x\ dx),\ (m \neq -1)$

67. $\int \dfrac{\ln^n x}{x} dx = \dfrac{1}{n+1} \ln^{n+1} x + c, (n \neq -1)$

68. $\int \dfrac{1}{x \ln x} dx = \ln|\ln x| + c$

69. $\int \mathrm{Sin}^{-1}x\ dx = x\mathrm{Sin}^{-1}x + \sqrt{1-x^2} + c$

70. $\int x^n \mathrm{Sin}^{-1}x\ dx = \dfrac{1}{n+1} (x^{n+1} \mathrm{Sin}^{-1}x - \int \dfrac{x^{n+1}}{\sqrt{1-x^2}} dx), (n \neq -1)$

71. $\int \mathrm{Tan}^{-1}x \ dx = x \ \mathrm{Tan}^{-1}x - \dfrac{1}{2}\ln(x^2+1)+c$

72. $\int x^n\mathrm{Tan}^{-1}x \ dx = \dfrac{1}{n+1}\left(x^{n+1}\mathrm{Tan}^{-1}x - \int \dfrac{x^{n+1}}{1+x^2}dx\right), \ (n \neq -1)$

73. $\int \mathrm{Sec}^{-1}x \ dx = x\mathrm{Sec}^{-1}x - \ln|x+\sqrt{x^2-1}|+c$

附錄二　自然對數函數值表

N		0	1	2	3	4	5	6	7	8	9
1.0	0.0	0000	0995	1980	2956	3922	4879	5827	6766	7696	8618
1.1	0.0	9531	*0436	*1333	*2222	*3103	*3976	*4842	*5700	*6551	*7395
1.2	0.1	8232	9062	9885	*0701	*1511	*2314	*3111	*3902	*4686	*5464
1.3	0.2	6236	7003	7763	8518	9267	*0010	*0748	*1481	*2208	*2930
1.4	0.3	3647	4359	5066	5767	6464	7156	7844	8526	9204	9878
1.5	0.4	0547	1211	1871	2527	3178	3825	4469	5108	5742	6373
1.6	0.4	7000	7623	8243	8858	9470	*0078	*0682	*1282	*1879	*2423
1.7	0.5	3063	3649	4232	4812	5389	5962	6531	7098	7661	8222
1.8	0.5	8779	9333	9884	*0432	*0977	*1519	*2058	*2594	*2127	*3658
1.9	0.6	4185	4710	5233	5732	6269	*6783	7294	7803	8310	8813
2.0	0.6	9315	9813	*0310	*0804	*1295	*1784	*2271	*2755	*3237	*3716
2.1	0.7	4194	4669	5142	5612	6081	6547	7011	7473	7932	8390
2.2	0.7	8846	9299	9751	*0200	*0648	*1093	*1536	*1978	*2418	*2855
2.3	0.8	3291	3725	4157	4587	5015	5442	5866	6289	6710	7129
2.4	0.8	7547	7963	8377	8789	9200	9609	*0016	*0422	*0826	*1228
2.5	0.9	1629	2028	2426	2822	3216	3609	4001	4391	4779	5166
2.6		5551	5935	6317	6698	7078	7456	7833	8208	8582	8954
2.7	0.9	9325	9695	*0063	*0430	*0796	*1160	*1523	*1885	*2245	*2604
2.8	1.0	2962	3318	3674	4028	4380	4732	5082	5431	5779	6126
2.9		6471	6815	7158	7500	7841	8181	8519	8856	9192	9527
3.0	1.0	9861	*0194	*0526	*0856	*1186	*1514	*1841	*2168	*2493	*2817
3.1	1.1	3140	3462	3783	4103	4422	4740	5057	5373	5688	6002
3.2		6315	6627	6938	7248	7557	7865	8173	8479	8784	9089
3.3	1.1	9392	9695	9996	*0297	*0597	*0896	*1194	*1491	*1788	*2083
3.4	1.2	2378	2671	2964	3256	3547	3837	4127	4415	4703	4990
3.5		5276	5562	5846	6130	6415	6695	6976	7257	7536	7815
3.6	1.2	8093	8371	8647	8923	9198	9473	9746	*0019	*0291	*0563
3.7	1.3	0833	1103	1372	1641	1909	2176	2442	2708	2972	3237
3.8		3500	3763	4025	4286	4547	4807	5067	5325	5584	5841
3.9		6098	6354	6609	6864	7118	7372	7624	7877	8128	8379
4.0	1.3	8629	8879	9128	9377	9624	9872	*0118	*0364	*0610	*0854
4.1	1.4	1099	1342	1585	1828	2070	2311	2552	2792	3031	3270
4.2		3508	3746	3984	4220	4456	4692	4927	5161	5295	5629
4.3		5862	6094	6326	6557	6787	7018	7247	7476	7705	7933
4.4	1.4	8160	8387	8614	8840	9065	9290	9515	9739	9962	*0185
4.5	1.5	0408	0630	0851	1072	1293	1513	1732	1951	2170	2388
4.6		2606	2823	3039	3256	3471	3687	3902	4116	4330	4543
4.7		4756	4969	5181	5393	5604	5814	6025	6235	6444	6653
4.8		6862	7070	7277	7485	7691	7898	8104	8309	8516	8719
4.9	1.5	8924	9127	9331	9534	9737	9939	*0141	*0342	*0543	*0744
5.0	1.6	0944	1144	1343	1542	1741	1939	2137	2334	2531	2728
5.1		2924	3120	3315	3511	3705	3900	4094	4287	4481	4673
5.2		4866	5058	5250	5441	5632	5823	6013	6203	6393	6582
5.3		6771	6959	7147	7335	7523	7710	7896	8083	8269	8455
5.4	1.6	8640	8825	9010	9194	9378	9562	9745	9928	*0111	*0293
5.5	1.7	0475	0656	0838	1019	1199	1380	1560	1740	1919	2098
5.6		2277	2455	2633	2811	2988	3166	3342	3519	3695	3871
5.7		4047	4222	4397	4572	4746	4920	5094	5267	5440	5613
5.8		5786	5958	6130	6302	6473	6644	6815	6985	7156	7326
5.9		7495	7665	7834	8002	8171	8339	8507	8675	8842	9006
6.0	1.7	9176	9342	9509	9675	9840	*0006	*0171	*0336	*0500	*0665
N		0	1	2	3	4	5	6	7	8	9

N		0	1	2	3	4	5	6	7	8	9
6.0	1.7	9176	9342	9509	9675	9840	*0006	*0171	*0336	*0500	*0665
6.1	1.8	0829	0993	1156	1319	1482	1645	1808	1970	2132	2294
6.2		2455	2616	2777	2938	3098	3258	3418	3578	3737	3896
6.3		4055	4214	4372	4530	4688	4845	5003	5160	5317	5473
6.4		5630	5786	5942	6097	6253	6408	6563	6718	6872	7026
6.5		7180	7334	7487	7641	7794	7947	8099	8251	8403	8555
6.6	1.8	8707	8858	9010	9160	9311	9462	9612	9762	9912	*0061
6.7	1.9	0211	0360	0509	0658	0806	0954	1102	1250	1398	1545
6.8		1692	1839	1986	2132	2279	2425	2571	2716	2862	3007
6.9		3152	3297	3442	3586	3730	3874	4018	4162	4305	4448
7.0		4591	4734	4876	5019	5161	5303	5445	5586	5727	5869
7.1		6009	6150	6291	6431	6571	6711	6851	6991	7130	7269
7.2		7408	7547	7685	7824	7962	8100	8238	8376	8513	8650
7.3	1.9	8787	8924	9061	9198	9334	9470	9606	9742	9877	*0013
7.4	2.0	0148	0283	0418	0553	0687	0821	0956	1089	1223	1357
7.5		1490	1624	1757	1890	2022	2155	2287	2419	2551	2683
7.6		2815	2946	3078	3209	3340	3471	3601	3732	3862	3992
7.7		4122	4252	4381	4511	4640	4769	4898	5027	5156	5284
7.8		5412	5540	5668	5796	5924	6051	6179	6306	6433	6560
7.9		6686	6813	6939	7065	7191	7317	7443	7568	7694	7819
8.0		7944	8069	8194	8318	8443	8567	8691	8815	8939	9063
8.1	2.0	9186	9310	9433	9556	9679	9802	9924	*0047	*0169	*0291
8.2	2.1	0413	0535	0657	0779	0900	1021	1142	1263	1384	1505
8.3		1626	1746	1866	1986	2106	2226	2346	2465	2585	2704
8.4		2823	2942	3061	3180	3298	3417	3535	3653	3771	3889
8.5		4007	4124	4242	4359	4476	4593	4710	4827	4943	5060
8.6		5176	5292	5409	5524	5640	5756	5871	5987	6102	6217
8.7		6332	6447	6562	6677	6791	6905	7020	7134	7248	7361
8.8		7475	7589	7702	7816	7929	8042	8155	8267	8380	8493
8.9		8605	8717	8830	8942	9054	9165	9277	9389	9500	9611
9.0	2.1	9722	9834	9944	*0055	*0166	*0276	*0387	*0497	*0607	*0717
9.1	2.2	0827	0937	1047	1157	1266	1357	1485	1594	1703	1812
9.2		1920	2029	2138	2246	2354	2462	2570	2678	2786	2894
9.3		3001	3109	3216	3324	3431	3538	3645	3751	3858	3965
9.4		4071	4177	4284	4390	4496	4601	4707	4813	4918	5024
9.5		5129	5234	5339	5444	5549	5654	5759	5863	5968	6072
9.6		6176	6280	6384	6488	6592	6696	6799	6903	7006	7109
9.7		7213	7316	7419	7521	7624	7727	7829	7932	8034	8136
9.8		8238	8340	8442	8544	9646	8747	8849	8950	9051	9152
9.9	2.2	9253	9354	9455	9556	9657	9757	9858	9958	*0058	*0158
10.0	2.3	0259	0358	0458	0558	0658	0757	0857	0956	1055	1154
M		0	1	2	3	4	5	6	7	8	9

附錄三　自然指數函數值表

x	e^x	e^{-x}	x	e^x	e^{-x}
0.00	1.0000	1.0000	0.45	1.5683	0.6376
.01	1.0101	0.9900	.46	1.5841	.6313
.02	1.0202	.9802	.47	1.6000	.6250
.03	1.0305	.9704	.48	1.6161	.6188
.04	1.0408	.9608	.49	1.6323	.6126
.05	1.0513	.9512	.50	1.6487	.6065
.06	1.0618	.9418	.51	1.6653	.6005
.07	1.0725	.9324	.52	1.6820	.5945
.08	1.0833	.9231	.53	1.6989	.5886
.09	1.0942	.9139	.54	1.7160	.5827
.10	1.1052	.9048	.55	1.7333	.5769
.11	1.1163	.8958	.56	1.7507	.5712
.12	1.1275	.8869	.57	1.7683	.5655
.13	1.1388	.8781	.58	1.7860	.5599
.14	1.1503	.8694	.59	1.8040	.5543
.15	1.1618	.8607	.60	1.8221	.5488
.16	1.1735	.8521	.61	1.8404	.5434
.17	1.1853	.8437	.62	1.8589	.5379
.18	1.1972	.8353	.63	1.8776	.5326
.19	1.2092	.8270	.64	1.8965	.5273
.20	1.2214	.8187	.65	1.9155	.5220
.21	1.2337	.8106	.66	1.9348	.5169
.22	1.2461	.8025	.67	1.9542	.5117
.23	1.2586	.7945	.68	1.9739	.5066
.24	1.2712	.7866	.69	1.9937	.5016
.25	1.2840	.7788	.70	2.0138	.4966
.26	1.2969	.7711	.71	2.0340	.4916
.27	1.3100	.7634	.72	2.0544	.4868
.28	1.3231	.7558	.73	2.0751	.4819
.29	1.3364	.7483	.74	2.0959	.4771
.30	1.3499	.7408	.75	2.1170	.4724
.31	1.3634	.7334	.76	2.1383	.4677
.32	1.3771	.7261	.77	2.1598	.4630
.33	1.3910	.7189	.78	2.1815	.4584
.34	1.4049	.7118	.79	2.2034	.4538
.35	1.4191	.7047	.80	2.2255	.4493
.36	1.4333	.6977	.81	2.2479	.4449
.37	1.4477	.6907	.82	2.2705	.4404
.38	1.4623	.6839	.83	2.2933	.4360
.39	1.4770	.6771	.84	2.3164	.4317
.40	1.4918	.6703	.85	2.3396	.4274
.41	1.5068	.6637	.86	2.3632	.4232
.42	1.5220	.6570	.87	2.3869	.4190
.43	1.5373	.6505	.88	2.4109	.4148
.44	1.5527	.6440	.89	2.4351	.4107

x	e^x	e^{-x}	x	e^x	e^{-x}
0.90	2.4596	0.4066	2.75	15.643	0.0639
.91	2.4843	.4025	2.80	16.445	.0608
.92	2.5093	.3985	2.85	17.288	.0578
.93	2.5345	.3946	2.90	18.174	.0550
.94	2.5600	.3906	2.95	19.106	.0523
.95	2.5857	.3867	3.00	20.086	.0498
.96	2.6117	.3829	3.05	21.115	.0474
.97	2.6379	.3791	3.10	22.198	.0450
.98	2.6645	.3753	3.15	23.336	.0449
.99	2.6912	.3716	3.20	24.533	.0408
1.00	2.7183	.3679	3.25	25.790	.0388
1.05	2.8577	.3499	3.30	27.113	.0369
1.10	3.0042	.3329	3.35	28.503	.0351
1.15	3.1582	.3166	3.40	29.964	.0334
1.20	3.3201	.3012	3.45	31.500	.0317
1.25	3.4903	.2865	3.50	33.115	.0302
1.30	3.6693	.2725	3.55	34.813	.0287
1.35	3.8574	.2592	3.60	36.598	.0273
1.40	4.0552	.2466	3.65	38.475	.0260
1.45	4.2631	.2346	3.70	40.447	.0247
1.50	4.4817	.2231	3.75	42.521	.0235
1.55	4.7115	.2122	3.80	44.701	.0224
1.60	4.9530	.2019	3.85	46.993	.0213
1.65	5.2070	.1920	3.90	49.402	.0202
1.70	5.4739	.1827	3.95	51.935	.0193
1.75	5.7546	.1738	4.00	54.598	.0183
1.80	6.0496	.1653	4.10	60.340	.0166
1.85	6.3598	.1572	4.20	66.686	.0150
1.90	6.6859	.1496	4.30	73.700	.0136
1.95	7.0287	.1423	4.40	81.451	.0123
2.00	7.3891	.1353	4.50	90.017	.0111
2.05	7.7679	.1287	4.60	99.484	.0101
2.10	8.1662	.1225	4.70	109.95	.0091
2.15	8.5849	.1165	4.80	121.51	.0082
2.20	9.0250	.1108	4.90	134.29	.0074
2.25	9.4877	.1054	5.00	148.41	.0067
2.30	9.9742	.1003	5.20	181.27	.0055
2.35	10.486	.0954	5.40	221.41	.0045
2.40	11.023	.0907	5.60	270.43	.0037
2.45	11.588	.0863	5.80	330.30	.0030
2.50	12.182	.0821	6.00	403.43	.0025
2.55	12.807	.0781	7.00	1096.6	.0009
2.60	13.464	.0743	8.00	2981.0	.0003
2.65	14.154	.0707	9.00	8103.1	.0001
2.70	14.880	.0672	10.00	22026.	.00005

附錄四　中英名詞對照索引

十六劃

附錄五　英中名詞對照索引

R

三民大專用書書目

強制執行法	陳榮宗	著	臺灣大學
法院組織法論	管　歐	著	東吳大學

政治・外交

政治學	薩孟武	著	前臺灣大學
政治學	鄒文海	著	前政治大學
政治學	曹伯森	著	陸軍官校
政治學	呂亞力	著	臺灣大學
政治學概要	張金鑑	著	政治大學
政治學方法論	呂亞力	著	臺灣大學
政治理論與研究方法	易君博	著	政治大學
公共政策概論	朱志宏	著	臺灣大學
公共政策	曹俊漢	著	臺灣大學
公共政策	朱志宏	著	臺灣大學
公共關係	王德馨 等	著	交通大學
中國社會政治史㈠～㈣	薩孟武	著	前臺灣大學
中國政治思想史	薩孟武	著	前臺灣大學
中國政治思想史（上）（中）（下）	張金鑑	著	政治大學
西洋政治思想史	張金鑑	著	政治大學
西洋政治思想史	薩孟武	著	前臺灣大學
中國政治制度史	張金鑑	著	政治大學
比較主義	張亞澐	著	政治大學
比較監察制度	陶百川	著	國策顧問
歐洲各國政府	張金鑑	著	政治大學
美國政府	張金鑑	著	政治大學
地方自治概要	管　歐	著	東吳大學
國際關係——理論與實踐	朱張碧珠	著	臺灣大學
中美早期外交史	李定一	著	政治大學
現代西洋外交史	楊逢泰	著	政治大學

行政・管理

行政學（增訂版）	張潤書	著	政治大學
行政學	左潞生	著	中興大學
行政學新論	張金鑑	著	政治大學

行政管理學	傅肅良	著	中興大學
行政生態學	彭文賢	著	中興大學
各國人事制度	傅肅良	著	中興大學
考詮制度	傅肅良	著	中興大學
交通行政	劉承漢	著	成功大學
組織行為管理	龔平邦	著	前逢甲大學
行為科學概論	龔平邦	著	前逢甲大學
行為科學與管理	徐木蘭	著	臺灣大學
組織行為學	高尚仁	等著	香港大學
組織原理	彭文賢	著	中興大學
實用企業管理學	解宏賓	著	中興大學
企業管理	蔣靜一	著	逢甲大學
企業管理	陳定國	著	臺灣大學
國際企業論	李蘭甫	著	中文大學
企業政策	陳光華	著	交通大學
企業概論	陳定國	著	臺灣大學
管理新論	謝長宏	著	交通大學
管理概論	郭崑謨	著	中興大學
管理個案分析	郭崑謨	著	中興大學
企業組織與管理	郭崑謨	著	中興大學
企業組織與管理（工商管理）	盧宗漢	著	中興大學
現代企業管理	龔平邦	著	前逢甲大學
現代管理學	龔平邦	著	前逢甲大學
事務管理手冊	新聞局	著	
生產管理	劉漢容	著	成功大學
管理心理學	湯淑貞	著	成功大學
管理數學	謝志雄	著	東吳大學
品質管理	戴久永	著	交通大學
可靠度導論	戴久永	著	交通大學
人事管理（修訂版）	傅肅良	著	中興大學
作業研究	林照雄	著	輔仁大學
作業研究	楊超然	著	臺灣大學
作業研究	劉一忠	著	舊金山州立大學

社　會

系統分析	陳進　著	聖瑪麗大學　前大

（前接）系統分析　陳進著　聖瑪麗大學　前大

社　會

書名	著者	校
社會學	蔡文輝　著	印第安那大學
社會學	龍冠海　著	前臺灣大學
社會學	張華葆　主編	東海大學
社會學理論	蔡文輝　著	印第安那大學
社會學理論	陳秉璋　著	政治大學
社會心理學	劉安彥　著	傑克遜州立大學
社會心理學	張華葆　著	東海大學
社會心理學	趙淑賢　著	安柏拉校區
社會心理學理論	張華葆　著	東海大學
政治社會學	陳秉璋　著	政治大學
醫療社會學	廖榮利　等著	臺灣大學
組織社會學	張苙雲　著	臺灣大學
人口遷移	廖正宏　著	臺灣大學
社區原理	蔡宏進　著	臺灣大學
人口教育	孫得雄　編著	東海大學
社會階層化與社會流動	許嘉猷　著	臺灣大學
社會階層	張華葆　著	東海大學
西洋社會思想史	張承漢　等著	臺灣大學
中國社會思想史（上）（下）	張承漢　著	臺灣大學
社會變遷	蔡文輝　著	印第安那大學
社會政策與社會行政	陳國鈞　著	中興大學
社會福利行政（修訂版）	白秀雄　著	臺灣大學
社會工作	白秀雄　著	臺灣大學
社會工作管理	廖榮利　著	臺灣大學
團體工作：理論與技術	林萬億　著	臺灣大學
都市社會學理論與應用	龍冠海　著	前臺灣大學
社會科學概論	薩孟武　著	前臺灣大學
文化人類學	陳國鈞	中興大學

書名	作者		學校
勞工問題	陳國鈞	著	中興大學
少年犯罪心理學	張華葆	著	東海大學
少年犯罪預防及矯治	張華葆	著	東海大學

教　育

書名	作者		學校
教育哲學	賈馥茗	著	臺灣師大
教育哲學	葉學志	著	彰化教院
普通教學法	方炳林	著	前臺灣師大
各國教育制度	雷國鼎	著	臺灣師大
教育心理學	溫世頌	著	傑克遜州立大學
教育心理學	胡秉正	著	政治大學
教育社會學	陳奎憙	著	臺灣師大
教育行政學	林文達	著	政治大學
教育行政原理	黃文輝	主譯	臺灣師大
教育經濟學	蓋浙生	著	臺灣師大
教育經濟學	林文達	著	政治大學
工業教育學	袁立錕	著	彰化教院
技術職業教育行政與視導	張天津	著	臺灣師大
技職教育測量與評鑑	李大偉	著	臺灣師大
高科技與技職教育	楊啟棟	著	臺灣師大
工業職業技術教育	陳昭雄	著	臺灣師大
技術職業教育教學法	陳昭雄	著	臺灣師大
技術職業教育辭典	楊朝祥	編著	臺灣師大
技術職業教育理論與實務	楊朝祥	著	臺灣師大
工業安全衛生	羅文基	著	
人力發展理論與實施	彭台臨	著	臺灣師大
職業教育師資培育	周談輝	著	臺灣師大
家庭教育	張振宇	著	淡江大學
教育與人生	李建興	著	臺灣師大
當代教育思潮	徐南號	著	臺灣師大
比較國民教育	雷國鼎	著	臺灣師大
中等教育	司琦	著	政治大學
中國教育史	胡美琦	著	文化大學

書名	著者		服務機構
中國現代教育史	鄭世興	著	臺灣師大
中國大學教育發展史	伍振鷟	著	臺灣師大
中國職業教育發展史	周談輝	著	臺灣師大
社會教育新論	李建興	著	臺灣師大
中國社會教育發展史	李建興	著	臺灣師大
中國國民教育發展史	司琦	著	政治大學
中國體育發展史	吳文忠	著	臺灣師大
如何寫學術論文	宋楚瑜	著	臺灣大學
論文寫作研究	段家鋒	等著	政戰學校等

心理學

書名	著者		服務機構
心理學	劉安彥	著	傑克遜州立大學
心理學	張春興	等著	臺灣師大等
人事心理學	黃天中	著	淡江大學
人事心理學	傅肅良	著	中興大學

經濟·財政

書名	著者		服務機構
西洋經濟思想史	林鐘雄	著	臺灣大學
歐洲經濟發展史	林鐘雄	著	臺灣大學
比較經濟制度	孫殿柏	著	政治大學
經濟學原理（增訂新版）	歐陽勛	著	政治大學
經濟學導論	徐育珠	著	南康涅狄克州立大學
經濟學概要	歐陽勛	等著	政治大學
通俗經濟講話	邢慕寰	著	前香港大學
經濟學（增訂版）	陸民仁	著	政治大學
經濟學概論	陸民仁	著	政治大學
國際經濟學	白俊男	著	東吳大學
國際經濟學	黃智輝	著	東吳大學
個體經濟學	劉盛男	著	臺北商專
總體經濟分析	趙鳳培	著	政治大學
總體經濟學	鐘甦生	著	西雅圖銀行
總體經濟學	張慶輝	著	政治大學
總體經濟理論	孫震	著	臺灣大學

書名	作者		學校／機構
數理經濟分析	林大侯	著	臺灣大學
計量經濟學導論	林華德	著	臺灣大學
計量經濟學	陳正澄	著	臺灣大學
經濟政策	湯俊湘	著	中興大學
合作經濟概論	尹樹生	著	中興大學
農業經濟學	尹樹生	著	中興大學
工程經濟	陳寬仁	著	中正理工學院
銀行法	金桐林	著	中央銀行
銀行法釋義	楊承厚	著	銘傳管理學院
商業銀行實務	解宏賓	編著	中興大學
貨幣銀行學	何偉成	著	中正理工學院
貨幣銀行學	白俊男	著	東吳大學
貨幣銀行學	楊樹森	著	文化大學
貨幣銀行學	李穎吾	著	臺灣大學
貨幣銀行學	趙鳳培	著	政治大學
現代貨幣銀行學	柳復起	著	新南威爾斯大學
現代國際金融	柳復起	著	新南威爾斯大學
國際金融理論與制度（修訂版）	歐陽勛等	編著	政治大學
金融交換實務	李 麗	著	中央銀行
財政學	李厚高	著	逢甲大學
財政學（修訂版）	林華德	著	臺灣大學
財政學原理	魏 萼	著	臺灣大學
商用英文	張錦源	著	政治大學
商用英文	程振粵	著	臺灣大學
貿易契約理論與實務	張錦源	著	政治大學
貿易英文實務	張錦源	著	政治大學
信用狀理論與實務	蕭啟賢	著	輔仁大學
信用狀理論與實務	張錦源	著	政治大學
國際貿易	李穎吾	著	臺灣大學
國際貿易實務詳論	張錦源	著	政治大學
國際貿易實務	羅慶龍	著	逢甲大學

書名	著者	機構
國際貿易理論與政策（修訂版）	歐陽勛等編著	政治大學
國際貿易政策概論	余德培著	東吳大學
國際貿易論	李厚高著	逢甲大學
國際商品買賣契約法	鄧越今編著	外貿協會
國際貿易法概要	于政長著	東吳大學
國際貿易法	張錦源著	政治大學
外匯投資理財與風險	李麗著	中央銀行
外匯、貿易辭典	于政長編著 張錦源校訂	東吳大學 政治大學
貿易實務辭典	張錦源編著	政治大學
貿易貨物保險（修訂版）	周詠棠著	中央信託局
貿易慣例	張錦源著	政治大學
國際匯兌	林邦充著	政治大學
國際行銷管理	許士軍著	新加坡大學
國際行銷	郭崑謨著	中興大學
行銷管理	郭崑謨著	中興大學
海關實務（修訂版）	張俊雄著	淡江大學
美國之外匯市場	于政長譯	東吳大學
保險學（增訂版）	湯俊湘著	中興大學
人壽保險學（增訂版）	宋明哲著	德明商專
人壽保險的理論與實務	陳雲中編著	臺灣大學
火災保險及海上保險	吳榮清著	文化大學
市場學	王德馨等著	中興大學
行銷學	江顯新著	中興大學
投資學	龔平邦著	前逢甲大學
投資學	白俊男等著	東吳大學
海外投資的知識	葉雲鎮等譯	
國際投資之技術移轉	鍾瑞江著	東吳大學

會計・統計・審計

書名	著者	機構
銀行會計（上）（下）	李兆萱等著	臺灣大學等
初級會計學（上）（下）	洪國賜著	淡水工商
中級會計學（上）（下）	洪國賜著	淡水工商
中等會計（上）（下）	薛光圻等著	西東大學等

書名	作者		學校
會計辭典	龍毓珊	譯	
會計學（上）（下）	辛世間	著	臺灣大學
會計學題解	辛世間	著	臺灣大大學
成本會計（上）（下）	洪國賜	著	淡水工商學
成本會計	盛禮約	著	淡水工商學
政府會計	李增榮	著	政治大學
政府會計	張鴻春	著	臺灣大學
稅務會計	卓敏枝 等	著	臺灣大學等
財務報表分析	洪國賜 等	著	淡水工商等
財務報表分析	李祖培	著	中興大學
財務管理	張春雄	著	政治大學
財務管理（增訂新版）	黃柱權	著	政治大學
商用統計學（修訂版）	顏月珠	著	臺灣大
商用統計學	劉一忠	著	舊金山學州立大學
統計學（修訂版）	柴松林	著	政治大學
統計學	劉南溟	著	前臺灣大學
統計學	張浩鈞	著	臺灣大學
統計學	楊維哲	著	臺灣大學
統計學	顏月珠	著	臺灣大學
統計學題解	顏月珠	著	臺灣大
推理統計學	張碧波	著	銘傳管理學院
應用數理統計學	顏月珠	著	臺灣大學
統計製圖學	宋汝濬	著	臺中商專
統計概念與方法	戴久永	著	交通大學
審計學	殷文俊 等	著	政治大學
商用數學	薛昭雄	著	政治大學
商用數學（含商用微積分）	楊維哲	著	臺灣大學
線性代數（修訂版）	謝志雄	著	東吳大學
商用微積分	何典恭	著	淡水工商學
微積分	楊維哲	著	臺灣大學
微積分（上）（下）	楊維哲	著	臺灣大學
大二微積分	楊維哲	著	臺灣大

機率導論　　　　　　　戴久永　著　交通大學

新　聞

書名	作者		出版／機構
傳播研究方法總論	楊孝濚	著	東吳大學
傳播研究調查法	蘇蘅	著	輔仁大學
傳播原理	方蘭生	著	文化大學
行銷傳播學	羅文坤	著	政治大學
國際傳播	李瞻	著	政治大學
國際傳播與科技	彭芸	著	政治大學
廣播與電視	何貽謀	著	輔仁大學
廣播原理與製作	于洪海	著	中廣
電影原理與製作	梅長齡	著	前文化大學
新聞學與大眾傳播學	鄭貞銘	著	文化大學
新聞採訪與編輯	鄭貞銘	著	文化大學
新聞編輯學	徐旭	著	新生報
採訪寫作	歐陽醇	著	臺灣師大
評論寫作	程之行	著	紐約
新聞英文寫作	朱耀龍	著	前政治大學
小型報刊實務	彭家發	著	政治大學
廣告學	顏伯勤	著	輔仁大學
媒介實務	趙俊邁	著	東吳大學
中國新聞傳播史	賴光臨	著	政治大學
中國新聞史	曾虛白	主編	
世界新聞史	李瞻	著	政治大學
新聞學	李瞻	著	政治大學
新聞採訪學	李瞻	著	政治大學
新聞道德	李瞻	著	政治大學
電視制度	李瞻	著	政治大學
電視新聞	張勤	著	中視
電視與觀眾	曠湘霞	著	公視
大眾傳播理論	李金銓	著	明尼蘇達大學
大眾傳播新論	李茂政	著	政治大學

大眾傳播與社會變遷	陳世敏	著	政治大學
組織傳播	鄭瑞城	著	政治大學
政治傳播學	祝基瀅	著	政治大學
文化與傳播	汪琪	著	政治大學

歷史・地理

中國通史（上）（下）	林瑞翰	著	臺灣大學
中國現代史	李守孔	著	臺灣大學
中國近代史	李守孔	著	臺灣大學
中國近代史	李雲漢	著	政治大學
中國近代史（簡史）	李雲漢	著	政治大學
中國近代史	古鴻廷	著	東海大學
隋唐史	王壽南	著	政治大學
明清史	陳捷先	著	臺灣大學
黃河文明之光	姚大中	著	東吳大學
古代北西中國	姚大中	著	東吳大學
南方的奮起	姚大中	著	東吳大學
中國世界的全盛	姚大中	著	東吳大學
近代中國的成立	姚大中	著	東吳大學
西洋現代史	李邁先	著	臺灣大學
東歐諸國史	李邁先	著	臺灣大學
英國史綱	許介鱗	著	臺灣大學
印度史	吳俊才	著	政治大學
日本史	林明德	著	臺灣師大
日本現代史	許介鱗	著	臺灣大學
近代中日關係史	林明德	著	臺灣師大
美洲地理	林鈞祥	著	臺灣師大
非洲地理	劉鴻喜	著	臺灣師大
自然地理學	劉鴻喜	著	臺灣師大
地形學綱要	劉鴻喜	著	臺灣師大
聚落地理學	胡振洲	著	中興大學
海事地理學	胡振洲	著	中興大學
經濟地理	陳伯中	著	前臺灣大學
都市地理學	陳伯中	著	前臺灣大學